石油教材出版基金资助项目

石油高等院校特色规划教材

采油工程基础

(富媒体)

李海涛　李年银　主编

石油工业出版社

内 容 提 要

本书在介绍完井与试油、油井流动规律的基础上，系统阐述了自喷、气举、有杆泵、无杆泵等采油技术以及注水、水力压裂、酸化工艺的基本原理与设计方法，详细介绍了解决砂、蜡、垢、水等生产问题和提高采收率的技术方法。

本书可作为石油院校非石油工程专业教材，也可供从事油田钻井、采油、井下作业和油田开发的技术人员学习参考。

图书在版编目(CIP)数据

采油工程基础：富媒体／李海涛,李年银主编. —北京：石油工业出版社,2019.5（2021.7重印）

石油高等院校特色规划教材

ISBN 978-7-5183-3278-6

Ⅰ.①采… Ⅱ.①李…②李… Ⅲ.①石油开采—高等学校—教材 Ⅳ.①TE35

中国版本图书馆 CIP 数据核字(2019)第 056233 号

出版发行：石油工业出版社

（北京市朝阳区安华里2区1号楼 100011）
网　　址：www.petropub.com
编辑部：(010)64523579　图书营销中心：(010)64523633

经　　销：全国新华书店
排　　版：北京密东文创科技有限公司
印　　刷：北京中石油彩色印刷有限责任公司

2019年5月第1版　2021年7月第2次印刷
787毫米×1092毫米　开本：1/16　印张：18.75
字数：467千字

定价：45.90元
（如发现印装质量问题，我社图书营销中心负责调换）

版权所有，翻印必究

前　言

采油工程以石油地质和油藏工程的研究成果为依据,通过科学地设计、控制和配套的技术措施,达到提高油井产量和提高原油采收率的目的,实现油气资源的科学利用和经济高效开发。

采油工程是油田开发方案实施的核心,在油田开发中起着承上启下的重要作用。它是完成油藏开发总体目标的重要保障,也是地面工程建设的依据和工作的出发点。通过采油工程衔接钻井工程、油藏工程和地面建设工程,从而制定和优化整体油田开发方案。

从技术发展的角度看,采油工程是应用各项工程技术措施、解决在油田开发过程中遇到的各种生产技术问题的一门技术学科;从生产的角度讲,采油工程是在油井完成后,为将地下原油采出地面,对油井和注入井所采取的各项工程技术措施的总称。因此,采油工程技术是一门综合性很强的学科,它涉及的学科和技术非常广泛,如地质学、岩石力学、流体力学、材料力学、热力学、微生物学、数学、油田化学、运筹学和最优化理论、技术经济学、计算机技术、节能技术及环境保护等。所以采油工程的主要特点表现为:

(1)属于应用科学,涉及的技术面广,综合性强而又复杂;
(2)与油藏工程和地面工程有着紧密的联系;
(3)工作对象是生产条件随油藏动态的变化而不断变化的采油井和注入井;
(4)技术理论发展较快,新技术理论层出不穷。

随着石油科学技术的进步、油气资源开采难度的增加与能源需求的增长,各种采油新技术发展迅速,例如大量用于气顶底水油藏、裂缝性油藏、稠油油藏、复杂层状断块油藏、边际油藏的水平井、多分支井和复杂结构井开采技术,基于强化采油(Enhanced Oil Recovery,EOR)和改进型采油(Improved Oil Recovery,IOR)的提高原油采收率技术,无伤害压裂和高效酸化增产新技术,高效益、低成本的低渗透油藏开采的配套技术以及深井和超深井的采油工程技术等。

在本书的编写过程中,本着加强基础、理论联系实际的原则,从基础入手,系统而广泛地介绍了采油工程技术领域的有关基础知识和理论。全书共十一章:第一章介绍完井与试油;第二章介绍油井流动规律;第三章阐述自喷与气举采油;第四章和第五章介绍人工举升的相关知识;第六章介绍油田注水;第七章和第八章对油井重要的增产措施技术进行了讨论;第九章讨论了油井出砂、结蜡以及防腐防垢问题;第十章介绍堵水与调剖;第十一章介绍提高原油采收率的有关方法。

本书由西南石油大学李海涛、李年银担任主编,具体编写分工为:前言、第一章、第二章、第六章、第十一章由李海涛编写,第三章、第五章由刘永辉编写,第四章由杨志编写,第七章、第八章和第十章由李年银编写,第九章由蒋贝贝和李年银编写。

本书在编写过程中得到了西南石油大学赵立强教授、王永清教授的指导及采油教研室全体教师的大力支持,在此表示感谢。

由于编者水平有限、经验不足,难免存在错误和不妥之处,热忱希望广大读者提出宝贵意见。

编者

2019 年 2 月

目　　录

第一章　完井与试油 ·· 1
第一节　完井方式 ·· 1
第二节　射孔工艺 ·· 9
第三节　试油 ·· 16
习题 ··· 25

第二章　油井流动规律 ··· 27
第一节　从地层向井底的渗流 ·· 27
第二节　油井流入动态 ··· 34
第三节　气液两相管流 ··· 43
第四节　嘴流 ·· 47
习题 ··· 50

第三章　自喷与气举采油 ·· 51
第一节　自喷 ·· 51
第二节　气举采油 ·· 58
习题 ··· 72

第四章　有杆泵采油 ·· 73
第一节　有杆抽油装置及其工作原理 ··· 73
第二节　抽油机悬点载荷的计算 ·· 82
第三节　泵效分析 ·· 89
第四节　抽油系统选择设计 ··· 95
第五节　抽油井生产分析 ·· 100
第六节　系统效率的计算与提高措施 ··· 104
习题 ··· 111

第五章　无杆泵采油 ·· 112
第一节　潜油电泵采油 ··· 112
第二节　螺杆泵采油 ·· 118
第三节　水力活塞泵采油 ·· 125
第四节　水力射流泵采油 ·· 129
习题 ··· 133

第六章　注水 ·· 134
第一节　水质 ·· 134
第二节　水源及水处理 ··· 138

  第三节 注水井吸水能力 145
  第四节 注水工艺 152
  习题 160

第七章 水力压裂 162
  第一节 地应力与水力裂缝延伸方位 162
  第二节 压裂液 165
  第三节 支撑剂 174
  第四节 水力压裂增产效果评价 180
  第五节 水力压裂设计 183
  第六节 压裂工艺技术 190
  习题 193

第八章 酸化 194
  第一节 酸化增产原理 194
  第二节 碳酸盐岩储层酸化机理 197
  第三节 砂岩储层酸化机理 204
  第四节 酸液及添加剂 206
  第五节 储层酸化工艺技术 214
  习题 225

第九章 防砂、防蜡与防腐、防垢 226
  第一节 防砂 226
  第二节 防蜡与清蜡 232
  第三节 腐蚀与防腐 235
  第四节 防垢 242
  习题 247

第十章 堵水调剖 248
  第一节 油井堵水调剖概述 248
  第二节 堵水调剖方法 252
  第三节 堵水调剖决策技术 256
  习题 259

第十一章 提高原油采收率 260
  第一节 稠油与高凝油开采技术 260
  第二节 气体混相驱技术 272
  第三节 微生物采油技术 276
  第四节 化学驱开采技术 282
  习题 288

参考文献 289

富媒体资源目录

序号	名　　称	页码
1	动画1-1　全通径射孔	9
2	动画1-2　全通径测试	11
3	动画1-3　复合射孔与水力压裂联作工艺	12
4	动画1-4　复合射孔与酸化联作工艺	12
5	动画1-5　射孔与高能气体压裂联作工艺	12
6	动画1-6　常规过油管射孔	13
7	动画1-7　超正压射孔	13
8	动画3-1　自喷井	52
9	动画3-2　常规气举排水采气	58
10	动画3-3　开式气举法采油	65
11	动画3-4　半封闭式气举采油	65
12	动画3-5　全封闭式气举法采油	65
13	动画4-1　抽油机杆泵组合运行图	73
14	彩图4-1　气动平衡游梁式抽油机	75
15	彩图4-2　旋转驴头游梁式抽油机	76
16	彩图4-3　低矮异形抽油机	76
17	彩图4-4　斜井游梁式抽油机	76
18	动画4-2　泵的结构	76
19	动画4-3　抽油机深井泵井下工作原理	77
20	动画4-4　动筒式底部固定杆式泵	79
21	动画4-5　杆柱静载变形	90
22	动画5-1　潜油电泵	112

序号	名　称	页码
23	动画5-1　井下螺杆泵	118
24	动画5-3　双螺杆泵	118
25	动画5-4　水力活塞泵	125
26	动画5-5　射流泵	129
27	彩图6-1　注水示意图	134
28	动画7-1　水力压裂工作原理1	162
29	动画7-2　水力压裂工作原理2	162
30	动画7-3　支撑剂悬浮实验	166
31	动画7-4　支撑剂沉降	179
32	动画7-5　压裂设备和施工	187
33	动画7-6　分段压裂	191
34	动画7-7　压裂管柱	191
35	动画7-8　投球滑套分段压裂工艺流程	191
36	动画7-9　裂缝扩展	192
37	彩图9-1　化学剂固砂示意图	229
38	动画10-1　多级堵水	252
39	彩图11-1　蒸汽吞吐	263

　　本书富媒体资源由作者提供，若教学需要，可向责任编辑索取，邮箱为:1305615531@qq.com。

第一章 完井与试油

完井工程是衔接钻井工程和采油工程而又相对独立的工程,是从钻开油层到固井、完井、下生产管柱、排液、诱导油流,直至投产的系统工程。完井工程设计水平的高低和完井施工质量的好坏对油井生产能否达到预期指标和经济有效开采,有决定性的影响。完井设计的目标是针对具体的油气层特征,选择合理的完井方式,优化完井参数,创造油气层与井底的最佳沟通条件;而试油设计旨在完井施工结束后,通过选择合理的试油工艺,取准取全油气层基础参数,为认识和评价油气层提供依据。本章主要讲述完井方式、射孔工艺及试油。

第一节 完井方式

完井方式,主要是指在油气层或探井目的层部位的井身结构,它反映油气层与井筒的沟通方式。例如,在油气层部位选择裸眼还是套管注水泥封固后射孔,这就是不同的井身结构,亦即不同的完井方式。目前完井方式有多种类型,以满足不同性质油气层的有效开发,但不同完井方式各有其适用条件和局限性,不同完井方式下井底结构、井口装置以及完井工艺等方面均有不同表现。从采油角度出发,理想的完井方式应满足以下要求:

(1)油气层与井筒之间应具有最佳的连通条件,油气层所受到的伤害最小;
(2)油气层与井筒之间应尽可能具有最大的渗流面积,油气渗流阻力最小;
(3)能有效地分隔油、气、水层,防止层间干扰;
(4)能有效地控制油层出砂,防止井壁坍塌,确保油井长期生产;
(5)应具备便于实施人工举升、井下作业(如压裂、酸化及修井)等的条件;
(6)工艺简便,成本低廉,完井速度快。

一口井完成后,井底结构就不容易更换了,因此,应根据油气层的地质特点,参照本地区的实际经验,慎重地选择最适宜的完井方式。

目前国内外最常用的完井方式主要有裸眼完井、套管或尾管射孔完井、割缝衬管完井以及基于防砂需求的裸眼或管内砾石充填完井。为了降低完井及开发成本,经济有效地开发低产油层,又出现了永久完井、无油管完井以及多油管完井等新工艺。本节主要介绍裸眼完井、射孔完井、割缝衬管完井及砾石充填完井。

一、裸眼完井

裸眼完井分为先期裸眼完井、复合型完井和后期裸眼完井三种方法。

先期裸眼完井(图1-1)是钻头钻至油层顶部附近后,取出钻具下套管注水泥浆固井,水泥浆从套管和井壁之间的环形空

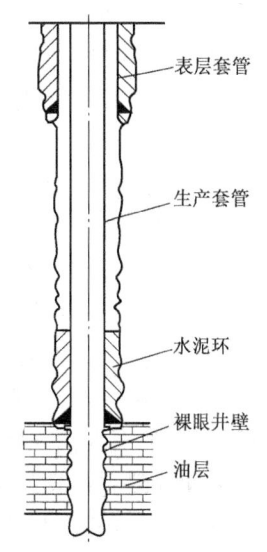

图1-1 先期裸眼完井示意图

间上返至预定高度,待水泥浆凝固后,从套管中下入直径较小的钻头,钻穿水泥塞和油层,直至达到设计井深。

当油层较厚、油层上部有气顶或顶界附近有水层时,可以将技术套管下过油气界面,用以封隔上部气顶,然后下部裸眼完成,必要时可以再将上部含油层段射开。此类完井方式称为复合型完井(图1-2)。

后期裸眼完井(图1-3)是当钻头钻至油层顶部附近后,不更换钻头,在同一尺寸钻头下钻穿油气层直至设计井深,然后下套管至油气层顶部,注水泥浆固井。固井时,为了防止水泥浆伤害套管鞋以下油层,通常在油层段垫砂或替入低失水、高黏度钻井液以防止水泥浆下沉。

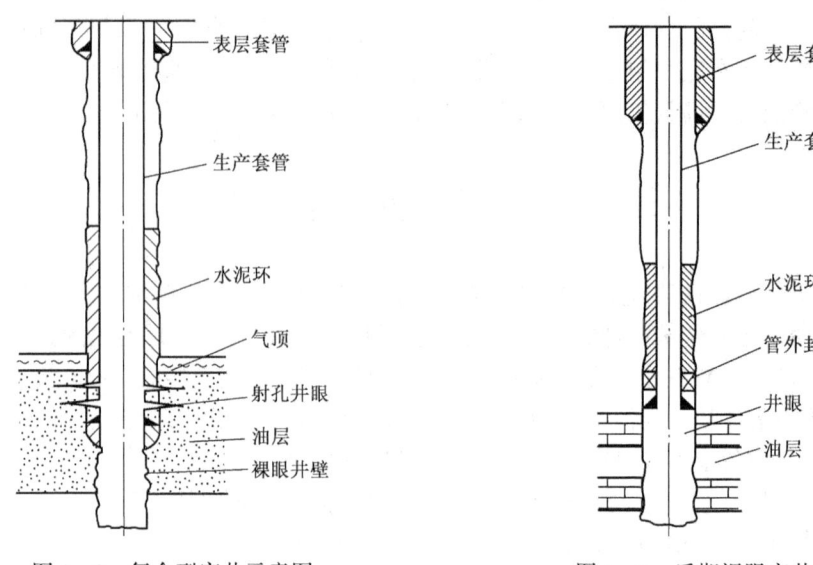

图1-2 复合型完井示意图　　　图1-3 后期裸眼完井示意图

裸眼完井的最大优势是产层段完全裸露,产层具有最大渗流面积且流线平直,符合平面径向渗流规律,这种井也称为水动力学完善井。如果在钻开产层过程中,产层受水泥浆伤害较小,井就会表现出较高的产能。此外,由于无任何井下设备,也不需诸如射孔、砾石充填等工序,因此工艺简便,成本低,完井速度快。

与后期裸眼井完井相比,先期裸眼完井还具有下述优点:

(1)先期裸眼完井由于在钻开之前已经完成了固井工序,因此在起钻、下套管、挤水泥浆期间,水泥浆对产层没有任何影响,即缩短了水泥浆对产层的浸泡时间;

(2)避免了水泥浆对产层的伤害,同时也消除了高压油气对固井的影响,为提高固井质量创造了良好的条件;

(3)钻开产层时已经排除了上部地层的干扰,为采用清水或其他符合产层特性的优质钻井液打开产层或采用平衡钻井创造了良好条件。

应当注意,在地质情况不甚清楚的探区先期裸眼完井时,如果未能弄清油层部位,则有可能无法保证刚好将套管下至产层顶部。因为套管下得过高,则封不住上部坍塌地层,给今后的油井开采带来困难;下得太低,一旦钻开油层,则等于后期裸眼完井,还有可能造成井喷事故。可见,先期裸眼完井最重要的是弄清层位,卡准套管下入深度,确保套管下至产层顶部。目前,后期裸眼井完井现场上已经很少使用,它仅限于对地层情况了解不够的探区。

裸眼完井的主要缺点是:(1)不能克服井壁坍塌和油层出砂对油井生产的影响;(2)不能

克服整个生产层内不同压力油、气、水小层之间的相互干扰;(3)不能进行选择性酸化或压裂等分层作业;(4)不能实现分层开采和控制;(5)先期裸眼完井在下套管固井时不能完全掌握产层的真实资料,继续钻进时如遇特殊情况容易给钻进造成波动。

因此,裸眼完井仅适用于岩层坚硬致密、无含水夹层、无易坍塌夹层的单一油气层或一些油气层性质相同、压力相似的多层油气层。如 20 世纪 70 年代中东的石灰岩油气藏、我国华北任丘油田古潜山油藏、延长油田的裂缝性硬质砂岩油气藏和四川灰岩气藏等大多使用裸眼完井。随着油气井射孔技术的发展,裸眼完井产层全部裸露的优点已不如过去那么突出,同时由于此类完井难以实施增产措施、控制底水锥进和堵水,目前国内外应用裸眼完井的井数已经不多。

二、射孔完井

自 1932 年美国加利福尼亚洛杉矶 MO 油田第一次采用射孔完井以来,射孔完井已有 80 多年的历史了。由于射孔完井既能有效地封隔和支撑疏松易坍塌的生产层,又能分层开采和分层作业,所以射孔完井成为目前国内外使用最广泛的完井方式,包括套管射孔完井和尾管射孔完井。

套管射孔完井(图 1-4)是先钻开油层至设计井深,将油层套管下至油层底部注水泥浆固井,然后再下入射孔枪对准产层进行射孔,射孔弹射穿套管、水泥环并穿透油层一定深度,建立起油流入井通道。

尾管射孔完井(图 1-5)是在钻头钻至油层顶界后,下套管注水泥浆固井,然后下小一级的钻头钻穿油层至设计井深,用钻具将尾管送下并悬挂在套管上,再对尾管进行注水泥浆固井,然后实施射孔。

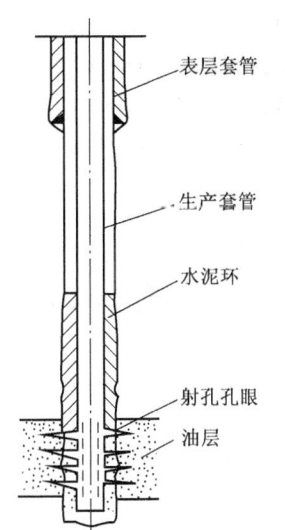
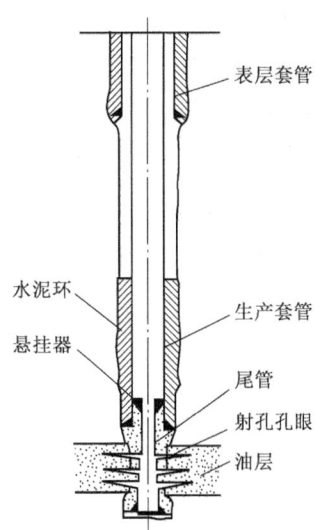

图 1-4 套管射孔完井示意图　　　　图 1-5 尾管射孔完井示意图

尾管射孔完井在钻开油层前上部地层已被套管封固,因此,采用与油层配伍的钻井液,利用平衡或欠平衡方式钻开油层可保护油层;同时此类完井方式还可减少套管和水泥浆用量,降低完井成本。

射孔完井的优点是:(1)能比较有效地封隔和支撑疏松易坍的生产层;(2)能比较有效地

封隔和支撑含水夹层及易塌的黏土夹层,只要不射到这些含水夹层和黏土夹层,就可以避免它们对生产的影响;(3)能够分隔不同压力和不同特性的油气层,可以选择性地打开产层,可以分层开采、分层测试、分层实施增产措施等;(4)可进行无油管完井及多油管完井;(5)除裸眼完井外,比其他各种完井方式都经济。

射孔完井的缺点是:(1)在钻井和固井过程中,产层受钻井液和水泥浆浸泡时间较长,油层易受污染;(2)射孔井是水动力学性质不完善井,产层渗流面积只是井眼孔眼面积的总和,流线在孔眼附近必然会发生弯曲、聚集,产生附加渗流阻力;(3)对井深和射孔穿透深度要求严格,固井质量要求高;(4)对于裂缝性油气藏,由于裂缝发育的不均匀性,孔眼与裂缝相遇的机会难以控制。

射孔完井虽然存在以上缺点,但由于产层多数都存在层间干扰问题,加之射孔工艺技术的发展使射孔完井的部分缺点已得到克服。因此,目前国内外90%以上的油气井都采用套管射孔完井,而对于深井、超深井则多采用尾管射孔完井。

三、割缝衬管完井

割缝衬管是指割缝的钢管,筛管是指在钢管上预先打孔或割缝后,再用不锈钢丝绕制的防砂管。

割缝衬管完井有两种完井工序。一种是用同一尺寸钻头钻穿油层后,套管柱下端连接衬管下入油层部位,通过套管外封隔器和注水泥浆固井,封隔油层顶界以上的环形空间,称为割缝衬管完井,如图1-6所示。这种完井工序的缺点是井下衬管一旦损坏就无法修理或更换,目前基本不采用。

另一种完井工序是改进割缝衬管完井,和先期裸眼井完井相似,先钻至产层顶部,下套管注水泥浆固井,待水泥浆凝固后,再从套管中下入直径较小的钻头钻穿油气层达设计井深。和先期裸眼完井不同的是,该完井方式在油层部位下入预先割缝的衬管,依靠衬管顶部的衬管悬挂器把衬管的重量悬挂在套管上,并密封套管和衬管之间的环形空间,使油气只能通过衬管上的孔眼或割缝流入井内,如图1-7所示。采用这种完井工序的油层不会受到固井水泥浆的伤

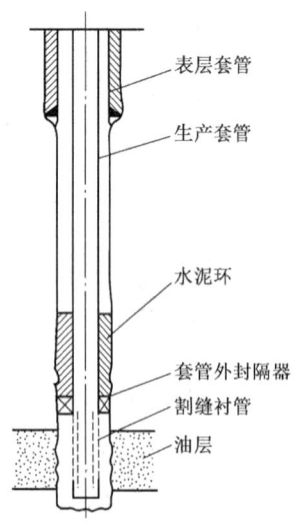

图1-6 割缝衬管完井示意图

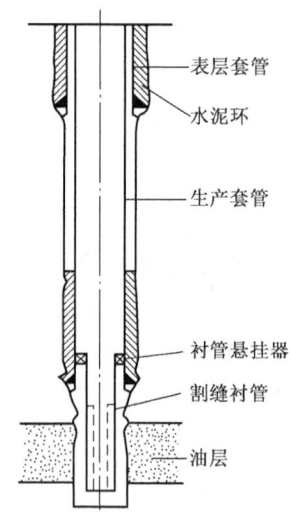

图1-7 改进割缝衬管完井示意图

害,可以采用与油层相配伍的钻井液或其他保护油层的钻井技术钻开油层。当衬管发生磨损和故障,还可以把它起出来进行修理或更换。

割缝衬管完井的一个显著优势是可以防砂,其防砂机理是,一方面允许一定数量和大小的小砂粒通过衬管,另一方面又能把较大颗粒的砂子阻挡在衬管外面。这样,大砂粒就在衬管外形成了"砂桥"或"砂拱",达到防砂的目的,如图1-8所示。由于"砂桥"处流速很高,小砂粒不能停留其中,砂粒的这种自然分选,使"砂桥"具有良好的流通能力,同时又起到了保护井壁的作用。

割缝缝眼的技术参数包括缝眼形状、缝眼排列方式、缝口宽度、缝眼长度和缝眼数量,其中缝眼长度应根据油层骨架砂粒度分析来确定。

(1)缝眼形状。为了避免砂粒卡在缝眼内而堵塞流通,割缝都是做成外窄内宽的梯形状,如图1-9所示。梯形两斜边的夹角与衬管的承压大小和流量有关,一般为12°左右。

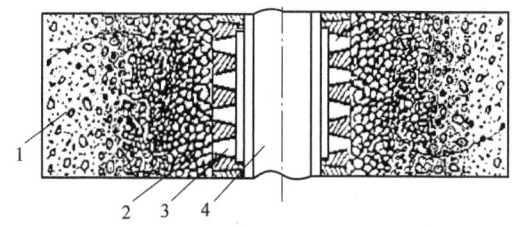
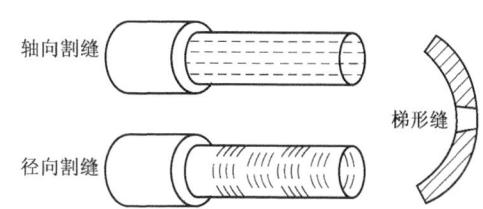

图1-8 衬管外自然分选形成砂桥示意图
1—油层;2—砂桥;3—缝眼;4—井筒

图1-9 割缝缝眼形状

(2)缝眼排列方式。缝眼的排列方式有两种,一是缝眼平行于衬管的轴线方向,二是缝眼垂直于衬管的轴线方向。由于垂向割缝衬管强度比平行割缝衬管强度低,因此,通常采用平行方向割缝。缝眼的排列形式以交错排列为宜。

(3)缝口宽度。梯形缝眼小底边的宽度称为缝宽,用e表示。割缝衬管防砂的关键就在于确定缝口宽度。实验研究结果表明,砂粒在缝眼外形成"砂桥"的条件是缝口宽度不大于砂粒直径的两倍,即

$$c \leq 2d_{10} \tag{1-1}$$

此处d_{10}代表在产层砂粒度组成累积曲线上,占累积质量为10%所对应的砂粒直径。其含义为占总质量90%的细小砂粒允许通过缝眼,而占砂样总质量为10%的大直径承载骨架砂不能通过,被挡在衬管外形成具有较高渗透性能的"砂桥"。

(4)缝眼长度。缝眼长度应根据管径大小和缝眼排列方式而定。平行方向割缝的缝长一般为50~300mm,由于垂向割缝衬管的强度低,因此垂向割缝的缝长较短,一般为20~50mm。缝眼长度的确定原则为:小直径高强度衬管取高值,大直径低强度衬管取低值。

(5)缝眼数量。缝眼数量决定了割缝衬管的流通面积。在确定割缝衬管的流通面积时,既要考虑产液的要求,又要顾及割缝衬管的强度。其确定原则是:在保证衬管强度的前提下,应保证有足够的流通面积。一般取缝眼的总面积为衬管外表总面积的2%。因此,一旦确定了缝眼长度和缝口宽度,缝眼数量可根据单个缝眼的面积和衬管外表总面积的2%来计算。

根据技术套管的尺寸、裸眼井段的钻头直径,可确定对应的割缝衬管外径。割缝衬管与套管、钻头匹配情况见表1-1。

表 1-1　割缝衬管与套管、钻头匹配表

技术套管		裸眼井段钻头		割缝衬管	
公称尺寸,in	套管外径,mm	公称尺寸,in	钻头直径,mm	公称尺寸,in	衬管外径,mm
7	177.8	6	152.4	5~5½	127.0~139.7
8⅝	219.1	7½	190.5	5½~6⅝	139.7~168.3
9⅝	244.5	8½	215.9	6⅝~7⅝	168.3~193.7
10¾	273.1	9⅝	244.5	7⅝~8⅝	193.7~219.2

割缝衬管完井是目前常用的完井方式之一。它既可起到裸眼完井的作用，又能防止井壁坍塌堵塞井筒，同时在一定程度具有防砂的作用，而且该完井方式工艺简单、操作方便、成本低，在一些出砂不严重的中粗砂粒油层中应用较多，特别在水平井中更为常见。

四、砾石充填完井

对于胶结疏松出砂严重的地层，一般应采用砾石充填完井。它是人为地在衬管和井壁之间充填一定尺寸的砾石，使之起防砂和保护生产层的作用。充填砾石的方法可分为直接充填和预充填两种。

直接充填是先将绕丝筛管或衬管下入井内油层部位，然后用充填液将地面上预先选好的砾石泵送至绕丝筛管（或衬管）与井眼或绕丝筛管与套管之间的环形空间内，构成一个砾石充填层，以阻挡地层砂流入井筒，达到保护井壁、防砂入井的目的。

预充填是在地面预先将符合地层特性要求的砾石填入具有内、外双层绕丝筛管的环形空间而制成防砂管，将这种筛管下入井内，对准油层部位进行防砂。与直接充填相比，使用该防砂方法的油井产能低，防砂有效期短。它不能像直接充填那样，能防止油层砂进入井筒，只能是当油层砂进入井筒后阻止其不再进入油管。该方法工艺简便、成本较低，在一些不具备直接充填条件的防砂井中，仍是一种有效的方法。

砾石充填完井一般都使用不锈钢绕丝筛管，而不使用割缝衬管，其原因是：

（1）割缝衬管的缝口宽度受铣刀强度的限制，0.5mm 以下割缝宽度加工较困难，因此，它只能用于中、粗砂岩的储层防砂。绕丝筛管是由异形（三角形）不锈钢丝绕在割缝的中心衬管上进行防砂，缝隙宽度最小可达 0.12mm，故其适用范围大。

（2）绕丝筛管是由连续绕丝形成的连续缝隙，其流通面积大，流体通过筛管时几乎没有压降，且绕丝筛管的断面为外窄内宽梯形，具有一定"自洁"的功能，轻微的堵塞可被产出流体疏通，其流通面积比割缝衬管大。

（3）绕丝筛管以不锈钢丝为原料，其耐腐蚀性强，使用寿命长。虽然成本是割缝筛管的 2~3 倍，但综合效益高。

砾石充填完井的优点是能有效地把地层砂限制在产层内，从而使地层保持稳定的力学结构；并且较厚的砾石层和筛管组成的二级挡砂体系，可以非常有效地防止油层砂产出。相反，割缝衬管完井由于没有砾石层，在地层疏松、流速较高及时间较长时，地层有可能垮塌，缝隙可能被完全堵死。因此，割缝衬管完井只是一种短期防砂方法，并只适用于出砂不严重的地层和低产井；而砾石充填是一种高效、长期的防砂方法，适宜于疏松地层及高产井。当然，砾石充填完井，不论施工难度还是施工成本，都要比割缝衬管完井高得多。

砾石充填完井又可分为裸眼砾石充填完井和套管内砾石充填完井两种（图 1-10）。

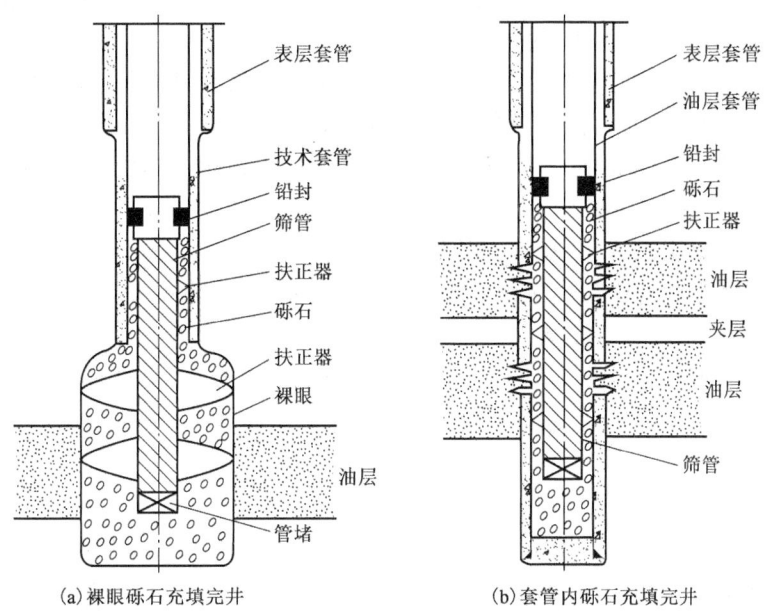

图 1-10 砾石充填完井示意图

(一) 裸眼砾石充填完井

在地质条件容许使用裸眼而又需要防砂时,就应该采用裸眼砾石充填完井。其优点是渗流面积大,产量高,阻力小;充填层因扩孔厚度大,结构稳定。其缺点是工序复杂,井下滤饼使产量下降。

其施工工序包括领眼、扩孔、电测、下防砂管柱、砾石充填、下生产管柱和完井投产。领眼是指钻到油层顶界以上 3m 后,下技术套管注水泥浆固井,再用小一级钻头钻穿水泥塞,然后钻开油层至设计井深。扩孔是指用专门的扩张式钻头将油层部位的井径扩大到技术套管外径的 1.5~2 倍,以确保充填砾石时有较大的环形空间,增加防砂层厚度,提高防砂效果,一般砾石层的厚度不小于 50mm。电测扩孔井径(使用多臂井径仪)后,操作人员当场解释,交施工人员,便可进行砾石充填。砾石充填有反循环和交叉循环充填两种方式。

裸眼砾石充填完井过程中,套管、钻头与筛管尺寸匹配关系见表 1-2。

表 1-2 裸眼砾石充填完井套管、钻头与筛管尺寸匹配表

套 管		领眼钻头		扩眼钻头		筛 管	
公称尺寸,in	套管外径,mm	公称尺寸,in	钻头直径,mm	公称尺寸,in	钻头直径,mm	公称尺寸,in	筛管外径,mm
5½	139.7	4¾	120.6	12	304.8	2⅞	73.0
6⅝~7	168.3~177.8	5⅞~6⅛	149.2~155.5	12~16	304.8~406.4	4~5	101.6~127.0
7⅝~8⅝	193.7~219.1	6½~7⅞	165.1~200	14~18	355.6~457.2	5½	139.7
9⅝	244.5	8¾	222.2	16~20	406.4~508.0	6⅝	168.3
10¾	273.1	9½	241.3	18~20	457.2~508.0	7	177.8

(二) 套管内砾石充填完井

对已下套管和射开多层或薄生产层的井或要求封隔夹水层、气层及易坍塌层的井,需要采

用套管内砾石充填完井。与裸眼砾石充填完井相比,套管内砾石充填完井采油指数要低得多,为此应采用高孔密、大孔径负压射孔。

套管内砾石充填完井的基本工序是:钻头钻穿油层至设计井深后,下油层套管于油层底部,注水泥浆固井,然后对油层部位射孔。要求采用高孔密(30孔/m左右)、大孔径(20mm左右)射孔,以增大充填流通面积,有时还把套管外的油层砂冲掉,以便于向孔眼外的周围油层填入砾石,避免砾石和地层砂混合增大渗流阻力。

套管内砾石充填从充填类型(按携砂液黏度和砂比)上可分为常规低密度砾石充填和高密度砾石充填。由于高密度砾石充填(高黏充填液)紧实,充填效率高,防砂效果好,有效期长,目前大多采用高密度砾石充填施工。

套管内砾石充填从充填方式(工艺)上可分为向下冲洗充填、反循环充填和正循环充填;从充填步骤上可分为一步法充填和二步法充填。

五、完井方式优选

完井方式优选是在油气藏类型和油气层特性研究的基础上,为实现油气井高效开采和延长油气井寿命而进行的完井方式适应性分析并优选出最佳完井方式的过程。各种完井方式适用的地质条件见表1-3。除了表1-3列举的完井方式外,矿场针对储层出砂问题,还常采用金属纤维防砂筛管、陶瓷防砂筛管、多孔冶金粉末防砂筛管、多层充填井下滤砂器以及化学固砂等完井方法进行防砂。

表1-3　各种完井方式适用的地质条件(垂直井)

完井方式	适用的地质条件
裸眼完井	(1)岩性坚硬致密、天然裂缝发育、井壁稳定不坍塌的碳酸盐或砂岩储层; (2)无气顶、无底水、无含水夹层及易塌夹层的储层; (3)单一储层,或压力、岩性基本一致的多层储层; (4)不准备实施分隔层段及选择性处理的储层
射孔完井	(1)有气顶,或有底水,或有含水夹层及易塌夹层等复杂地质条件,因而要求实施分隔层段的储层; (2)各分层之间存在压力、岩性等差异,因而要求实施分层测试、分层采油、分层注水、分层处理的储层; (3)要求实施大规模水力压裂作业的低渗透储层; (4)含油层段长、夹层厚度大、不适合于裸眼完井的构造复杂的油气藏
割缝衬管完井	(1)无气顶、无底水、无含水夹层及易塌夹层的储层; (2)单一厚储层,或压力、岩性基本一致的多层储层; (3)不准备实施分隔层段及选择性处理的储层; (4)岩性较为疏松的中、粗砂粒储层
裸眼砾石充填完井	(1)无气顶、无底水、无含水夹层的储层; (2)单一厚储层,或压力、岩性基本一致的多层储层; (3)不准备实施分隔层段及选择性处理的储层; (4)岩性疏松且出砂严重的中、粗、细砂粒储层

续表

完井方式	适用的地质条件
套管内砾石充填完井	(1)有气顶,或有底水,或有含水夹层及易塌夹层等复杂地质条件,因而要求实施分隔层段的储层; (2)各分层之间存在压力、岩性等差异,因而要求实施选择性处理的储层; (3)岩性疏松且出砂严重的中、粗、细砂粒储层
复合型完井	(1)岩性坚硬致密、井壁稳定不坍塌的储层; (2)裸眼井段内无含水夹层及易塌夹层的储层; (3)单一厚储层,或压力、岩性基本一致的多层储层; (4)不准备实施分隔层段及选择性处理的储层; (5)有气顶或储层顶界附近有高压水层,但无底水的储层

面对不同井况需求,完井方式选择的考虑重点也千差万别。例如,对于注水井完井,其完井方式优选时,必须考虑注水压力、储层精细划分以及精细分层注水的影响;对于存在气顶、底水或边水的油藏,完井方式选择必须充分考虑如何发挥气顶、底水或边水的有利作用,同时又能有效地控制其他不利因素;对于稠油油藏,完井时必须考虑热采对套管、固井水泥浆以及后续防砂的影响。

对于油田开发中、后期的调整井,由于它们在油水井压力系统、层间压力和油层含油饱和度上都已发生了很大变化,完井方式优选时必须考虑以上因素的影响,特别是层间压力差异的影响;对于需要压裂、酸化的井,高施工压力对套管强度的影响、酸液腐蚀对套管材料的影响以及分层改造需求等也必须考虑进去,对于注气井也是如此。

最后,需要说明的是,虽然完井方式优选主要是针对单井而言,但是由于所处地理位置的差异,即使同一油藏下不同单井完井方式选择也不尽相同,如气顶、底水等均会造成差异。

第二节　射　孔　工　艺

射孔完井是目前油气井最主要的完井方式,其在世界石油工业的应用最为广泛,也是人们最为关注和重视的完井方式。采用射孔完井的油气井,射孔孔眼是沟通产层和井筒的唯一通道,在合理射孔工艺及正确射孔设计下高质量完成射孔作业,可减少射孔表皮、提高井底完善程度进而获得高产。全通径射孔如动画1-1所示。

多年来人们对射孔工艺、射孔枪弹器材与配套设备、射孔伤害机理与检测评价方法、射孔优化设计以及射孔液等都进行了大量的理论、实验和矿场试验研究,特别是近十几年来,射孔技术更是取得了飞速的发展。人们也已经认识到射孔完井的重要性,并把射孔完井作为一项系统工程来考虑,通过综合考虑油气藏地质特征、流体特性、地层伤害状况、井类型(直井、斜井或水平井)、套管程序和油气井试油投产或完井目标,进行射孔工艺及射孔参数的优选与优化。

动画1-1　全通径射孔

一、电缆输送射孔工艺(WCP)

按采用的射孔压差或井口密封方法,电缆输送射孔工艺可以分为以下三种方式。

（一）常规电缆输送正压射孔工艺

射孔前用高密度射孔液压井,造成井底压力高于地层压力。在井口敞开的情况下,利用电缆下入射孔枪。通过接在电缆上的磁性定位器测出定位套管接箍对比曲线,调整下枪深度,对准层位,在正压差下对油气层部位射孔。起出射孔枪后,下油管并装好井口,进行替喷、抽汲或气举等诱喷或直接采用人工举升的办法,以使油气井投产。

这种工艺具有施工简单、成本低、高孔密、深穿透的优点,但正压会使射孔液的固相和液相侵入储层而导致较严重的储层伤害。为了减少正压对地层的伤害,要求使用优质的射孔液。

（二）常规电缆输送负压射孔工艺

这种工艺基本上与电缆输送正压射孔工艺相同,只是射孔前将井筒液面降低到一定深度,以建立适当的负压。这种工艺主要用于低压油藏,具有负压清洗和穿透较深的双重优点。但对于油气层厚度大的井需多次下枪射孔,因而不能满足后续下枪射孔时必要的负压。

（三）电缆输送带压施工射孔工艺

电缆输送带压施工射孔工艺与上述两种工艺的唯一不同是其井口是封闭的。这种工艺可以实现大直径电缆枪负压射孔,避免了正压射孔可能给油气层带来的伤害,主要适用于常压或高压油气藏。该工艺的关键是井口大直径电缆的动密封和高压防喷系统设备配套,结合电缆射孔分级点火技术,可减少防喷系统的拆卸次数,从而降低劳动强度、提高作业效率。

二、油管输送射孔工艺（TCP）

油管输送射孔工艺是利用油管将射孔枪下到油层部位射孔,油管下部连有压差式封隔器、带孔短节和引爆系统,油管内只有部分液柱造成射孔负压,通过地面投棒引爆、压力或压差式引爆或电缆式接头引爆等各种方式使射孔弹爆炸而一次全部射完油气层。

油管输送射孔的深度校正一般采用较为精确的放射性测井校深方法。在管柱总成的定位短节内放置一粒放射性同位素,校深仪器下到预置深度(约在定位短节以上100m),开始下测一条带磁定位的放射性曲线,超过定位短节约15m时停止。将测得的放射性曲线与以前测得的校正放射性曲线对比,换算出定位短节深度,并在井口利用油管短节进行调整。

油管输送射孔的引爆有多种方式。最简单的是重力引爆,即在井口防喷盒内预先装有一圆柱金属棒,射孔时释放该棒,高速下落的投棒撞击枪头的引爆器。投棒有标准投棒、万向节滚轮式投棒、串联投棒以及铜质投棒等方式。这种引爆要求管柱必须通径,油管不能有弯曲,井斜不能过大。

另一种引爆方式是油管加压引爆。由于油管内只有部分液柱,一般需用氮气作传压介质。为了保证射孔瞬间的负压,必须将高压氮气在引爆前释放出井口。这就要求在加压氮气和引爆射孔之间有一较长的缓冲时间以释放氮气,称为延迟引爆。

第三种引爆方式是环空加压引爆(压差引爆)。利用封隔器中的转换装置或水力旁通,使环空与油管成为两个不同的压力系统。从环空加压造成环空压力与油管压力的压差增加,压差增至预定值,剪断活塞销钉,使活塞与钢丝绳夹板一起带动钢丝绳迅速上移而使点火头拉杆上移,由此使撞针释放而引爆雷管。为了克服压力点火装置牵引钢丝绳易伸长、滑脱、拉断的弱点,现大多用耐高压的金属导管传递封隔器上部的环空压力,直接剪切起爆剪切销引爆雷管射孔。

还有一种引爆方式称为电能引爆,点火头分为电缆传送电流点火头和电池落棒点火头两种。

为了解决 TCP 中长夹层带来的传爆可靠性差、夹层枪成本高等缺陷，国内研制并成功实施了油管传输多层射孔分级起爆技术（可分为投棒起爆、投棒与压力复式起爆、压力与压力复式起爆以及增压起爆等多种分级起爆方式）、多级同时（负压）起爆技术以及隔板传爆技术（主要针对海上水平井射孔），有效解决了长夹层带来的种种问题。

油管输送射孔工艺具有高孔密、深穿透、负压值高、易于解除射孔对储层的伤害、一次射孔层段厚度较大的优点。该工艺特别适用于斜井、水平井和稠油井等电缆难以下入的井。由于在井口预先装好采油树，故安全性能好，非常适用于高压地层和气井。同时射孔后即可投入生产，也便于测试、压裂、酸化等和射孔联作，减少压井和起下管柱次数，减少了对油层的伤害和作业费用。油管输送射孔要求钻井时加长井底口袋，以便存放落下的射孔枪。有时，射孔井段太长，则射孔枪也太长，即无法将射孔枪丢在井底，只能不丢枪或采取其他办法。

三、模块枪电缆射孔工艺

模块枪电缆射孔工艺是针对地层压力大的高压油气井，利用电缆输送方式实现油管输送式射孔的完井过程，达到防喷的目的，并且能够实现定方位射孔。该工艺是将模块枪用电缆分段下井，锚定在套管壁上，引爆模块枪一次射开全部射孔段，悬挂器和模块枪将自动释放丢到井底，然后通过电缆防喷器，井口带压操作捞出射孔枪。该工艺的最大优点是，射孔枪不需要电缆或油管连接，能自行锚定在射孔目的层位，一次射开超长射孔井段并自动丢枪到井底，从而实现全通径生产完井管柱。该工艺可在负压情况下射孔，保护了储层，能最大限度地提高油气井生产能力。

四、油管输送射孔联作工艺

（一）油管输送射孔与投产联作工艺

国外自喷井普遍采用这种工艺，既安全又经济，射孔与投产只下一次管柱就完成。管柱的结构和使用的封隔器因井而异，一般都采用丢枪的方式。该工艺先用电缆将生产封隔器坐封在油层套管上，然后下入带射孔枪的管柱，管柱的导向接头下到封隔器位置时，循环冲洗管柱，将管柱内的积渣和污物冲洗干净；然后继续下管柱，当管柱总成坐封后，井口投棒撞击枪头的起爆器，使之射孔；射孔后射孔枪及其残渣被释放至井底，随后转入投产。

（二）油管输送射孔与地层测试联作工艺

将油管输送装置的射孔枪、点火头、激发器等部件接到单封隔器测试管柱的底部。管柱下到待射孔和测试井段后，进行射孔校深、坐好封隔并打开测试阀，引爆射孔后转入正常测试程序。国内基本上都采用旁通传压技术进行 TCP 测试联作。根据地层测试工具类型的不同可进行四种主要形式的组合，即 TCP + MFE（多流测试器）联作测试、TCP + PCT（环压控制测试器）联作测试、TCP + HST（水力弹簧测试器）联作测试、TCP + APR（全通径测试器）联作测试（动画 1 - 2）。

这种工艺特别适用于自喷井，可缩短试油周期，降低成本，保护储层，目前在探井、评价井中应用极为广泛。例如在塔里木深井和超深井中取得成功应用的 TCP + MFE 联作测试，其射孔层段深度均在 4500m 以下，地层压力系数在 1.1 ~ 1.2，地层温度在 120 ~ 150℃，采用了环空

动画 1 - 2　全通径测试

加压引爆与 MFE 联作测试,在 100 多井次中成功率达 90%。其工作程序是,环空压力经封隔器上面的旁通孔传递到起爆器活塞,活塞受压剪断销钉后下行,撞击起爆药饼引爆射孔;射开地层后流体经过环空由筛管进入管柱,即转入正常测试流程。

(三) 油管输送射孔与水力压裂、酸化联作工艺

这种工艺完井时下一次管柱,能完成射孔、测试、酸化、压裂、试井等工序,在我国四川气田、长庆油田获得了成功的应用。复合射孔与水力压裂、酸化联作工艺原理分别如动画 1-3、动画 1-4 所示。

(四) 射孔与抽油泵联作工艺

这种工艺根据选用抽油泵的类型采用不同的负压起爆方法。例如杆式泵可采用投棒起爆,管式泵可采用油管内加压起爆,螺杆式抽油泵则只能采用油管外加压起爆。该工艺不仅可避免射孔后压井液对地层造成的二次污染,解决管柱造成的环保问题,而且具有一定增产效果。大庆试油试采分公司和胜利测井公司成功进行了射孔与抽油泵联作施工。

(五) 射孔与高能气体压裂联作工艺

射孔与高能气体压裂联作工艺(动画 1-5)的基本原理是在射孔弹架内装填惰性炸药(常用固体或液体推进剂),利用油管或电缆把射孔装置下到目的层位,通过投棒或电引爆射孔枪。由于射孔弹从引爆到形成射流的时间是毫秒级,而装填的火药从引爆到完全燃烧是秒级,利用爆速与燃速的时间差,射孔弹引爆后形成的射流首先穿透套管,在地层中形成孔眼,而延迟燃烧的枪身内的推进剂随后产生高温高压气体,对刚形成的射孔孔眼进行冲刷和延伸,并产生不受地应力控制的裂缝,裂缝长可达 2~8m,形成较完善的井底沟通。形成裂缝的条数与作用时间和峰值压力有关。

动画1-3 复合射孔与水力压裂联作工艺

动画1-4 复合射孔与酸化联作工艺

动画1-5 射孔与高能气体压裂联作工艺

(六) 油管输送射孔与防砂联作工艺

对于弱(非)胶结地层而言,地层极不稳定,易受外界扰动因素影响而出砂,此时可采用油管输送射孔与防砂联作工艺,一趟管柱实现射孔与防砂作业,减少施工成本和作业时间,并有利于保护储层。这种工艺采用了带螺旋片的施工管柱,能大排量地循环清除井内砂粒而不卡枪,并有效地向孔眼进行砾石充填。其施工流程是先在套管内射孔段底部坐封封隔器,然后将上部带封隔器和下部带螺旋片射孔枪的管柱(该管柱在地面试验能满足 8315N·m 的扭矩)下至油层底部,校深并使封隔器坐封后射孔;解封上部封隔器,然后大排量循环清洗孔眼,再由管内注入携砂液,经旋转管柱将砂液掺入孔眼,在地面可观察压力和砂液返出情况;最后旋转管柱至砂面以上循环后,再起出施工管柱。

为了进行有效的砾石充填作业,射孔应采用大孔径、高孔密。

五、电缆输送过油管射孔工艺(TTP)

(一)常规过油管射孔工艺

常规过油管射孔工艺(动画1-6)是最早使用的负压射孔工艺,首先将油管下至油层顶部,装好采油树和防喷管,射孔枪和电缆接头装入防喷管内,准备就绪后,打开清蜡阀门下入电缆,射孔枪通过油管下出油管鞋,用电缆接头上的磁定位器测出短套管位置,点火射孔。

常规过油管射孔具有负压射孔、减少储层伤害的优点,尤其适用于生产井不停产补孔和打开新层位,避免了压井和起下油管作业。但射孔枪直径受油管限制,无法实现高孔密、深穿透(弹尺寸小且射孔枪与套管间隙过大),其穿透深度难以超过200mm,曾有一段时间油田很少采用。后来OWEN公司重新设计了射孔弹结构,并配套设计了45°和60°枪身,加大了装药量,使穿透深度可达600mm左右,因而又重新被油田采用。

动画1-6 常规过油管射孔

常规过油管射孔一次下枪长度受防喷管高度限制,厚油气层需多次下枪,而以后下枪无法保证负压。就负压本身而言也不能过大,以防射孔后油气上冲而使电缆打结造成事故。

(二)过油管张开式射孔工艺(Extended-diameter TTP)

常规过油管射孔的主要缺点是枪小、弹小,从而射孔穿透深度受限制。为此,人们研究了一种新的过油管张开式射孔工艺。该系统最先由Schlumberger公司于1992年开发成功。国内四川射孔弹厂能生产过油管张开式射孔枪、弹全套工具,并于1994年完成现场试验,取得了较好的效果。

过油管张开式射孔枪用电缆输送射孔枪,可在不起出油管的情况下,把大能量射孔弹通过油管,用电缆输送到射孔目的层后,由地面对释放雷管发出电信号,释放雷管起爆解锁后,射孔弹在弹簧拉力的作用下,旋转90°,与弹架轴线成垂直状态,然后由地面对电雷管发出起爆电信号,雷管引爆导爆索,导爆索引爆射孔弹,从而实现过油管深穿透射孔。这样就能在不起油管的情况下相当于使用一种大直径套管射孔枪,其弹药量不小于23g,穿透深度可达到原射孔枪的4倍以上,有效发挥油气井产能。

六、超正压射孔工艺(EOP)

超正压射孔工艺(动画1-7)(extreme overbalance perforating)是国外Orxy能源公司的P.J.Handren等人于20世纪90年代提出的新工艺技术,由于其良好的施工效果在北美地区至少进行了900口井的现场应用,得到了很好的发展。

该工艺就是在射孔前,使用液体或氮气或混合气液柱向井筒加压,使井底压力至少等于地层破裂压力。在射孔瞬间压缩气体的能量直接转化为作用于地层的压力,加压液体以非常高的速度进入射孔孔眼。由于在射孔瞬间,聚能射孔作用于孔眼尖端的压力已高达上万兆帕,这样高的压力大大超过了地层岩石的主应力和抗张强度,必然在孔眼壁面产生高度的应力集中,使得孔道壁面产生大量裂纹。因而随后高速的流体冲击会使裂纹延伸扩展,形成有效井底沟通。射孔后继

动画1-7 超正压射孔

续注液氮、注酸、注携砂液都可起到增产效果;也可射孔后继续注树脂固结地层砂而起到化学防砂的作用。

超正压射孔工艺操作可分为两大类,一是射孔与冲击同时完成的工艺,二是 EOP 作为独立射孔后的泵注冲击工艺,即分为使用于未射孔和已射孔井的工艺。未射孔的井按射孔工艺还可分为三种,即油管传输 EOP 工艺、过油管 EOP 工艺和电缆套管枪 EOP 工艺,如图 1-11 所示。

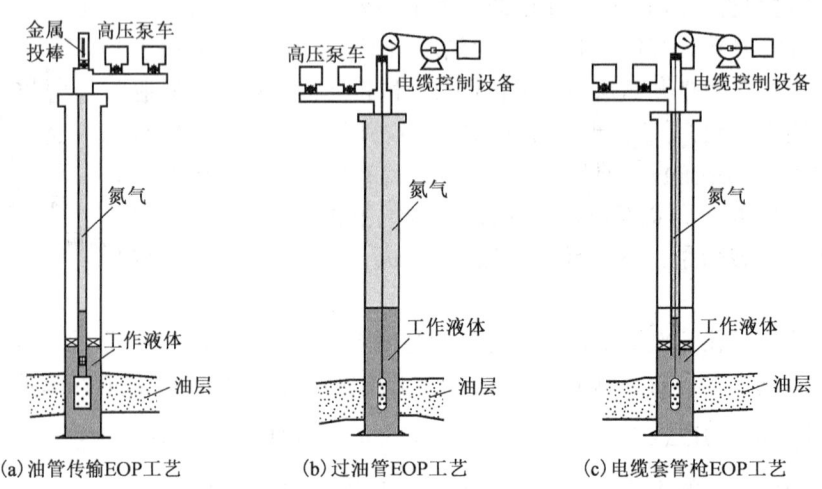

图 1-11 未射孔的井超正压射孔工艺管柱示意图

油管传输 EOP 工艺适用于复杂地层或高压地层;电缆套管枪 EOP 则适用于低压储层;过油管 EOP 工艺适用于不动生产管柱的老井打开新层或补孔作业。

超正压射孔工艺对碳酸盐岩地层来说,如果井筒流体介质采用酸液,通过酸液溶蚀能力,最终形成地层和井底的有效沟通,这对于提高低渗或裂缝性碳酸盐岩储层的油气井产能将起到积极作用。对于低渗、非均质严重、污染严重或低压的砂岩油气层,由于达不到清洗孔眼需要的负压差,它是替代常规负压射孔的极好方法,大大提高了射孔工艺对不同地质条件的适应性。对于低渗、非均质严重、完井后需要压裂投产的井,超正压射孔技术也可作为压裂的先导技术或井底流动条件改善的有效技术。

由于超正压射孔工艺是高压作业,要考虑井下管柱、井口和设备的承压能力,强化安全措施。此外,液体要进入地层,必须保证完井流体与地层岩石和流体有良好的配伍性,以避免产生新的储层伤害。

一般来讲,超正压射孔工艺主要适用于:(1)中低渗油藏的压裂施工预处理,射孔相位 120°或 180°,低孔密;(2)中高渗油藏解堵,高孔密,低相位(45°或 60°);(3)碳酸岩油藏(需添加酸液);(4)天然裂缝性油藏,高孔密,相位不限;(5)非均质严重油藏;(6)已射孔井的高压冲击解堵。

七、水平井射孔工艺

自 20 世纪 80 年代初水平井在油田开发中开始得到应用以来,与水平井相关的配套技术与理论也得到了长足的进步。在水平井射孔技术理论与实践方面,国外各主要石油公司,例如斯仑贝谢、西方阿特拉斯、哈里伯顿和阿莫科等都在深入广泛地开展射孔技术的研究工作。目前国内通过不断探索和学习,不仅能完成长井段、深井的定向射孔作业,而且能完成水平井的射孔与测试联作、水平井重复射孔、水平井限流压裂射孔、水平井的氮气超正压射孔等作业。水平井射孔已经逐渐变成一项常规射孔作业。

在不易垮塌地层的水平井中,为了有效防止气、水锥进,便于分层段开采和作业,目前大都采用射孔完井方式。水平井射孔枪的传输方式一般采用油管或连续油管输送,水平井射孔井下总成一般包括定位短节、引爆装置、负压附件、封隔器、定向射孔枪、扶正器和滚珠引鞋等。

由于水平井射孔层段长且跨度大,因此射孔枪起爆的安全性和传爆的质量是重点考虑的对象,一般都采用多个起爆器。水平井射孔引爆的方式虽然都采用压力引爆,但根据不同目的和用途又派生出多种形式,比如油管加压引爆、环空加压引爆、压力开孔装置+压力(延时)起爆、压差开孔装置+压差(延时)起爆、开孔枪+压力(延时)起爆、一体式压力(延时)起爆开孔装置以及隔板传爆等。

水平井射孔的另一关键是选择合适的射孔枪。射孔枪要能安全地送到目的层,并能安全起出。这就要求射孔枪在曲率井段内通过时不产生塑性变形,枪身内弹架旋转自如,射后枪身变形小且孔眼处无撕裂。因此,根据实际地层情况选用经热处理等特殊工艺用无缝钢管加工而成的射孔枪,一般射孔后毛刺高度不超过3mm,最大膨胀不超过5mm。

再就是选择水平井的射孔方位。水平井射孔方位有周边射孔(360°)和低边射孔(180°、120°)两类,如图1-12所示。其方位的选择主要取决于地层坚硬程度,一般情况,特别是胶结疏松地层,射孔方位大都采用180°~120°,以免水平井段上部因射孔后岩屑下落堵塞井筒。

图1-12 水平射孔方位图

射孔方位是通过水平井射孔枪的定向来实现的。目前射孔枪的重力定向有两类,即外定向和内定向。外定向是采用在枪身外焊翼翅,配合转动接头,靠翼翅与井壁摩擦阻力不平衡,在偏心重力作用下实现枪串的整体转动来进行射孔定位;而内定向是在枪身内采用弹架偏心设置,配合偏心支撑体,在偏心重力作用下弹架旋转实现每根枪射孔定位。由于内定向的精度高、定向效果易检测,且可安装尺寸相对较大的射孔枪,因此国内目前普遍采用内定向,内定向又有偏心旋转和配重块旋转两种方式。

需要特别提及的是,近年来国外水平井或大位移井连续油管输送射孔发展很快。由于连续油管(coiled tubing)施工安全、快捷和对油气藏特有的保护作用等特点,在国外油气田开发中获得了广泛的应用。国内各大油田也相继引进了连续油管及其作业车,并成功解决了油田生产中的一些特殊难题,连续油管的应用范围已扩展到修井、完井、测井、增产措施、钻井、管输等多个领域。

随着材质和设备制造技术的不断更新和提高,连续油管在质量、品种、长度等方面都有很大提高,新型连续油管作业车在性能方面也大大增强,能够适应恶劣的现场环境和从事复杂的作业施工。连续油管的直径从12.7mm(0.5in)到168.27mm(6⅝in)共有100多种规格;屈服强度为482.3~964.6MPa,可以满足不同作业需要。国内外连续油管作业设备作业车的数量已达到1100多台,并且每年以8%的速度增长。

连续油管系统主要分为车载式连续油管作业机、拖车式连续油管作业机和橇装式连续油管作业机等,主要由注入头、油管滚筒、连续油管、控制室、动力设备、防喷器(BOP)以及井下牵引车(根据需要)等构成。在进行连续油管输送射孔作业之前,必须根据井身结构对连续油管长度、壁厚、重量、强度以及管柱构型(普通或锥形)进行详细的分析和设计。对于高温高压井、大位移水平井,必须强调作业的安全性和射孔引爆的可靠性。目前,采用连续油管输送射孔最深的井是位于俄罗斯Sakhalin岛Chayvo油田的一口大位移水平井(Well Z6),它由Exxon-Mobil公司完成设计和施工作业,该井井深9375m(垂深2613m),设计要求连续油管长10670m,外径50.7mm($2\frac{3}{8}$in)(采用锥形结构),屈服强度630MPa(90000psi),为满足施工要求专门设计了油管滚筒(法兰直径达216in)和具有至少1000kg牵引力的水力牵引车。

八、定向射孔工艺

定向射孔工艺主要应用于裂缝性油藏射孔、水平井射孔、欲压裂井射孔和防砂射孔作业。一般对准裂缝发育方位或正交于最小水平地应力方位射孔,有利于防砂或进行压裂施工作业,提高作业的成功率和效果。

国外定向射孔系统(直井或水平井)已应用于大量油气田生产实践中,并取得了良好效果。例如哈里伯顿公司新推出的G-Force精确定向射孔系统,该系统上的定向旋转仪位于枪身的保护性环境内,其先进性主要表现在它克服了老的定向系统受到的一些限制,如不依赖于特殊的串联翼翅、偏心短接和旋转环,这些都受到枪工作时产生的摩擦和扭矩的影响,导致定向精度低。该系统主要用于井斜在25°以上的井。枪身长26.7m,彼此紧密咬合,使系统排列成一条直线,不需要旋转短接。其内部定向系统含在枪架内。这种紧凑的结构可以将其放置在其他枪因与套管或障碍物摩擦而不能到达的位置。系统可通过连续油管、电缆、钢丝或铰链管来传送。由于不需要使用多个定向短接,射孔枪可在井眼内居中,射孔效率提高了90%。

国内除水平井采用重力定向射孔外,其他与国外有较大差距。四川测井公司研制的定方位仪采用加速度计作为定向系统,同时采用小直径金属保温瓶和井下自动导向系统,用于井斜大于等于2°的井,配陀螺短节后可进行直井定向。辽河测井公司也研制了采用陀螺定向的直井定向射孔仪。要达到期望的效果还需要作大量工作。定向射孔工艺的关键在于地层裂缝或主应力方位的确定、定向控制方法选择、配套工具开发、数据传输采集与处理以及定向监测评价技术。

第三节 试 油

在石油勘探过程中,根据地质录井资料和测井资料的解释结果,以及钻井过程中油气显示等各项资料,采用专门的工艺,对可能出油的层位,通过对油气水产量、温度、压力及油气水性质进行直接测量来鉴别和认识油气水层的工作称为试油。

在油田预探阶段,试油主要是探明新构造是否有工业油流;在油田初探阶段,试油主要是探明新油田的工业含油面积、产油能力和驱动类型,这时应选择控制点、分区、分油层组试油;在油田详探阶段,试油的主要任务是落实油田储量,编制合理开发方案,多层时应分单层试油,求准储量参数和开发设计数据;油田投入开发以后,仍然需要在检查井、观察井、油水过渡带井求分层试油资料,不断从动态资料中加深认识油层。

总之,试油是油气勘探取得成果的关键,是寻找新油气田并了解地下情况的最直接手段,为油气田开发和开采提供可靠的科学依据。

一、试油的工作内容

为了很好地完成试油工作,必须对试油的任务和要求、试油资料的取得与应用以及试油工艺等有充分的了解。

(一)试油的任务和要求

试油的主要任务是了解储层及其流体的性质,为附近同一地层的其他探井提供重要的地质资料,许多探井资料可以初步确定该油田的工业价值;查明油气田的含油面积及油水或气水边界以及驱动类型,为初步计算地下油气的工业储量提供必要的资料;了解储层的产油气能力和验证测井资料解释的可靠程度;试油资料的整理和分析结果是确定一口井合理工作制度的基础,在制定油田开发方案时可作为确定单井生产能力的依据。

试油工作总是首先围绕探井而展开,探井分为参数井、预探井、详探井、资料井以及检查井,不同的探井类型,其试油的要求也不一样,但不论哪种类型的井,试油的基本原则是坚持分层试油,不能漏掉一个油(气)层。各类探井的试油要求分别为:

(1)参数井:主要钻探目的是了解地层层序、厚度、岩性、生储油层情况。如遇有油气显示时应进行试油。层位选择的前提是尽快落实含油情况并确定油气层的工业价值。首先选择最好的油气显示层优先进行试油、试气,以尽快打开新区找油找气形势。

(2)预探井:主要钻探目的是探明构造的含油(气)性,查明油(气)层位及其工业价值。试油层位主要选择有利的油气层为重点试油层,但一定要系统了解整个剖面纵向油气水的分布状况及产能,搞清岩性、物性及电性关系,为计算三级储量提供依据。

(3)详探井:主要钻探目的是探明含油(气)边界,圈定含油(气)面积。试油层位应搞清油气水的分布、产能变化特征及压力系统。不允许油气水层大段混试,应按油层组自下而上分段逐层试油。对于可疑层、认识不清的油水界面以及水层,均要分层测试,为计算二级地质储量提供依据。

(4)资料井:主要目的是搞清岩性、含油性、油层物性与电性关系,落实油水层电性参数。为此在取心部位要分层试油,不允许油气水层混在一起大段合试。

(5)检查井:主要目的是取得油水过渡带分层试油资料,不断从动态资料中加深认识油层。

(二)试油资料的取得与应用

在油气田勘探过程中,通过试油,可以判断油气田有无有工业开采价值的油气层,同时通过试油,还能对各个油气层的产能及原油特性进行评价,为估算油井及储油构造的储量提供依据。为了能准确地评价油气层,在试油过程中应尽可能将资料取全取准。应取得的资料大致有以下几方面:

(1)产量数据:包括地面或井下的油、气、水产量;

(2)压力数据:包括地层静压、流动压力、压力恢复曲线及井口油管压力、套管压力;

(3)原油及水特性资料:包括井下及地面原油取样、氯离子及原油的含砂量;

(4)温度数据:包括井下温度及地温梯度等。

分层试油资料的应用有以下几方面：

(1) 了解油层生产能力。确定油田或油层的工业开采价值时，必须通过产能试油；合理划分与组合开发层系时，必须首先了解不同油层的生产能力、流体性质、水动力系统。为了达到上述目的，应选择适当油嘴求产量，确定可取的原始地层压力及压力恢复曲线，通过井下取样求得饱和压力和其他高压物性资料以及油气水物理化学性质等资料。通过对不同层组生产能力、水动力系统、原油特性研究，划分合理开发层系，确定合理工作制度；并且应用不同射孔密度，控制完善程度来调节分层的生产能力。

(2) 研究油层有效厚度界限。油层有效厚度界限常受多方面影响，如含油产状、有效渗透率、原油黏度、开采方式对不同地区要求的工业油流标准等，必须通过分层试油确定。通过试油取全不同回压条件下的产能资料，再通过油层的含油产状来划分不同地区的有效厚度标准。对不同渗透率的薄油层和不同厚度的低渗透层分别试油，研究二者的关系，找出有效厚度划分与有效渗透率的关系。

(3) 研究有效渗透率与空气渗透率的关系。应用岩心分析或测井解释求得的空气渗透率，主要反映岩石本身的物理性质，不能直接用以计算油田开发指标。而通过单层试油求得的有效渗透率，则不仅能反映出岩石性质，而且还能反映出油层中流体性质及流动特征。利用压力恢复曲线求出的有效渗透率可以避免受油井完善程度的影响，比用采油指数求得的有效渗透率可靠。将试油求得的各单层有效渗透率与岩心和地球物理解释的空气渗透率作关系曲线，找出二者之间的比例系数，即可由空气渗透率换算成有效渗透率。

(4) 鉴别油层、水层，研究油水分布规律。在油层和水层交错分布的地区，用岩心分析资料和地球物理解释可以在一定程度上判别油层、水层，但真正产油或产水，必须结合相当数量的单层试油资料，才能准确判断出油层、水层，确定分层油水边界。通过试油资料和电测资料对比，确定产油和产水的电性界限，编制油层、水层解释图板，划分出油层、水层和油水过渡层。根据水层和油层分布特点，找出规律，分层、分区划出纯油区、过渡带和水区分布状况。

(5) 寻找气夹层，研究油气分布规律。含油层与气夹层在电测曲线显示上往往不易区分，需要分单层试油验证。在气顶附近也需要通过单层试油，掌握油气接触面。

(6) 检验油层水淹及受效情况。在注水开发过程中，水线前缘不断推进，通过检查井试油，可以了解高渗透层水线推进距离和水淹面积，水淹层驱油效率，低渗透层在注水后单层受效情况及产油能力。

(三) 油井完成与试油的关系

试油工作与油井完成是相互联系的，油井完成的各个工序质量的好坏，必然影响试油工作。

(1) 钻开油层的方法对试油的影响。在钻穿油层时出于防止井喷而采用高密度钻井液压井。如果钻井液密度过大，会伤害油层，在诱导油流时影响油（气）流入井的能力。对于新探区的探井在试油时甚至会形成"无油气"的假象，严重地影响找油工作。钻井液失水还可能降低油层产能，对于油（气）层的真实评价也会带来不利影响。因此，在钻穿油层时防喷的要求应该是"压而不死"，以保护油层不给试油带来危害。

(2) 下套管和固井质量好坏对试油的影响。下套管质量的好坏包括两个方面：一方面是套管本身的质量，如套管内径是否规则、套管强度特别是接箍的强度够不够、套管螺纹是否受过损伤以及加工如何等；另一方面是在下套管的施工过程中，必须保证套管不受损伤以及套管上扣时必须上紧。套管内径不规则，试油时井下工具和仪器不易下去或遇卡。套管螺纹强度受到损伤，或没有上紧，将给以后井内憋压带来很大的困难，或者憋不上足够的压力，或将套管憋坏。固井质量不好,将在试油时因井内憋压而产生窜槽,使试油工作不能正常进行。

(3)完井方法对试油的影响。完井方法选择是否适宜,对试油工作有着很大影响,例如适宜射孔完井的井,由于不恰当地选用了裸眼完井,从而造成了油层岩石的坍塌,给今后试油、增产增注措施以及分层生产控制带来很大的困难。反之,对于坚硬致密、渗透性很差、不需要分层控制的地层,如果选用射孔完井将影响油井的完善程度,对试油及以后油井生产也是不利的。

二、诱导油流的方法

诱导油流是试油工作的第一道工序。在完井之后,为了防止井喷,一般井内充满着钻井液或其他液体,并且井内液柱压力一般都高于估计的油层压力。因此,在油井完井后进入试油阶段的第一步就是要设法降低井底压力,使得井底压力低于油层压力,这样油气才能从油层流入井中,这一工作称为诱导油流。诱导油流也是为了清除井底砂粒和钻井液等污物,降低井底及其周围地层对油流入井的阻力。

一般忽略流体流动时的摩擦阻力,井底压力可简单地用下式来表示:

$$p_{wf} = H\rho g \times 10^{-6} + p_0 \qquad (1-2)$$

式中 p_{wf}——井底压力,MPa;

H——井内液柱高度,m;

ρ——井内液体密度,kg/m^3;

p_0——井内液柱液面上所承受的压力,MPa,井口敞开时 $p_0 = 0$MPa。

从上式可以看出,要降低井底压力,可以通过降低井内液柱相对密度或井内液柱高度来实现。

诱导油流的方法很多,有替喷法、抽汲法、提捞法、气举法、井口驱动单螺杆泵排液法等,各种方法有着各自特点及适用条件,必须根据油层性质、完井方式及油层压力等情况来选择适宜的方法。但无论选择哪一种诱导油流的方法,都需要遵循下述基本原则:(1)应缓慢而均匀地降低井底压力,不致破坏油层结构;(2)能建立起足够大的井底压差;(3)将井底和井底周围的污物排出,使油层孔道畅通,有助于油流入井。

诱导油流之后,若油井能够自喷则自喷求产,不能自喷则应采用诱导油流与求产结合进行。

(一) 替喷法

替喷法就是用密度较低的液体将井内密度较大的液体替出,从而降低井中液柱的压力,使井内液柱压力小于油层压力从而达到诱喷的目的。一般是采用低密度液体替出井内高密度液体(或压井液)。替喷法有以下三种:

(1)一般替喷,即将油管下至油层中、上部,用泵把替喷用的液体连续替入井内,直至把井内的全部压井液替出为止。该方法简便,但油管鞋至井底的这段压井液无法被替出来。

(2)一次替喷,即将油管下到人工井底,用替喷液将压井液替出,然后上提油管到油层中部或上部,如图 1 – 13 所示。这种方法只能用于自喷能力不强,替完替喷液到油井喷油之间还有一段时间间隔,来得及上提油管的油井。

(3)二次替喷,即把油管下到人工井底,替入一段替喷液,再用压井液把替喷液替到油层部位以下,之后上提油管至油层中部,最后用替喷液替出油层顶部以上的全部压井液,如图 1 – 14 所示。该法既能替出井内的全部压井液,又能把油管提到预定位置。

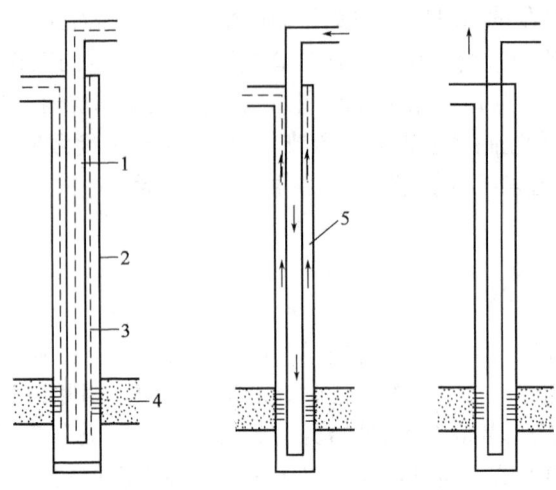

图 1-13　一次替喷示意图
1—油管；2—套管；3—压井液；4—油层；5—替喷液

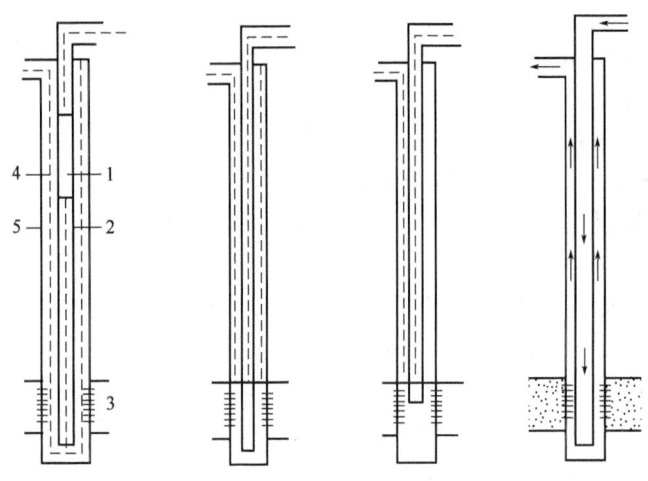

图 1-14　二次替喷示意图
1—替喷液；2—油管；3—油层；4—压井液；5—套管

采用替喷法诱导油流时，要注意观察、记录替出液体的性质和数量，油气被诱导流至井内后有以下显示：井口压力逐渐升高，出口排量逐渐加大并有气泡、油泡伴随而出，停泵后井口有溢流，喷势加大。替喷时还应记录替喷液的性能及用量、替喷方式、管柱结构及深度、替喷的时间、泵压、排量、漏失情况等。

替喷法工艺比较简单，在诱导油流过程中，生产压差的形成均匀缓慢，不会引起井壁的坍塌而出砂，一般用于油层压力较高、产量较大及油层堵塞不严重的井中。

(二) 抽汲法

若经过替喷诱导仍不能自喷，这可能是由于：(1) 油层压力低；(2) 钻井、固井或射孔过程中的钻井液污染严重。这种情况可采用抽汲法使其达到自喷的目的。

抽汲法就是利用一种专用工具把井内液体抽到地面，以达到降低液面即减少液柱对油层的回压的一种排液措施。

抽汲法的主要工具是油管抽子。常用的抽子是有阀抽子(也称阀抽子)和无阀抽子(也称两瓣抓子)。它们的结构虽然不同,但总的要求是抽子在油管中既要下放自由,上提时又要密封良好。

抽子接在钢丝绳上用修井机、钻机或电动绞车作动力,通过地滑车、井架天车下入井中,在油管中做上下往复运动。上提抽子时可把抽子以上的液体提出井口,并在抽子下部产生低压,降低井内液柱压力,油层中的液体就被不断地抽出到地面。阀抽子的工作原理如图1-15所示。

抽汲法的效果取决于抽汲强度,抽汲强度又和抽汲速度、抽子与管壁间的严密程度、抽子在液面下的沉没深度等有关。

抽汲不但有降压诱喷的作用,在一定程度上还有解除油层堵塞的作用,因此抽汲法适用于喷势不大的井或有自喷能力但在钻井、完井过程中油层受到外来液体损害的油井。对于疏松、易出砂的油层,应当避免猛烈抽汲,以免造成油井大量出砂。

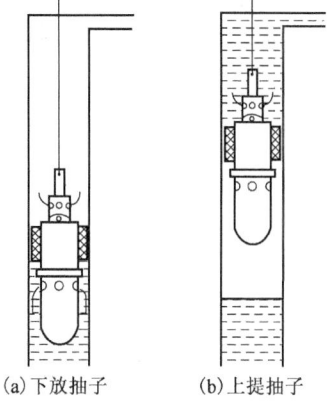

(a) 下放抽子 (b) 上提抽子

图1-15 阀抽子的工作原理

(三) 提捞法

提捞法的主要工具是钢管制成的提捞筒,筒底部装有一个单向阀。下放时井内液体顶开阀进入桶内;上提时,桶内液体把阀压住。作业时用绳索把提捞筒下入井中液面以下,一筒一筒地把液体捞出地面,达到降低井内液柱对油层回压的目的。此法一般用于低渗、低产的浅井(非自喷井)。该法的缺点是费工费时,效率低,目前用得很少。

(四) 气举法

气举法是利用压风机向油管或套管内注入压缩气体,使井中液体从套管或油管中排出。这种方法的优点是比抽汲法效率高,可以大大提高试油速度。气举法突出的特点是井内液体回压能急速下降,所以它只能用于油层岩石胶结牢固的砂岩或碳酸盐岩的油井排液,对一些胶结疏松的砂岩,要控制好气举深度和气举排液速度,以免破坏油层结构而出砂。

必须注意的是,气举只允许采用氮气、天然气、二氧化碳气,不允许使用空气。因为在气井中,氧气在与可燃气体混合后,其体积分数达到13.4%~13.7%时,如遇明火将会发生爆炸;空气与天然气混合,当天然气占混合气体体积的5%~15%时,如遇明火就会发生爆炸。因此,绝对禁止使用空气进行气举。

气举法有以下几种方式。

1. 常规气举排液

常规气举排液可分为正举与反举。正举就是从油管注入高压压缩气体,气体混合物从油套环空返出。反举是将气体从油套环空压入,气液混合物从油管排出到地面,如图1-16所示。一般正举时压力变化比较缓慢,而反举压力下降则较快。

常规气举主要是根据井中液柱所需下降的深度和压缩机的最高工作压力来进行设计的。气举下入的油管及井下工具也要考虑承受压差的强度,一般使用光油管。

2. 气举阀气举排液

气举阀气举排液(图1-17)是根据排液的需要设计好多级气举阀管柱进行气举,主要是选择好气举阀的类型并计算好各级阀的下入深度。该方法的特点是油井液柱回压的下降是逐级降低的,比常规气举的急速下降要缓和一些,在井筒和油层之间逐步建立压差,不致破坏油层岩石结构而出砂;同时可降低启动压力,增加举升深度。

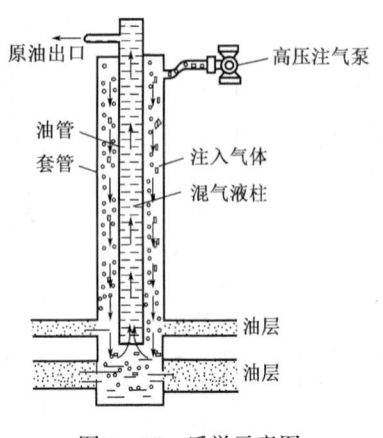

图 1-16 反举示意图

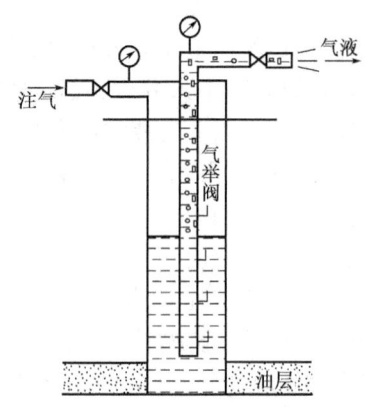

图 1-17 气举阀气举排液示意图

3. 混气水气举排液

混气水气举排液是用气水混合物由套管(有时也可由油管)用压风机和水泥车同时注气和泵水,替出井筒中的压井液,由于气水混合物的密度小于压井液的密度,因此可以降低井筒内液柱对油层的回压,使地层和井底建立起越来越大的压差,达到诱导油(气)流的目的,如图 1-18 所示。由于气水混合物密度可以通过控制气体的压力和流量来调节,所以它可以控制井底回压的下降程度。该方法适用于那些既不能用替喷法排液,也不宜用常规气举排液的油井,例如对于稠油井无法用抽汲法求产时可用混气水气举排液方法解决。其缺点是对油、水同出的低产油层不能发挥作用。

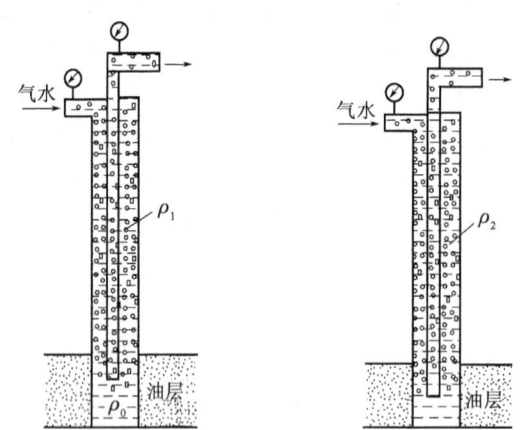

(a)环形空间注入密度为ρ_1的混气水　(b)继续注入密度为ρ_2的混气水($\rho_2<\rho_1$)

图 1-18 混气水气举排液示意图

4. 连续油管气举排液

连续油管是指管内通径和管外直径在整根管长上处处等同的小直径绕性油管。它能盘绕在油管滚筒上装载到连续油管车上,根据作业要求下入井中,完成作业后又由滚筒起出并回卷在滚筒上,待下次作业时使用。

采用连续油管进行气举排液时,首先是用连续油管车把连续油管下入生产管柱中,然后把连续油管与液氮泵车或制氮车连通,液氮泵车把低压液氮升至高压,再使高压液氮蒸发,从连续油管注入生产管柱中。蒸发了的高压液氮就把油管柱中的压井液从连续油管和生产管柱的环形空间举升至地面,这样就减少了压井液对油层的回压,从而实现诱导油流的目的。

连续油管气举排液的显著特点首先是掏空深度大,最深可达 4000m;其次是排液速度快,排除 1000m 的液柱仅需要 30min 左右。由于连续油管是从井口逐步向下排液,逐步降低井底回压,减少了对油层的伤害。

连续油管车油管外径系列有 $1\frac{1}{4}$in(31.8mm)、$1\frac{1}{2}$in(38mm)、2in(50.8mm)等,近年来已发展到 $3\frac{1}{2}$in(89mm)或更大外径。

液氮泵车是连续油管车的主要配套设备。液氮泵车的组成包括液氮罐、高压三缸泵、热回收式蒸发泵及控制装置和仪表,主要功能是存储、运输液氮并能把低压液氮增为高压,使高压液氮蒸发并把它注入井中。目前液氮泵车液氮容量是 $7.57m^3$,最大工作压力 105MPa,最大排量为 $10194.1m^3/h$。

制氮车是近些年引进的先进设备,有托挂及车载两种类型。其主要特点是采用当今先进的膜滤技术,空气进入膜中即可将氮气和氧气分离。该装置配有氮气收集系统和氮气增压系统。整个设备性能好、排量大、氮气排出工作压力高、能长时间运转。目前可达工作状态的技术参数是:氮气最大输出排量为 $10\sim15m^3/min$,最高工作压力为 $26\sim35MPa$,氮气纯度大于 95%。制氮车也可用于常规气举排液,它具有排液速度快、施工时间短的优点,适用于不同压力油层的排液,高压井安全可靠,低压井可形成较大的负压以有利于自喷投产。它与连续油管车联合作业,在超深井、井内液柱压力高、管柱结构复杂的井排液时速度快、效益高。所以,制氮车在其他排液时也常使用,它还可从套管中加压配合抽汲动力加快深井排液。

5. 泡沫排液

泡沫是指由不溶性或微溶性气体分散于液体中所形成的分散体系,其主要成分是气体、液体和起泡剂。其独特的结构,使它具有静液柱压力低、滤失量小、携砂性能好、摩阻损失小、助排力强、对油层伤害小等特点。

(五)井口驱动单螺杆泵排液法

对稠油、高凝油油井的排液,采用常规的排液方法难以完成,可以采用井口驱动单螺杆泵排液法。

螺杆泵工作时不发生气锁、砂卡,无阀件,运动部件只是螺杆,而且排量连续平衡,在稠油层排液时,不易造成大量出砂。由于它是用抽油杆传递动力,因而只适用于浅井和中深井。也可用钻杆驱动的螺杆泵直接排液生产。

三、试油工艺

试油是认识油藏的基本手段。由于油井、油层条件的不同,试油工艺也有所不同。试油工艺主要包括注水泥塞试油、中途测试工具试油、封隔器分层试油等。

(一)注水泥塞试油

注水泥塞试油一般是从下往上试,最下一层试油后,就得从地面将一定数量的水泥浆顶替到已试油层与待试油层之间的套管中,待水泥浆凝固后形成水泥塞,封住下面的已试油层,然后再射开上面试油层段,进行诱喷求产等工作。这种通过注水泥塞自下而上逐层试油的方法称为注水泥塞试油。试油后需钻掉水泥塞才能投产。注水泥塞试油可以得到分层试油资料,但从工艺上讲这种分层试油方法速度较慢,为了提高试油速度,在配置水泥浆时,可加入催凝剂(氯化钙),以缩短水泥浆的初凝时间。

在注水泥塞的设计中,需要准确计算的参数是水泥浆的用量和替置液用量。水泥浆用量计算准确与否往往是注水泥塞成败的关键,必须给予充分的注意。水泥浆用量由下式计算:

$$V_m = \frac{1}{4}\pi D^2 h \tag{1-3}$$

式中　V_m——水泥浆的体积,m^3;
　　　D——套管内径,m;
　　　h——水泥塞预计高度,m。

水泥塞高度一般都在10m以上,最长可达20~30m,若夹层较薄(水泥塞高度在5m以下)成功率都很低。水泥浆的相对密度一般选在1.8~2.0,密度过大流动性不好,憋压过高;密度过小,强度小,初凝时间长。

替置液用量是指将水泥浆顶替到井底预计深度,并使油管内外水泥浆成一平面所需的水泥浆量。其用量为地面高压管线容积与井口到实际水泥浆顶面的油管容积之和,可由下式计算:

$$V_d = \frac{\pi}{4}(D_p^2 L_p + d_t^2 L_t) \tag{1-4}$$

式中　V_d——替置液用量,m^3;
　　　D_p——地面高压管线内径,m;
　　　L_p——地面高压管线长度,m;
　　　d_t——油管内径,m;
　　　L_t——井口至预计水泥塞定面的深度,m。

为了确保施工质量,注水泥塞试油工艺过程中,有以下几个方面的要求:

(1)作为替置液的水泥浆,其密度必须与循环洗井时的水泥浆密度相同,以保证油套管内压力平衡。否则,由于水泥浆密度不同,在油套管之间形成压差,停泵后将产生流动,使水泥塞离开预定位置。

(2)关井加压候凝时,井口压力大小应根据油层压力大小而定。若水泥浆压力与油层压力相差不多,可加压2~3MPa以防止油气通过水泥塞溢出;若油层压力较低,渗透性又好,应减小井口压力,防止水泥塞下沉。

(3)为防止水泥塞下沉,在注水泥浆前,往往在预定水泥塞位置以下,替入一段稠水泥浆起支撑作用。

(4)从混合水泥浆起至反循环洗井为止,全部时间不得超过初凝时间(一般为2.5h)的70%。因此要求在注水泥塞时,中途不能停泵,以防将油管"焊"在井中。

(5)为了提高试油速度,需加入催凝剂;当井底温度较高或封堵盐水层时,为防止速凝,在配制水泥浆时,需加入缓凝剂。调配时应注意先把催凝剂或缓凝剂倒入清水中,混合均匀后,再加入干灰。

(6)油层压力较低,用清水做洗井液和替置液时,在注水泥浆前,应先在预计水泥浆底部位置以下注泥浆"衬垫",对水泥浆起支撑作用。

(7)对稠油井和高含蜡井,在套管内壁上,黏有较多的胶质和沥青质,此时应用性能较好的水泥浆反复洗井,将井壁冲洗干净,防止水泥塞与井壁结合不牢,造成漏失。

(二) 中途测试工具试油

中途测试(DST)是指在钻井过程中遇到油气显示后立即进行测试的工艺。这是降低钻探成本、提高试油速度、及时发现油气层的有效技术。

中途测试工具有两种形式,即常规支撑式及膨胀跨隔式。

常规支撑式中途测试是利用钻杆对封隔器施加的压重使封隔器坐封,因此封隔器下部需要有支撑尾管,并且在整个测试中,必须保持钻杆对封隔器的压重。它的关井和流动测试是由旋转开关来控制的,当流动测试完毕后,在井口旋转钻杆,旋转开关关闭,测试层的压力上升,由井底压力计记录压力恢复资料,同时将连接其下面的取样器关闭,以捕集流体样品。

膨胀跨隔式中途测试是在井下装有一个膨胀泵,由井口旋转钻杆来驱动泵的四个活塞,将环形空间的钻井液泵入封隔器的胶皮筒内,使封隔器坐封,不需要钻具加压及使用尾管。测试完毕后,能平衡、收缩和释放封隔器。该方法可使用两个封隔器,将测试层与上、下层位隔开,因此可用于大段裸眼井的选层测试。

(三) 封隔器分层试油

封隔器分层试油是在一口井中一次射开多个目的油层,然后根据需要下入多级封隔器将测试层段分成二层或三层,最多可分成五个层段,可同时进行多层试油,也可以取得多层合试的资料。在多层测试中如遇到出水层段或油水同层,则可以分别测试,也可以不起出油管管柱,投入堵塞器堵水后继续测试其他层段。

在测试方法上除地面计量外,还可在井下管柱内安装分层压力计、流量计和取样器,以便测取分层的地层压力、流动压力、产液量,分层取样测定含水量及流体物性;也可以在求某层产量的同时,测取其他分层的压力资料或进行取样。总之,这种试油工艺既有速度快的优点,又表现出很强的灵活性。如果测试中油井不能自喷,则可采用抽汲法求产,或者预先在管柱上装一气举阀从套管气举求产。

在封隔器分层试油中最重要的问题是保证优质快速而且安全。封隔器及其工具既能下得去、封得严、测试准,而且又能起得出,为此在施工中应注意以下几点:

(1) 封隔器及其工具下井前必须在地面工具车间严格地组装试压,检查密封的可靠性,确保所有部件合格;

(2) 施工中采用的压井液应与油层具有良好的配伍性,最好采用不压井、不放喷井下作业装置,施工前必须用比封隔器最大外径大 10mm、比套管内径小 8~10mm 的通井规通井(尤其是射孔段),下入封隔器要缓慢平稳;

(3) 在坐封封隔器前尽可能用油层保护液替出测试井段的钻井液,防止在钻井液中坐封;

(4) 投入井内的堵塞器,下井前要与其配套的工作筒在地面上进行配合检查,过盈尺寸合理,一般为 0.2~0.4mm;

(5) 下入或上起封隔器时,如遇卡遇阻不可强顿强拔;

(6) 两个油层之间能下封隔器的最小间隔是 2~3m,视固井质量而定,在射孔时不能射开夹层。

习 题

1-1 完井方式优选的依据及优选过程是什么?射孔完井为什么是当前主流完井方式?

1-2 砾石充填完井相较于衬管完井的优势有哪些?

1-3 油管输送射孔工艺为什么是水平井主流射孔工艺？
1-4 超正压射孔工艺的优势体现在哪里？是否所有射孔井都可使用超正压射孔？
1-5 为什么要进行定向射孔？
1-6 为什么要进行试油？试油与完井间又有何关联？
1-7 简述不同试油工艺的特点及各自适用的井型及井况。

第二章 油井流动规律

为了把原油从地层中高效地开采到地面上来,需要对油井生产系统进行合理设计、最佳化生产控制与高水平管理。如何使油气沿着油层的孔隙(裂缝)网络最有效地流入井底?又如何使油气从井底沿井筒最有效地流到地面?这就必须弄清楚油井生产系统的流动规律。任何油井生产系统都可分为三个基本流动过程:从地层到井底的流动——地层渗流;从井底到井口的流动——垂直或倾斜管流;从井口到分离器的流动——水平或倾斜(起伏)管流。对自喷井,原油到井口后还有通过油嘴的流动——节流。这几个流动过程既相互衔接,互为影响,又各自遵循各自的流动规律。其中油井流入动态和气液两相管流规律是油井各种举升方法设计和生产系统分析的理论基础,本章将进行重点介绍。

第一节 从地层向井底的渗流

一、地层径向渗流特性

原油从地层到井底通过多孔介质(含裂缝)的渗流是油井生产系统的第一个流动过程。认识掌握这一渗流过程的特性是进行油井举升系统工艺设计和动态分析的基础。

(一)基本假设和基本偏微分方程

1. 基本假设

假设均质、圆形、等厚的水平单层油藏中,有一口油井采用裸眼完井后生产,地层被单相原油饱和,流动为径向流,满足达西定律,如图 2-1 所示。

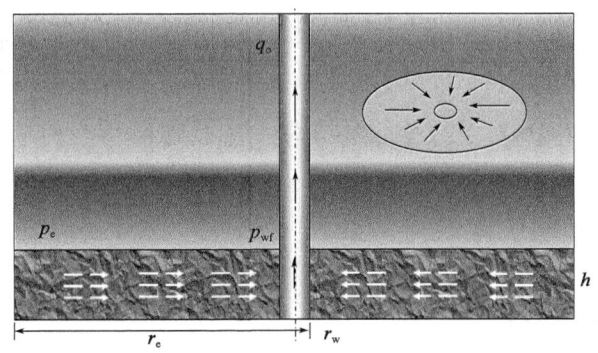

图 2-1 单相流体在一口生产井附近的径向流动

p_{wf}—井底流动压力;p_e—边界压力;r_w—井筒半径;r_e—油井供油边界半径;q_o—油井地面产量;h—油层有效厚度

2. 基本偏微分方程

1) 流体的压缩系数 C_L

定义流体的压缩系数为

$$C_{\mathrm{L}} = -\frac{1}{V_{\mathrm{L}}} \cdot \frac{\partial V_{\mathrm{L}}}{\partial p} \tag{2-1}$$

式中 V_{L}——流体体积；

p——孔隙压力。

研究质量为 m 的流体，其密度 ρ 为

$$\rho = \frac{m}{V_{\mathrm{L}}} \tag{2-2}$$

代入式(2-1)得

$$C_{\mathrm{L}} = \frac{1}{\rho} \cdot \frac{\partial \rho}{\partial p} \tag{2-3}$$

上式两端积分，设 C_{L} 为常数，有

$$\rho = \rho_0 \mathrm{e}^{C_{\mathrm{L}}(p-p_0)} \approx \rho_0 [1 + C_{\mathrm{L}}(p - p_0)] \tag{2-4}$$

式中 ρ_0——压力为 p_0 时的流体密度。

2）岩石的压缩系数 C_{r} 和 C_{f}

设岩石的表观体积为 V，孔隙体积 V_{p} 与表观体积 V 之间的关系为 $V_{\mathrm{p}} = \phi V$（ϕ 为孔隙度）。称 C_{r} 为岩石表观压缩系数，有

$$C_{\mathrm{r}} = \frac{1}{V} \cdot \frac{\partial V_{\mathrm{p}}}{\partial p} = \frac{\partial \phi}{\partial p} \tag{2-5}$$

称 C_{f} 为岩石有效压缩系数，有

$$C_{\mathrm{f}} = \frac{1}{V_{\mathrm{p}}} \cdot \frac{\partial V_{\mathrm{p}}}{\partial p} \tag{2-6}$$

显然 C_{r} 和 C_{f} 有如下关系：

$$C_{\mathrm{r}} = C_{\mathrm{f}} \phi_0 \tag{2-7}$$

按 C_{r} 的定义积分得

$$\phi = \phi_0 + C_{\mathrm{r}}(p - p_0) \tag{2-8}$$

3）质量守恒和达西定律

研究如图 2-1 所示的 $\mathrm{d}r$ 微单元圆环体，设此处的原油质量流量为 $q_\mathrm{o}\rho$，根据物质平衡原理，单元体内单位时间质量变化量应等于流入单元体和流出单元体质量流量的差，即

$$\frac{\partial(q_\mathrm{o}\rho)}{\partial r}\mathrm{d}r = 2\pi r h \mathrm{d}r \cdot \frac{\partial(\phi\rho)}{\partial t} \tag{2-9}$$

由达西定律得

$$q_\mathrm{o} = 2\pi r h \left(\frac{K_\mathrm{o}}{\mu_\mathrm{o}}\right)\frac{\partial p}{\partial r} \tag{2-10}$$

式中 K_o——油层有效渗透率；

μ_o——地层原油黏度。

将式(2-10)代入式(2-9)得

$$\frac{1}{r}\left[\frac{\partial}{\partial r}\left(\frac{K_\mathrm{o}}{\mu_\mathrm{o}} \cdot \rho r \cdot \frac{\partial p}{\partial r}\right)\right] = \frac{\partial(\rho\phi)}{\partial t} \tag{2-11}$$

4）基本偏微分方程

将式(2-8)与式(2-4)相乘，忽略极小项 $\rho_0 C_{\mathrm{L}} C_{\mathrm{r}}(p-p_0)$，再考虑 C_{r} 和 C_{f} 的关系有

$$\phi\rho = \phi_0\rho_0[1 + (p - p_0)(C_f + C_L)] \qquad (2-12)$$

对上式,关于 t 求导得

$$\frac{\partial(\phi\rho)}{\partial t} = \phi_0\rho_0 C_t \frac{\partial p}{\partial t} \qquad (2-13)$$

$$C_t = C_f + C_L \qquad (2-14)$$

式中,C_t 称为岩石的综合压缩系数,表示单位孔隙体积内由于压力变化引起的流体体积变化(流体和岩石的综合弹性)。

这样,得到基本偏微分方程为

$$\frac{1}{r}\frac{\partial}{\partial r}\left(\frac{K_o}{\mu_o}\rho \cdot r \frac{\partial p}{\partial r}\right) = \phi C_t \rho \frac{\partial p}{\partial t} \qquad (2-15)$$

(二)非稳态流动、拟稳定流动和稳态流动

一般来讲,原油从地层流到井底,所经历的流动状态可以分为非稳态流动、拟稳态流动和稳态流动三种。

(1)非稳态流动:只适合于油藏中产生某个扰动后的较短时间,压力波未抵达边界或无限大地层。从绝对意义上说有限时间内的流动都是不稳定的。因此,拟稳态或稳态都是相对而言的。

(2)拟稳态流动:扰动已达到供给边界,此时压力仍继续变化(如平均油藏压力继续下降),但相当长时间后各处压力随时间的变化率近似达到一致,即

$$\frac{\partial p}{\partial t} = \text{Const} \qquad (2-16)$$

(3)稳态流动:在定压边界内的生产井经过长时间生产后,可近似认为从中心井筒到边界的压力不发生明显变化(此时井以定产量生产),即

$$\frac{\partial p}{\partial t} = 0 \qquad (2-17)$$

二、理想油井产量方程

上面所述的无限大圆形地层的单相流体径向渗流微分方程,是在油井裸眼完井、地层无污染的理想条件下推导出来的。假设地层和流体的物性在一个时期内稳定,即 K_o/μ_o、ρ 为常数,那么根据渗流微分方程和流体渗流的边界条件可以获得理想油井产量公式,由式(2-15)可知

$$\frac{1}{r}\frac{\partial}{\partial r}\left(r \frac{\partial p}{\partial r}\right) = \frac{1}{\xi}\frac{\partial p}{\partial t} \qquad (2-18)$$

$$\xi = \frac{K_o}{\phi\mu_o C_t} \qquad (2-19)$$

式中,ξ 称为导压系数。

(一)拟稳态解

在圆形封闭边界内长时间定产量生产后,各处压力随时间变化率为常数,流动处于拟稳定流阶段。根据压缩系数 C_t 的定义,设整个圆形地层孔隙体积为 $V(V = \pi r_e^2 h \phi)$,则

$$C_t = -\frac{1}{V}\frac{\partial V}{\partial p} = -\frac{1}{V}\frac{\partial V}{\partial t}\frac{\partial t}{\partial p} = -\frac{q_o}{V}\frac{\partial t}{\partial p}$$

$$\frac{\partial p}{\partial t} = -\frac{q_o}{C_t V} = -\frac{q_o}{C_t \pi r_e^2 h \phi} \tag{2-20}$$

将式(2-20)代入式(2-18)得

$$\frac{1}{r}\frac{\partial}{\partial r}\left(r\frac{\partial p}{\partial r}\right) = -\frac{q_o \mu_o}{\pi r_e^2 K_o h} \tag{2-21}$$

对上式积分并结合封闭边界 $\left.\frac{\partial p}{\partial r}\right|_{r=r_e} = 0$，有

$$\frac{\partial p}{\partial r} = \frac{q_o \mu_o}{2\pi K_o h}\left(\frac{1}{r} - \frac{r}{r_e^2}\right) \tag{2-22}$$

再次对上式积分并根据 $p|_{r=r_e} = p_e$，有产量公式

$$q_o = \frac{2\pi K_o h(p_e - p_{wf})}{\mu_o\left(\ln\frac{r_e}{r_w} - \frac{1}{2}\right)} \tag{2-23}$$

如果用平均油藏压力 $\bar{p}_r$ 替代 p_e，表示为 $\bar{p}_r = (\int_{r_w}^{r_e} p dV)/V$，并将产量转化为地面原油产量，则

$$q_o = \frac{2\pi K_o h(\bar{p}_r - p_{wf})}{\mu_o B_o\left(\ln\frac{r_e}{r_w} - \frac{3}{4}\right)} \tag{2-24}$$

且任意半径 r 处的压力 $p(r)$ 可表示为

$$p(r) = p_{wf} + \frac{q_o \mu_o B_o}{2\pi K_o h} \cdot \left(\ln\frac{r}{r_w} - \frac{r^2}{2r_e^2}\right) \tag{2-25}$$

式中 q_o——油井地面产油量，m^3/s；
$\quad\quad K_o$——油层有效渗透率，μm^2；
$\quad\quad h$——油层有效厚度，m；
$\quad\quad \bar{p}_r$——平均油藏压力，Pa；
$\quad\quad p_{wf}$——井底流动压力，Pa；
$\quad\quad \mu_o$——地层原油黏度，Pa·s；
$\quad\quad B_o$——原油体积系数，m^3/m^3；
$\quad\quad r_e$——油井供油边界半径，m；
$\quad\quad r_w$——井筒半径，m。

(二) 稳态解

此时根据边界条件式(2-17)，有

$$\frac{1}{r}\frac{\partial}{\partial r}\left(r \cdot \frac{\partial p}{\partial r}\right) = 0 \tag{2-26}$$

根据达西定律，有

$$r \cdot \frac{\partial p}{\partial r} = \frac{q_o \mu_o}{2\pi K_o h} \tag{2-27}$$

对上式积分得

$$q_o = \frac{2\pi K_o h(p_e - p_{wf})}{\mu_o \ln(r_e/r_w)} \tag{2-28}$$

且任意半径 r 处的压力可表示为

$$p(r) = p_{wf} + \frac{q_o \mu_o}{2\pi K_o h} \ln \frac{r}{r_w} \qquad (2-29)$$

如果平均油藏压力用 $\bar{p}_r$ 代替 p_e，并将产量转化为地面原油产量，则

$$q_o = \frac{2\pi K_o h (\bar{p}_r - p_{wf})}{\mu_o B_o \left(\ln \frac{r_e}{r_w} - \frac{1}{2} \right)} \qquad (2-30)$$

注意，以上拟稳态和稳态产量公式以及用 p_e 和 $\bar{p}_r$ 表达时产量公式是有差别的。从上述公式看出，不管是拟稳态流，还是稳态流，压力在井筒附近下降都很大，基本上压力 p 与半径 r 呈半对数关系，如图 2-2 所示，人们形象地称为"压降漏斗"。由此可见，由于地层渗流过程中大部分能量损失集中在井底附近，因此井底地带连通条件的好坏对油气生产有重大影响，也就是说油井的完善程度直接影响油井产能。

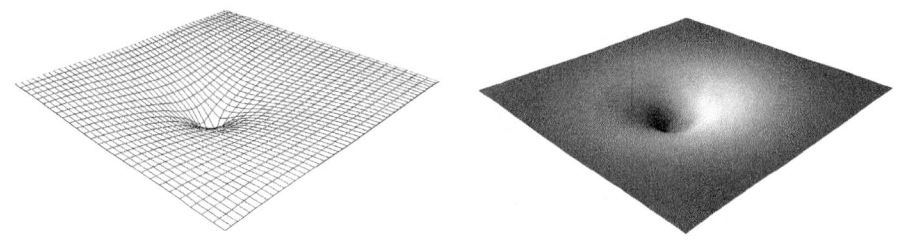

图 2-2 单相流体平面径向流压力分析

上面讲述的都是理想裸眼完井（也称完善井）的产量公式，不能用于预测非完善井的产量。

三、非完善井产量公式

由于实际井的井底附近流动受到阻碍或井底附近地层渗流条件因增产作业得到改善，其产量将不等于上述理想裸眼井的产量，这种井称为非完善井。1953 年 Hurst 和 Van Everdinger 提出了表皮系数(skin factor)的概念，将实际井与理想井的产量差异由一个表皮系数 S 来表示，上述两种情况下的公式可改写以下的形式。

对于定压边界油藏（稳定流），产量公式为

$$q_o = \frac{2\pi K_o h (\bar{p}_r - p_{wf})}{\mu_o B_o \left(\ln \frac{r_e}{r_w} - \frac{1}{2} + S \right)} \cdot a \qquad (2-31)$$

对于封闭边界油藏（拟稳定流），产量公式为

$$q_o = \frac{2\pi K_o h (\bar{p}_r - p_{wf})}{\mu_o B_o \left(\ln \frac{r_e}{r_w} - \frac{3}{4} + S \right)} \cdot a \qquad (2-32)$$

式中 S——表皮系数，与完井方式、井底污染或增产措施等有关，可由压力恢复曲线解释获得；

a——采用不同单位制的换算系数,采用国际标准(SI)单位制时 $a=1$,采用法定实用单位,即 q_o 用 m^3/d、K_o 用 μm^2、μ_o 用 $mPa \cdot s$、h 用 m、p 用 MPa 时 $a=86.4$,压力的实用单位用 kPa 时 $a=0.0864$。

当油藏为非圆形封闭泄油体时,需要根据泄油面积和油井在泄油区里的相对位置对产量公式进行校正。方法是令公式中

$$\frac{r_e}{r_w} = C_x \frac{\sqrt{A}}{r_w} \qquad (2-33)$$

然后,根据面积为 A 的泄油区的形状以及井点的位置由图 2-3 查得相应的 C_x 值。

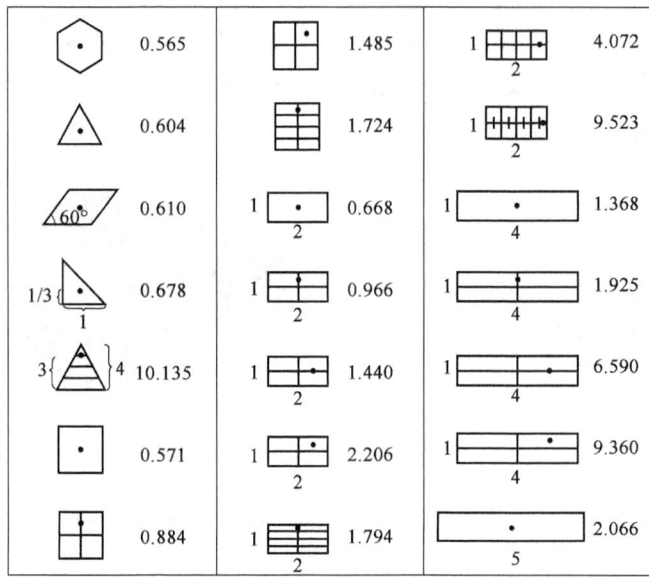

图 2-3 不同泄油区形状及井点位置下的 C_x 值

上述公式中,表皮系数 S 是把实际的污染设想成围绕井筒的无限薄的表皮,它对井产生一个附加压降 Δp_{sk}。如果把非完善井的油层简化图 2-4 所示的模型,假定油层初始渗透率为 K_i,污染区的渗透率为 K_d,污染带半径为 r_d。根据定义,表皮系数可以表示为

$$S = \left(\frac{K_i}{K_d} - 1\right) \ln \frac{r_d}{r_w} \qquad (2-34)$$

根据上面稳定流产量公式,可得到计算 Δp_{sk} 的公式。对于完善井有

$$q_o = \frac{2\pi K_i h (p_e - p_{wf})}{\mu_o B_o \ln \frac{r_e}{r_w}} \qquad (2-35)$$

对于非完善井,相同产量下需要的生产压差要大,因为有一部分能量 Δp_{sk} 被污染带额外消耗了,于是有

$$q_o = \frac{2\pi h (p_e - p_{wf} + \Delta p_{sk})}{\mu_o B_o \left(\frac{1}{K_i} \ln \frac{r_e}{r_d} + \frac{1}{K_d} \ln \frac{r_d}{r_w}\right)} \qquad (2-36)$$

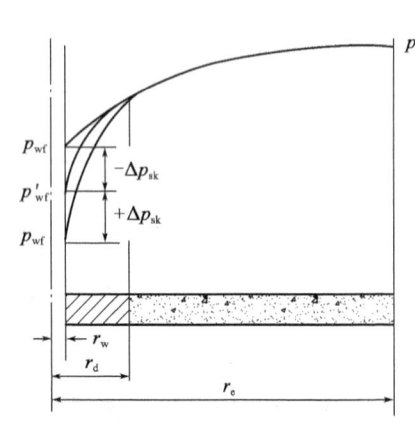

图 2-4 完善井和非完善井周围压力分布

所以

$$\Delta p_{sk} = \frac{q_o \mu_o B_o}{2\pi K_o h}\left(\frac{K_i}{K_d} - 1\right)\ln\frac{r_d}{r_w} = \frac{q_o \mu_o B_o}{2\pi K_o h} \cdot S \tag{2-37}$$

如图 2-4 表示,$S>0$,则 $\Delta p_{sk}>0$,说明油层有损害,或者说实际产量低于理想裸眼井产量;$S<0$,则 $\Delta p_{sk}<0$,说明油层渗流条件因酸化、压裂等措施而得到了改善,实际产量高于理想产量。$S>0$ 的井称为不完善井,$S<0$ 的井称为超完善井,$S=0$ 的井称为完善井。表皮系数可定量评价油层受伤害或改善的程度,可以表征油井生产能力的变化,是评判各种作业效果的重要指标。

四、采油指数

采油指数(productivity index,简称 PI)定义为地面产油量与该井生产压差之比,用 J_o 表示。在单相原油流动条件($p_{wf} \geq p_b$)下,油层物性及流体物性基本不随压力变化,因此,油井产量公式可用采油指数表示为

$$q_o = J_o(\bar{p}_r - p_{wf}) \tag{2-38}$$

式中,采油指数 J_o 的单位为 $m^3/(s \cdot Pa)$,表示为

$$J_o = \frac{2\pi K_o h}{\mu_o B_o \left(\ln\frac{r_e}{r_w} - \frac{1}{2} + S\right)} \tag{2-39a}$$

或

$$J_o = \frac{2\pi K_o h}{\mu_o B_o \left(\ln\frac{r_e}{r_w} - \frac{3}{4} + S\right)} \tag{2-39b}$$

式(2-38)也称为油井的流动方程。根据式(2-38)可得

$$J_o = \frac{q_o}{\bar{p}_r - p_{wf}} \tag{2-40a}$$

采油指数表明了每消耗一个单位的生产压差油井的产出量是多少。有时也定义为井底流压变化一个单位时,油井地面产量的变化量,写成微分形式为

$$J_o = -\frac{dq_o}{dp_{wf}} \tag{2-40b}$$

有时候采油指数这两种定义在数值上不一定相等,因而,需要特别注明,现场多采用前一种定义。

由于油层有厚有薄,为了便于对不同油层的生产能力进行比较,引入比采油指数 J_s (specific PI),它是该井或该层采油指数与产层或该层净厚度之比,表示为

$$J_s = J_o/h \tag{2-41}$$

式中,比采油指数 J_s 的单位为 $m^3/(s \cdot Pa \cdot m)$。

由上可知,采油指数是一个反映油层性质、流体物性、完井条件及泄油面积等与产量之间关系的综合指标,其数值等于单位生产压差下的油井产量,因此可用它来评价和分析油井的生产能力。采油指数可以通过系统试井的方法得到。

第二节　油井流入动态

油井流入动态是指在一定地层压力下,油井产量和井底流压的关系,它反映了油藏向该井供液的能力,表示产量与流压关系的曲线称为流入动态曲线(inflow performance relationship),简称 IPR 曲线,由 Gilbert 1954 年最先使用,它有时也称为指示曲线(index curve)。就单井而言,IPR 曲线表示储层工作特性,它既是确定生产井合理工作方式的依据,也是动态分析的基础。典型的油井流入动态曲线如图 2-5 所示,其横坐标为油井产液量 q(标准状态下),纵坐标为井底流压 p_{wf}(表压)。从图中可以看出,IPR 曲线的基本形状与油藏的驱动类型有关。在同一驱动方式下,油井产量与井底流压的定量关系取决于具体油藏的压力、油层厚度、渗透率、流体物性、含水率以及完井状况等,这在上节已经阐述过。下面将从研究油井生产动态的角度来讨论不同油层条件下油井的流入动态曲线及其绘制方法,这对于油气井的生产系统分析至关重要。如果不知道井的产能动态,就很难对生产系统进行设计,也不可能达到最佳化生产。

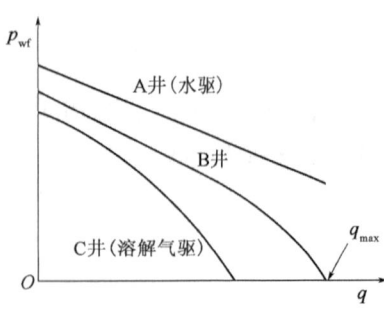

图 2-5　典型的油井流入动态曲线

一、单相液体的流入动态

对于单相液体达西渗流,根据采油指数定义,有

$$p_{wf} = \bar{p}_r - \frac{q_o}{J_o} \tag{2-42}$$

很明显,只要求得油井的采油指数,IPR 曲线可以很容易地绘制出来。一般都是通过系统试井的资料来求得采油指数。只要测得 3~5 个稳定工作制度下的产量及其流压数据,便可绘制出该井的井底流压与产量的关系曲线(实测 IPR 曲线),直接用图解法可获得可靠的采油指数。如图 2-6 所示,单相流动时 IPR 曲线为直线,其斜率的负倒数便是采油指数,IPR 曲线与横坐标的交点称为油井潜能 q_{omax},在纵坐标上的截距即为油藏平均压力。有了采油指数便可利用式(2-42)预测不同流压下的产量,还可根据式(2-39)来研究油层参数。

当油井产量很高时,在井底附近将出现高速非线性渗流,根据渗流力学中的非线性流二项式,油井产量与生产压差之间的关系可表示为

$$\bar{p}_r - p_{wf} = Aq_o + Bq_o^2 \tag{2-43}$$

其中　　$A = \dfrac{\mu_o B_o}{2\pi K_o h}\left(\ln\dfrac{r_e}{r_w} - \dfrac{3}{4} + S\right)$,　　$B = \dfrac{\beta \rho B_o^2}{4\pi^2 h^2 r_w}$

式中　A——二项式层流系数,$Pa/(m^3/s)$;
　　　B——二项式紊流系数,$Pa/(m^3/s)^2$;
　　　ρ——原油密度,kg/m^3;
　　　β——紊流速度系数,m^{-1}。

β 表征岩石孔隙度结构对流体紊流的影响。根据实验,胶结地层的紊流速度系数为

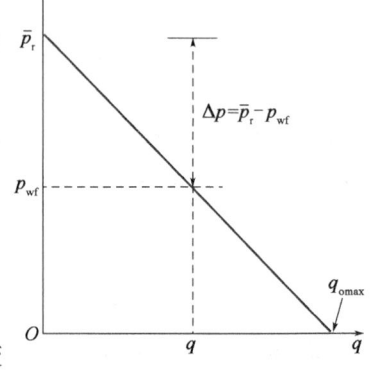

图 2-6　单相流动 IPR 曲线

结地层的紊流速度系数为

$$\beta = a/K^b \quad (2-44)$$

式中 K——地层渗透率，μm^2。

对于胶结地层，式中 a、b 分别取值 1.906×10^7、1.201；对于非胶结砾石充填地层，a、b 分别取值 1.08×10^6、0.55。

在系统试井时，如果在单相流动条件下出现非达西渗流，则可用图解法求得二项式(2-43)中的系数 A 和 B 值。改变式(2-43)可得

$$\frac{\bar{p}_r - p_{wf}}{q_o} = A + Bq_o \quad (2-45)$$

由上式可知，$(\bar{p}_r - p_{wf})/q_o$ 与 q_o 呈线性关系，根据试井资料绘制的 $(\bar{p}_r - p_{wf})/q_o$ 与 q_o 的直线可以求出其斜率 B 和截距 A，再由式(2-43)可以绘制出相应的 IPR 曲线，此时 IPR 不再是一条直线，不同压力下的采油指数也将不同。

二、油气两相渗流时的流入动态（$\bar{p}_r < p_b$）

地层中的流体流动是复杂多样的，仅用单相液流、单相气流来说明是远远不够的。对于一口油井来说，最初可能只存在单相油流或油、水同时产生。随着井底压力的降低，地下可能出现两相渗流，最终导致油、气同时生产或油、气、水同时生产。油气两相渗流现象发生在溶解气驱油藏中，且是在井底压力低于原油的泡点压力时发生的，其主要特征是油藏流体的物理性质和相渗透率将明显地随压力变化，因而溶解气驱油藏油井产量与流压的关系是非线性的。要研究这类油井的流入动态，必须从两相渗流的规律入手。

单相液体渗流时的油藏称为欠饱和(undersaturated)油藏，当油藏压力降低，自由气释放出来时，油藏称为饱和(saturated)油藏，又称溶解气驱油藏。

当地层压力低于饱和压力($\bar{p}_r < p_b$)时，油藏的驱动类型为溶解气驱，此时油藏处于油气两相渗流。根据达西定律，对于平面径向流，直井油气两相渗流时油井的产量公式为

$$q_o = \frac{2\pi K_o h}{\mu_o B_o} \cdot \frac{dp}{dr} \quad (2-46)$$

引入油相相对渗透率 K_{ro}，即有 $K_{ro} = K_o/K$。对上式积分可得

$$\frac{q_o}{2\pi Kh} \int_{r_w}^{r_e} \frac{dr}{r} = \int_{p_{wf}}^{p_e} \frac{K_{ro}}{\mu_o B_o} dp \quad (2-47)$$

$$q_o = \frac{2\pi Kh}{\ln(r_e/r_w)} \int_{p_{wf}}^{p_e} \frac{K_{ro}}{\mu_o B_o} dp \quad (2-48)$$

考虑油井的非完善性和泄油区平均油藏压力，上式变为

$$q_o = \frac{2\pi Kh}{\ln(r_e/r_w) - 0.75 + S} \int_{p_{wf}}^{\bar{p}_r} \frac{K_{ro}}{\mu_o B_o} dp \quad (2-49)$$

由于式中 μ_o、B_o 及 K_{ro} 都是压力的函数，只要找到它们与压力的关系，就可以求得积分，从而获得产量和流压的关系曲线。μ_o 和 B_o 与压力的关系可通过高压物性资料或经验相关式得到，而 K_{ro} 与压力的关系则必须利用生产油气比和相对渗透率曲线来求得，比较复杂。

对油、气分别应用达西定律,得任一时刻的生产气油比 R_p,表示为

$$R_p = \frac{K_g}{K_o} \cdot \frac{\mu_o B_o}{\mu_g B_g} + R_s \tag{2-50}$$

式中,R_s 为溶解气油比。μ_o、B_o、μ_g、B_g、R_s 都可直接表示为压力 p 的函数。给定生产气油比 R_p,则可以对任一压力 p,求出 μ_o、μ_g、B_o、B_g,从而得到 K_g/K_o,从而可做出给定 R_p 下 $K_g/K_o \sim p$ 的关系曲线。

根据相对渗透率曲线,又可做出 K_g/K_o 与 S_o 的关系曲线(S_o 表示相渗曲线下原油的饱和度)。这样,一方面 K_g/K_o 与 S_o 有关,另一方面 K_g/K_o 又与 p 有关。从而,可以做出给定 R_p 下 S_o—p 的关系曲线。给定一个 p,就有一个 S_o,从而求出 K_{ro}。这样,最终可做出 $K_{ro}/(\mu_o B_o)$ 与 p 的曲线,如图2-7所示。再根据式(2-49)的求出积分,即可绘制出IPR曲线。

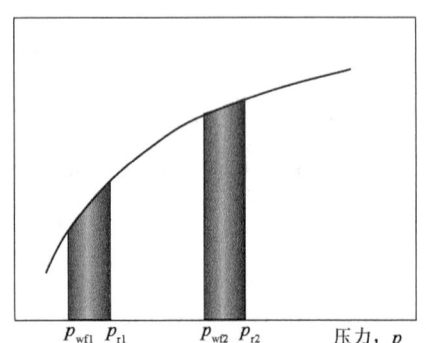

图2-7 $\frac{K_{ro}}{\mu_o B_o}$ 与 p 的关系曲线

利用式(2-49)计算出某一生产压差 Δp 下的产油量 q_o,则可求得相应的采油指数。由图2-7可以看出:

(1)当生产压差成倍增大时,由于积分限内曲线所包面积不能成倍增加,因而,采油指数与生产压差是非线形关系。同一油藏压力下,采油指数将随生产压差的增大而减小。

(2)在相同生产压差下,油藏压力高时的曲线面积大于油藏压力低的曲线面积,因而,溶解气驱油藏,其采油指数将随油藏压力的降低而减小。

(3)采油指数与生产气油比 R_p 有关,因为不同的 R_p 值有不同的 S_o 与 p 和 S_o 与 $K_{ro}/(\mu_o B_o)$ 曲线。

显然,利用上述方法可以较为精确地绘制出油气两相渗流时的IPR曲线,但是步骤十分烦琐,因此,在油井动态分析和预测中一般采用简便实用的近似方法绘制溶解气驱条件的IPR曲线。

(一)Vogel方法

1968年Vogel采用油藏数值模拟方法,针对若干典型的溶解气驱油藏条件,模拟计算出大量流入动态曲线数据,经过无因次化处理和分析结果,发表了适用于溶解气驱油藏的无因次IPR曲线及描述该曲线的方程。其计算时的假设条件为:(1)圆形封闭油藏,油井位于中心;(2)均质地层,含水饱和度恒定;(3)忽略重力影响;(4)忽略岩石和水的压缩性;(5)油、气组成及平衡不变;(6)油、气两相的压力相同;(7)拟稳态流动,在给定的某一瞬间,各点的脱气原油流量相同。

计算结果表明,产量与流压的关系随采出程度 N_p/N 而变。为了讨论不同采出程度下无因次IPR曲线的变化规律,把计算的曲线改变坐标后绘制在图2-8中,纵坐标为井底流压与油藏压力的比值 $p_{wf}/\bar{p}_r$,横坐标为相应井底流压下的产量与流压为零时的最大产量之比 q_o/q_{omax}。由图可看出,在无因次坐标中,不同采出程度下的IPR曲线很接近。

Vogel对不同流体性质、气油比、相对渗透率、井距及压裂过的井和井底有污染的井等各种情况下的21个溶解气驱油藏进行了计算。结果表明IPR曲线都有类似的形状,只是高黏度油藏及油井污染严重时差别较大。Vogel在排除了这些特殊情况之后,绘制了如图2-9所示的参考曲线(常称为Vogel曲线),这条曲线可看作是溶解气驱油藏渗流方程通解的近似解。

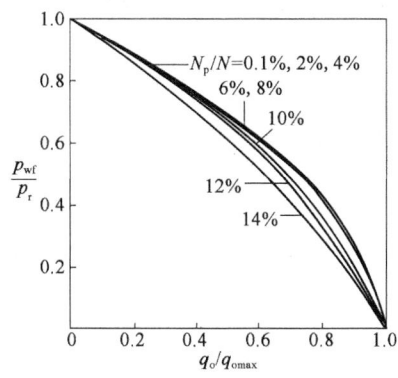
图2-8 不同采出程度下的无因次IPR曲线

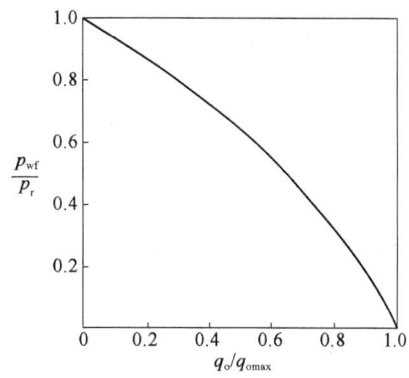
图2-9 溶解气驱油藏无因次IPR曲线(Vogel曲线)

图2-9的曲线可用下面的Vogel方程来表示

$$\frac{q_o}{q_{omax}} = 1 - 0.2\frac{p_{wf}}{\bar{p}_r} - 0.8\left(\frac{p_{wf}}{\bar{p}_r}\right)^2 \qquad (2-51)$$

Vogel曲线与各种情况下的计算机计算曲线的比较表明:除高黏度及井底污染较严重的油井外,Vogel曲线更适合于溶解气驱早期(即采出程度较低时)情况。

应用Vogel方程可以在不涉及油藏参数及流体性质资料的情况下绘制油井的IPR曲线和预测不同流压下的油井产量,使用很方便,但是必须给出该井的某些测试数据。

例2-1 已知某油井平均地层压力为14MPa,井底流压为11MPa时的产油量为30m³/d。试用Vogel方法绘制该井的IPR曲线。

解 (1)计算q_{omax}。

$$q_{omax} = \frac{q_o}{1-0.2\frac{p_{wf}}{\bar{p}_r}-0.8\left(\frac{p_{wf}}{\bar{p}_r}\right)^2} = \frac{30}{1-0.2\times\left(\frac{11}{14}\right)-0.8\times\left(\frac{11}{14}\right)^2} = 85.97(\text{m}^3/\text{d})$$

(2)预测不同流压下的产量。

$$q_o = q_{omax}\left[1-0.2\frac{p_{wf}}{\bar{p}_r}-0.8\left(\frac{p_{wf}}{\bar{p}_r}\right)^2\right]$$

计算结果列入表2-1。

表2-1 某油井计算结果

p_{wf},MPa	19.9	17.9	15.9	13.9	11.9	9.9	7.9	5.9	3.9	1.9	0.0
q_o,m³/d	0.0	8.5	16.2	23.2	29.3	34.6	39.2	42.9	45.9	48.0	49.3

(3)根据计算结果绘制IPR曲线(图2-10)。

(二)Fetkovich方法

1973年Fetkovich提出q_o与$\bar{p}_r^2 - p_{wf}^2$呈双对数关系,可用指数式来描述溶解气驱油藏的IPR曲线的"弯曲"变化规律,即

$$q_o = C(\bar{p}_r^2 - p_{wf}^2)^n \qquad (2-52)$$

式中 C——系数,(m³/d)/(MPa)^{2n};
n——指数,$0.5 < n < 1.0$。

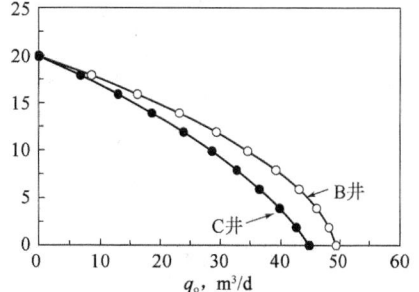
图2-10 B井和C井的IPR曲线

式(2-52)中压力平方表示了高速非达西效应,而指数 n 表示了两相流效应(单相油流时 $n=1.0$)。当流压为0时有

$$q_{omax} = C \cdot \bar{p}_r^{2n} \qquad (2-53)$$

式(2-52)与式(2-53)相除有

$$\frac{q_o}{q_{omax}} = \left[1 - \left(\frac{p_w}{\bar{p}_r}\right)^2\right]^n \qquad (2-54)$$

式中,n 和 q_{omax} 表征了油井的产能特点。只要有两次稳定测试数据和 $\bar{p}_r$ 值,就可获得 n 和 q_{omax} 的值,然后根据式(2-54)绘制出相应的 IPR 曲线。

(三) 非完善井 Vogel 方程的修正

Vogel 在进行不同溶解气驱油藏的模拟计算中,虽然也考虑了不完善井($S>0$)和超完善井($S<0$)的情况,但其建立的无因次流入动态参考曲线和方程,仅表示了完善井的情况,即适合裸眼完成且油层无伤害的油井。

实际上,绝大多数油井都可能是非完善井。例如,射孔完成的油井为打开性质上的不完善井;为了防止底水锥进而未全部钻穿油层的井为打开程度上的不完善井;在钻井或修井作业过程中油层受到污染或进行过酸化、压裂等措施的油井,其井壁附近的渗透率都会改变,从而改变油井的完善性。所有这些都会增加或降低井底附近的压力降,从而影响油井的流入动态。

实际油井的完善程度可用流动效率 FE(flowing efficiency)表示,Vogel 将其定义为油井在同一产量下该井的理想生产压差与实际生产压差之比,即

$$FE = \frac{\bar{p}_r - p'_{wf}}{\bar{p}_r - p_{wf}} = \frac{\bar{p}_r - p_{wf} - \Delta p_{sk}}{\bar{p}_r - p_{wf}} \qquad (2-55)$$

式中 p'_{wf} ——理想完善井的流压;

p_{wf} ——同一产量下实际非完善井的流压;

$\bar{p}_r$ ——地层平均压力;

Δp_{sk} ——非完善井表皮附加压力降,$\Delta p_{sk}>0$ 表示油井不完善($S>0$),$\Delta p_{sk}<0$ 表示油井超完善($S<0$)。

对于拟稳态流动,流动效率与表皮系数可近似表示为

$$FE = \frac{\ln(r_e/r_w) - 0.75}{\ln(r_e/r_w) - 0.75 + S} \qquad (2-56)$$

下面介绍利用流动效率计算直井油气两相渗流时流入动态的 Standing 方法。

图 2-11 是 1970 年 Standing 作出的 $FE \neq 1$ 时的无因次流入动态曲线,图中横坐标中的 q_{omax} 是 $FE=1$ 时的最大产量。与无因次 Vogel 曲线一样,利用它可以计算 $FE \neq 1$ 时实际油井的流入动态,需要将 Vogel 方程中的流动压力用理想完善井的流压 p'_{wf} 代替,即

$$\frac{q_o}{q_{omax(FE=1)}} = 1 - 0.2\left(\frac{p'_{wf}}{\bar{p}_r}\right) - 0.8\left(\frac{p'_{wf}}{\bar{p}_r}\right)^2 \qquad (2-57)$$

$$p'_{wf} = \bar{p}_r - (\bar{p}_r - p_{wf}) \cdot FE \qquad (2-58)$$

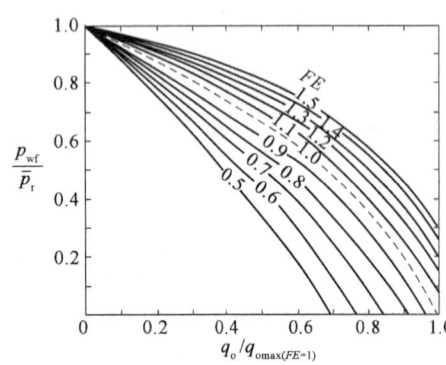

图 2-11 Standing 无因次 IPR 曲线

已知 p'_{wf}、FE 和一个测试点(p_{wf}, q_o)的数据,应用

Standing 方法计算不完善井 IPR 曲线的步骤如下：

（1）根据已知 p'_{wf} 及对实测数据点计算在 $FE=1$ 时的最大产量。

$$p'_{wf} = \bar{p}_r - (\bar{p}_r - p_{wf}) \cdot FE$$

$$q_{omax(FE=1)} = \frac{q_o}{1 - 0.2\left(\frac{p'_{wf}}{\bar{p}_r}\right) - 0.8\left(\frac{p'_{wf}}{\bar{p}_r}\right)^2}$$

（2）预测不同流压下的产量。根据 FE 计算不同 p_{wf} 下对应的 p'_{wf}，然后由式（2-57）计算相应的产量。

（3）根据计算结果绘制无因次 IPR 曲线。

例 2-2 已知 C 井 $FE=0.8$，除测试点产量为 $38m^3/d$ 外，其他数据同例 2-1 中 B 井数据。试绘制该井的 IPR 曲线。

解 （1）根据已知数据计算该井在 $FE=1$ 时的最大产量。

$$p'_{wf} = \bar{p}_r - (\bar{p}_r - p_{wf})FE = 19.9 - (19.9 - 5.03) \times 0.8 = 8(\text{MPa})$$

$$\frac{p'_{wf}}{\bar{p}_r} = \frac{8}{19.9} = 0.402$$

$$q_{omax(FE=1)} = \frac{q_o}{1 - 0.2\left(\frac{p'_{wf}}{\bar{p}_r}\right) - 0.8\left(\frac{p'_{wf}}{\bar{p}_r}\right)^2} = \frac{38}{1 - 0.2 \times 0.402 - 0.8 \times 0.402^2} = 48.08(\text{m}^3/\text{d})$$

（2）预测不同流压下该井的产量。

首先计算实际井不同流压对应的理想井的流压，然后根据计算出的最大产量计算不同理想井流压下相应的产量，结果列入表 2-2。

表 2-2 C 井计算结果

p_{wf}, MPa	19.9	17.9	15.9	13.9	11.9	9.9	7.9	5.9	3.9	1.9	0.0
p'_{wf}, MPa	19.9	18.3	16.7	15.1	13.5	11.9	10.3	8.7	7.1	5.5	4.0
q_o, m³/d	0.0	6.7	12.9	18.6	23.9	28.6	32.8	36.5	39.8	42.5	44.6

（3）绘制 IPR 曲线即为 Harrison 无因次 IPR 曲线，如图 2-12 所示。

应当注意的是，用 Standing 方法计算 $FE \neq 1$ 时的 IPR 曲线时，不应超过 Standing 提供的无因次曲线的应用范围，即 $FE = 0.5 \sim 1.5$。超过曲线范围之后，既无法查曲线，也不能应用式（2-46）来计算。为此 Harrison 提供了 $1 \leq FE \leq 2.5$ 时的无因次 IPR 曲线图版（图 2-12），扩大了 Standing 曲线的应用范围。可用于计算高流动效率井的 IPR 曲线和预测低流压下的产量。

已知地层平均压力 $\bar{p}_r$、FE 和一个测试点(p_{wf}, q_o)数据，利用 Harrison 图版绘制 IPR 曲线的步骤为：

（1）计算 $FE=1$ 时油井的最大产量。

先求 $p_{wf}/\bar{p}_r$，然后利用实际 FE 值查图 2-12 中对应曲线的横坐标值 $q_o/q_{omax(FE=1)}$，可求出 $FE=1$ 时的最大产量，即

$$q_{omax(FE=1)} = \frac{q_o}{q_o/q_{omax(FE=1)}}$$

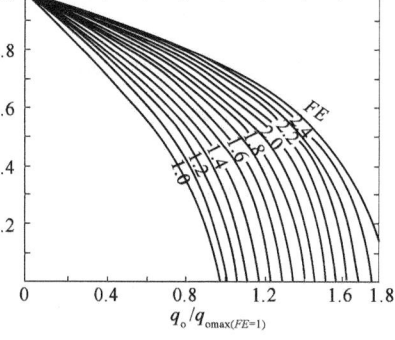

图 2-12 Harrrison 无因次 IPR 曲线

(2)求实际 FE 对应的最大产量(即流压 $p_{wf}=0$ 时的产量)。

根据 FE 值,查图 2-12 中对应曲线下 $p_{wf}=0$ 时的 $q_{omax(FE)}/q_{omax(FE=1)}$ 值,由下式计算实际井的最大产能

$$q_{omax(FE)} = q_{omax(FE=1)} \frac{q_{omax(FE)}}{q_{omax(FE=1)}}$$

(3)计算不同流压下的产量,绘制 IPR 曲线。

根据不同的 $p_{wf}/\bar{p}_r$ 值,用 FE 值查图 2-12 中对应曲线的横坐标值 $q_o/q_{omax(FE=1)}$,可求出 p_{wf} 和 FE 下的产量

$$q_o = q_{omax(FE=1)} \frac{q_o}{q_{omax(FE=1)}}$$

然后利用实际 FE 值查图 2-12 中对应曲线的横坐标值 $q_o/q_{omax(FE=1)}$,可求出 $FE=1$ 时的最大产量,即

$$q_{omax(FE=1)} = \frac{q_o}{q_o/q_{omax(FE=1)}}$$

三、典型的流入动态($\bar{p}_r > p_b > p_{wf}$)

当地层平均压力 $\bar{p}_r$ 高于饱和压力 p_b 而井底流压 p_{wf} 低于饱和压力 p_b 时,油藏中将同时存在单相流和两相流。表现在 IPR 曲线图上,当 $p_{wf} \geq p_b$ 时,由于油藏中全部为单相液流,采油指数 J_o 为常数,IPR 曲线为直线;当 $p_{wf} \leq p_b$ 后,油藏中出现两相流动,IPR 曲线由直线变为曲线。因此整个的 IPR 曲线为直线—曲线的组合,如图 2-13 所示。

当 $p_{wf} \geq p_b$ 时,IPR 直线段方程表示为

$$q_o = J_o(\bar{p}_r - p_{wf}) \qquad (2-59)$$

因此,产量为流压等于饱和压力 p_b 所对应的产量 q_b,则

$$q_b = J_o(\bar{p}_r - p_b) \qquad (2-60)$$

在 $p_{wf} \leq p_b$ 后的油气两相流动动态可由 Vogel 方程来描述,即用点 (p_b, q_b) 作为 Vogel 方程的起点,分别用 p_b 和 q_v 代替 Vogel 方程中的 $\bar{p}_r$、q_{omax},于是

$$q_o = q_b + q_v\left[1 - 0.2\left(\frac{p_{wf}}{p_b}\right) - 0.8\left(\frac{p_{wf}}{p_b}\right)^2\right] \qquad (2-61)$$

分别由式(2-59)和式(2-61)对 p_{wf} 求导得

$$\frac{dq_o}{dp_{wf}} = -J_o$$

$$\frac{dq_o}{dp_{wf}} = -0.2\frac{q_v}{p_b} - 1.6\frac{q_v p_{wf}}{p_b^2}$$

在直线—曲线的过渡点 (p_b, q_b) 处,应满足光滑连接条件,即上述两个导数相等,即

$$q_v = \frac{J_o p_b}{1.8} = \frac{q_b}{1.8\left(\frac{\bar{p}_r}{p_b} - 1\right)} \qquad (2-62)$$

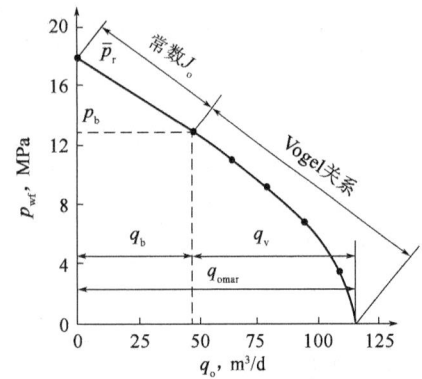

图 2-13 组合型 IPR 曲线

如果测试流压 $p_{wftest} \geq p_b$，则采油指数为

$$J_o = \frac{q_{otest}}{\bar{p}_r - p_{wftest}} \quad (2-63)$$

如果测试流压 $p_{wftest} < p_b$，单相油流采油指数可根据式(2-61)、式(2-62)导出，即

$$J_o = \frac{q_{otest}}{\bar{p}_r - p_b + \frac{p_b}{1.8}\left[1 - 0.2\frac{p_{wftest}}{p_b} - 0.8\left(\frac{p_{wftest}}{p_b}\right)^2\right]} \quad (2-64)$$

已知 $\bar{p}_r$、p_b 和一个测试点 (p_{wf}, q_o)，绘制计算 IPR 曲线的步骤为：(1)按式(2-63)或式(2-64)计算 J_o；(2)按式(2-60)求 q_b；(3)按式(2-62)求 q_v；(4)按式(2-59)及式(2-61)作出 IPR 曲线。

例 2-3 已知 X 井储层 $\bar{p}_r = 16\text{MPa}$，$p_b = 13\text{MPa}$，$p_{wf} = 14\text{MPa}$ 时的产量 $q_o = 20\text{m}^3/\text{d}$，计算 $p_{wf} = 8\text{MPa}$ 时的产量，并绘制该井的 IPR 曲线。

解 (1)根据已知计算 J_o 及 q_b。因 $p_{wf} > p_b$，可采用式(2-56)计算 J_o，式(2-57)计算 q_b。

$$J_o = \frac{q_o}{\bar{p}_r - p_{wf}} = \frac{20}{16 - 14} = 10 \ [(\text{m}^3/\text{d})/\text{MPa}]$$

$$q_b = J_o(\bar{p}_r - p_b) = 10 \times (16 - 13) = 30 \ (\text{m}^3/\text{d})$$

(2)计算 q_v 及 q_{omax}。

$$q_v = \frac{J_o p_b}{1.8} = \frac{10 \times 13}{1.8} = 72.22 \ (\text{m}^3/\text{d})$$

$$q_{omax} = q_b + q_v = 30 + 72.22 = 102.22 \ (\text{m}^3/\text{d})$$

(3)计算 $p_{wf} = 8\text{MPa}$ 时的产量。

$$q_o = q_b + q_v \left[1 - 0.2\left(\frac{p_{wf}}{p_b}\right) - 0.8\left(\frac{p_{wf}}{p_b}\right)^2\right]$$

$$= 30 + 72.22 \times \left[1 - 0.2 \times \frac{8}{13} - 0.8 \times \left(\frac{8}{13}\right)^2\right] - 71.45 \ (\text{m}^3/\text{d})$$

(4)计算不同流压下的产量，列入表 2-3。

表 2-3 流压与产量对应关系表

p_{wf}, MPa	15	14	13	11	9	7	5	3	0
q_o, m³/d	10	20	30	48.6	64.5	77.7	88.1	95.8	102.2

(5)绘制 IPR 曲线图(图 2-14)。

四、多层油藏油井流入动态

前面的讨论主要是针对单层油藏或层间差异不大的多层油藏，下面介绍各层间差异较大且多层合采时的油井流入动态。

如果把具体的多层油藏简化为图 2-15(a)所示的情况，并假定层间没有窜流，则油井总 IPR 曲线及

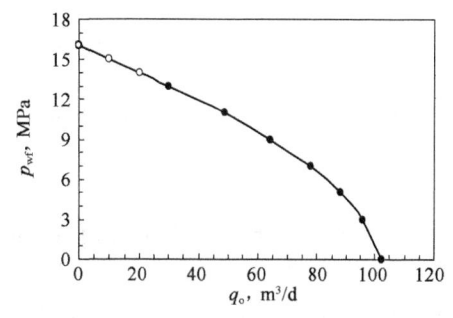

图 2-14 X 井 IPR 曲线

分层IPR曲线如图2-15(b)所示。在流压开始低于14MPa后,只有Ⅲ层工作;当流压降低到12MPa和10MPa后,Ⅰ层和Ⅱ层陆续出油,总的IPR曲线是分层IPR曲线的叠加。其特点是随流压的降低,由于参加工作的小层数增多,产量将大幅度增加,采油指数也随之增大。

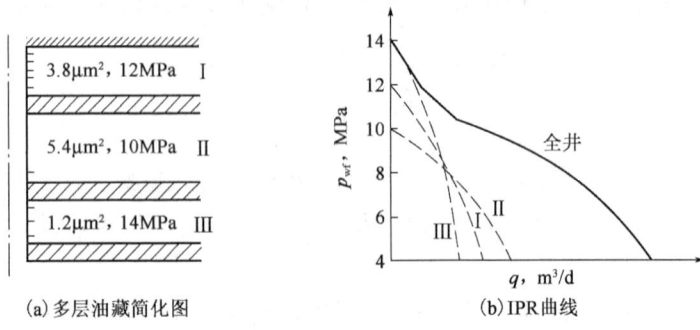

(a) 多层油藏简化图　　(b) IPR曲线

图2-15　多层油藏油井流入动态

对于层间差异较大的水驱油藏,采用多层合采时将会出现高渗层全部水淹(全部产水),而低渗层仍然产油的情况。其油井流入动态及含水的变化将与油、水层的压力及采油和产水指数有关。表2-4为某含水井的测试数据,该井的油层静压p_{so}低于水层静压p_{sw},由此绘制的IPR曲线及含水变化曲线如图2-16(a)所示。

表2-4　某含水井测试数据

流压 p_{wf},MPa	产油量 q_o,m³/d	产水量 q_w,m³/d	产液量 q_l,m³/d	含水率 f_w,%
13.5	7	15	22	68.2
12.3	18	19	37	51.4
11.0	29.5	23	52.5	43.8

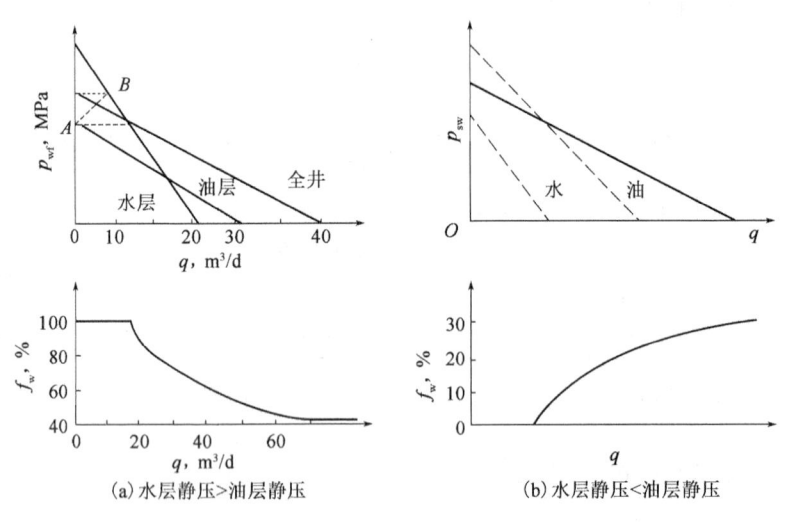

(a) 水层静压>油层静压　　(b) 水层静压<油层静压

图2-16　油水两层合采IPR曲线及其含水率变化

由油层的IPR曲线及水层的IPR曲线与纵坐标交点可求得该井油层和水层生产时的静压分别为14.3MPa和18MPa,由全井的IPR曲线与纵坐标的交点可交得该井关井时的静压为15.3MPa,图中的AB虚线为在井底流压高于油层压力时水层向油层的转渗动态。

井底流压降低到油层静压(14.3MPa)之前,油层不出油,水层产出的一部分水转渗入油层,油井含水100%。当流压低于油层静压后油层开始出油,油井含水率随之降低,采油指数和产水指数的相对大小只影响含水率降低的幅度。在此情况下,放大压差提高产液量不仅可以增加产油量,而且可降低含水率。

当油层静压高于水层静压时,则出现完全相反的情况,如图2-16(b)所示。油井的含水率将随流压降低而上升,其上升幅度除与油、水层间的压力差异外,还与采油指数和产水指数的相对大小有关。对于这种情况,放大压差虽可以提高产油量,但会导致含水率上升。

根据上述分析,对于简单情况下的多层油藏含水井,可以通过合层测试得到的IPR曲线来分析油、水层的情况及其变化规律。而对于多层见水且水淹程度差异较大的复杂情况,虽然也可以用上述方法绘制油层、水层和全井IPR曲线及其含水率变化曲线,但它所说明的主要是全井的综合情况,或者只能定性说明出油层及出水层的情况。要确切掌握各层的流入动态,需要进行分层测试。

第三节 气液两相管流

对采油来说,地层流体通过井筒和地面出油管线的流动是油井生产系统中的第二个基本流动过程。油—气或油—气—水混合物在井筒或地面管线中的流动规律(即多相管流理论)是研究各种举升方式油井生产规律共同的基本理论。在大多数情况下,整个油井生产系统总压降的大部分用于克服混合物在油管中流动时的重力和摩阻损失。为了掌握油井生产规律及合理地控制和调节油井的工作方式,必须理解和掌握气液混合物在油管中的流动规律。

本节将主要介绍气液两相管流的基本概念及流动形态。

一、气液两相管流的基本概念

气液两相管流(the simultaneous flow of gas and liquid phases in pipe)是指游离气体和液体在管道中同时流动的情况。在油井生产中一般把油水两种流体视为液相,着重考虑气液两相间的相互作用。在气液两相管流中,会涉及一些描述两相流动特征的物理变量和概念,主要包括滑脱现象、滑脱速度、持液率、表观速度、真实速度、两相速度等。

(一) 滑脱现象(slip phenomenon)

在气液两相管流中,由于气体和液体间的密度差异而产生的气体超越液体流动的现象称为滑脱,图2-17是典型的气液两相上升流动(泡流)情况的示意图。出现滑脱之后将增加该处气液混合物的密度,从而增大混合物的静水压头(即重力消耗),因滑脱而产生的附加压力损失称为滑脱损失。滑脱速度即气相的真实流速与液相的真实流速之差,表示为

$$U_S = U_G - U_L \tag{2-65a}$$

$$U_G = \frac{q_G}{A_G} \quad U_L = \frac{q_L}{A_L} \tag{2-65b}$$

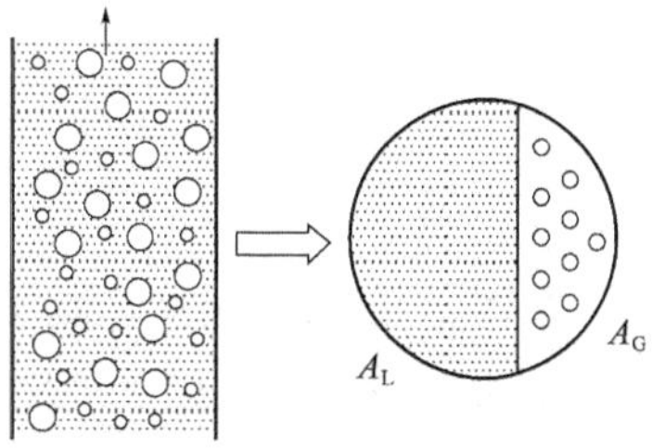

式中 U_S——滑脱速度;

A_G, q_G, U_G——单位管段上气相所占的截面积、流量

图2-17 气液两相上升流动示意图

和真实速度；

A_L, q_L, U_L——单位管段上液相所占的截面积、流量和真实速度。

(二) 持液率(liquid holdup)

在气液两相管流中取单位管长,在其流动状态下,单位管内液相体积与单位管长的总体积之比,称为该单位管长的持液率,用符号 H_L 表示,定义为

$$H_L = \frac{(单位管段内液相容积)_{p,T}}{单位管段总容积} = \frac{A_L}{A} \qquad (2-66a)$$

持液率实质是指在两相流动的过流段面上,液相面积 A_L 占总过流断面面积 A 的份额,故 H_L 又称截面含液率、真实含液率、液相持留率及液相存容比等。

同理,气相的 H_G 也称空隙率(void fraction),定义为

$$H_G = \frac{(单位管长内气相容积)_{p,T}}{单位管长总容积} = \frac{A_G}{A} \qquad (2-66b)$$

因为管段内完全被气液两相所占据,所以

$$H_G + H_L = 1 \qquad (2-67)$$

H_L 为 0 和 1 分别表示单相气流和单相液流;而 $0 < H_L < 1$ 表示气液两相流动。持液率一般采用实验和因次分析方法确定,常用的有快速关阀法、电阻探测法以及放射性同位素示踪法等。

(三) 无滑脱持液率(no-slip liquid holdup)

在单位管长中,如果气相速度等于液相速度,即气液两相之间没有相对运动,不存在滑脱现象,则单位管长内液相体积与单位管长总体积之比称为无滑脱持液率,用符号 λ_L 表示,定义为

$$\lambda_L = \frac{q_L}{q_L + q_G} \qquad (2-68)$$

同样,无滑脱持气率 λ_G 可定义为

$$\lambda_G = 1 - \lambda_L = \frac{q_G}{q_L + q_G} \qquad (2-69)$$

(四) 表观速度(superficial velocity)

公式(2-65b)是单位管段上气液的真实速度(local velocity),由于气相和液相所占流道面积 A_G、A_L 不便测定,所以 U_G、U_L 也很难确定,一般采用表观速度的概念。某一相的表观速度定义为假定管内全部截面积 A 被该相单独占据时流过管子截面的速度。引入气相表观速度 U_{SG} 和液相表观速度 U_{SL},有

$$U_{SG} = \frac{q_G}{A} \qquad (2-70a)$$

$$U_{SL} = \frac{q_L}{A} \qquad (2-70b)$$

对于单相流,则该相的表观速度即为该相的真实速度;对于两相流,某相表观速度必然小于该相真实速度,即

$$U_{SL} < U_L, U_{SG} < U_G$$

很明显,某相真实速度与其表观速度和持液率的关系为

$$U_G = \frac{q_G}{(1-H_L)A} = \frac{U_{SG}}{1-H_L} \tag{2-71a}$$

$$U_L = \frac{q_L}{(1-H_G)A} = \frac{U_{SL}}{H_L} \tag{2-71b}$$

此时,滑脱速度可表示为

$$U_S = U_G - U_L = \frac{U_{SG}}{1-H_L} - \frac{U_{SL}}{H_L}$$

如果滑脱速度 $U_S = 0$,则

$$H_L = \frac{U_{SL}}{U_{SL} + U_{SG}} = \frac{q_L}{q_L + q_G} = \lambda_L$$

(五) 两相速度 (two-phase velocity)

两相速度也称为两相混合物速度,表示两相混合物总体积流量 q_m 与流通截面的总面积 A 之比,用符号 U_m 表示,即

$$U_m = \frac{q_m}{A} = \frac{q_G + q_L}{A} \tag{2-72a}$$

所以

$$U_m = U_{SG} + U_{SL} \tag{2-72b}$$

虽然两相速度 U_m 和表观速度都是实际上并不存在的理想速度,引入这些参数是为了方便两相流的计算和数据处理。

(六) 气液混合物密度 (density of gas-liquid mixture)

在某流通断面上取微小流段 ΔL,气液混合物密度定义为此微小流段中两相的总质量与其所占体积之比,也称为混合物真实密度或两相密度 (two-phase mixture density),即

$$\rho_m = \frac{\rho_G A_G \Delta L + \rho_L A_L \Delta L}{A \Delta L}$$

或

$$\rho_m = \rho_G(1-H_L) + \rho_L H_L \tag{2-73a}$$

式中 ρ_G, ρ_L, ρ_m ——气相、液相及气液混合物密度;

A——管内流通截面积。

同样,无滑脱(即 $U_G = U_L = U_m$)气液混合物密度(也称为理论密度)ρ'_m 可表示为

$$\rho'_m = \rho_G(1-\lambda_L) + \rho_L \lambda_L \tag{2-73b}$$

由此可知

$$\lambda_L = \frac{U_{SL}}{U_m} = \frac{U_L}{U_m} H_L \tag{2-74}$$

存在滑脱时,由于 $U_L < U_G$,显然 $H_L > \lambda_L$。这表明存在滑脱时的液相实际过流断面 A_L 较无滑脱理想情况的液相过流断面大,因此将增大气液混合物的密度。所以因滑脱而产生滑脱损失可表示为

$$\Delta \rho_m = \rho_m - \rho'_m = (H_L - \lambda_L)\rho_L - (H_L - \lambda_L)\rho_G \tag{2-75}$$

二、气液两相管流的流动形态

由于气液两相流中存在可变形的界面,且气相具有高度可压缩性。在不同流量、不同温度和不同压力下,气液两相的相互作用将导致气液混合物呈现不同的几何形态或不同流动结构,称之为两相流流动形态(flow pattern 或 flow regeme),简称流态或流型。不同流型的气液混合物遵循各自不同的流动规律。按照垂直管流和倾斜或水平管流的不同,气液混合物在流动过程中的流态也各有不同。

(一)气液两相垂直管流的流动形态

原油从井底向井口的流动,是一个压力降落的过程,随着压力下降,从原油中分离出来的气体越来越多,气相体积逐渐增大,随着气量和流速的变化,气液混合物的流动形态也随之发生一系列变化。一般来讲,在垂直管中气液混合物向上流动时典型流型主要有泡流、段塞流、过渡流和雾流四种,如图2-18(a)所示。

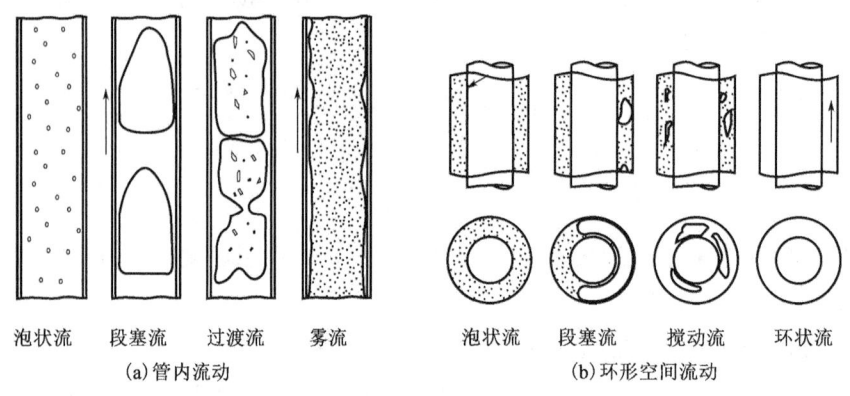

图2-18 垂直管气液两相流典型流型

(1)泡流(bubble flow)。当气液混合物中含气率较低(压力稍低于原油饱和压力)时,气相以分散的小气泡分布于液相中,气泡直径较小,近似于球形。气泡的上升速度大于液体流速,混合物的平均流速较低。泡流的特点是:气体是分散相,液体是连续相,气体主要影响气液混合物密度,对摩阻的影响不大,但滑脱现象比较严重。

(2)段塞流(slug flow)。当气液混合物继续向上流动时,压力逐渐降低,气体不断膨胀,含气率增加,小气泡相互碰撞聚合而形成大气泡,直到直径接近于管径。此时,气泡占据管子截面的大部分,外形像炮弹一样,形成一段液一段气的段塞结构。段塞流出现后,大气泡托着液柱向上流动,同时又有少许液体沿着管壁相对于气泡向下流动,这种弹状气泡举升液体的作用很像破漏的活塞向上推进。在这种流型下,液相、气相间的相对运动较泡流小,滑脱也小,气体的膨胀能得到了较好地利用,是两相流中举升效率最高的流型。此时,液相仍为连续相,气相仍为分散相。

(3)过渡流(transition flow)。随着气液混合物继续向上流动,压力不断下降,气相体积继续增大,液相从连续相过渡到分散相,气相从分散相过渡到连续相,气体连续向上流动并举升液体,有部分液体下落、聚集,而后又被气体举升。这种混杂的、振荡式的液体运动是过渡流的特征,故也称为搅动流。

(4)雾流(annular-mist flow)。当压力下降使气体的体积流量足够大时,炮弹状气体汇合成连续气柱在管中心流动,液体沿着管壁成为一个流动的液环,这时管壁上有一层液膜。通常总有一些液体被气体夹带着,以小液滴的形式分布在气柱中一起向上流动。此时是气相为连续相,液体可以是连续的(液环状),也可以是分散在气相中的液滴,它取决于气相的流量和速度。

实验观察表明,在垂直环形空间中气液两相流的流型与上述圆管中的情况大致相似,可划分为如图2-18(b)所示的四种基本流型。

(二)气液两相水平管流的流动形态

水平管气液两相流动是油田生产过程中常常遇到的,例如油井井口至地面计量站的流动、原油输送以及水平井流动等。由于水平管中没有势能下降,水平管中的气液两相流流型与垂直管中的有很大差异。不同的学者在研究过程中采用的实验条件不同,使得对两相水平管流可能出现的流态和流型的划分也不尽相同。图2-19给出了水平管常见的气液两相流的流型,可归结为三种典型流型,即分层流、间歇流和分散流。

(1)分层流(segregated flow)。分层流实际上包含了分层光滑流(stratified smooth flow)、分层波状流(stratified wavy flow)和环流(annular flow)三种基本流型。分层光滑流是指沿着管子底部流动的流体和沿着管子顶部流动的气体,两相之间具有平滑的界面,这种流型发生在两相流量相对较低的情况下。在比较高的气体流量下,界面变成波状的,形成分层波状流,此时流过波峰的气体速度增加,根据伯努利效应,气相中压力会下降,波动会加剧。在比较高的气相流量下,如果波动能量远超过稳定气液界面波动的重力能,将在管壁上形成液环,管子中心为夹带液滴的气流,即为环流。因此,分层流主要特征是气相和液相皆为连续相,气液两相之间为层状界面。

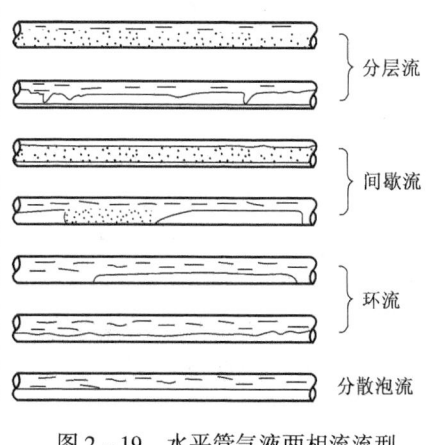

图2-19 水平管气液两相流流型

(2)间歇流(intermittent flow)。间歇流包含段塞流(slug flow)和塞流(plug flow,拉长的气泡流)两种基本流型。它一般出现在分层波状流之后,随气相流速的增加波动加剧,在满足液面高度与管径之比大于0.5的条件下(即有充足液体维持段塞)形成稳定段塞流。

(3)分散流(distributed flow)。分散流主要包含分散泡流(dispersed flow)和雾流(mist flow)两种基本流型。水平管中的泡流不同于垂直上升流,大气泡集中在管子的上半部,一般出现在低气相流量、高液相流量情况下。在高气相流量和低液相流量下将出现雾流,且气流中夹带液滴。

倾斜管(定向井、水平井或丘陵地区的地面起伏管线)的两相流流型不同于垂直管或水平管,它与管斜角有关。

第四节 嘴 流

通常自喷井和气举井在井口需要安装节流装置——油嘴(choke),通过调节油嘴尺寸来控制油井油压和注气压力达到限制和稳定油井产量和注气量的目的。

节流部件种类很多,包括井口固定式油嘴或针型阀(可调节式油嘴)、井下油嘴、井下安全阀以及气举阀的阀孔等。当流体通过这些流通截面突缩部件时,其流动规律基本均可概括为嘴流。下面阐述单相气体嘴流动态及嘴流经验公式。

一、单相气体嘴流动态

图 2-20 表示单相流体通过油嘴的流动。流体到达油嘴时,在油嘴前压力 p_1 和油嘴后回压 p_2 的作用下通过油嘴。若 p_1 保持不变,气体流量(标准状态下)将随 p_2 的降低而增大。但当 p_2 降到某临界值 p_c 时,流量将达到最大值即临界流量。此时流体在油嘴中的流动达到了临界流动,压力比 $(p_2/p_1)_c$ 称为临界压力比。若 p_2 再进一步降低,流量也不再增加。嘴流特性如图 2-21 所示。

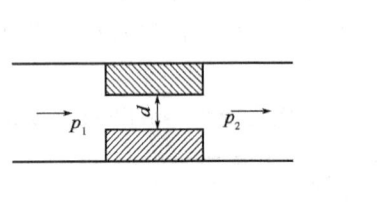

图 2-20 嘴流示意图

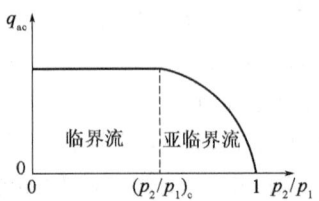

图 2-21 嘴流特性

油嘴临界流动(choke critical flow)是指流体通过油嘴时的速度达到了压力波在该流体介质中的传播速度即声速时的流动状态。在临界流状态下,油嘴后回压变化对气体流量没有影响,因为压力干扰向上游的传播不会快于与其方向相反的流速。因此,为了预测嘴流动态即气体流量与过油嘴压降的关系,必须确定是否达到临界流状态。

在临界压力比下的最大流量,就是在声速下的流量。

根据热力学原理,临界压力比为

$$\left(\frac{p_2}{p_1}\right)_c = \left(\frac{2}{k+1}\right)^{\frac{k}{k-1}} \qquad (2-76)$$

式中 k——气体绝热指数。

很明显,临界压力比与介质的物理性质有关。空气的临界压力比为 0.528,相对密度 0.6 的天然气,其临界压力比为 0.546。

当油嘴前后流体压力比 (p_2/p_1) 小于或等于该介质的临界压力比时,流体通过油嘴的流动将达到临界流;否则为亚临界流。

根据气体嘴流的等熵原理,对于亚临界流状态,流量与压力比的关系可表示为

$$q_{sc} = \frac{0.4066 p_1 d^2}{\sqrt{\gamma_g T_1 Z_1}} \sqrt{\frac{k}{k-1} \left[\left(\frac{p_2}{p_1}\right)^{\frac{2}{k}} - \left(\frac{p_2}{p_1}\right)^{\frac{k+1}{k}}\right]} \qquad (2-77)$$

式中 q_{sc}——通过油嘴的体积流量(标准状态下),$10^4 m^3/d$;

p_1, p_2——油嘴前、后端面压力,MPa;

d——油嘴开孔直径,mm;

T_1——上游温度,K;

Z_1——在 p_1、T_1 下的气体偏差因子;

γ_g——气体相对密度。

对于临界流,油嘴后回压的降低无法使油嘴中的压降梯度再增大,即流量保持恒定为最大

值,嘴流最大气流量为

$$q_{max} = \frac{0.4066 p_1 d^2}{\sqrt{\gamma_g T_1 Z_1}} \sqrt{\frac{k}{k-1}\left[\left(\frac{2}{k+1}\right)^{\frac{2}{k-1}} - \left(\frac{2}{k+1}\right)^{\frac{k+1}{k-1}}\right]}$$

(2-78)

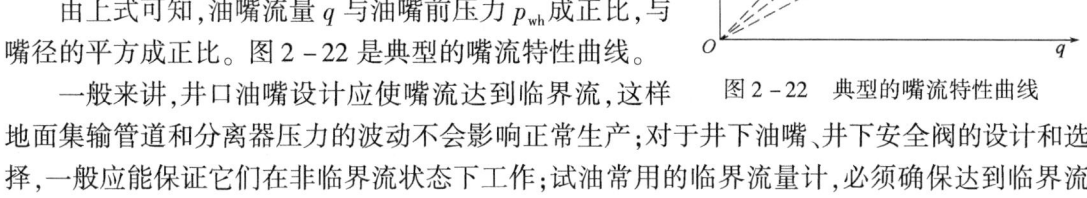

图2-22 典型的嘴流特性曲线

由上式可知,油嘴流量 q 与油嘴前压力 p_{wh} 成正比,与嘴径的平方成正比。图2-22是典型的嘴流特性曲线。

一般来讲,井口油嘴设计应使嘴流达到临界流,这样地面集输管道和分离器压力的波动不会影响正常生产;对于井下油嘴、井下安全阀的设计和选择,一般应能保证它们在非临界流状态下工作;试油常用的临界流量计,必须确保达到临界流速才能进行产量测量。

二、嘴流经验公式

一般油气混合物达到井口后,由于温度压力降低,气体膨胀使得油气混合物体积流量大增,在油嘴中的流动速度极高,因此可以近似地把气液混合物通过油嘴的流动视为单相气体的流动。现场一般利用测试数据,结合单相气体嘴流公式特征,得出相应经验公式进行计算。

根据国内外数百口油井的矿场资料统计,通常采用的嘴流计算公式为

$$p_t = \frac{c R_p^m}{d^n} q_o$$

(2-79)

式中 p_t——油压,MPa;
R_p——生产气油比,m^3/m^3;
q_o——产油量,m^3/d;
d——油嘴直径,mm;
c、m、n——经验常数。

式(2-79)表明在临界流状态下,流量的变化只与油嘴前的压力即油压有关。式中的经验常数由于统计油田资料不同也各有差异。表2-5是Gilbert(1954年)、Ros(1960年)和童宪章应用不同油区的现场数据得出的经验常数。

表2-5 临界流关系经验常数

关 系 式	c	m	n
Gilbert	0.194	0.546	1.89
Achong	0.0897	0.650	1.88
童宪章	0.2532	0.5	2

对于含水油井,可利用含水率 f_w 采用下式进行修正计算

$$p_t = \frac{c R_p^m}{d^n} q_o \sqrt{1-f_w}$$

(2-80)

对于井底装有配水嘴的注水井,Alexander给出下式进行计算:

$$q_{wmax} = 1.495 d^2 p_{wf}^{0.5}$$

(2-81)

式中 q_{wmax}——最大注水量,m^3/d;
p_{wf}——井底压力,MPa。

需要注意的是,上述经验常数与具体油区条件相关,在实际应用中,必须结合油田具体情况,收集相关的生产资料进行分析,得出适合具体油田的经验常数。

当气液比、油嘴直径一定,油嘴流量取决于油压,即油压与油嘴流量呈线性关系。当油井以临界流通过油嘴生产时,油压与流量的关系受油嘴尺寸的控制,而下游压力的干扰(例如分离器压力和地面管线压力的变化)不会引起油井产量的波动。

习 题

2-1 什么是理想井?什么是非完善井?

2-2 采油指数如何获取?单相渗流和油气两相渗流中采油指数的影响因素差别是什么?

2-3 已知 A 井位于面积 $4.8 \times 10^4 \mathrm{m}^2$ 的正方形泄流区域中心,井眼半径 r_w 为 0.1m,根据高压物性资料有 B_o 为 1.20,μ_o 为 4.5mPa·s;由压力恢复试井资料获得 $S=2.8$。试根据表 2-6 中测试资料绘制 IPR 曲线,并求采油指数 J_o 及油层参数 Kh。

表 2-6 A 井流压与产量对应关系表

流压,MPa	11.05	10.26	9.70	9.05
产量,m³/d	18.3	35.0	46.1	57.1

2-4 油井流入动态曲线的基本形状有哪几种?

2-5 某溶解气驱油藏的 B 井目前试井测得数据:$\bar{p}_r = p_b = 20\mathrm{MPa}$,流压为 12.5MPa 时的产油量为 $95\mathrm{m}^3/\mathrm{d}$,$E_f = 0.6$。计算该井最大产量和流压为 10MPa 时的产量,并绘制 IPR 曲线。

2-6 简述滑脱现象、表观速度、持液率、无滑脱持液率。

2-7 简述垂直管气液两相流的典型流动形态及其特点。

2-8 试述单相气体以及气液两相嘴流的基本原理及其主要影响因素。

第三章 自喷与气举采油

根据油层能量是否充足,油井开采方式可分为自喷和人工举升两大类。当油层能量充足时,完全依靠油层自身的能量将原油举升至地面的方法称为自喷。当油层能量较低不足以自喷时,采用机械设备给井筒流体补充能量以将原油举升到地面的方法称为人工举升。

气举就是将高压气体从地面注入油井中,依靠气体的膨胀能将井中原油举升到地面的人工举升方法。对于气举井和自喷井来讲,气液混合物在井筒中的流动基本上遵循相同的流动规律。因此,将自喷井和气举井一同放在本章介绍,重点阐述自喷井的协调原理、系统分析方法以及气举采油原理和设计方法。

第一节 自 喷

一、自喷井生产系统的组成

一口较完整和较复杂的自喷井生产系统及其压力损失如图 3-1 所示(图中数字表示井下节流点)。大多数自喷井的生产系统较为简单,除海上油井外都不设置井下安全阀和节流器(本节后面描述的自喷井生产系统均未考虑井下油嘴和安全阀),容易管理,产量高。自喷是最经济的采油方法。

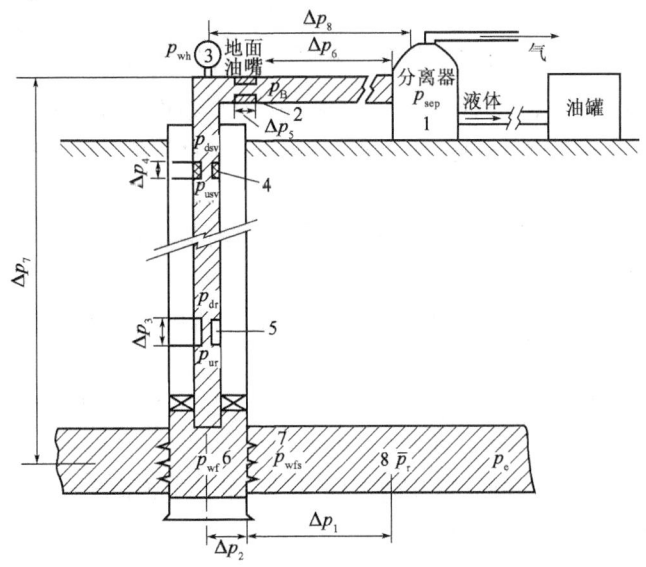

图 3-1 自喷井生产系统及压力损失

$\bar{p}_r$—地层平均压力;p_{wfs}—井底油层岩面压力;p_{wf}—井底流压;p_{ur},p_{dr}—井下油嘴上、下游压力;p_{usv},p_{dsv}—安全阀上、下游压力;p_{wh}—井口油压;p_B—地面油嘴下游压力;p_{sep}—分离器压力;$\Delta p_1 = \bar{p}_r - p_{wfs}$—油层渗流压力损失;$\Delta p_2 = p_{wfs} - p_{wf}$—完井段压力损失;$\Delta p_3 = p_{ur} - p_{dr}$—井下油嘴压力损失;$\Delta p_4 = p_{usv} - p_{dsv}$—井下安全阀压力损失;$\Delta p_5 = p_{wh} - p_B$—地面油嘴压力损失;$\Delta p_6 = p_B - p_{sep}$—地面出油管线压力损失;$\Delta p_7 = p_{wf} - p_{wh}$—举升油管压力损失,包括 Δp_3 和 Δp_4;$\Delta p_8 = p_{wh} - p_{sep}$—地面管线中的总损失,包括 Δp_5

(一)自喷井的结构与井口装置

自喷井(动画3-1)井筒内主要有套管和油管。此外,为了使自喷井保持正常的稳产高产,必须安装相应的井口装置,以控制、调节油气产量。井口装置一般由套管头、油管头和采油树三部分组成(图3-2)。

套管头位于整套井口装置的下端,其作用是连接井内各层套管并密封油套环空。表层套管用法兰与套管头下法兰连接,油层套管用螺纹与套管头内螺纹连接。

油管头装在套管头的上部,包括油管悬挂器和套管四通。油管悬挂器的作用是悬挂井内油管柱,密封油管和油层套管间的环形空间。套管四通的作用是进行正、反循环洗井,观察套管压力以及通过油套环空进行各项作业。套管四通上装有顶丝法兰盘,油管挂就坐在顶丝法兰的座上,以起到挤压密封圈密封油套环空的作用,同时卡住油管以防止井内压力过高将油管柱顶出。

动画3-1 自喷井

(a)套管头　　　　　　　　　(b)采油树　　　　　　　　　(c)节流阀

图3-2　套管头、采油树、节流阀示意图

采油树则是指油管头以上的部分,其作用是控制和调节油井的生产,引导从井中喷出的油气混合物进入出油管线。采油树的主要部件包括总阀门、生产阀门、清蜡阀门和油嘴(节流阀)。

总阀门装在油管头的上面,是控制油气流入采油树的主要通道,因此正常生产时总是开着的,只有在需要长期关井或其他特殊情况下才关闭。

生产阀门安装在油管四通或三通的侧面,其作用是控制油气流向出油管线。正常生产时,生产阀门总是打开的,在更换、检查油嘴或油井停产时才关闭。

清蜡阀门是装在采油树最上端的一个阀门,它的上面可连接清蜡防喷管等。清蜡时把它打开,清完蜡后把它关闭。

油嘴(节流阀)的作用是控制自喷井的产量,有可调式和固定式两种。一般采气树上使用可调式节流阀,采油树上使用固定式节流阀。选择不同尺寸的油嘴可以控制和调节油井的产量。

(二)自喷井的流动过程及数学描述

自喷井生产系统一般包括以下四个基本流动过程。

(1)从油藏到井底的地层渗流。该阶段一般包括流体在油藏中渗流和流体经过完井段的流动,其压力损失如图3-1中 Δp_1、Δp_2 所示。新井一旦投入生产,流体将在油层中通过孔隙或裂缝向井底流动。不同孔隙介质、流体介质(单相液流、油气两相流、气油水三相流)、驱油机理以及不同开采方式等都将使其渗流阻力不一样,压力损失也就不同。描述这一渗流过程的特性常用油井流入动态,它反映了油层向井的供给能力,是进行油井举升系统工艺设计和动态分析的基础。因此选择油井流入动态模型时应视具体油井条件综合考虑上述因素,如油井开发初期只产油时可采用直线型流入动态模型。沟通油层与井筒常用的完井方式包括裸眼完井、射孔完井、割缝衬管完井和砾石充填射孔完井四种类型。完井方式不同导致完井段内渗流规律与阻力均不同,可通过拟合其总表皮系数确定流体通过完井段的阻力损失。一般情况下,将该段压降作为附加压降并入油层的渗流压降考虑,即选择油井流入动态模型还应考虑完井方式的影响。

(2)从井底到井口的多相管流。油藏流体流入井底后,一般将沿油管向上流动至井口,其压力损失如图 3-1 中 Δp_7 所示,是整个生产系统总压降中的主要部分。描述这一流动过程常用气液两相管流计算方法。经国内外研究学者半个多世纪的研究,出现了多种适用于不同油井条件的气液两相管流计算方法,如 Duns & Ros(1963)、Hagedorn & Brown(1965)、Orkiszewski(1967)、Aziz(1972)等垂直管上升流动的计算方法,Beggs & Brill(1973)、Mukherjee & Brill(1985)等定向井、水平井气液两相流动的计算方法以及 Hasan & Kaber(1985)和 Ansari(1990)等两相流机理模型。由于气液两相管流流型的多变性及其机理的复杂性,迄今没有一种相关式适合所有油井,因此,必须十分慎重地使用它们。通常可采用该井或该区块的压降、温降测试数据对上述模型进行评价,合理选择适于该油井条件的气液两相管流模型,提高其预测精度。

(3)通过地面油嘴的多相嘴流。通常自喷井在井口需要安装油嘴控制油压、限制和稳定油井产量,其节流压降如图 3-1 中 Δp_5 所示。描述这一节流过程的流动特性常用气液多相嘴流。受油田条件限制,先后出现 Ros(1961)、Baxendell(1957)、Achong(1961)等 Gilbert 类型关系式,Oman(1969)、Majeed & Maha(1991)、Elibaly(1996)无因次关系式和 Ashford(1975)、Sachdeva(1986)、Perkins(1993)机理模型三类模型。因此实际应用时,应收集并分析油井具体条件、油嘴及有关参数的资料,对气液多相嘴流加以校正,合理选择模型。

(4)从井口到分离器的地面水平或倾斜管流。流体通过油嘴节流后,由地面输油管线流向集油站,其压力损失如图 3-1 中 Δp_6 所示。描述该段管线流动特性可用气液两相水平管或倾斜管压降模型,其压力损失主要是管内流动摩阻,这部分损失一般不大。

由此可见,油井生产系统是一个连续的流动过程,是一个统一的整体。因此,如何有效利用地层能量,合理设计生产系统并制定合理的工作制度,让整个生产系统处于良好的运行状态,既能满足生产需求,又能实现稳定生产,延长自喷期,一直是油田工程师极为关心的问题。油井生产系统节点分析就是解决这一问题的重要方法。对实际的油井生产系统进行分析时,需要将实际系统加以抽象,以便能进行数学表述,这时的油井生产系统称为生产井模型。该模型必须具备能够正确描述各流动过程流动规律(流量与压降)的数学模型。例如,自喷井系统应包括适用的油井流入动态、举升管柱及地面管线压力计算方法和油嘴流动相关式。

二、自喷井协调原理及应用

自喷井的协调是指上述四个流动过程的衔接关系。油井稳定生产时,整个流动系统必须满足混合物的质量和能量守恒原理。要使油井连续稳定自喷,就必须使这四个不同流动过程既相互衔接又相互协调起来。其中任何一个流动过程发生变化都会影响其他过程,从而改变自喷井的整个生产情况。自喷井的协调条件是:(1)每个过程衔接处的质量流量相等;(2)前一过程的剩余压力应该等于下一过程所需要的起点压力。只有满足协调条件,油井才能稳定自喷。

(一) 协调原理

下面用图解法说明图 3-1 所示生产系统四个流动过程的协调,如图 3-3(a)所示。

(1) 根据已知产量 q_i,在油井流入动态曲线[图 3-3(a)中的 IPR 曲线]的横坐标上取 q_i 值,绘出相应的井底流压 p_{wfi}。

(2) 由 q_i 和 p_{wfi} 值按所选的气液垂直管流压降模型算出与之对应的 p_{whi},得出 q_i—p_{whi} 曲线,即图 3-3(a)中的油管曲线 B。

(3) 当油嘴直径 d 一定时,利用所选的气液多相嘴流模型计算 q_i—p_{whi} 的线性关系。为了使油井稳定自喷,要求油嘴应处于临界流状态,即油嘴下游压力 p_{Bi} 应低于油压 p_{whi} 的一半。因此需根据分离器压力 p_{sep} 和每一个产量 q_i 值逆流向按所选的气液水平或倾斜管流压降模型计算对应的油嘴下游压力 p_{Bi},将嘴流特性曲线上符合该条件($p_{Bi} \leq 0.5 p_{whi}$)的 q_i—p_{whi} 点连接起来,即图 3-3(a)中的嘴流曲线 d。嘴流特性曲线 d 与油管曲线 B 交于 C。从 C 点作一垂线交横坐标于 q_0,交油井流入动态曲线于 E,产量 q_0 即为在油嘴直径下的油井产量。E 点纵坐标对应的井底流压 p_{wf0} 即为油藏生产液量 q_0 时的剩余压力,也是举升此产量所需的油管鞋压力,$\bar{p}_r - p_{wf}$ 为油层渗流压差。C 点纵坐标对应的井口油压 p_{wh0} 即为举升此产量至油嘴前的剩余压力,也是使产量 q_0 的流体经油嘴和地面管线流到分离器并满足分离器压力所需的压力,$p_{wf} - p_{wh}$ 为井筒油管的举升压降。油井在此条件下生产是稳定的,四种流动是相互衔接而又协调的。若在油井条件固定不变时,产量增大至 q_1,其不协调关系如图 3-3(b)所示。此时对应的井底流压降为 p_{wf1},由于井底流压降低且油管内流量增大,使井口剩余油压仅为 p_{wh1};而要将产量 q_1 输至分离器并满足分离器压力所需的井口油压为 p_{wh2},该值大于剩余油压 p_{wh1},即无法将产量 q_1 全部输至分离器,产量下降。反之产量下降至 q_1,其不协调关系如图 3-3(c)所示。此时举升至井口的剩余油压 p_{wh1} 大于将产量 q_1 输至分离器并满足分离器压力所需的井口油压 p_{wh2},流过油嘴的产量应增大。因此该油井在具体条件仅有一个协调点产量 q_0。

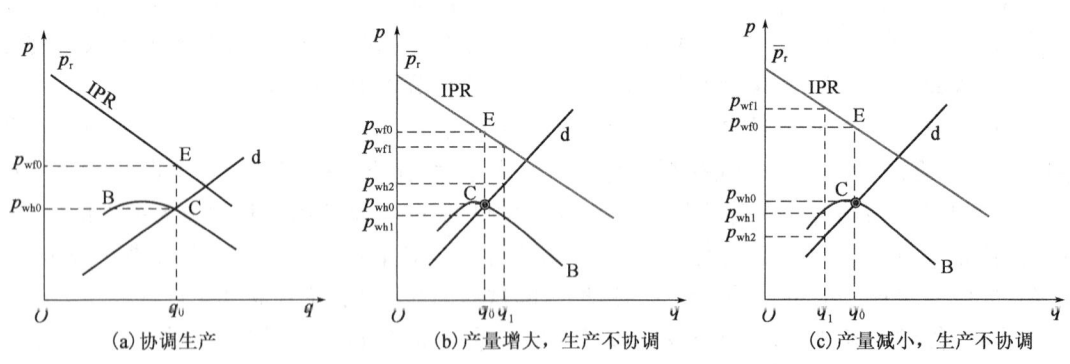

图 3-3 自喷井四个流动过程的协调关系

(二) 应用

1. 预测不同油嘴下的产量

图 3-4 中绘制了油嘴直径分别为 4mm、6mm、8mm、10mm、15mm 的油嘴曲线,分别与管流

曲线 B 相交,其交点所对应的产量分别是 q_6、q_8、q_{10}、q_{15}。可根据要求的产量确定与之对应的油嘴直径。

图中 4mm 油嘴曲线与管线曲线 B 无交点,说明选用 4mm 油嘴在油管中的液流速度很低,造成生产不正常。在更换油嘴预测产量时,应注意油嘴的更换不应引起管流曲线 B 的变化。如因更换油嘴使气油比改变,那么油井流入动态曲线、管流曲线以及油嘴特性曲线均应发生改变。

2. 预测地层压力变化对产量的影响

油井在开采过程中,地层压力会逐渐降低,在油嘴直径为 d_1 时产量变化如图 3-5 所示。IPR_1 和 B_1 分别为某一开采阶段的油井流入动态曲线和油管工作曲线。经过一定时间后,地层压力降低,相应的油井流入动态和油管工作曲线分别为 IPR_2 和 B_2。该井的产量将由原来的 q_1 变为 q_2。若要保持原来的产量 q_1,就必须换用较大的油嘴直径 d_2 来降低油嘴的节流压降,同时还要考虑较低的井口油压能否满足地面输油管线及分离器压力的要求。

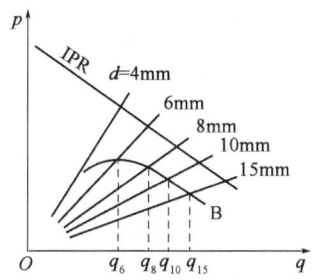
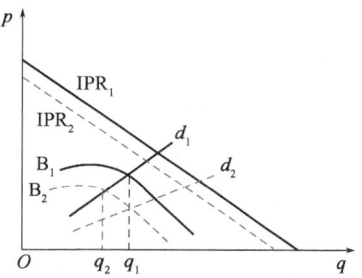

图 3-4 不同油嘴直径的油井产量　　　图 3-5 地层压力下降对产量的影响

三、自喷井节点分析

节点分析方法最初用于分析并优化电路和供水管网系统,1954 年 Gilbert 首先引入并用于油井生产系统协调分析,后通过 Brown 等人的系统研究,伴随计算机技术的飞速发展,20 世纪 80 年代以后该方法在油气井生产系统设计及生产动态预测中得到了广泛应用。

节点分析的基本思路是采用系统工程原理,以整个油井生产系统为对象,把油藏至地面分离器的整个油井生产系统按不同的流动规律分成若干相对独立的流动子系统。在每个流动子系统的起始及衔接处设置节点,以压力和流量的变化关系为主要依据,在研究各个子系统流动规律的基础上,分析由节点隔离的各个流动子系统的上下游的相互关系及其对整个系统工作的影响,为优化系统工作参数提供依据。

节点分析的实质是计算机程序化的单井动态模型,它可以帮助我们理解油气井生产系统中各可控参数与环境因素对整个生产系统产量的影响和变化关系,从而寻求优化油气井生产系统特性的途径。

(一) 节点的概念

油井生产系统中,节点是一个位置的概念。对于图 3-1 所示的自喷井系统,至少可以确定图中的 8 个节点,对其他举升方式还会有不同的节点。节点可分为普通节点和函数节点两类。

1. 普通节点

普通节点一般指两段不同流动过程的衔接点,如图3-1所示的井口3、井底6以及系统的起、止点(地层边界8、分离器1)均属普通节点,在这类节点处不产生与流量有关的压降。

2. 函数节点

具有限流作用的装置也可作为节点,如图3-1所示的地面油嘴2、井下安全阀4、井下油嘴5和完井段7—6。由于这类装置在局部会产生一定压降,其压降的大小为流量的函数 $\Delta p = f(q)$,故称为函数节点。函数节点所产生的压降可用适当的公式计算。

应用节点分析方法时,通常要选定一个节点,将整个系统划分为流入节点和流出节点两个部分进行求解。所选用的这个使问题获得解决的节点称为求解节点,简称解节点或求解点。

(二) 节点分析的基本步骤

以普通节点为例,节点分析的基本步骤如下:

(1) 建立油井模型并设置节点。按油井生产的逻辑关系,明确生产流程的构成并在系统内设置相应的节点,从而把油井系统有序地划分为相互联系又相互独立的若干部分。

(2) 解节点的选择。解节点位置与系统分析的结果无关。灵活的节点位置有利于研究分析在整个系统中不同因素对产量的影响。如果旨在说明接近地面部分的影响则解节点可选为井口;取井底为解节点有利于分析油层的供液能力和井筒的举升能力,以便优选油管尺寸和控制井口压力;取系统终端(分离器)为解节点有利于分析整个井网各口井对产量的影响;同样,如果关心井下部分的影响,解节点可选在井底和完井段,井底解节点应用很普遍。总之,应根据所求解的问题合理选择解节点,通常应选择尽可能靠近分析对象的节点作为解节点。

(3) 计算解节点上游的供液特征。改变产量,从系统的始端(平均地层压力 $\bar{p}_r$)至解节点沿流动方向,按解节点上游各流动过程的数学模型计算相应的解节点处的压力。

(4) 计算解节点下游的排液特征。改变产量,从系统终端(分离器 p_{sep})至解节点逆流动方向,按节点下游各流动过程的数学模型计算相应的解节点处的压力。

(5) 确定生产协调点。根据解节点上、下游的压力与产量的关系,在同一坐标系中绘制出解节点上游压力与产量的关系曲线(节点流入曲线)和解节点下游压力与产量的关系曲线(节点流出曲线),两条曲线称为系统分析曲线,如图3-6所示。节点流入曲线反映在给定地层压力下油层到解节点(流入段)的供液能力。节点流出曲线反映在给定分离器压力下,从解节点到分离器(流出段)的排液能力。解节点流入、流出曲线的交点A即为给定条件下油井系统的产量与解节点处的压力。在解节点流入、流出曲线的交点A处,流入段的产量等于流出段的排量,并且流入段的剩余压力等于流出段所需要的起点压力。解节点上下游能够协调工作,因此该交点A称为油井生产协调点,简称协调点。

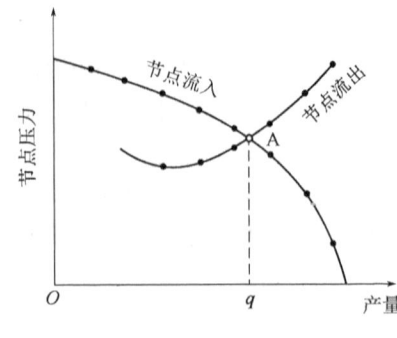

图3-6 系统分析曲线及其解

(6) 进行动态拟合。由于数学模型及有关参数的误差,上述产量常与实际产量不吻合,此时应对数学模型及有关参数进行调整,经过拟合使所建立的数学模型和计算程序能正确反映油井生产系统的实际情况。

(7) 程序应用。拟合后的计算程序既可以用于对整个生产系统的分析,也可以围绕所需解决的问题进行敏感性参数分析,优化出生产参数,实现油井系统的优化生产。

(三) 应用

下面以油层到分离器这一简单的自喷井生产系统为例,说明以井底为求解点的节点分析方法及其应用。

井底节点将整个油井系统隔离为油层和举升油管+地面管线两部分,如图3-7(a)所示。节点流入部分即为油层渗流,用流入动态 IPR 曲线描述。从油层中部位置至地面分离器,其压降为举升油管压降与地面管线压降之和,解节点流出压力为

$$p_{wf} = p_{sep} + \Delta p_{地面管线} + \Delta p_{油管}$$

设定一组产量 q_i($q_i = i \times \Delta q$,Δq 为产量步长,i 为计算点序号,$i = 1, 2, \cdots, N$),分别以给定的平均地层压力 $\bar{p}_r$ 和分离器压力 p_{sep} 开始计算至求解点,计算得出流入和流出解节点的压力,并在同一坐标图上绘制解节点流入和流出曲线,可能会出现图3-7(b)、图3-7(c)、图3-7(d)三种情况:

(1) 图3-7(b)中节点流入与流出曲线交于一点,该交点对应的产量 q 为目前平均地层压力 $\bar{p}_r$ 和给定分离器压力 p_{sep} 条件下的油井自喷产量。

(2) 图3-7(c)中两条曲线不相交。说明在给定油井条件下,油层的供液能力小于油井的排液能力,油井不能协调自喷生产。欲使油井以产量 q 生产,节点流入与流出曲线之间的压差 Δp 就是机械采油系统必须补充的人工能量。

(3) 图3-7(d)中两条曲线在较低产量和较高产量处存在两个交点,两个交点之间的节点流出曲线低于流入曲线。理论分析和实践证明,较低产量的交点是不稳定流动的,而较高产量的交点是稳定流动的,该节点即为协调点。

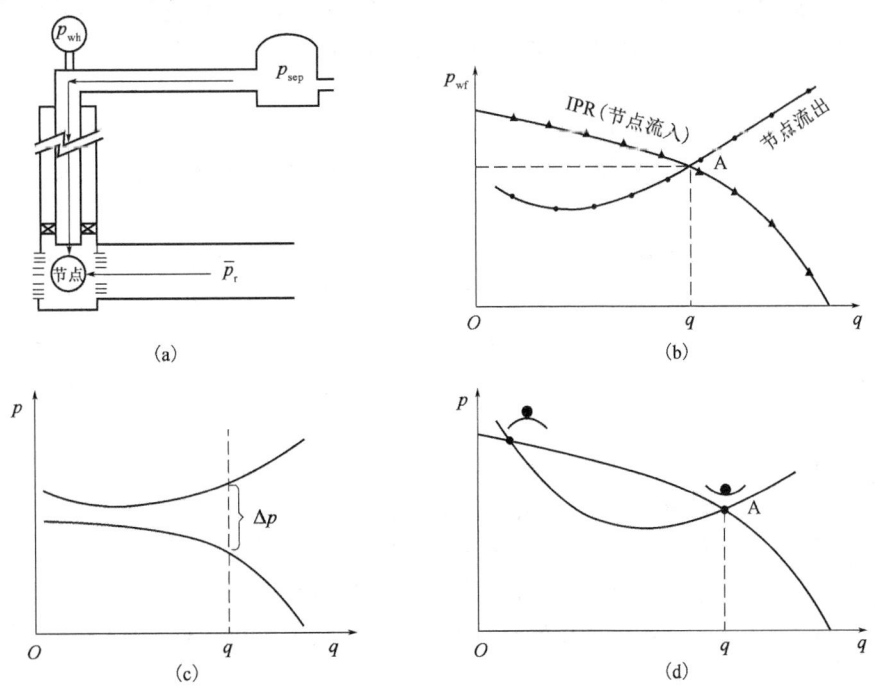

图3-7 井底为求解点

以井底为求解点是最常用的分析方法,可应用于研究油层伤害及增产措施见效改变了油井流动效率所引起的井底流压及其产量的变化,如图3-8所示。随着流动效率的改善,产液量显著增大。

选井底为求解点也可预测油层压力降低后的产量及其井底流压,如图3-9所示。当油层压力降至图示 $\bar{p}_{r3}$ 时,系统分析曲线无交点,说明油层供液能力小于举升油管排液能力,则油井停喷,需要进行机械采油补充能量。

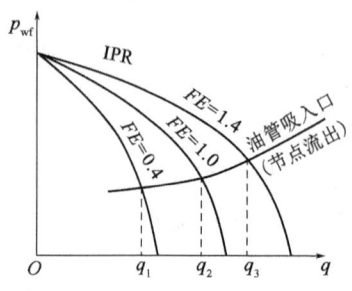

图3-8 流动效率对产量的影响

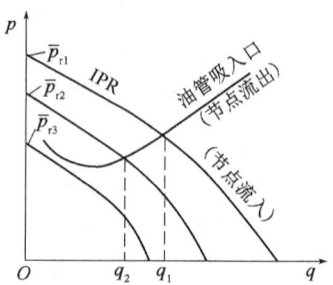

图3-9 预测未来产量

第二节 气举采油

在油藏压力不足以维持油井以适当的产量向地面生产时,就需要采用人工举升(artificial lift)的方式帮助油井生产。人工举升包括气举和井下泵抽两种基本形式。气举(gas lift)就是将地面高压气体注入生产管柱下部,利用高压气体的膨胀能,将地层液举升到地面。井下泵抽(有杆泵、电潜泵、水力活塞杆、螺杆泵、水力射流泵)(downhole pumping)是通过各种能量转换方式,提高泵的排出压力,从而使得液体获得较高的能量,足以克服向上的流动阻力而到达地面。这两种方法的共同之处是通过降低井底压力来提高产能,不同之处在于:地层气有助于气举,可以减少需要的注气量,即气举可以充分利用地层气本身的能量;而在泵抽方式下,地层自由气一般会降低泵效,故在井液被吸入泵之前,要将自由气从井下环空分离出来,避免自由气进泵。

气举技术的应用已有100多年的历史。1846年美国工程师Cockford在宾夕法尼亚首次进行了气举采油现场试验。1897年,俄国工程师舒霍夫在巴库油田用气举采油成功。20世纪70年代以来气举技术在世界上各主要产油国得到了广泛的应用。

气举的工作介质一般为天然气,因此它具有较强的适应性,适用于高气液比的直井、斜井、丛式井、水平井以及小井眼井的采油和气井排水采气,也可用于油井诱喷或增加井的产量、注水井排液和修井排液作业。气举的举升深度和排量变化灵活,井口和井下设备比较简单,管理方便。但气举采油要求稳定充足的气源,采用压缩机增压,其地面设备一次性投资大。气举采油系统如图3-10所示,常规气举排水采气工艺流程如动画3-2所示。本节主要阐述气举过程、气举阀、气举管柱结构以及气举采油工艺设计方法。

动画3-2 常规气举排水采气

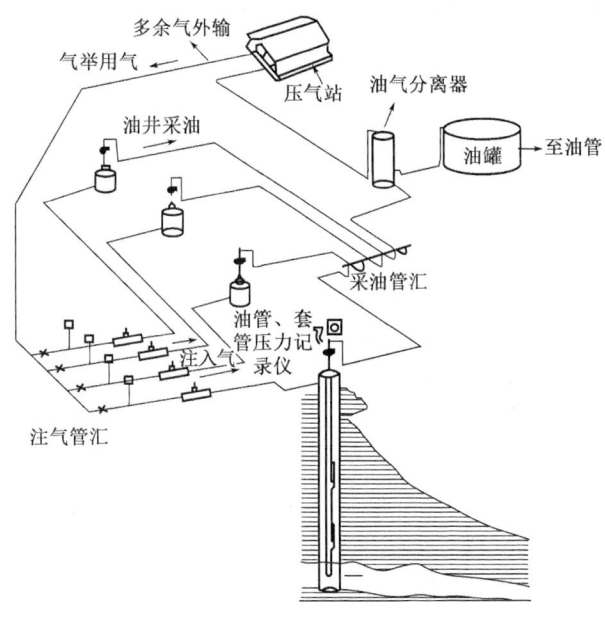

图 3 – 10 气举采油系统示意图

一、气举的启动过程

油井停产时,油管、套管内的液面在同一位置,如图 3 – 11(a)所示。当开动压缩机向油套环空注入气体后,油套环空内的液面被挤压下降,如不考虑液体被挤入地层,油套环空内的液体则全部进入油管,油管内的液面上升,在此过程中压缩机的输出压力不断升高。当油套环空内的液面下降到油管鞋时,如图 3 – 11(b)所示,压缩机压力达到最大,称为启动压力 p_e(kick-off pressure)。注入气体进入油管,并与油管内的液体混合,液面不断上升直至喷出地面,如图 3 – 11(c)所示。在开始喷出之前,井底压力大于或等于地层压力;喷出后由于油套环空仍继续进气,油管内的液体继续喷出,使气液混合物密度进一步降低,油管鞋压力相应降低,此时井底压力及压缩机压力小随之下降。当井底压力低于地层压力时,地层流体就流入井内。由于地层出液使油管内的气液混合物密度稍有增加,因而压缩机压力又有所上升,经过一段时间后趋于稳定,达到稳定生产时的压缩机压力称为工作压力 p_o(operating pressure)。气举过程中压缩机出口压力的变化曲线如图 3 – 12 所示。

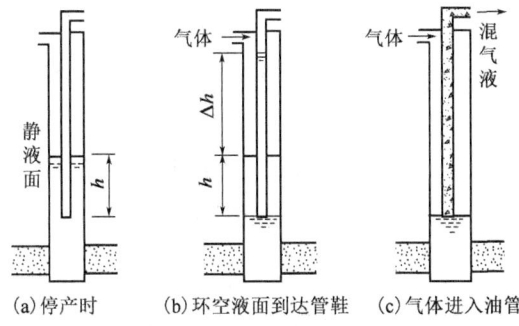

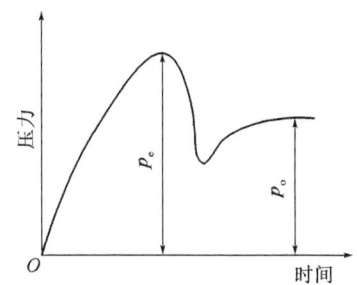

图 3 – 11 气举井的启动过程　　　　图 3 – 12 气举时压缩机压力变化曲线

如果压缩机的额定压力小于启动压力,气举将无法启动。启动压力的大小与气举方式、油管下入深度、静液面位置以及油、套管直径有关。采用油套环空注气时,气举系统的启动压力范围为

$$L\rho_L g \geqslant p_e > h\rho_L g \tag{3-1}$$

式中　p_e——启动压力,Pa;
　　　L——油管下入深度,m;
　　　ρ_L——井液密度,kg/m³;
　　　h——静液面与油管鞋之间的距离,m。

通常井越深,油套环空静液面距井口越远,启动压力就越大,要求压缩机具有较高的额定输出压力,而气举系统正常生产时所需的注气压力又比启动压力小得多,这就造成压缩机功率的浪费,增加投入成本。因此,必须减小气举启动压力。常用的方式是在油管柱上安装气举阀。

下面用连续气举的卸载过程来说明安装气举阀的气举启动过程,如图 3-13 所示。气举前井筒中油管、套管液面在同一位置,沉浸在静液面以下的气举阀在没有内外压差的情况下全部打开。气举时,源源不断的高压气体进入油套环空憋压,油套环空内液体通过气举阀进入油管,油管内液面逐渐上升,而油套环空液面逐渐降低,如图 3-13(a)所示。当油套环空液面下降到第 1 级阀(顶阀)以下时,由于顶阀处套压大于油压,高压气体由顶阀进入油管,使顶阀至地面段油管内液体混气。随着高压气体不断进入油管,该段油管压力梯度逐渐降低,液体被举出油管,顶阀处油压降低后使油套环空高压气体挤压液面继续下降,油套环空液面逐渐下降,如图 3-13(b)所示。油套环空液面降低到第二只气举阀以下时,高压气体又通过第二只气举阀进入油管举升液体。同时顶阀处套管压力进一步降低,在内外压差作用下顶阀自动关闭,如图 3-13(c)所示。若第二只气举阀注气时,排液能力已达到气举装置设计的生产能力,表明卸载成功,底阀作为备用不会露出液面。

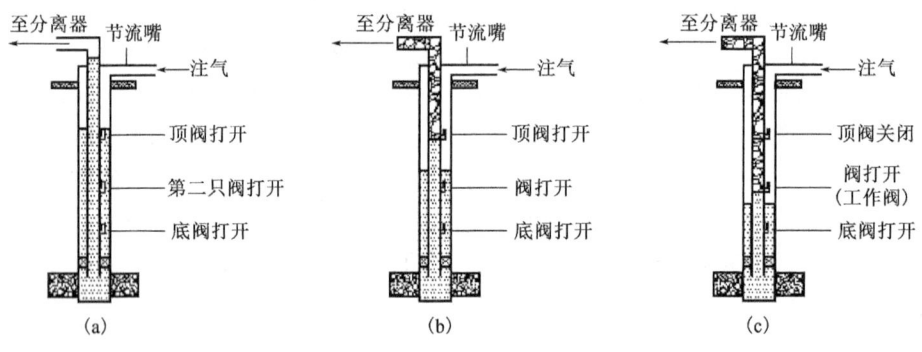

图 3-13　气举的卸载过程

由此可见,气举阀在整个气举过程中起着至关重要的作用,具体表现为:(1)油套环空高压气体进入举升管柱的通道和开关;(2)用较低的启动注气压力把井内液面降至注气点深度,并在此深度上以正常工作所需的注气压力按预期的产量进行生产;(3)油管上设计的多只气举阀可通过地面调节套压或油压灵活地改变注气点位置,以适应油井供液能力的变化。

二、气举阀

气举阀是气举采油的心脏,其实质是无级可调的一个注气调节阀,通过阀球的开启度来控制注气量的大小。

(一)发展历史

早期的气举是直接从井底注气。1865年,Brear申请了气举的第一个专利,称为"举油器"(oil ejector),它装在油管底部以便于气体注入油管,该装置还不具备气举阀的功能。随着气举的不断引用,为了降低启动压力,人们发现了一种注气接箍,通过接箍上的孔和油管上孔对齐,气体即可注入;旋转油管,使油管上的孔与接箍上的孔错开,可以停止卸载过程中上一级阀的进气。这种阀的操作很不方便。后来,又发明了弹簧加载的压差式气举阀,加压弹簧使气举阀打开,在卸载时,注入气经阀上小孔节流降为油压,注气压降(p_c-p_t)达到弹簧打开压力S_t时,气举阀关闭。关闭压差(p_c-p_t)是通过该阀不断进气使油压p_t不断下降获得的。当液面下降,下一级阀进气时,上一级阀应该关闭。这种从上一级阀卸载向下一级卸载的交替,是通过调节弹簧力S_t和节流嘴来实现的。这种阀已具备了气举阀的所有特点,但是,由于卸载时注气压力较高,会造成$p_c-p_t>S_t$使阀关闭,因此需要降低井口套压或升高井口油压。为保证油套环空液体进入油管,一般要在油套管封隔器上方装一滑套式侧孔,采用钢丝绳作业使其在卸载结束后关闭。另外,这种阀的标准弹簧调节值一般只在1MPa左右,根据这种阀的工作原理,卸载之间的距离会相当近(一般在100m左右),故需布置很多的卸载阀。

1940年,King发明了波纹管氮气加载气举阀。目前广泛使用的非平衡式氮气加载波纹管气举阀非常接近King的阀,第一次实现了地面控制注气压力操作气举阀,不再需要卸载过程中转动油管或下钢丝绳作业。同时,这种阀允许布阀间距较大。

(二)分类

气举阀种类繁多,可按以下不同方式进行分类:

(1)按压力控制方式,气举阀可分为节流阀、气压阀(套压操作阀)、液压阀(油压操作阀)和复合控制阀四种类型。节流阀在关闭状态时与气压阀相同,但一旦打开后,仅对油压敏感,打开这种阀,需要提高套压,关闭阀则需降低油压。气压阀在关闭状态时,有50%~100%对套压敏感,而打开后,仅对套压敏感,为了使气举阀打开或关闭,必须分别提高或降低套压。液压阀与气压阀正好相反,为了使气举阀打开或关闭,必须分别降低或提高油压。复合控制阀也称液压打开气压关闭阀,即提高油压则阀打开,降低套压则阀关闭。

(2)按在井下所起的作用,气举阀可分为卸载阀、工作阀和底阀。

(3)按自身的加载方式,气举阀可分为充气波纹管阀和弹簧气举阀。

(4)按安装作业方式,气举阀可分为固定式气举阀和投捞式气举阀。

(三)结构及工作原理

目前非平衡式氮气加载波纹管气举阀是世界上使用最为广泛的气举阀,下面主要介绍其结构和工作原理。

在波纹管内预先充入氮气构成加载单元,即由可伸缩的封包与充气室构成。该阀由一个气室、波纹管和与之相连的金属阀杆、注气孔、阀孔以及下部的单流阀组成。高压气经特殊气门芯注入气室,敲击气门芯可向外释放出高压气。高压气室提供一个向下的关闭力,使阀杆球形端紧压在阀座上。作用在波纹管有效面积上的油压提供阀打开的力。升高套压使打开力超过关闭力时,封包被压缩,阀杆球形端被拉离阀座,阀即打开进气。气压和油压越大,阀杆球形端离开阀座越远。柔性的波纹管允许阀杆的上下自由运动以及密封高压气室。为防止波纹管受过度挤压,在腔室下部有一长定器以限制阀杆行程。此外,多数气举阀都在阀孔下游设有单流阀,以防止逆流。

图 3 – 14 分别表示套压控制气举阀[图 3 – 14(a)为单元件,图 3 – 14(b)为双元件]和双元件液压控制气举阀[图 3 – 14(c)]的结构。套压控制和液压控制阀的区别是阀孔的进、出气口结构位置不同。由气举阀的实际结构可以获得封包的承压面积 A_b、孔眼的进气通道面积 A_p 以及气举阀孔面积与封包面积之比 $R = A_p/A_b$。气举阀封包内的压力 p_d 随环境温度变化而变化,为了便于问题的讨论,记 p_d 为井下波纹管腔室的充氮压力,p_t 为阀处油压,p_c 为阀处套压。下面分别讨论套压控制阀和液压控制阀的工作原理。

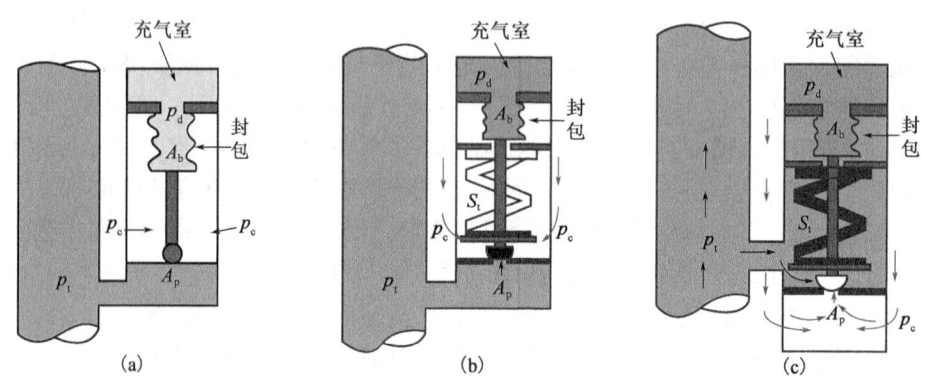

图 3 – 14 气举阀的基本结构和工作原理

1. 套压控制阀

套压控制阀也称为气压控制阀,这种阀在关闭时有 50% ~ 100% 对套压敏感,而打开状态时则 100% 对套压敏感。为了使阀打开或者关闭,必须分别提高或降低套压。如果油压对打开阀有影响,就称为不平衡式气压阀;如果油压对阀的开关没有影响,就称为平衡式气压阀。

图 3 – 14(a)所示为关闭状态下单元件氮气加载阀。阀球受油管压力产生的上顶力、封包受套管压力产生的上顶力都试图打开阀,而作用在封包面积上的气室压力则力图使阀保持关闭状态。试图打开阀的力为 $p_c(A_b - A_p) + p_t A_p$,保持阀关闭的力为 $p_d A_d$。在阀打开瞬间,打开力等于关闭力,设此时的套压为 p_{vo},则

$$p_{vo} = \frac{p_d - R p_t}{1 - R} \qquad (3-2)$$

式中 p_{vo}——井下阀处开启压力,Pa;

p_d——井下阀处封包内的压力,Pa;

p_t——井下阀处油管压力,Pa;

R——阀孔面积与封包面积之比,即 $R = A_p/A_b$。

为了研究油管压力对阀开启压力的影响,将式(3 – 2)改写为

$$p_{vo} = \frac{p_d}{1 - R} - \frac{R p_t}{1 - R} \qquad (3-3)$$

由上式看出,随着油管压力增加,打开阀所需要的套管压力减小。式中油管压力项称为油管效应 TE(tubing effect)。

$$TE = p_t \cdot \frac{R}{1-R} \tag{3-4}$$

式中 $R/(1-R)$ 称为油管效应系数 TEF,则有

$$TE = p_t \cdot TEF \tag{3-5}$$

当阀处的套管压力 $p_c \geq p_{vo}$ 之后,阀就会打开。

在阀打开之后,作用在阀杆上的力也为 p_c,即套压 p_c 和气室压力 p_d 都同时作用在整个波纹管面积 A_b 上,因此阀的关闭套压 p_{vc} 可写为

$$p_{vc} = p_d \tag{3-6}$$

阀的扩展压力 Δp(也称为阀距)为阀打开压力与关闭压力之差,即

$$\Delta p = p_{vo} - p_{vc} = TEF \cdot (p_d - p_t) \tag{3-7}$$

可见,提高阀孔径 A_p 或提高 TEF,可提高阀间距离。

上述分析方法同样可用于其他类型的气举阀。气举阀生产厂家将提供气举阀的主要技术参数,如波纹管外径和有效面积、阀座孔径、阀孔面积以及 R、$1-R$ 和油管效应系数 TEF 等参数。

2. 液压控制阀

液压控制阀的结构如图 3-14(c)所示,油管压力作用在封包面积($A_b - A_p$)上,而套管气压力作用在阀座面积(A_p)上,由于封包面积远大于阀座面积,因此阀对油压的变化(液压)比对套压的变化更为敏感。当液柱通过工作阀时,由于油压 p_t 增大,各阀会相继打开,从而向油管内注入额外气量,减少液体回落,但必须要求地面有充足的气源。

(四)动态特性

气举阀动态就是确定不同油压、套压下阀通过气体的能力。在气举阀流动能力设计计算中,通常都认为阀一旦打开就是完全打开的,套压完全作用在阀杆面积上,通过气举阀的流量不受阀杆的阻碍,可用阀孔尺寸按嘴流方程(thornhill-craver 方程)来计算。但实际上,由于气举阀波纹管的弹簧效应,气举阀总成只是部分打开的,即最小过流面积小于阀孔面积,阀杆球形端与阀座之间的环形通道发生节流现象。阀杆球形端面上所承受的压力既不是注气压力(套压),也不是油压,因此关闭压力不等于波纹管充气压力。用阀孔尺寸嘴流方程计算出的气体流量比实测流量偏高,最大相对误差可达到 +200%。如果不知道气举阀动态特性,就可能造成连续气举的多点注气、间歇进气、生产波动、系统不稳定以及气举效率低等问题。这种现象在高产水井的气举排水采气过程以及高产油井的气举过程可能更为突出。

图 3-15 为典型的气举阀动态曲线。由图可知,当套管压力大于测试台打开压力时,油管压力下降,气量增大,这是由于上下游压差增大;当油管压力下降到一定时,气量保持不变,这是因为气体流动达到临界状态,这相当于孔板流动状态,在气举设计中应避免出现这种流动形式。当套管压力小于测试台打开压力而大于气举阀关闭压力时,油管压力下降,通过气量增加,这是由于上下游压差增大。随着油管压力减小,气量反而下降,这时虽然上下游压差增大,但由于油管压力下降,封包伸长,阀杆下行,阀球和球座接近,气量有效通过面积减小,通过气量减小。随着油管压力进一步降低,封包继续伸长,直到阀球和球座接触,通过气量为零,这种流动叫作节流流动,也是气举阀主要的流动形式。一般来讲阀孔尺寸越大,节流也就越大,油管压力对阀影响就越大。在气举设计中,优先采用小尺寸气举阀,这样可以尽量减小难以控制的油管压力的影响。

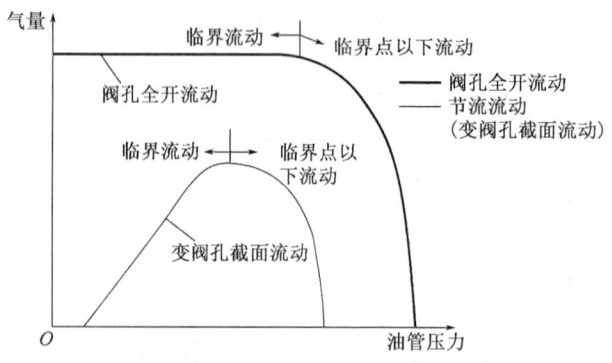

图 3-15 典型的气举阀动态曲线

三、气举管柱结构及气举分类

(一) 气举管柱结构

气举阀通过工作筒安装在油管上,安装方式主要有固定式[图 3-16(a)]和投捞式[图 3-16(b)]两种。固定式气举阀是在油管尚未下到井中之前,在地面上将阀装进工作筒内,阀只能同油管或工作筒一齐起出,更换或检阀必须起下油管。投捞式气举阀的工作筒作为油管的一部分,按气举井布阀设计要求预先连接在油管上,必要时进行气举阀的投放、提捞作业。投捞式气举可自由投捞,便于气举井的检阀作业,安装、检阀要经济得多。

常用的单管气举管柱结构主要有开式、半闭式和全封闭式三种,如图 3-17 所示。

(1) 开式管柱。在开式管柱结构中,油管管柱不带封隔器而被直接悬挂在井筒中。开式管柱只适用于液面较高的连续气举井,由于这种管柱的油管与油套环空是连通的,对低产油井,当液面下降到油管鞋时,注入气就会从油套环空窜入油管,造成注气量的失控。开式管柱的另一个缺点是,每当气举井关井后再重新启动时,由于液面重新升高,必须将工作阀以上的

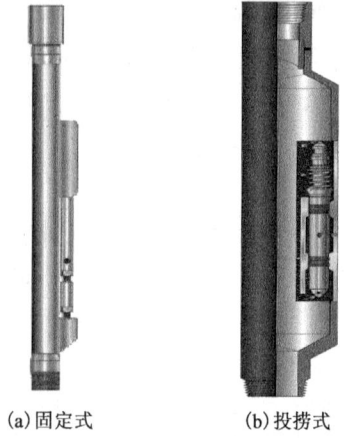

(a) 固定式　　　(b) 投捞式

图 3-16 气举阀安装方式

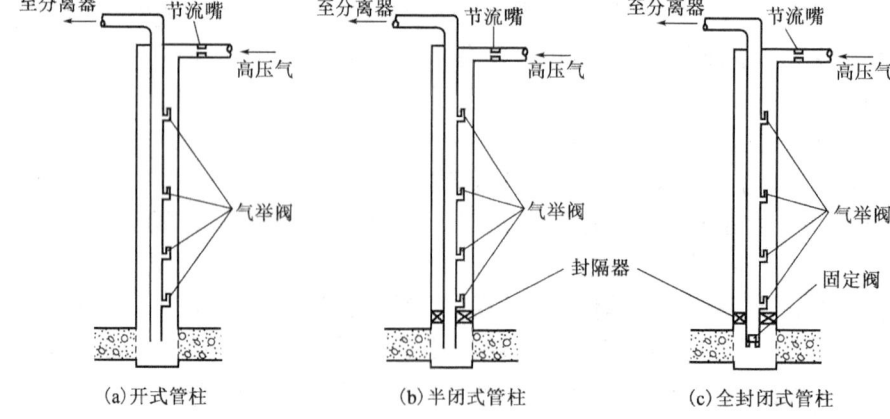

(a) 开式管柱　　(b) 半闭式管柱　　(c) 全封闭式管柱

图 3-17 气举井单管柱结构

液体重新排出去,不仅延长了开井时间,而且液体反复通过气举阀,容易对气举阀造成冲蚀,降低阀的使用寿命。因此,开式管柱通常用在因套管损坏、变形、腐蚀或其他原因等不能下封隔器的连续气举井。开式气举法采油如动画3-3所示。

(2)半闭式管柱。它是在开式管柱的下部安装封隔器,将油管和油套环空分隔开,以避免因液面下降造成注入气从套管窜入油管,同时也避免了每次关井后重新开井时的重复排液过程。半闭式管柱既适用于连续气举井,也适用于间歇气举,是气举井最常用的管柱结构。半闭式气举采油如动画3-4所示。

(3)全封闭式管柱。全封闭式管柱是在半闭式管柱结构的基础上,在油管底部安装固定阀(单流阀),其作用是在间歇气举时,阻止油管内的压力作用于地层。全封闭式管柱一般应用于间歇气举井。全封闭式气举采油如动画3-5所示。

动画3-3 开式气举法采油

动画3-4 半闭式气举采油

动画3-5 全封闭式气举法采油

除了上述气举装置外,还有环空气举、双管气举、气腔泵气举、复合气举(例如气举与电潜泵组合)等工艺。

(二)气举分类

气举按注气方式可分为连续气举和间歇气举两大类:

(1)连续气举(continuous gas-lift)。连续气举是最常用的气举采油方式,它从油套环空(或油管)将高压气连续地注入井内,使油管(或油套环空)中的液体充气以降低其密度,从而降低井底流压,排出井中液体的一种人工举升方式。连续气举是最常用的气举采油方式,适用于油层供液能力较好且能量较充足的油井。连续气举井的采油原理与自喷井相似,区别是气举井主要依靠外来高压气体的能量,而自喷井则完全依靠油层本身的能量。

(2)间歇气举(intermittent gas-lift)。间歇气举是向油套环空内周期性地注入高压气体,气体迅速进入油管内形成气塞,将停注期间井中的积液推至地面的一种人工举升方式。采用间歇气举时,地面一般需要配套使用间歇气举控制器(周期—时间控制器)。间歇气举主要用于地层能量不足的油井。对这类油井,采用间歇气举较连续气举可明显减少注气量,提高举升效率。其缺点是井口装置比较复杂,在闭式循环气举系统中,当间歇气举井占到一定比例时,容易造成地面注气压力波动,影响其他气举井的正常生产。

四、连续气举

(一)气举井压力剖面

图3-18为典型的连续气举压力剖面图。油管上共安装了6只气举阀,注气点以上4只气举阀均为卸载阀,连续气举启动时,分段卸载压井液,降低注气启动压力。第5只阀为工作阀,向油管内连续注气举液。第6只阀为底阀或备用阀,以适应因地层压力下降后,增加举升

深度的需要。从连续气举系统压力剖面上看,从产层流入井筒的流体在注气点处连续补充高压气后,显著降低其密度和压降梯度($G_{f1} < G_{f2}$),将液体举升至地面。而油套环空的注气压力曲线与地层气液比条件下的油管压力曲线交于平衡点,考虑气体流经气举阀时需要一定的压降(Δp),将平衡点上移一定距离,即为注气点位置。

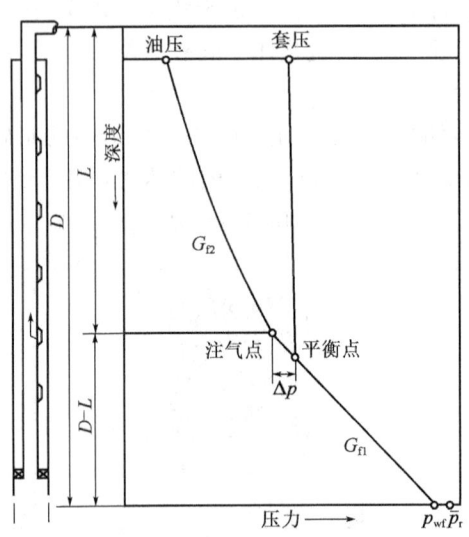

图 3-18 典型连续气举井压力剖面

D—产层中深;L—注气点深度;$\bar{p}_r$—地层静压;Δp—过阀压降;G_{f1}—地层气液比条件下的压降梯度;
G_{f2}—注气后的压降梯度

(二)连续气举系统分析

连续气举系统分析主要用于分析该系统中的注气量、油管尺寸、出油管线尺寸和井口压力(或分离器压力)等参数对单井系统动态的影响,优化单井或井组参数。

1. 节点分析方法

连续气举井较自喷井多一个注气通道,下面以注气点为解节点为例,说明其系统分析基本步骤:

(1)设定一系列不同的产液量 Q_L,对每一 Q_L 从地层沿井筒向上计算节点流压 p_1,并作节点流入(SIPR)曲线,如图 3-19 所示,有

$$p_1 = f_1(Q_L) = \bar{p}_r - \Delta p_{\text{地层}} - \Delta p_{\text{地层至注气点}} \tag{3-8}$$

(2)改变注气量 $Q_{ingi}(i=1,2,3,\cdots)$,对每一 Q_L 从分离器(或井口)逆流体流动方向计算节点压力 p_2,在同一图上作节点流出曲线,有

$$p_2 = f_2(Q_L, Q_{ingi}) = p_{\text{分离器}} + \Delta p_{\text{地面管线}} + \Delta p_{\text{注气点至井口}} \tag{3-9}$$

(3)求节点流入(SIPR)曲线与不同注气量下节点流出曲线的交点,由此获得注气量与产液量的关系曲线,即气举动态曲线,如图 3-20 所示。

(4)改变某一工艺参数(如注气点深度、油管尺寸、出油管线尺寸、分离器压力和油压等)进行敏感性分析,为选择经济可行的系统工艺参数提供技术依据。

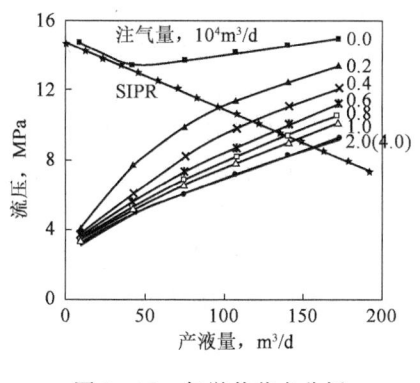

图 3-19 气举井节点分析

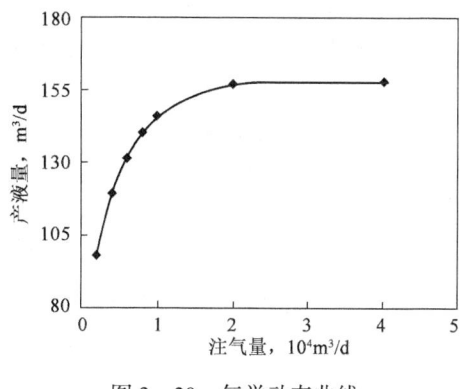

图 3-20 气举动态曲线

2. 气举动态曲线

连续气举井生产时的注气量与产液量关系曲线称为气举动态曲线,也称气举特性曲线。实际应用时,在给定井口油压和注气点深度情况下,应用节点分析方法可求得不同产液量对应的注气量。若改变产液量就可求得在给定井口油压下一系列的注气量值,将此产液量与注气量值对应点绘成曲线,即得气举井的理论动态曲线。根据生产资料改变注气量,可测试出对应产液量,从而获得气举井生产动态曲线。气举动态曲线有以下两个特殊点,即最大产液量点和经济注气量点。

(1)最大产液量。最大产液量对应于极限气液比的注气量,此时举升管流压梯度最小。如果气液比大于这一值,则流压梯度反而增大,井底流压增大,油井生产压差变小,油井产量降低。因为随着气液比从小变大,流体密度会降低,但摩阻压降增大,继续增加气液比会使摩阻压降急剧增大。因此,极限气液比为摩阻压降的增加抵消静水压力减小的那个气液比值。可见,油井用过大的注气量来提高产液量并不是最经济的方法。

(2)经济注气量。Milchell 等人结合注气增量成本与产液增量利润的对应关系,在给定条件下连续气举生产过程中,提出了经济总气液比的概念。由单位注气增量举升原油所获得利润,恰好等于该单位增注的气体成本,此时的总气液比就是经济气液比。如果注气量处于最经济值,则用于提高总气液比单位增量的成本,也就等于增产油量所获得的利润。

(三)连续气举布阀设计

连续气举布阀设计的主要内容是:确定注气点以上所需气举阀数量及下入深度、气举阀的尺寸及调试参数等。连续气举设计方法很多,常用的主要有以下两种。

(1)变地面注气压力设计法。变地面注气压力设计法也称降低注气压力设计法,或称套压递减法。其要点是逐级降低打开井下各级气举阀的套管注气压力,以保证下一阀注气以后,关闭上部各卸载阀。此方法适用于注气压力操作气举阀。主要优点是可以选择性地打开井下某级气举阀,并使其以上的各级气举阀处于关闭状态,但其缺点是当注气压力不足时,难以获得高产。对于变地面注气压力设计法,各阀间的压降值可以是恒定值,也可以是变化的值,恒定地降低地面注入压力的方法是以气举阀的孔径相同为基础的。许多气举阀都采用一种孔径的同样类型的气举阀。对于使用 2⅜~2⅞in 油管和 1½in 外径的气举阀,压力降低值应根据气举阀规范确定。在通过下一个阀进气时,使上部各阀仍保持打开状态的可能性最小。

(2)定地面注气压力设计法。定地面注气压力设计法也称为可变流压梯度设计法、油压递增法,或可变流压梯度设计法。其实质是增加产液的流压梯度,做法是选择一个拟井口压力,作一条辅助产液流压梯度曲线,然后确定各级气举阀位置。气举阀必须对流动油压特别敏感,该方法适用于液压操作气举阀。若用气压阀,则气压阀应至少有 20%～25% 的油管效应系数,这是因为气举阀的打开或关闭是由阀处的流动油压而不是注气压力来决定。该设计方法的主要优点是:(1)对其以下各级阀无须降低注气压力,可利用整个注气压力,在所要求的产量下进行生产,特别适用于低注气压力系统;(2)当油井在所要求的注气点生产时,其上面的各级阀均处于关闭状态,且其以上各级阀的流压均小于它们所要求的打开压力,这就为需要一个高的流压才能打开的气举阀提供了充分的保险措施。该设计方法的缺点是当气举阀 TEF 值小于 0.1 或更小时,井下工作则不可靠。

(四)气举阀调试

当气举设计得到气举阀需要的封包压力后,就要对封包进行充气,以保证气举阀在井下的工作满足气举设计的要求。关键在于保证气举阀在地面充气后,安装到井下(高温高压)工作时其气室压力刚好就等于设计时所需要的压力。因此气举阀下井前需要在测试架上进行调试,一般调试步骤为:计算地面充气压力,老化处理,按计算压力充氮气,恒温处理,检查打开压力,再恒温和确定打开压力。

(1)计算地面充气压力 p_{do}。首先根据设计的阀打开压力 p_{vo} 及阀处油管压力 p_{ti} 用下式计算出井下阀所在位置处的气室压力 p_d(即关闭压力):

$$p_d = p_{vo}(1 - R) + p_{ti}R = p_{vc} \tag{3-10}$$

调试时的地面气室充气压力 p_{do},通常是指标准状态(温度为 15.6℃ 或 60°F)下的压力,它与气举阀工作时所处深度处气室压力 p_d 的关系为

$$p_{do}(60°F) = p_d C_t \tag{3-11}$$

式中,C_t 是氮气压力随井筒温度变化的修正系数,有

$$C_t(60°F) = \frac{1}{1 + 0.0215(T_v - 60)}$$

式中 T_v——井下阀所处位置的预测温度,°F。

在测试架上,阀的开启压力 p_{tro} 是在油管压力为 0 的条件下进行测试的。所以根据式(3-10)和式(3-11)得到测试架上的开启压力为

$$p_{tro}(60°F) = \frac{p_{do}(60°F)}{1 - R} \tag{3-12}$$

当测试架上的开启压力等于式(3-12)的计算结果时,则认为地面气室充气压力 p_{do} 刚好与式(3-11)的计算结果相等,安装到井下后气室压力则刚好等于设计气室压力 p_d。

(2)老化处理。其目的在于对波纹管进行预变形处理,以防止在井下工作时产生破损或塑性变形。方法是将阀置于老化器中,密闭加压,模拟井下承压加至 34.5MPa,并保持 15min。

(3)充氮气。选用氮气做调试介质是由于氮气随温度变化的状态参数已知,且氮气成本低,无腐蚀及不燃烧。

(4)恒温处理。由于氮气压力对温度的变化很敏感,故调试过程中,需要保持恒温以提高调试的精度。所有的气举阀都必须在同一基准温度条件下调试。气举阀充氮时必须在恒温箱水浴中恒温至 15.6℃(60°F),并保持 15min。

(5)当封包温度达到 15.6℃后,把气举阀放在实验台上,上游加压,下游阀门打开,直到气

举阀阀门打开;这时打开压力如果大于设定 p_{tro},则从气举阀气门芯放气,再放回恒温浴中。等气举阀温度稳定时再重复一次,直到气举阀打开压力与设计 p_{tro} 相同为止。

五、间歇气举

(一) 常规间歇气举

常规间歇气举是一种循环式的采油方法。首先要在油管柱中不断恢复液段,当地面回压、气柱重量和液段静压之和达到气举阀的某一规定值时,通过地面某种类型的固定注气时间的控制,将气体注入油套环空,当套管压力上升到气举阀打开压力时,气体即进入油管柱中。在理想条件下,油管内的液体以段塞的形式,被其下面气体的流动和膨胀能量向上推动。由于气体运行的表观速度大于液段速度,故造成气体超越液段,致使部分液体以液滴和液膜形式回落,其循环过程如图 3-21 所示。

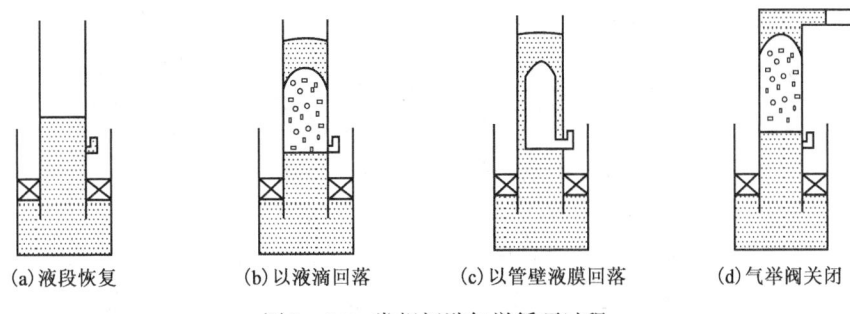

(a) 液段恢复　　(b) 以液滴回落　　(c) 以管壁液膜回落　　(d) 气举阀关闭

图 3-21 常规间歇气举循环过程

(二) 柱塞气举

柱塞气举实质上是间歇气举采油的一种特殊形式,应用油管内的柱塞在气体与液体之间形成一种固体界面,减少气体窜流和液体回落,提高气体能量的举升效率。柱塞气举可充分利用地层的能量,尤其适用于高气液比的采油井。在常规间歇气举效率不高、效果不明显的井,采用柱塞气举可以提高生产效率,避免气体的无效消耗。柱塞气举可防止油管结蜡,也可用于气井排水采气。但柱塞气举的地面装置较其他气举方式复杂,操作管理有一定难度,生产过程中容易在地面集输管网内造成较大的压力波动。

1. 柱塞气举装置

典型的柱塞气举装置如图 3-22 所示,主要由柱塞、井下设备和地面设备组成。

(1) 柱塞。理想的柱塞工作特性包括:①要求柱塞有良好的耐磨性、抗振性和在油管内的防卡性;②柱塞上行过程中要求柱塞与油管之间有良好的密封性;③柱塞下落过程中要求能迅速地通过气柱、液柱下落,即下落阻力小。柱塞一般分为不带旁通的实心柱塞和带旁通的柱塞。实心柱塞的下落速度与带旁通的柱塞相比要慢得多。使用时应当根据油管情况、地层特征、举升要求等因素选择恰当的柱塞。当井的压力恢复较快时,应选择下落速度较快的柱塞;当井的压力恢复较慢时,应选择下落速度较慢的柱塞。

(2) 井下设备。井下设备主要包括:①卡定器,依靠卡瓦卡定在油管预定的深度,作为柱塞行程的下死点,有时也在其下部装有固定阀,防止油管中液体倒流;②缓冲弹簧,安放在卡定器上面,其作用是当柱塞下落到井底卡定器时起减振作用以及关闭柱塞的旁通阀,缓冲弹簧上端有打捞颈,下端有能抓住卡定器的套爪;③气举阀,用于卸载排液和补充注气举升。

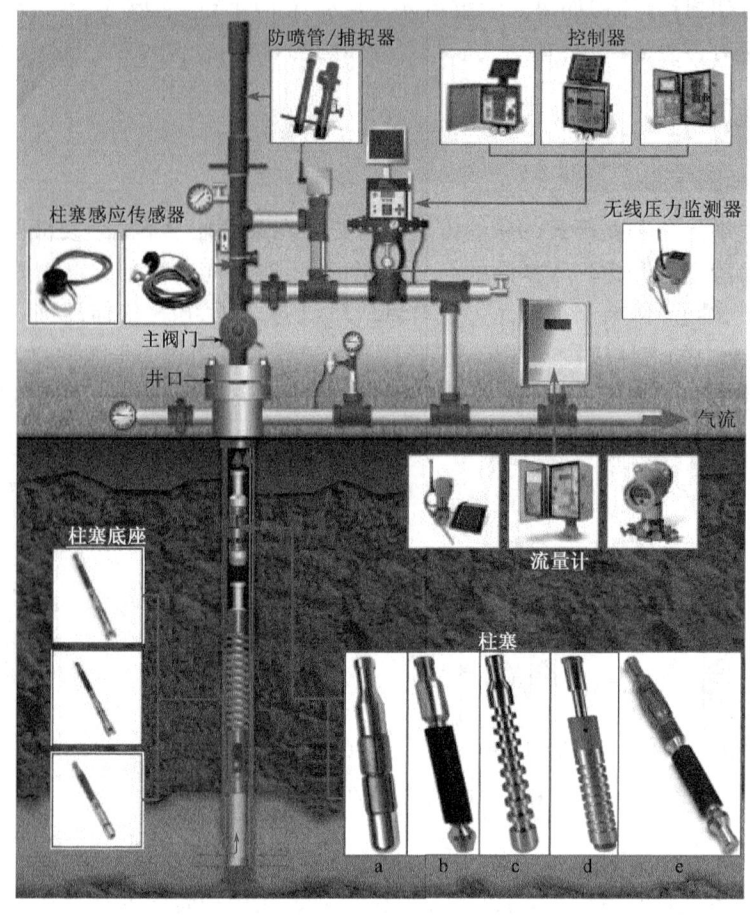

图 3-22 柱塞气举装置示意图

(3) 地面设备。地面设备包括防喷管总成、三通总成、计量仪表和控制器等。地面流程一般采用双排孔流程。在排液期间柱塞一直停在两排孔之间的防喷管中,气体经过柱塞四周到达上排孔,而大多数液体通过下排孔排出。如果下排孔管子上安装有可调阀门,就可以调节下排孔的压力,使柱塞上下保持一定的压差。从而减少井口的流动阻力,使柱塞上移到防喷管顶部,便于捕捉柱塞。井口油管上所有阀门的内径应与油管内径相同,便于柱塞通过并防止液体回落。

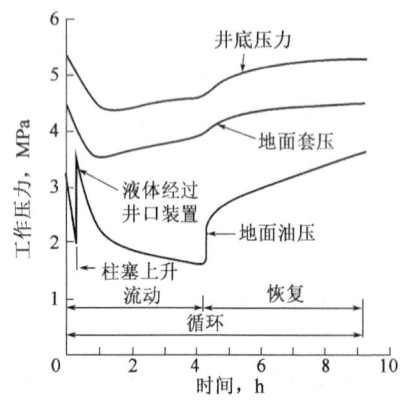

图 3-23 柱塞气举一个循环的压力变化

2. 柱塞气举过程

柱塞气举过程由循环的关井恢复压力和开井生产两个阶段组成,其一个循环的压力变化如图 3-23 所示。

(1) 关井恢复压力阶段。首先关井,柱塞从井口在油管内的气柱和液柱中下落,直至到达卡定器处的井底缓冲弹簧上。若地层的供液和供气能力较低,柱塞应在卡定器处的缓冲弹簧上停留一段时间,使压力恢复到足以把柱塞从井下推到井口的程度,对应的套压称为最大套压。在关井瞬时,套压可能下降也可能不变,套压下降是由于套管中气体继续向油管膨胀,使油压套压达到平衡,这时油压会相应升高,之后套压由地层供气能力控制。关井初期,由于油管内气液相分离,流速减小使摩阻减小,动能转化为势能,所以油压恢复较快,之后油压由地层供气能力控制。

(2)开井生产阶段。当开井生产时,套管气和进入井筒的地层气体向油管膨胀,到达柱塞下面,推动柱塞及上部液段离开卡定器上升,直到柱塞到达井口。若地层气量充足,甚至需要敞喷放气一段时间。该阶段又可分为环空液体向油管转移、柱塞及上部液段在油管内向上运动、柱塞上液段通过控制阀排出井口、柱塞停在井口放喷生产四个过程。油压的变化过程较为复杂。开井后,气体从井口产出,油压迅速降低,柱塞逐渐加速上升;当液面到达井口后,由于控制阀节流,油压又开始增加;柱塞到井口后,由于推动柱塞的能量转移,油压会继续增加;对高气液比井,柱塞一般应停在井口放喷生产一段时间。套管气进入油管举升柱塞,套压下降;柱塞到井口后套压降到最小值,此套压称为最小套压;之后由于举升油管内液体的气流量不足,液体在油管中滞留,井底压力开始升高,套压也回升。

3. 设计方法

柱塞气举工艺参数包括柱塞运行周期、开井时间和对应开井套压、关井时间和对应关井套压、所需的气液比和日产量。对于需要补充注气的情况,还要包括注气量。

柱塞气举设计方法较多,可分为静态模型和动态模型两大类。

(1)静态模型以 Foss & Gaul(1965)提出的半经验的柱塞举升设计方法为代表,基于文杜里(Ventura)油田 85 口柱塞举升油井使用 7in 套管 2½in 油管的试验数据,引入最低套压、最高套压以及平均套压的概念,通过现场实际观察和理论推导,标定柱塞向上运动速度、在气体和液体中的下落速度以及气体滑脱量,提出了最大日循环次数及对应的极限产量、每周期的最少需气量求解方法,并将各参数关系绘制成了相应的图版。Hacksma(1972)引入了最佳气液比与最低气液比的概念,以判断柱塞气举是否需要补充注气。

(2)动态模型以 Lea(1982)提出的动力学模型为代表,将瞬时速度、加速度、套管压力视为柱塞位置的函数,基于柱塞的受力分析,建立了柱塞上行过程中的位置、速度、加速度以及套管压力等工作参数的数学模型。与 Foss & Gaul 的静态模型相比,动态模型计算的平均井口套压与生产油气比均比静态模型约小 16%。此后 Avery & Evans(1988)、Marcano & Chacin(1992)、Wiggins(1999)对动态模型进行了改进。

(三)腔式气举装置

这是一种特殊的闭式间歇气举装置,进行腔式气举时,注入气进入腔室后位于被举升液体之上,在注入气进入油管之前,液体段塞的速度就已经达到或接近举升速度了,从而可以减少注入气的窜流,也就是减少了注入气损失。一定体积液体,当位于腔室气举装置中的固定阀以上时,所产生的压头明显低于同样体积的液体在常规间歇气举装置中产生的压头,因此把流体对产层的回压减到最低。

腔室气举是利用气举方式开采低压油藏的一种方法,特别适用于低产井及低压高产井。用腔室气举方法生产的井,每天可从 1800m 到 2500m 的井中生产出数十立方米液体。腔室气举的优点在于:在同一井中,采用腔室气举可以比采用常规间歇气举达到更低井底平均流动压力,因而生产压差也就更大;对于相同起始段塞体积,腔室气举比常规气举能获得更多液体开采量,主要是由于腔室气举装置中注气对液体段塞的窜流和液体的回落都减少了。

习 题

3−1 简述自喷井的流动过程。
3−2 简述自喷井协调工作原理。
3−3 试绘图说明油井地层压力下降后要保持原产量如何选择油嘴尺寸。
3−4 简述气举阀的作用、工作原理及主要类型。
3−5 简述气举管柱的类型及主要特点。
3−6 简述柱塞气举采油工艺原理。

第四章 有杆泵采油

有杆泵一般是指利用抽油杆上下往复运动所驱动的柱塞式抽油泵,有杆泵采油是目前国内外应用最广泛的机械采油方法。为避免与地面驱动螺杆泵的混淆,有的用"抽油机井生产系统"代替"有杆泵"的称谓。我国陆上各油田的生产井约80%采用有杆泵采油,全国陆上各油田产液量的60%、产油量的75%依靠有杆泵采出。有杆泵采油具有结构简单、适应性强和寿命较长的特点。图4-1是典型的抽油机井生产系统。抽油机杆泵组合运行图如动画4-1所示。

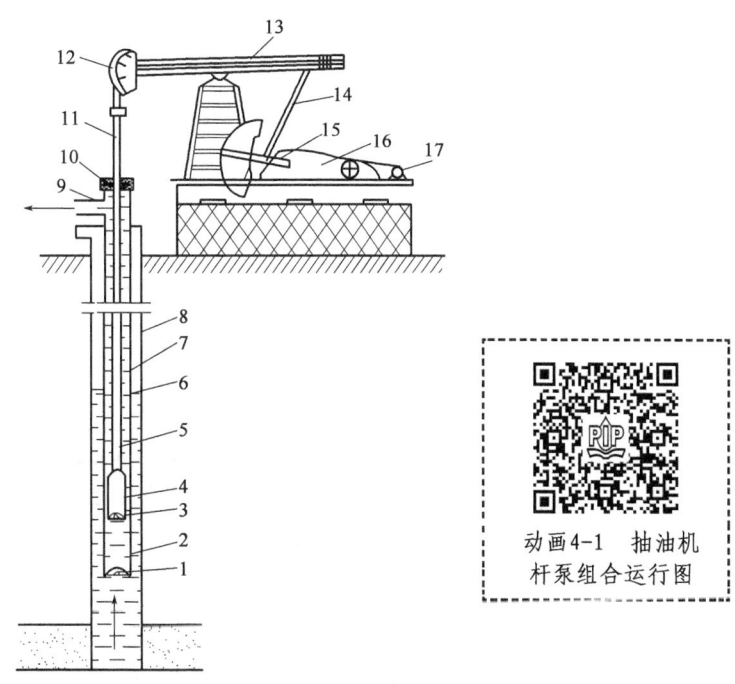

图 4-1 典型的抽油机井生产系统
1—吸入阀(固定阀);2—泵筒;3—排出阀(游动阀);4—柱塞;5—抽油杆;6—动液面;7—油管;8—套管;9—三通;
10—密封盒;11—光杆;12—驴头;13—游梁;14—连杆;15—曲柄;16—减速器;17—动力机(电动机)

第一节 有杆抽油装置及其工作原理

典型的有杆抽油装置主要由三部分组成,俗称三抽设备:一是地面的抽油机,二是井下的抽油泵,三是将抽油机的运动和动力传递给井下抽油泵的抽油杆柱。就整个有杆抽油生产系统而言,还包括供给流体的油层、用于悬挂抽油泵并作为举升流体通道的油管柱、井下辅助器具(如油管锚、气锚、砂锚等)、油套环空及井口装置(如密封盒等)。

一、抽油机

抽油机是有杆抽油系统的地面驱动设备。按其基本结构可分为游梁式和无游梁式两大类,目前国内外应用最广泛的是游梁式抽油机(俗称磕头机)。根据结构形式的不同,游梁式抽油机分为常规型(普通型)、异相型和前置型。

(一)抽油机类型和结构

1. 常规型游梁式抽油机

常规型游梁式抽油机主要由游梁—连杆—曲柄(四连杆)机构、减速机构(减速箱)、电动机和辅助装置四部分组成,如图4-2所示。常规型游梁式抽油机工作时,电动机通过传动皮带将高速旋转运动传递给减速箱输入轴,经减速后由低速旋转的曲柄通过四连杆机构带动游梁做上下往复运动。游梁前端圆弧状的驴头经悬绳器带动抽油杆柱作上下往复直线运动。它是目前油田使用较广泛的一种抽油机,其结构特点是:支架位于游梁的中部,驴头和曲柄连杆分别位于游梁的两端,曲柄轴中心基本位于游梁尾轴承的正下方,曲柄平衡重臂中心线与曲柄中心线重合,上下冲程运行时间相等。

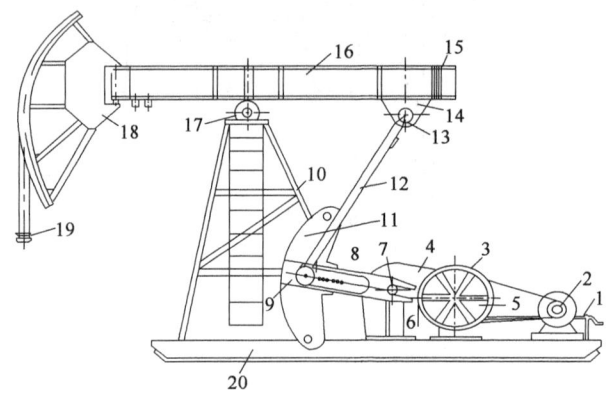

图4-2 常规型游梁式抽油机结构示意图

1—刹车装置;2—电动机;3—减速箱皮带轮;4—减速箱;5—输入轴;6—中间轴;7—输出轴;8—曲柄;9—连杆轴;10—支架;11—曲柄平衡块;12—连杆;13—横船轴;14—横船;15—游梁平衡块;16—游梁;17—支架轴;18—驴头;19—悬绳器;20—底座

2. 异相型游梁式抽油机

异相型游梁式抽油机如图4-3所示。它是20世纪70年代发展起来的节能效果较好的抽油机,其结构特点是:曲柄轴中心与游梁尾轴承存在一定的水平距离;曲柄平衡重臂中心线与曲柄中心线存在偏移角,使得上冲程的曲柄转角明显大于下冲程,从而降低了上冲程的运行速度、加速度和动载荷,以达到减小抽油机载荷、延长抽油杆寿命和节能的目的。

3. 前置型游梁式抽油机

前置型游梁式抽油机如图4-4所示。其结构特点是:支架位于游梁的一端,驴头和曲柄连杆位于另一端。在相同曲柄半径下,前置型的冲程长度明显大于常规型。这种抽油机上冲程运行时间长于下冲程运行时间,从而降低了上冲程的运行速度、加速度和动载荷。前置型多为重型长冲程抽油机,除采用机械平衡外还采用气动平衡。彩图4-1为气动平衡游梁式抽油机。

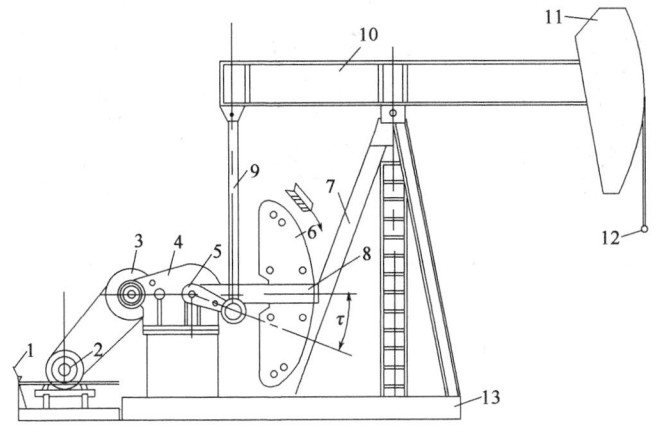

图 4-3 异相型游梁式抽油机结构示意图

1—刹车装置；2—电动机；3—减速箱皮带轮；4—减速箱；5—曲柄；6—曲柄平衡块；7—支架；8—曲柄平衡重臂；
9—连杆；10—游梁；11—驴头；12—悬绳器；13—底座

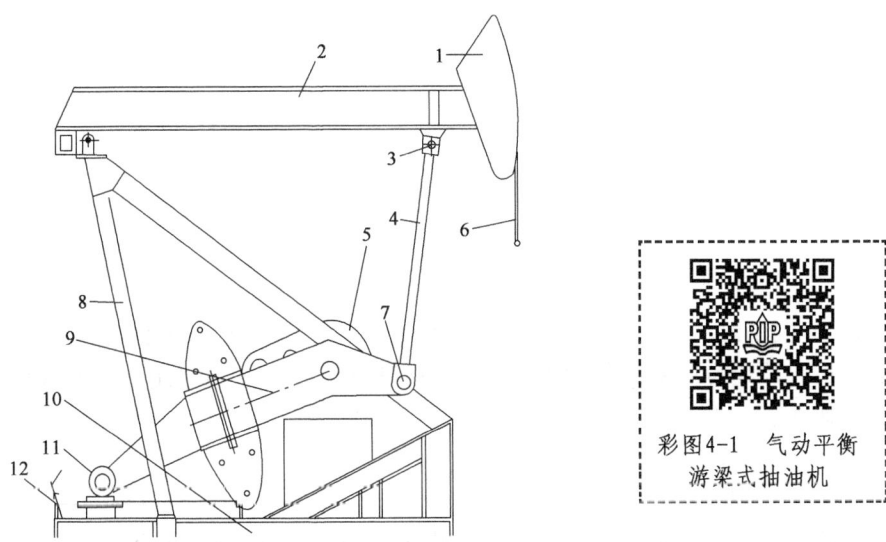

图 4-4 前置型游梁式抽油机结构示意图

1—驴头；2—游梁；3—横梁；4—连杆；5—减速箱；6—悬绳器；7—曲柄销；8—支架；9—曲柄平衡重臂；
10—底座；11—电动机；12—刹车装置

4. 其他类型抽油机

为了增大冲程、节能及改善抽油机的结构特性和受力状态，国内外还出现了许多变形游梁式抽油机，如双驴头式、旋转驴头式（彩图 4-2）、大轮驴头式、大轮式、低矮异形（彩图 4-3）、以及斜直井游梁式抽油机（彩图 4-4）。

为了减轻游梁式抽油机的重量，扩大有杆泵抽油的适用范围，改善其技术经济指标，国内外还发展了许多不同类型的无游梁抽油机（特别是超长冲程抽油机），如链条式、增距式和宽带式抽油机等，主要特点多为长冲程和慢冲次，以适应深井和稠油的特殊需要。

此外，近年来还发展了直线电动机抽油机，它将电能直接转换为直线往复运动，简化了机械传动过程，有效地提高了效率。

彩图4-2 旋转驴头游梁式抽油机

彩图4-3 低矮异形抽油机

彩图4-4 斜井游梁式抽油机

(二)抽油机型号

我国游梁式抽油机型号表示法如下:

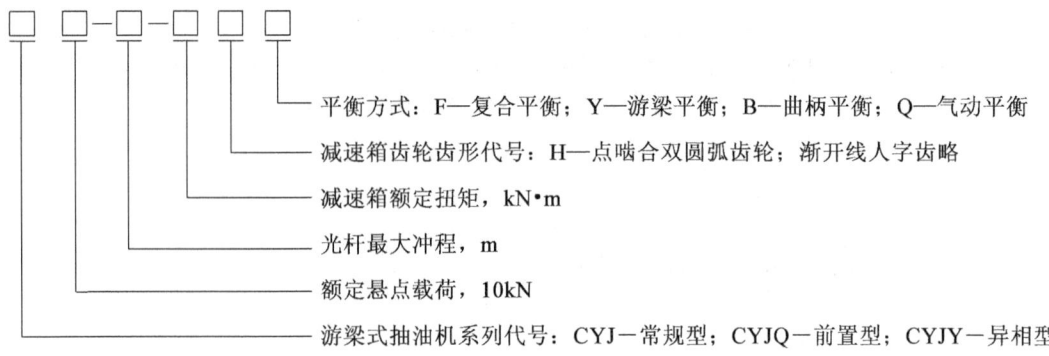

平衡方式:F—复合平衡;Y—游梁平衡;B—曲柄平衡;Q—气动平衡
减速箱齿轮齿形代号:H—点啮合双圆弧齿轮;渐开线人字齿略
减速箱额定扭矩,kN·m
光杆最大冲程,m
额定悬点载荷,10kN
游梁式抽油机系列代号:CYJ—常规型;CYJQ—前置型;CYJY—异相型

例如:CYJ12—4.8—73HB为常规型游梁式抽油机,抽油机的额定悬点载荷为120kN,光杆悬点最大冲程为4.8m,减速器额定扭矩为73kN·m,减速器采用点啮合双圆弧齿轮,平衡方式为曲柄平衡。

二、抽油泵

抽油泵是有杆抽油系统的井下关键设备,安装在油管柱的下部,浸没在井液中一定深度(称为沉没度,对应的压力称为沉没压力或吸入压力),通过抽油机、抽油杆传递的动力带动抽油泵柱塞上下往复运动来抽汲井内的液体。它所抽汲的液体中常含有蜡、砂、气、水及腐蚀性物质,又在数百米到上千米的井下工作,泵内压力有时高达10MPa以上。为了使抽油泵能适应井下复杂的工作环境和恶劣的条件,对抽油泵基本要求是:结构简单,强度高;工作可靠,使用寿命长;便于起下而且规格类型能满足不同油田的采油工艺需要。

(一)泵的工作原理

抽油泵主要由泵筒、柱塞、固定阀(又称吸入阀)和游动阀(又称排出阀)四部分组成(动画4-2)。泵筒内装有带游动阀的柱塞,柱塞与泵筒形成密封,用于从泵筒内排出液体。固定阀为泵的吸入阀,一般为球座型单流阀,抽油过程中该阀位置固定。游动阀(分为单游动阀和双游动阀)为泵的排出阀,它随柱塞运动。

柱塞上下往复运动一次称一个冲程,其间完成泵进液和排液的

动画4-2 泵的结构

过程(动画4-3),如图4-5所示。其中,从下死点上行至上死点称为上冲程,从上死点下行至下死点称为下冲程。

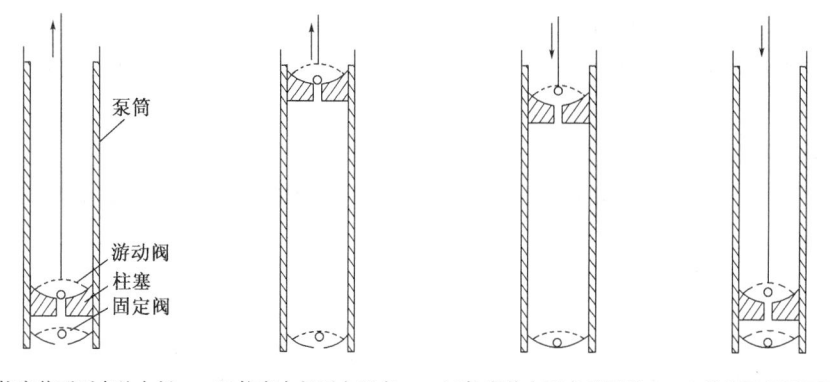

(a)柱塞从下死点处上行　(b)柱塞上行至上死点　(c)柱塞从上死点处下行　(d)柱塞下行至下死点

图4-5　泵的抽汲循环

(1)上冲程。抽油杆柱向上拉动柱塞[图4-5(a)],柱塞上的游动阀受油管内液柱压力和自重而关闭,柱塞与固定阀间的泵腔容积增大,泵内压力降低;固定阀以下则承受着相对稳定的沉没压力,固定阀在其上下压差作用下打开,原油吸入泵内。如果油管内已被抽出液体所充满,则柱塞上面的液体沿油管排到地面。所以,上冲程是泵内吸入液体、井口排出液体的过程,造成吸液进泵的条件是泵内压力(吸入压力)低于沉没压力。从受力角度,原来作用在固定阀上的油管内液柱重力将从油管转移到柱塞并最终作用到抽油杆上,从

动画4-3　抽油机深井泵井下工作原理

而引起抽油杆柱的伸长和油管柱缩短。抽油杆柱重量与柱塞以上的液柱重量之和(称为静载荷)由抽油机驴头承受。

(2)下冲程。抽油杆柱带动柱塞向下运动,固定阀在其自重和液流作用下关闭[图4-5(c)],柱塞压缩固定阀和游动阀之间的液体。当泵内压力增加到大于柱塞以上液体压力时,游动阀被顶开,柱塞下面的液体通过游动阀进入柱塞上部,使泵排出液体。由于有相当于冲程长度的一段光杆从井外进入油管,将排挤出相当于这段光杆体积的液体。所以,下冲程是泵向油管内排液的过程,造成泵排出液体的条件是泵内压力高于柱塞以上的液柱压力。原来作用在柱塞以上的液体重力转移到固定阀上,因此引起抽油杆柱的缩短和油管的伸长。

(二)泵的理论排量

在理想情况下,柱塞上下运行一次吸入和排出的液体体积相等,即等于柱塞在上行时走过的几何体积 $A_p S$,所以泵的理论排量为

$$Q_t = 1440 A_p S n = K S n \quad (4-1)$$

式中　Q_t——泵的理论体积排量,m^3/d;

A_p——柱塞截面积($A_p = \pi D^2/4$),m^2;

D——泵径,m;

S——光杆冲程,m;

n——冲次,min^{-1};

K——泵常数,$K = 1440 A_p$。

(三)泵的类型和结构

按不同的划分标准,抽油泵可分为不同的类型。

抽油泵按其在油管中的固定方式分为管式泵和杆式泵两大类;按泵筒结构形成分为整筒泵和组合泵(俗称衬套泵);按柱塞材质分为金属柱塞泵和软密封柱塞泵;按泵的用途或功能分为常规泵和特种泵。通常对于符合抽油泵标准设计和制造的抽油泵称为常规泵,而具有专门用途的,如防砂、防气、抽稠油等,或具有特殊结构的泵称为特殊泵或专用泵。

《石油天然气工业　钻井和采油设备　往复式整筒抽油泵》(GB/T 18607—2017)规定的标准抽油泵基本型式如图4-6所示。

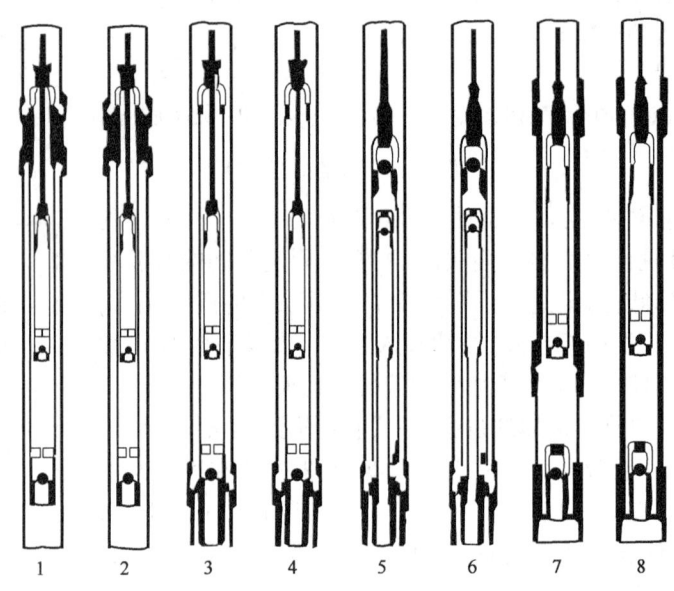

图4-6　抽油泵基本型式

1—定筒式杆式泵(厚壁泵筒,顶部定位);2—定筒式杆式泵(薄壁泵筒,顶部定位,薄壁泵筒,顶部定位,软密封柱塞);
3—定筒式杆式泵(厚壁泵筒,底部定位);4—定筒式杆式泵(薄壁泵筒,底部定位,薄壁泵筒,底部定位,软密封柱塞);
5—动筒式杆式泵(厚壁泵筒,底部定位);6—动筒式杆式泵(薄壁泵筒,底部定位,薄壁泵筒,底部定位,
软密封柱塞);7—厚壁泵筒或组合泵筒管式泵;8—厚壁泵筒管式泵(软密封柱塞)

1. 管式泵与杆式泵

图4-6中7和8为管式泵结构图。管式泵是将泵筒通过油管接箍直接连接在油管下部下入设计的泵挂深度处,然后把柱塞连接在抽油杆柱下端下入泵筒内。固定阀的安装有两种方式:一种是直接连接在泵筒下部随泵筒、油管下入;一种是在油管柱安装好后由地面井口投入可打捞的固定阀装置。检泵时,对于投捞式固定阀,可利用柱塞下部的卡扣或螺纹在起抽油杆柱时捞上来,也可在起出抽油杆和柱塞后用绞车、钢丝绳下入专门的打捞工具将固定阀捞出;对于与泵筒固定(螺纹)连接的固定阀,在起出抽油杆柱和柱塞后通过上提油管柱起出。可投捞式固定阀打捞简便,但增加了固定阀的漏失可能;同时,由于柱塞与泵筒间具有一定的间隙等级,一旦磨损或损坏,柱塞和泵筒往往要同时更换,因此,可投捞固定阀式管式泵用量相对较少。

管式泵的结构简单、成本低,在相同油管直径下允许下入的泵径较杆式泵大,因而排量大。但起下泵作业时,它需起下全部油管,且修井作业时间长、费用高。故管式泵适用于下入深度不大、产量较高的油井。

杆式泵是将整个泵在地面组装成套后,随抽油杆柱插入油管内的预定位置固定,故又称为插入式泵。杆式泵又按其固定方式分为以下三种:

(1)定筒式顶部固定杆式泵:柱塞经阀杆与抽油杆连接,并做上下运动。由泵顶部的固定支承装置将泵筒固定在油管内的预定位置上,如图4-6中1、2所示。

(2)定筒式底部固定杆式泵:柱塞与抽油杆柱连接,并做上下运动。由泵的底部锁紧装置将泵筒固定在油管内的预定位置上,如图4-6中3、4所示。

(3)动筒式底部固定杆式泵(动画4-4):泵筒与抽油杆柱连接,并做上下运动。柱塞通过拉管及底部锁紧装置固定在油管内预定位置的支承套上,如图4-6中5、6所示。

动画4-4 动筒式底部固定杆式泵

杆式泵与管式泵相比结构复杂,制造成本高,在相同油管直径情况下允许下入的泵径较管式泵小。但杆式泵具有起下泵时不起下油管的特点,检修方便,可用于深井。

2. 整筒泵与组合泵

泵筒是抽油泵最关键的部件,其两端带有螺纹,内壁经表面热处理或镀铬、喷焊(陶瓷),然后再进行精加工,确保与柱塞高精度配合,具有良好的耐磨和耐腐蚀性能。

整筒泵是指泵筒为一个整体加工的抽油泵,其余结构与普通泵相同。其泵筒需要专用生产线加工,加工难度大,磨损后修复困难,但具有泵效高、冲程长、形式多、规格全、重量轻、装卸方便、不会发生"错缸"等优点,因而近年来得到了广泛应用。在部分国家,整筒泵已经完全取代了组合抽油泵。在我国,组合抽油泵还在部分油田少量使用。

组合泵(衬管泵)是指将加工成150mm或300mm长的多节衬套(缸套)装配在外管内,两端用并紧螺帽按一定的装配力矩拧紧,构成组合泵筒,其余结构与普通泵相同。组合泵筒衬套的加工、修复、更换容易,加工成本低,但需要在工厂用专门的装配柱塞辅助组装。由于增加了一外管,其公称泵径较小,且在装运、使用过程中,容易出现"错缸"即衬套错位引起的卡泵事故。

3. 金属柱塞泵与软密封柱塞泵

软密封柱塞泵除柱塞结构与金属柱塞泵不同外,其余结构都相同。软密封柱塞泵具有在压力作用下能扩大直径和材质较软的特点,柱塞与泵筒内孔可以不经表面硬化处理。目前软密封柱塞可分为皮碗式柱塞、环式柱塞、碗式—环式组合柱塞和组合填料柱塞四种基本结构。软密封柱塞容易磨损,使用寿命短。

经过加工工艺的改进,以喷焊镍基合金为代表的金属柱塞具有良好的耐腐蚀性和耐磨性,因而近年来得到了越来越广泛的应用。

4. 特殊用途抽油泵

为了适应稠油、高气液比、高含砂等复杂开采条件对抽油泵的特殊要求,国内外研制出了一些具有特殊用途的抽油泵,如不同类型的稠油泵、防气泵、防砂卡泵,以及用于大斜度定向井的抽油泵等。特种泵没有统一的型号标注方法,不同功能、不同厂家的特种泵原理亦不尽相同。

(四) 泵的型号及基本参数

我国的抽油泵型号表示方法如下：

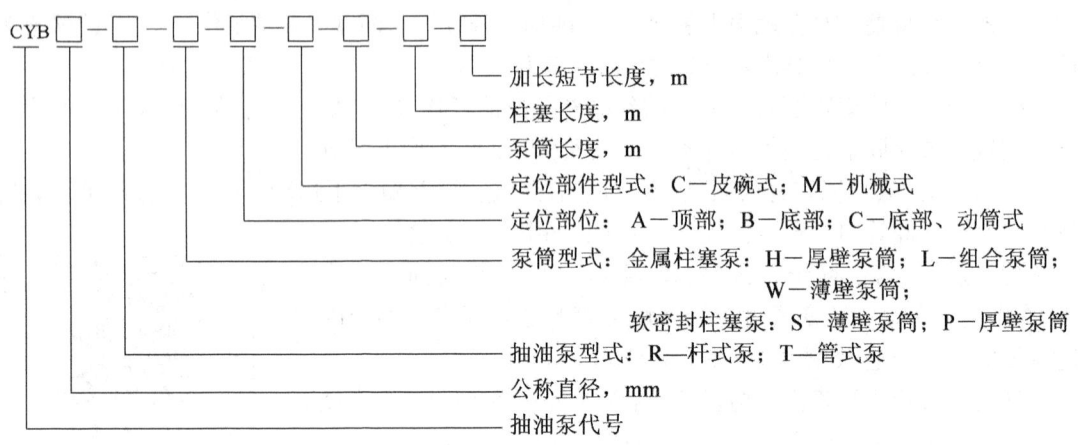

抽油泵基本参数见表4-1。

表4-1 抽油泵基本参数

基本型式		泵直径，mm		柱塞长度系列 m	加长短节长度 m	联接油管外径 mm	柱塞冲程长度 m
		公称直径	基本直径				
杆式泵		32	31.8	0.6 0.9 1.2 1.5 1.8 2.1	0.3 0.6 0.9	48.3,60.3	1.2~6
		38	38.1			60.3,73.0	1.2~6
		44	44.5			73.0	1.2~6
		51	50.8			73.0	1.2~6
		57	57.2			88.9	1.2~6
		63	63.5			88.9	1.2~6
管式泵	整体泵筒	32	31.8	0.6 0.9 1.2 1.5	0.3 0.6 0.9	60.3,73.0	0.6~6
		38	38.1			60.3,73.0	0.6~6
		44	44.5			60.3,73.0	0.6~6
			45.2				
		57	57.2			73.0	0.6~6
		70	69.9			88.9	0.6~6
		83	83			101.6	1.2~6
		95	95			114.3	1.2~6
	组合泵筒	32	32			60.3,73.0	0.6~6
		38	38			60.3,73.0	0.6~6
		44	44			73.0	0.6~6
		56	56			73.0	0.6~6
		70	70			88.9	0.6~6

例如:公称直径为 38mm,泵筒长度为 4.5m 的厚壁筒,定筒式顶部机械式定位,金属柱塞长 1.5m,加长短节长度为 0.6m 的杆式泵标记为:CYB38—RHAM4.5—1.5—0.6。

又如:公称直径为 70mm,泵筒长度为 4.5m 的多节衬套式组合泵,金属柱塞长 1.2m 的管式泵标记为:CYB70—TL4.5—1.2。

三、抽油杆柱

抽油杆柱包括普通抽油杆和特种抽油杆两类。

普通抽油杆通过接箍连接成抽油杆柱,上经光杆与抽油机悬绳器相连,下接抽油泵的柱塞,其作用是将地面抽油机悬点的往复运动传递给井下抽油泵,同时承受各种载荷。

普通抽油杆的杆体是实心圆形断面的钢杆,其特点是结构简单,易制造,成本低,使用范围广(约占有杆泵抽油井的 90% 以上),主要用于常规有杆抽油方式。普通抽油杆一般分为 C 级、D 级、K 级和 H 级 4 个等级,其机械性能见表 4 – 2,规格型号表 4 – 3。

表 4 – 2　普通抽油杆的机械性能

钢级	使用系数 F			适用条件	抗拉强度 MPa
	使用介质				
	无腐蚀	盐水	含 H_2S		
C	1.0	0.65	0.5	轻、中载荷	620~794
D	1.0	0.9	0.7	中、重载荷	793~965
K	1.0	1.0	1.0	腐蚀,轻、中载荷	588~794
H	1.0	0.9	0.8	重载荷	1000~1200

表 4 – 3　普通抽油杆数据(SY/T 6258—2017)

规格	杆径 d_r mm(in)	截面积 A_r mm²	每米抽油杆重力 q_r* N/m	弹性常数 E_r $10^{-5}kN^{-1}$
CYG13	13(½)	126.451	10.508	3.728
CYG16	16(⅝)	198.064	16.491	2.3792
CYG19	19(¾)	285.161	23.789	1.6542
CYG22	22(⅞)	387.741	32.399	1.2158
CYG25	25(1)	506.451	42.323	0.9311
CYG29	29(1⅛)	641.289	53.561	0.7362

* 已考虑接箍重量。

为了满足高含水、稠油、高含蜡、含腐蚀介质以及深井和斜井采油的需要,国内外应用了许多结构、材料、用途与普通抽油杆不同的特种抽油杆,如超高强度抽油杆、玻璃钢抽油杆、空心抽油杆和连续抽油杆等。

抽油杆柱中,除了抽油杆柱和接箍外还有一些附属器具,主要有:

(1)光杆:位于抽油杆最上端,其作用是连接驴头钢丝绳与井下抽油杆,并同井口密封圈配合密封抽油井口。光杆工作条件比抽油杆工作条件更恶劣,除抽油杆的工作条件外,光杆上冲程时裸露在野外大气中,下冲程时浸在井液中,即光杆既受大气腐蚀,又受井液腐蚀,因此,对其强度和表面光洁度要求较高。光杆与抽油杆一样,按照不同的强度和使用条件分为 C 级、D 级、K 级和 H 级 4 个等级,其直径系列主要有 25mm、28mm、32mm、38mm。

(2)加重杆:用于大泵抽油、稠油井和深井。抽油杆柱的下部采用加重杆,防止抽油杆柱下部发生纵向弯曲,减少抽油杆的断脱事故。加重杆直径系列主要有35mm、38mm、51mm。

(3)抽油杆扶正器:用于斜井和丛式井,使抽油杆处于油管中心,不直接与油管接触,减少抽油杆的磨损、振动和弯曲。

有杆抽油系统除以上三抽设备外,还包括一些辅助设备工具,如用于供液能力不足的抽油井,可实现自动间隙开井的抽空控制器;用于光杆与驴头柔性连接的抽油机悬绳器;用于密封油管与光杆环形空间的井口动密封装置(密封盒);用于抽油泵直径大于泵上油管直径的油井,使抽油杆和抽油泵柱塞在井内脱开和连接的脱接器;用于油井作业时连通油管和套管,将油管内液体泄至井内,使油管柱内不带井液,以改善井口操作条件的泄油器;安装在抽油泵吸入口以下,用于在高气液比井或含砂井中实现气液、气固分离,以提高泵效和延长抽油泵检泵周期的气锚、砂锚或气砂锚;用于防止抽油杆在工作过程中螺纹松脱的抽油杆防脱器;用于减少抽油杆振动的减振器;用于刮除抽油杆和油管上结蜡的抽油杆刮蜡器;用于将油管锚定在套管上,减少油管伸缩以提高泵有效冲程的油管锚等。

第二节 抽油机悬点载荷的计算

在抽油过程中,抽油机驴头悬点要承受多种载荷,除了抽油杆柱自重、液柱重量等静载荷,还有惯性载荷、振动载荷等动载荷以及各种摩擦载荷。抽油机悬点载荷是选择抽油设备和分析其工作状况的重要依据。

一、悬点静载荷

(一)上冲程悬点静载荷

上冲程游动阀关闭,柱塞上下流体不连通。作用在悬点上的静载荷包括抽油杆柱重力和柱塞上、下流体压力,如图4-7所示。

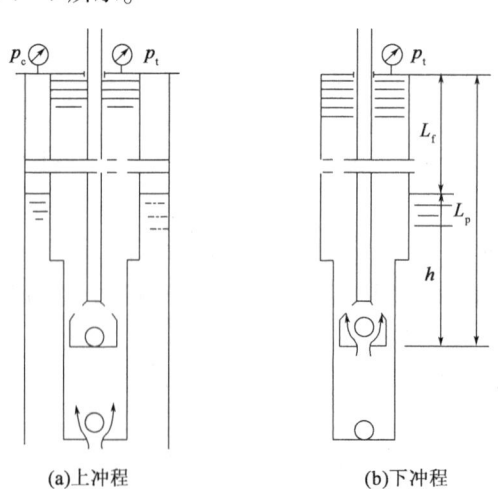

(a)上冲程 (b)下冲程

图4-7 悬点静载荷

h—沉没度;L_f—动液面深度;L_p—抽油杆柱长度

1. 抽油杆柱重力

上冲程作用在悬点上的抽油杆柱重力为它在空气中的重力,即

$$W_r = A_r \rho_r g L_p \tag{4-2}$$

式中 W_r——抽油杆柱在空气中的重量,kN;

A_r——抽油杆截面积(对于钢杆,可按其公称直径计算,也可查表4-3),m^2;

ρ_r——抽油杆密度,t/m^3,钢杆为7.85 t/m^3;

g——重力加速度,9.81 m/s^2;

L_p——抽油杆柱长度(即泵深),m。

2. 作用于柱塞上部环形面积上的流体压力(泵排出压力)

当柱塞以上为纯液柱时,此压力为井口回压与液柱静压之和,即

$$p_o = p_t + \rho_L g L_p \tag{4-3}$$

式中 p_o——泵排出压力,kPa;

p_t——井口回压,kPa;

ρ_L——液体密度,t/m^3。

3. 作用于柱塞底部的流体压力(泵吸入压力)

油井生产稳定时油套环空中的液面称为动液面,泵沉没在动液面以下的深度称为沉没度。上冲程中,在沉没压力作用下,井内液体克服泵入口设备的阻力进入泵内,此时液流所具有的压力称为吸入压力。此压力作用于柱塞底部,产生向上载荷,它是使抽油杆柱下部受压产生弯曲的主要原因之一。

若忽略泵入口设备的阻力和油管外动液面以上气柱重力(两者可以相互抵消一部分),吸入压力为套压与油管外动液面以下液柱静压之和,即

$$p_i = p_c + h \rho_L g \tag{4-4}$$

式中 p_i——吸入压力,kPa;

p_c——套压,kPa;

h——沉没度,m。

4. 上冲程悬点静载荷

上冲程中上述三个力作用在悬点上的静载荷为

$$W_{j1} = W_r + p_o(A_p - A_r) - p_i A_p \tag{4-5}$$

式中 W_{j1}——上冲程悬点静载荷,kN。

分别将式(4-2)、式(4-3)、式(4-4)代入式(4-5)中,整理得

$$W_{j1} = (\rho_r - \rho_L) g L_p A_r + \rho_L g (L_p - h) A_p + (p_t - p_c) A_p - p_t A_r \tag{4-6}$$

令

$$W'_r = (\rho_r - \rho_L) g L_p A_r \tag{4-7}$$

$$W'_L = \rho_L g (L_p - h) A_p = \rho_L g L_f A_p \tag{4-8}$$

其中

$$L_f = L_p - h$$

则

$$W_{j1} = W'_r + W'_L + (p_t - p_c) A_p - p_t A_r \tag{4-9}$$

式中　L_f——动液面深度,m;

　　　W'_r——抽油杆柱在井液中的重力,kN;

　　　W'_L——动液面深度全柱塞面积上的液柱载荷,kN。

由于井口回压和套压在上冲程中造成的悬点载荷方向相反,可以相互抵消一部分,一般可以忽略。这样,上冲程中的悬点静载荷可简化为

$$W_{j1} = W'_r + W'_L \qquad (4-10)$$

上述分析表明,上冲程中悬点静载主要由 W'_r 和 W'_L 两部分组成。W'_L 反映了柱塞上下静压差作用在悬点上的液柱载荷。当地层能量较低,沉没度较小时,吸入压力作用于柱塞底部产生向上的载荷较小,若忽略其影响,整个柱塞以上液柱载荷取动液面深度为下泵深度,则

$$W'_L = \rho_L g L_p A_p \qquad (4-11)$$

(二) 下冲程悬点静载荷

下冲程游动阀打开、固定阀关闭,柱塞上下液体连通,油管内液体的浮力作用在抽油杆柱上。所以,下冲程作用在悬点上的抽油杆柱的重力减去液体的浮力,即它在液体中的重力。而液柱载荷通过固定阀作用在油管上,而不作用于悬点,所以下冲程悬点静载荷为

$$W_{j2} = W'_r - p_t A_r \qquad (4-12)$$

式中　W_{j2}——下冲程悬点静载荷,kN。

井口回压在下冲程中减轻了悬点载荷,一般可忽略井口回压造成的悬点载荷。这样,下冲程中的悬点静载荷仅为抽油杆柱在液体中的重力,即

$$W_{j2} = W'_r \qquad (4-13)$$

(三) 多级抽油杆柱的重力

抽油杆柱在空气中的重力为

$$W_r = A_r \rho_r g L_p = q_r L_p \qquad (4-14)$$

式中　q_r——每米抽油杆在空气中的重力,kN/m,取值见表4-3。

对于多级组合杆柱,可用下式计算其平均值

$$q_r = \sum_{i=1}^{m} q_{ri} \varepsilon_i \qquad (4-15)$$

式中　m——组合杆柱的总级数;

　　　q_{ri}——第 i 级抽油杆柱每米自重,kN/m;

　　　ε_i——第 i 级杆柱长度与杆柱总长度之比值。

抽油杆柱在液体中的重力为

$$W'_r = (\rho_r - \rho_L) g L_p A_r = q'_r L_p \qquad (4-16)$$

$$q'_r = (1 - \rho_L/\rho_r) q_r \qquad (4-17)$$

式中　q'_r——每米抽油杆在井液中的重力,kN/m,对于钢杆,$q'_r = (1 - 0.127\rho_L) q_r$。

例 4-1　已知 $D = 56mm, L_p = 1200m, \rho_L = 0.95t/m^3, L_f = 1000m$,油管内径为 62mm,下端未锚定;抽油杆柱为 25mm × 22mm(杆长比为 0.4 × 0.6);光杆冲程 $S = 3m$。试计算悬点静载荷。

解　由表 4-3 查得 22mm 抽油杆 $q_{r1} = 32.399 \times 10^{-3} kN/m$;25mm 抽油杆 $q_{r2} = 42.323 \times 10^{-3} kN/m$,所以有

$$q_r = \varepsilon_1 q_{r1} + \varepsilon_2 q_{r2} = (0.6 \times 32.399 + 0.4 \times 42.323) \times 10^{-3} = 36.37 \times 10^{-3} (kN/m)$$

$$W_r = q_r L_p = 36.37 \times 10^{-3} \times 1200 = 43.64 \text{(kN)}$$
$$W'_r = (1 - 0.127\rho_L)W_r = (1 - 0.127 \times 0.95) \times 43.64 = 38.37 \text{(kN)}$$
$$A_p = \pi D^2/4 = 3.1416 \times 0.056^2/4 = 2.463 \times 10^{-3} \text{(m}^2\text{)}$$
$$W'_L = \rho_L g L_f A_p = 0.95 \times 9.81 \times 1000 \times 2.463 \times 10^{-3} = 22.95 \text{(kN)}$$

上冲程静载荷为
$$W_{j1} = W'_r + W'_L = 38.37 + 22.95 = 61.32 \text{(kN)}$$

下冲程静载荷为
$$W_{j2} = W'_r = 38.37 \text{(kN)}$$

二、悬点动载荷

抽油机带动抽油杆柱和液柱在做周期性的变速运动中会产生惯性力,引起杆柱和液柱弹性的振动均作用于悬点,而这些载荷的大小和方向与悬点的运动状态有关,故称动载荷。

(一) 惯性载荷

惯性力的方向与加速度方向相反。习惯取加速度向上为正,取向下为正。忽略杆柱的弹性,将其视为一集中质量,则杆柱惯性载荷 I_r 就等于杆柱质量与悬点加速度的乘积,即

$$I_r = W_r \frac{a_A}{g} \tag{4-18}$$

若忽略液体的可压缩性,则液柱惯性载荷就等于液柱质量乘以液柱运动的加速度。由于油管内径和抽油泵直径不同,故杆管环形空间内的液体运动速度和加速度也就不等于泵柱塞的运动速度和加速度(忽略杆柱弹性,视柱塞运动即为悬点运动)。为此引入加速度修正系数 ξ,则液柱惯性载荷 I_L 为

$$I_L = \xi W_L \frac{a_A}{g} \tag{4-19}$$

其中
$$\xi = \frac{A_p - A_r}{A_{tf} - A_r}$$
$$W_L = (A_p - A_r)\rho_L g L_p$$

式中 W_L——液柱在柱塞环形面积上的重力,kN;

A_{tf}——油管的流通截面面积,m²。

如果把抽油机悬点的运动简化为曲柄滑块机构运动,上、下死点处有最大加速度,上冲程中杆柱引起的悬点最大惯性载荷 I_{r1} 为

$$I_{r1} = \frac{W_r}{g}\frac{S}{2}\omega^2\left(1 + \frac{r}{l}\right) = \frac{W_r}{g}\frac{S}{2}\left(\frac{\pi n}{30}\right)^2\left(1 + \frac{r}{l}\right) = W_r \frac{Sn^2}{1790}\left(1 + \frac{r}{l}\right) \tag{4-20}$$

若取 $r/l = 1/4$,则

$$I_{r1} = W_r \frac{Sn^2}{1440}$$

下冲程中杆柱引起的悬点最大惯性载荷 I_{r2} 为

$$I_{r2} = -\frac{W_r}{g}\frac{S}{2}\omega^2\left(1 - \frac{r}{l}\right) = -W_r \frac{Sn^2}{1790}\left(1 - \frac{r}{l}\right) \tag{4-21}$$

上冲程中液柱引起的悬点最大惯性载荷 I_{L1} 为

$$I_{L1} = \frac{W_L}{g} \frac{S}{2} \omega^2 \left(1 + \frac{r}{l}\right) \xi = W_L \frac{Sn^2}{1790} \left(1 + \frac{r}{l}\right) \xi \qquad (4-22)$$

下冲程中液柱不随悬点运动,因而不存在液柱惯性载荷。

因此,上冲程中悬点最大惯性载荷 I_1 为

$$I_1 = I_{r1} + I_{L1} \qquad (4-23)$$

下冲程中悬点最大惯性载荷 I_2 为

$$I_2 = I_{r2} \qquad (4-24)$$

由于杆柱和液柱各点的运动与悬点的运动并不完全一致,上述按悬点最大加速度计算的惯性载荷一般将大于实际值。在液柱中含气较多和冲次较小的情况下,计算悬点最大载荷时,可忽略液柱引起的惯性载荷。

(二)振动载荷

实际上,细长的抽油杆柱和液柱具有较大的弹性或可压缩性。杆柱顶端周期性地上下运动和液柱载荷周期性地作用于其下端使杆柱产生弹性振动,液柱下端周期性地被泵柱塞所推动而使液柱产生振动;当油管柱下端未锚定时,在液柱载荷周期性的作用下,管柱也会产生振动。杆管液三组弹性体的振动相互影响,再加上阻尼的作用,使整个系统的振动过程相当复杂。

在低沉没度和供液不足的油井内,由于泵的充满程度差,可能发生柱塞与泵内液面的撞击,将产生较大的冲击载荷,从而影响悬点载荷。各种原因产生的撞击会造成较大的悬点载荷,对抽油极为不利。但这些冲击载荷很难描述,一般情况下在计算悬点载荷时常将其忽略。

三、摩擦载荷

作用在悬点上的摩擦载荷由以下五部分组成。在井液黏度不大的直井中,摩擦载荷不大,通常可以忽略。但是对于井液黏度较大的井,其摩擦载荷可能高达十几千牛以上,是不能忽略的。

(一)抽油杆柱与油管之间的摩擦力 F_1

该摩擦力在上、下冲程都存在,其大小在直井内通常不超过抽油杆重量的 1.5%,在计算悬点载荷时常将其忽略。

(二)柱塞与泵筒之间的摩擦力 F_2

该摩擦力在上、下冲程都存在,一般在泵径不超过 70mm 时,其值小于 1717N。

(三)抽油杆柱与液柱之间的摩擦力 F_3

该摩擦力发生在下冲程,其方向向上,降低悬点载荷,是稠油井内抽油杆柱下行遇阻、驴头打架的主要原因。阻力的大小随杆柱下行速度变化,其最大值可近似地表示为

$$F_3 = 2\pi\mu_L L \frac{m^2 - 1}{(m^2 + 1)lnm - (m^2 - 1)} v_{max} \qquad (4-25)$$

式中 F_3——抽油杆柱与液柱之间的摩擦力,N;

μ_L——井液动力黏度,Pa·s;

L——抽油杆长度,m;

m——油管内径与抽油杆直径之比;

v_{max}——抽油杆柱最大下行速度,m/s。

若按悬点最大运动速度计算且简化为简谐运动,则

$$v_{\max} = \frac{S}{2}\omega = \frac{\pi S n}{60} \qquad (4-26)$$

由式(4-25)可以看出,决定 F_3 的主要因素是井液黏度及抽油杆柱的运动速度。因此,在抽汲高黏度液体时,应考虑采用长冲程、低冲次的工作方式。

需要特别说明的是,由于井液黏度既受到温度的很大影响,又与液体中的含气量有关,随井深变化较大,所以应当分段计算不同井段的黏度与摩擦力。

(四)液柱与油管之间的摩擦力 F_4

该摩擦力发生在上冲程,其方向向下,故增大悬点载荷。根据高黏度油井现场资料统计,$F_4 \approx 0.77 F_3$。

(五)液体通过游动阀的阻力 F_5

在高黏度、大产量油井中,液体通过游动阀产生的阻力往往是造成抽油杆下部弯曲的主要原因,对悬点载荷会造成不可忽略的影响。液流通过游动阀时产生的压头损失为

$$h_f = \frac{1}{\mu^2}\frac{v_L^2}{2g} = \frac{1}{\mu^2}\frac{A_p^2}{A_v^2}\frac{v_p^2}{2g} \qquad (4-27)$$

式中　h_f——液体通过游动阀的压头损失,m;

μ——阀孔流量系数,对于常用的标准型阀,可根据雷诺数 Re 查图 4-8;

v_L——液体通过阀时的流速,m/s;

g——重力加速度,m/s²;

A_p——柱塞截面积,m²;

A_v——阀孔截面积,m²;

v_p——柱塞运动速度,m/s。

其中 Re 可根据下式确定:

$$Re = \frac{d_v v_L}{\nu}$$

式中　d_v——阀孔径,m;

ν——流体运动黏度,m²/s。

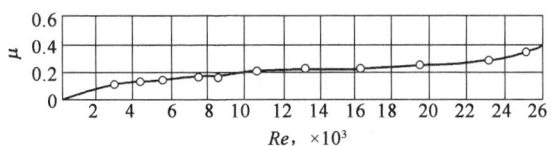

图 4-8　标准形阀的阀孔流量系数

如果视柱塞运动为简谐运动,则式(4-27)可写成

$$h_f = \frac{1}{729}\frac{1}{\mu^2}\frac{A_p^2}{A_v^2}\frac{(Sn)^2}{g} \qquad (4-28)$$

则由液流通过游动阀的压头损失而产生的下行阻力为

$$F_5 = \rho_L g A_p h_f = \frac{1}{729}\frac{\rho_L}{\mu^2}\frac{A_p^3}{A_v^2}(Sn)^2 \qquad (4-29)$$

综上所述,上冲程中作用在悬点上的摩擦载荷有 F_1、F_2 及 F_4,其方向向下,故增加悬点载荷;下冲程作用在悬点上的摩擦载荷有 F_1、F_2、F_3 及 F_5,其方向向上,故减小悬点载荷。

四、悬点最大和最小载荷

悬点最大和最小载荷是进行抽油杆柱设计和合理选择抽油机的重要依据。由于井下情况和抽油过程的复杂性,在现有技术条件下,振动载荷尚难准确计算,因此,寻求一种能适应各种油井情况的载荷实用计算公式是比较困难的,所有用来计算悬点最大载荷和最小载荷的公式都只能得到近似的结果。下面主要介绍一些常用的简化公式。

根据前面的分析,抽油机工作时悬点承受静载荷、动载荷和摩擦力三类载荷。悬点最大载荷发生在上冲程中,最小载荷发生在下冲程中,其值分别为

$$W_{\max} = W_{j1} + I_1 + P_{v1} + F_u \tag{4-30}$$

$$W_{\min} = W_{j2} + I_2 - P_{v2} - F_d \tag{4-31}$$

式中　$W_{\max}$,$W_{\min}$——悬点最大、最小载荷,kN;

W_{j1},W_{j2}——上、下冲程中的悬点静载荷,kN;

I_1,I_2——上、下冲程中的最大惯性载荷,kN;

P_{v1},P_{v2}——上、下冲程中的振动载荷,kN;

F_u,F_d——上、下冲程中的最大摩擦载荷,kN。

在垂直井、稀油、冲次较低的情况下,其摩擦力不大,一般可以忽略。在静载荷计算时常忽略井口回压和套压的影响。在计算动载时仅考虑抽油杆的惯性载荷,忽略液体的惯性载荷和杆柱的振动载荷。根据式(4-10)及式(4-20),发生在上冲程的最大载荷可简化为

$$W_{\max} = W_{j1} + I_{r1} = W_r' + W_L' + I_{r1} = W_r' + W_L' + W_r \frac{Sn^2}{1790}\left(1 + \frac{r}{l}\right) \tag{4-32}$$

若取 $r/l = 1/4$,则

$$W_{\max} = W_r' + W_L' + W_r \frac{Sn^2}{1440} \tag{4-33}$$

根据式(4-13)及式(4-21),发生在下冲程的最小载荷可简化为

$$W_{\min} = W_{j2} + I_{r2} = W_r' + I_{r2} = W_r' - W_r \frac{Sn^2}{1790}\left(1 - \frac{r}{l}\right) \tag{4-34}$$

国内外还使用其他多种悬点最大和最小载荷计算公式。

(1)美尔斯公式:

用于常规型抽油机时

$$\begin{aligned} W_{\max} &= W_L + W_r(1 + \alpha) \\ W_{\min} &= W_r' - W_r\alpha \end{aligned} \tag{4-35}$$

其中

$$\alpha = Sn^2/1790$$

式中　α——加速度因子。

用于前置型抽油机时

$$\begin{aligned} W_{\max} &= W_L + W_r(1 + 0.6\alpha) \\ W_{\min} &= W_r' - 1.4W_r\alpha \end{aligned} \tag{4-36}$$

(2)史洛尼杰尔公式:

$$W_{\max} = (W_r + W_L')\left(1 + \frac{Sn}{137}\right)$$

$$W_{\min} = 0.75W_r - (W_r + W_L')\frac{Sn}{137} \tag{4-37}$$

例 4-2 基本数据同例 4-1，冲次 $n = 9\text{min}^{-1}$，试计算悬点最大和最小载荷。

解 按简化公式(4-33)、式(4-34)计算，取 $r/l = 1/4$，则

$$\frac{n^2 S}{1790} = \frac{9^2 \times 3}{1790} = 0.136$$

$$W_{\max} = W'_r + W'_L + W_r \times 0.136 \times 1.25$$
$$= 38.37 + 22.95 + 43.64 \times 0.136 \times 1.25 = 68.74(\text{kN})$$

$$W_{\min} = W'_r - W_r \times 0.136 \times 0.75 = 38.37 - 43.64 \times 0.136 \times 0.75 = 33.92(\text{kN})$$

选用不同的悬点载荷简化公式会得到不同的结果，但真实结果只有一个。由于抽油杆柱实际的动载荷很难准确预测，所有计算悬点最大和最小载荷的计算方法只能是近似的。在实际应用时，应注意将其预测结果与实测值进行对比评价，选用符合具体油田情况的计算方法，并对其进行必要的修正。

第三节 泵 效 分 析

抽油井的实际产液量 Q 一般小于泵的理论排量 Q_t，二者的比值称为泵的容积效率，油田习惯称之为泵效，即

$$\eta_v = Q/Q_t \times 100\% \qquad (4-38)$$

只有当油井转抽初期存在连抽带喷时，η_v 才有可能接近甚至大于 100%；正常情况下，若 η_v 能达到 60%~70% 就认为泵的工作良好；油田实际生产中，部分井由于受供液不足、高气液比等因素影响，实际泵效甚至不到 30%。影响泵效的因素很多，从抽油泵的实际工作状况与理想条件比较可归结为以下四个方面：

(1) 抽油杆柱和油管柱的弹性变形对柱塞冲程 S_p 的影响；

(2) 气体和泵充不满的影响，气体进泵，或因稠油，或泵的排量大于油层供液能力，使柱塞让出的泵筒空间不能完全被液体充满；

(3) 漏失的影响，抽油泵泵阀、泵间隙，以及油管柱都可能会产生漏失；

(4) 经地面脱气和冷却后液体体积收缩的影响。

由此，抽油泵的泵效可以分解并表示为

$$\eta_v = \eta_s \beta \eta_L / B_L \qquad (4-39)$$

其中

$$B_L = B_o(1 - f_w) + B_w f_w \qquad (4-40)$$

式中 η_s——柱塞冲程系数，即柱塞实际冲程 S_p 与光杆冲程 S 的比值，故又称无因次柱塞冲程，表示抽油杆柱和油管柱弹性伸缩对泵效的影响；

η_L——液体漏失系数，反映泵工作时抽油系统中液体漏失对泵效的影响；

β——泵的充满系数，表示泵在工作过程中被液体充满的程度；

B_L——液体的体积系数，表示液体从泵吸入状态到地面标准状态的体积变化。

若取无水原油体积系数 B_o 为 1.15，由于原油体积收缩的影响会使抽油泵的体积排量较地面标准状态的产液量减少 13%。

一、柱塞冲程损失对泵效的影响

由于有杆抽油泵的工作特点，使得抽油杆柱和油管柱在工作过程中承受交变载荷，从而发

生杆、管柱的弹性伸缩,使采用钢质抽油杆柱的柱塞冲程 S_p 小于光杆冲程 S,因而泵效相应降低。抽油杆柱所受载荷不同,则其弹性伸缩量即柱塞冲程损失不同。如前所述,抽油机悬点载荷分为静载荷和动载荷,二者对冲程损失的影响是不同的。

(一) 静载荷对柱塞冲程的影响

在由下冲程转为上冲程时,悬点静载荷由 W'_r 变为 $W'_r + W'_L$,增加了载荷 W'_L,会使细长的抽油杆柱伸长。而在由上冲程转为下冲程时,悬点静载荷由 $W'_r + W'_L$ 变为 W'_r,减小了载荷 W'_L,会使杆柱缩短。正是由于载荷周期性的交替变化,使杆、管柱交替地伸长和缩短。在静载荷作用下的杆、管柱弹性变形过程及其对柱塞冲程的影响可用图 4-9 来说明(动画 4-5)。

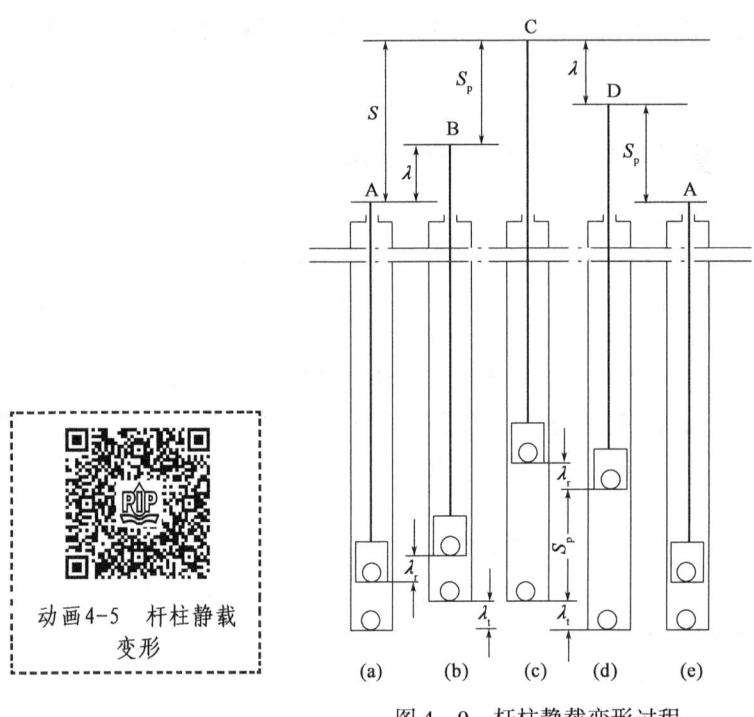

图 4-9 杆柱静载变形过程

上冲程当驴头开始上行时,游动阀关闭,液柱载荷从油管柱转移到抽油杆柱上,使油管柱缩短(相当于柱塞、泵筒整体向上运动) λ_t、使抽油杆柱弹性伸长 λ_r。其间,虽然悬点由 A 点向上运动至 B 点,但柱塞与泵筒之间并无相对运动,固定阀尚未打开[图 4-9(a)、图 4-9(b)]。

当驴头上行至 B 点以后,柱塞与泵筒间才发生相对运动,固定阀在上、下压差作用下打开并吸入液体,一直到上死点 C。由此看出,在上冲程过程中,柱塞的有效移动距离(柱塞冲程) S_p 比驴头冲程(抽油机地面冲程)少 λ,因此,λ 常被称作冲程损失,且 $\lambda = \lambda_r + \lambda_t$。

下冲程当驴头开始下行时,固定阀关闭,液柱载荷又从抽油杆柱转移到油管柱上,使油管柱伸长(相当于柱塞、泵筒整体向下运动) λ_t、使抽油杆柱弹性缩短 λ_r。在油管柱和抽油杆柱变形的共同作用下,虽然悬点由 C 点向下运动至 D 点,但柱塞与泵筒之间并无相对运动,游动阀尚未打开(图 4-9(c)、图 4-9(d))。

当驴头下行至 D 点以后,柱塞与泵筒间才发生相对运动,游动阀在上、下压差作用下打开并排出液体,一直到下死点 A。与上冲程相同,在下冲程过程中,柱塞的有效移动距离(柱塞冲程) S_p 同样比驴头冲程(抽油机地面冲程)少 λ。

至于抽油杆柱和油管柱自身重量，由于在上、下冲程过程中它们产生的弹性伸长量不会发生变化，因此，不会影响柱塞冲程。

抽油泵直径越大，泵下入越深，冲程损失越大，柱塞有效冲程 S_p 越小。因此，为减小液柱载荷及冲程损失，提高泵效，在深井中多选用较小直径的抽油泵，即通常所说的"小泵深抽"。

(二)惯性载荷对柱塞冲程的影响

根据抽油机悬点运动规律，当悬点上升到上死点时，速度趋于零，但抽油杆柱有向下的(负的)最大加速度和向上的最大惯性载荷。抽油杆柱在惯性载荷作用下还会带动柱塞继续上行，使柱塞比静载荷变形向上多移动一段距离。同样地，当悬点下行至下死点时，抽油杆柱在惯性载荷作用下继续下行而伸长，使柱塞比静载荷变形向下多移动一段距离。

选用较大 S，有利于减少冲程损失对泵效的影响程度。尽管提高冲次有利于增大柱塞冲程，但快速抽汲增加了惯性力，会使悬点最大载荷增大、最小载荷减少，使杆柱受力条件变差。

(三)振动载荷对柱塞冲程的影响

液柱载荷周期性地作用在抽油杆柱上。在上冲程杆柱静变形结束后，液柱开始随抽油杆柱做变速运动，从而引起抽油杆柱的振动。在下冲程静变形结束后，也会发生类似的振动。由抽油杆柱自身的振动而产生的附加载荷，使抽油杆柱在运动过程中发生周期性的伸长和缩短，从而影响泵效。理论分析及实验均表明：不论是上冲程还是下冲程，抽油杆柱振动引起的伸缩对柱塞冲程的影响是一致的，即要么都增加，要么都减小。但到底是增加还是减小，取决于抽油杆柱自由振动与悬点摆动引起的强迫振动的相位配合。对于深井，在一定的冲程、冲次范围内，增加冲次时，由于振动的影响，泵的排量增加不多甚至不增加。因此，对于一定范围内的深井，有一个不利的 S、n 配合区。在进行有杆抽油系统设计时，应尽量避免该不利配合区。

考虑振动影响的柱塞冲程可以采用 API RP11L 方法确定。在常规设计计算中，常常忽略振动载荷对冲程损失的影响，但应尽量避免其不利配合区。

二、气体对泵效的影响

由于油气共生的必然性，原油中常常含有一定量的气体，加之抽油泵泵筒内的工作压力常会低于原油的饱和压力，因此，抽汲时气液两相往往同时进泵。气体进泵必然占据部分泵筒空间，减少进泵的液量。由于泵内气体存在高度可压缩性，在上下冲程的初始阶段，因气体的膨胀(压缩)作用，泵内压力改变迟缓，使泵阀延迟打开(关闭)。当气体影响严重时，在抽汲时由于气体在泵内的膨胀和压缩，泵阀无法打开始终处于关闭状态，出现抽不出来的现象，称为"气锁"。

通常用泵的充满系数 β 来表示气体对泵的影响程度。将泵的充满系数定义为

$$\beta = V'_L/V_p \tag{4-41}$$

式中 V'_L——柱塞上行时实际吸入泵内的液体体积；

V_p——上冲程柱塞让出的泵筒容积。

充满系数 β 表示泵在工作过程中被液体充满的程度，β 越高，则泵效越高。泵的充满系数与泵内气油比和泵的结构有关。

抽油泵柱塞在下死点时，吸入阀与排出阀之间的泵内容积称为余隙 V_S，在余隙中充满气液混合物。气体对充满程度的影响如图 4-10 所示，从图中可看出

$$V_p + V_S = V_g + V_L$$

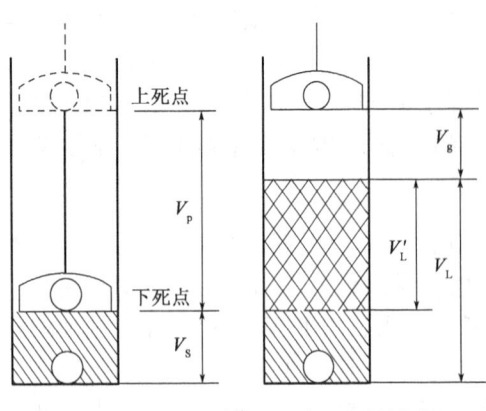

图 4-10 气体对充满程度的影响

式中 V_g, V_L——柱塞在上死点时,泵内气、液体积。

用 R 表示泵内气液比,即 $R = V_g/V_L$;用 K 表示余隙系数,即 $K = V_S/V_p$,可简单推导得出

$$\beta = \frac{1+K}{1+R} - K = \frac{1-KR}{1+R} \quad (4-42)$$

由式(4-42)可得到以下结论:

(1)减小 K 和 R 是减小气体影响,提高充满系数的两个重要途径。要减小 K 值,可使 V_S 尽可能小和增大柱塞冲程以提高 V_p。因此,在保证柱塞不撞击固定阀的情况下,尽量减小防冲距,以减小余隙。

(2)为了降低 R,可适当增加泵的沉没度即增大下泵深度以提高泵的沉没压力,使原油中的自由气更多的溶于原油中;也可以使用气锚,使气体在泵外分离并通过油套环空排出,以防止和减少气体进泵。

三、漏失的原因

抽油泵在数百米到数千米的井下工作,泵内压力达数十兆帕,同时还受到砂、蜡和腐蚀性介质等影响,上述多种因素均会造成漏失。

在抽油系统井中存在的漏失包括:

(1)泵排出部分漏失。柱塞与衬套的间隙漏失、游动阀漏失,均会使从泵内排出的液量减少。

(2)泵吸入部分漏失。固定阀漏失会减少进泵的液量。

(3)其他部分漏失。由于油管螺纹、泵的连接部分及泄油器密封不严,产生的漏失都会降低泵效。

(一)柱塞间隙漏失

在抽油泵正常抽油时,柱塞和衬套之间存在相对运动,因此必须有一定的间隙,该间隙可以形成油膜,减少柱塞和衬套表面的摩擦和磨损,提高泵的使用寿命。如果泵的间隙过小,会破坏润滑性,使柱塞与衬套早期磨损,缩短使用周期,甚至卡泵。如果间隙过大,液体从间隙中漏失严重,降低泵效。间隙是随着泵的工作时间延续而增大。因此,对于一定的油井条件,存在一个合理的初始间隙及漏失量。根据 SY 5059—2009,其配合间隙见表 4-4。低黏度深井中的漏失量较大,提高泵的配合等级可减少漏失量,因此,抽汲低黏度液体常用 I 级间隙泵;对于稠油和含砂较高的井,为减小下冲程阻力和防止砂卡,常常选用Ⅲ级间隙泵。

表 4-4 抽油泵柱塞与泵筒(衬套)的配合间隙选择

直径上的配合间隙,mm	I	Ⅱ	Ⅲ
	0.02~0.07	0.07~0.12	0.12~0.17
适用条件	下泵深度大、含砂少、黏度低的油井	含砂不多的井	含砂多、黏度高的浅井

(二) 其他漏失

除上述柱塞间隙漏失外,造成漏失的原因还有以下几种:

(1) 阀球关闭滞后产生的漏失。抽油泵游动阀和固定阀一般由阀球(不锈钢球)、阀座和阀罩组成。在上、下冲程死点附近,阀球在阀座与阀罩之间运动,实现游动阀或固定阀的打开与关闭。由于阀球有一定的运动距离,存在启、闭的滞后,因此,必然产生漏失。在正常工作时,该漏失量很小,常常忽略不计。

(2) 井内液体含腐蚀性介质。井内有腐蚀性强的水及含硫气体时,阀球和阀座会很快受到侵蚀,使阀球的表面变得粗糙,出现很多小坑,使阀的材质变脆。防止这种现象必须采用耐腐蚀材料制造易损件。

(3) 油井出砂。携砂油流通过泵阀时,对阀球和阀座会造成冲蚀形成沟槽。因此,对泵阀制造与装配质量要求很高。出砂严重的井应在泵口安装砂锚,防止泵发生砂卡,应考虑采用有效的防砂完井措施。

(4) 结蜡。在油井生产过程中,原油中的石蜡会不断从油中析出沉积在泵的入口或吸入泵内;或者,油管内原油中析出蜡质和其他胶结物质结合在一起沉落在游动阀上,造成油流通道减少,蜡卡柱塞或阀,从而降低泵的排量甚至使油井停产。

(5) 磁化现象导致漏失。在有些泵的材质部件发生磁化现象,把阀球吸在阀罩的侧旁而不能正常工作。需要采用防止磁化的材料制造阀球。

(6) 井身弯曲。由于井身弯曲,抽油杆偏磨油管,金属碎屑落下垫住阀球造成漏失;同时由于偏磨,使柱塞与泵筒单侧间隙增大,增大漏失量;还会加快接箍磨损,抽油杆断脱或油管磨穿。必要时应考虑使用抽油杆扶正器。

在抽油过程中,抽油泵泵筒与柱塞间的漏失及阀球关闭滞后引起的漏失不可能消除,但其他漏失应尽量避免。由于上述原因在泵的游动阀、固定阀、油管等部位产生的漏失,可根据实测示功图分析漏失程度。

四、提高泵效的措施

泵效实际上是指给定抽汲参数(D、S、n)下的产液容积效率,是反映抽油设备的利用效率和管理水平的重要指标。影响泵效的因素又可归结为以下三个主要方面:

(1) 环境因素:井深及井身结构、供液能力、流体物性(气油比、饱和压力、含水率、黏度和流体密度、含砂量、含蜡量、腐蚀性介质等)。

(2) 机械因素(硬件):泵(类型、质量、材料、安装、泵隙、抗腐性、耐磨性)、抽油杆(尺寸、强度)等。

(3) 工作方式(软件):泵深、抽汲参数(D、S、n)、套压控制等。

为了提高泵效,上述软件和硬件性能必须适应油井和井液实际情况。实践证明,对于注水开发采用有杆泵采油的油田,加强注水保证油层具有足够的供液能力是油田高产、高泵效生产的根本措施。为了提高泵效,在举升方面应采取以下措施。

(一) 选择合理的抽汲参数

当抽油机已选定且设备能力足够大时,在保证产量的前提下,S、n 和 D 三者有多种组合方式。不同的组合其冲程损失、泵效不同。一般选用较大 S 和较小 D，这样有利于减少冲程损失和气体对泵效的影响。对于稠油井，一般采用大 D、大 S、小 n；对于连喷带抽的井则选用大 S、大 n 快速抽汲，以增强诱喷的作用。深井抽汲时，S 和 n 的选择一定要避开 S 和 n 的不利组合区，增大柱塞的有效冲程。

当油井产量不限时，应在设备条件允许的前提下，以获得尽可能大的产量为基础来提高泵效。D、S、n 的具体数值除用计算方法初步确定外，可以通过生产试验的方法，通过对各项测试资料进行综合分析逐步加以调整，最终确定在保证强度的条件下的高产量、高泵效、高系统效率的参数组合。

(二) 合理利用气体能量及减少气体的影响

气体对泵效的影响程度因井而异。对于自喷转抽井，初期尚有一定的自喷能力，可合理控制套管气，利用气体能量辅助举液，使油井连喷带抽，提高产量和泵效。实践证明：对于一些不带喷的井合理控制套管气，可起到稳定液面和产量的作用，并可减少因脱气而引起的原油黏度的增高。

对于正常抽油的井，提高泵的充满系数的有效途径是降低进泵气液比和余隙系数，措施是确定合理的防冲距和沉没度。增大沉没度一方面可以减少泵的吸入口处的自由气量，降低气体对泵效的影响，但另一方面会增加下泵深度，增大悬点载荷和系统能耗及柱塞的冲程损失。

(三) 使用必要的井下器具

(1) 油管锚。用于固定油管下端，以消除油管变形，减少冲程损失。对于深井还可消除内压引起的油管弯曲，消除因此而降低的柱塞冲程。

(2) 气砂锚。具有分离、阻止气体和挡住砂粒进入抽油泵的双重作用。在气油比和含砂均较高的油井中，泵下安装气砂锚可提高泵效和延长抽油泵工作寿命。

(3) 砂锚。用于含砂较高油井的固液分离。

(4) 气锚或井下气液分离器。用于气油比较高油井的井下气液分离。

在以上井下器具中，井下气液分离器(俗称气锚)应用广泛，其分离原理建立在油气密度差异基础上。国内外不同的研发单位设计了结构型式多样的井下气液分离器，大致可以分为重力式气液分离器、螺旋式气液分离器、封隔器式气液分离器，以及在此基础上形成的组合气锚，如重力—旋流组合气液分离器等类型。

重力式气液分离器(图 4-11)是利用气、油(液)的密度差，以及气泡的滑脱效应，使油气在气液分离器中多次换向流动及当抽油泵处于下冲程时油气在分离器中停留的时间，将原油中大量的气体分离出来。分离出的气体进入油套环空，通过释放套压排出。当油井含砂时，利用重力气液分离器往往也能同时进行固相(砂)的分离，分离出的砂粒沉入下部的沉砂管中。

螺旋式气液分离器(图 4-12)是利用抽油泵上冲程时产生的吸入压差，使油气进入分离器内的螺旋流道高速旋转。在足够长的旋流时间内，原油中含有的小气泡将向螺旋心管中心聚集并汇集到气帽中，密度较大的原油将被甩向螺旋外管并经泵抽出。下冲程时，分离器内不再吸入原油，利用聚集在气帽内气体产生的浮力顶开排气阀，使气体排入油套环空。

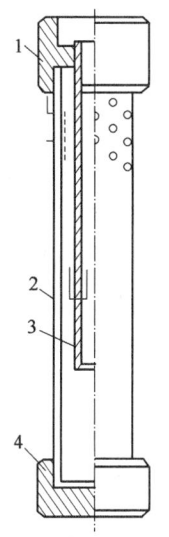
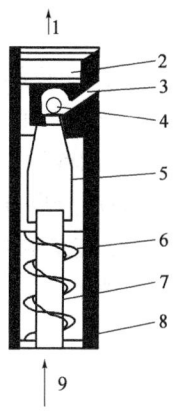

图 4-11 重力式气液分离器　　　　图 4-12 螺旋式气液分离器
1—上接头;2—外管;3—内管;4—堵头　　1—液体进泵;2—分流腔;3—排气孔;4—排气阀;5—气帽;
　　　　　　　　　　　　　　　　　6—螺旋叶片;7—中心管;8—外壳;9—进液口

第四节　抽油系统选择设计

当一口油井确定采用有杆抽油方式后,首先要根据该井条件和油层产能选择一套合理的抽油设备并确定其抽汲参数。油井投产后还必须检验设计效果。当设备和油层的工作状况发生变化时,还需要对其设计进行调整。

选择抽油设备主要是确定抽油杆柱、抽油机、电动机及抽油泵的泵型及泵径。油井产量和下泵深度是选择这些设备的基本依据。确定抽汲参数主要是包括确定 D、S、n 的配合关系,它必须在已选定抽油设备的基础上保证既能满足产量要求,又具有较高的泵效。

选择抽油设备的基本原则是:符合油层及油井工作条件,充分发挥油层产能,设备利用率较高且有较长的免修期,并且具有较高的系统效率和经济效益。

整个有杆泵抽油系统是相互联系和制约的。因此,应从油层到地面作为统一的整体进行合理地选择设计。

一、确定下泵深度

对于具体的油井,下泵深度取决于该井的产能和开发部门提出的配产要求。井底流压与沉没压力及下泵深度的关系为

$$p_{wf} = p_s + \bar{\rho}_L g(H - L_p) \tag{4-43}$$

因此下泵深度为

$$L_p = H - \frac{p_{wf} - p_s}{\bar{\rho}_L g} \tag{4-44}$$

式中　p_{wf}——流压,根据配产要求按设计井的流入动态曲线确定,Pa;
　　　p_s——沉没压力,Pa;

$\bar{\rho}_L$——井液平均密度,kg/m³;

H——油层中部深度,m;

L_p——下泵深度,m。

上式中沉没压力 p_s 的大小与油井产量、气油比、原油黏度、含水率和泵入口设备有关。一般气油比小于 80m³/m³ 的稀油,定时或连续放套管气生产时,p_s 应保持在 0.5MPa 以上。产量高,液体黏度大(如稠油或油水乳化液)时,p_s 还要更高些,因为稠油不仅进泵阻力大,而且脱出的溶解气不易与原油分离,往往被液流带入泵内而降低充满程度。因此,稠油井需要较高的 p_s,这样既有利于克服进泵阻力,又可减少脱气,以保持较高的充满程度。

对于含气井,若考虑采用气锚,则应保持较小的沉没度,有利于气体分离和减小悬点载荷及冲程损失。

上述确定下泵深度的方法考虑了沉没压力的影响,还应综合考虑泵深的增减所导致的冲程损失对泵效的影响以及悬点载荷、生产耗能的变化关系,沉没度并不是越大越好。

二、选择抽汲参数

泵径的选择应以当前油井的预测产液能力或油井配产为依据,按下述原则选择出的冲程和冲次计算得出。

(1)对于常规的流体条件和下泵深度的井,应选大冲程、中等冲次,这样既可以减小气体对泵效的影响,又可增大柱塞冲程;

(2)对于原油比较稠或下泵深度较深的,应选用大冲程、较低冲次的工作方式;

(3)对于连抽带喷(转抽初期)的井,则选用高冲次快抽汲以增强诱喷作用;

(4)对于深井要充分注意振动载荷影响的 S 和 n 的不利配合区。

泵径的计算公式为

$$D = \sqrt{\frac{q_L}{1131 Sn\eta_v}} \tag{4-45}$$

式中 q_L——油井设计产量,m³/d;

η_v——泵效,可取油区统计值。

三、抽油杆强度计算和杆柱设计

抽油杆柱的设计主要包括确定杆柱的材料、长度、直径及组合。为了保证杆柱安全工作,必须根据材料及强度来确定其直径。

(一)抽油杆的强度条件

抽油杆在工作中受交变载荷的作用,抽油杆承受由最小应力 σ_{min} 到最大应力 σ_{max} 的不对称循环应力,并且在井液中不同程度存在腐蚀疲劳断裂。抽油杆的疲劳寿命主要取决于最大应力 σ_{max} 和应力幅 σ_a,且

$$\sigma_a = \frac{\sigma_{max} - \sigma_{min}}{2} \tag{4-46}$$

在交变载荷作用下,抽油杆柱往往出现疲劳破坏而不是在最大拉应力下破坏。因此,抽油杆柱必须根据疲劳条件设计。抽油杆柱设计中较常用的疲劳强度有折算应力强度条件和API最大许用应力强度条件。

1. 折算应力强度条件

奥金格将抽油杆的不对称循环应力按下式转换为折算应力 σ_c，作为统一表征循环应力变化的参数，有

$$\sigma_c = \sqrt{\sigma_a \sigma_{max}} \qquad (4-47)$$

则抽油杆柱的折算应力强度条件为

$$\sigma_c \leq [\sigma_{-1}] = \frac{\sigma_{-1}}{K} \qquad (4-48)$$

式中 σ_c——折算应力；

σ_{-1}——标准疲劳试件在对称循环应力作用下的疲劳极限；

K——安全系数；

$[\sigma_{-1}]$——许用折算应力，不同钢质抽油杆的数值见表 4-5。

表 4-5 钢质抽油杆的许用折算应力

泵径，mm	钢牌号	热处理种类	$[\sigma_{-1}]$，MPa
28、32、38、43	40 号碳钢	正火	70
28、32、38、43	20NiMo 合金钢	正火	90
28、32、38、43	40 号碳钢	高频淬火	120
55、70、83、95	40 号碳钢	高频淬火	100
28、32、38、43	20NiMo 合金钢	高频淬火	130
55、70、83、95	20NiMo 合金钢	高频淬火	110

2. API 最大许用应力强度条件

美国石油学会（API）推荐的最大许用应力强度条件是以修正 Goodman 应力图（图 4-13）作为依据。图中的纵坐标为抽油杆柱的最大应力 σ_{max}，横坐标为最小应力 σ_{min}。图中 AB 线为抽油杆的最大许用应力范围，AB 线的斜率为 0.5625，OB 线为最小应力范围。图中阴影三角区为疲劳安全区，抽油杆的应力点落在该区内，将不会发生疲劳破坏。根据修正 Goodman 应力图，抽油杆柱的最大许用应力与最小工作应力的关系为

$$[\sigma_{max}] = \left(\frac{\sigma_b}{4} + 0.5625\sigma_{min}\right)F \qquad (4-49)$$

式中 $[\sigma_{max}]$——最大许用应力；

σ_b——抽油杆的最小抗拉强度，取表 4-2 中下限值；

F——使用系数，可参考表 4-2。

要保证抽油杆柱不发生疲劳破坏，实际的抽油杆最大应力不能超过上式计算出的许用应力，即满足强度条件

$$\sigma_{max} \leq [\sigma_{max}] \qquad (4-50)$$

例 4-3 某井实测悬点最大载荷为 44kN，最小载荷为 16kN，采用直径为 ¾ in，许用折算应力 $[\sigma_{-1}]$ 为 90MPa 的钢质抽油杆，抗拉强度 $\sigma_b = 620$MPa，取使用系数 $F = 0.9$。试校核抽油杆的强度。

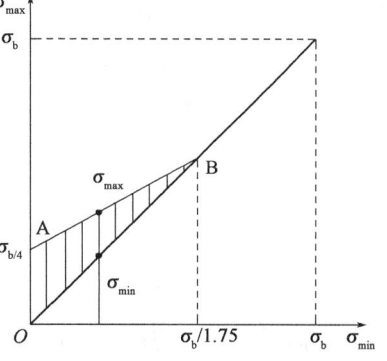

图 4-13 修正 Goodman 应力图

解 (1)折算应力方法。

由表4-3可知,¾in抽油杆 $A_r = 285.161 \text{mm}^2 = 285.161 \times 10^{-6} \text{m}^2$

$$\sigma_{max} = \frac{W_{max}}{A_r} = \frac{44 \times 10^3}{285.161 \times 10^{-6}} = 154.3 \times 10^6 \text{Pa} = 154.3 \text{MPa}$$

$$\sigma_a = \frac{W_{max} - W_{min}}{2A_r} = \frac{(44-16) \times 10^3}{2 \times 285.161 \times 10^{-6}} = 49.1 \times 10^6 \text{Pa} = 49.1 \text{MPa}$$

$$\sigma_c = \sqrt{\sigma_a \sigma_{max}} = \sqrt{49.1 \times 154.3} = 87.0 \text{MPa} < [\sigma_{-1}] = 90 \text{MPa}$$

此抽油杆折算应力小于其许用应力,满足折算应力强度条件。

(2)修正Goodman应力方法。

$$\sigma_{min} = \frac{W_{min}}{A_r} = \frac{16 \times 10^3}{285.161 \times 10^{-6}} = 56.1 \times 10^6 \text{Pa} = 56.1 \text{MPa}$$

$$[\sigma_{max}] = (\sigma_b/4 + 0.5625\sigma_{min})F = (620/4 + 0.5625 \times 56.1) \times 0.9$$
$$= 167.9 \text{MPa} > \sigma_{max} = 154.3 \text{MPa}$$

此抽油杆最大应力小于其许用最大应力,满足修正Goodman应力强度条件。

(二)抽油杆柱设计

抽油杆柱的设计主要包括确定杆柱的材质、长度和直径的组合。抽油杆材质应根据井液条件和载荷确定。普通抽油杆分为C、D、K和H四个级别。在轻载荷或中载荷有轻微盐水腐蚀的油井中,选用C级杆;在中载荷有腐蚀介质 CO_2、H_2S 的油井中,选用K级杆;在重载荷有轻微盐水腐蚀的油井中,选用D级或H级杆。

钢质抽油杆柱分单级和多级两种结构。单级杆柱常用于泵径较小、下泵深度不大的油井;下泵较深的井一般用多级杆柱,即上部用大直径杆柱,下部用小直径杆,也称为梯形或组合杆柱。多级杆柱有利于减轻杆柱自重,节省金属和节能。

通常在进行组合抽油杆强度设计中,要求在满足强度条件的前提下,使抽油杆柱最轻。因此,形成了多个强度设计方案。

1. 最轻杆柱方案

m 级杆柱中除最上一级外,其他各级杆顶端面的疲劳强度均等于最大许用强度,而最上一级杆顶端面强度不大于最大许用强度,即

$$\sigma_{cm} < [\sigma_{-1}]F, \sigma_{c1} = \sigma_{c2} = \cdots = \sigma_{cm-1} = [\sigma_{-1}]F$$

或

$$\sigma_{maxm} < [\sigma_{max}]F, \sigma_{max1} = \sigma_{max2} = \cdots = \sigma_{maxm-1} = [\sigma_{max}]F$$

式中 $\sigma_{ci}, \sigma_{maxi}$——第 i 级杆顶端面折算应力和最大应力,由下至上 $i = 1, 2, \cdots, m$。

2. 完全等强度方案

m 级组合杆柱中各级顶端面的疲劳强度均相等,即

$$\sigma_{c1} = \sigma_{c2} = \cdots = \sigma_{cm} = [\sigma_{-1}]F$$

或

$$\sigma_{max1} = \sigma_{max2} = \cdots = \sigma_{maxm} = [\sigma_{max}]F$$

$$Y_1 = Y_2 = \cdots = Y_m < 1$$

抽油杆柱设计的最大难点是计算各级抽油杆上端的最大和最小载荷,而这两个参数又与设计所要确定的各级杆的杆径及杆长有直接关系。采用悬点载荷公式,按上述最轻杆柱的折

算应力方案,可推导得出杆柱的简便设计方法。

第 i 级杆的的长度为

$$L_i = \frac{\sqrt{y_i^2 - 4x_i z_i} - y_i}{2x_i} \quad (4-51)$$

其中 $x_i = b_i d_i$；$y_i = a_i d_i + b_i c_i$；$z_i = a_i c_i - 2(A_{ri} F[\sigma_{-1}]_i)^2$

式中,a_i、b_i、c_i、d_i 可由已知量表示为

$$a_i = W'_L + \left(1 - 0.127\rho_L + \frac{1.25Sn}{1790}\right)\sum_{k=1}^{i-1} q_{rk}L_k \quad (4-52)$$

$$b_i = 1 - 0.127\rho_L + \frac{1.25Sn}{1790}q_{ri} \quad (4-53)$$

$$c_i = W'_L + \frac{2Sn^2}{1790}\sum_{k=1}^{i-1} q_{rk}L_k \quad (4-54)$$

$$d_i = \frac{2Sn^2}{1790}q_{ri} \quad (4-55)$$

计算杆柱长度时,首先确定抽油杆钢级或材质,可由表 4-5 确定许用折算应力 $[\sigma_{-1}]$；然后根据初选的泵径确定与抽油泵连接的第一级杆柱直径(表 4-6),其中,CYG13 已很少应用,可直接用 CYG16 代替。

表 4-6 泵径与泵上第一级杆柱直径推荐表

公称泵径,mm	32	38	44	57	70	83	95
抽油杆规格	CYG13	CYG16	CYG19	CYG19	CYG22	CYG22	CYG25

计算时如果下部杆柱长度 L_1 无解,则说明第一级抽油杆规格过小(初选杆径过小或强度较低),不能满足强度要求,需要更换大一规格杆径重新计算。若解出 $L_1 > L_p$(要求泵深),则说明一级杆柱即可满足强度要求,则取 $L_1 = L_p$。如果所求得的各级杆 L_i 之和不满足泵挂深度的设计要求,就需要调整允许设计中可变动的参数,如 S、n、D、L_p 和 F 等进行重新计算。

应当注意在柱塞下行时由于柱塞与泵筒的摩擦及液体通过游动阀的阻力,往往会使抽油杆下部发生纵向弯曲,产生弯曲应力。因此,在深井、稠油井或大泵井中,对泵上第一级杆柱应考虑加重,即使用加重杆(直径较大的抽油杆),一方面提高刚度和增加强度,另一方面使这部分重量能够克服柱塞下行阻力,以减小杆柱弯曲。

四、抽油机选择

抽油机是油井生产过程中不轻易更换的设备。抽油机的选择应遵循以下原则:

(1)选择的抽油机应该在油井经济寿命期内满足油层最大供液能力的需要;

(2)应在使用期的大部分时间内具有较高的载荷、扭矩和电动机功率利用率;

(3)一般条件的油井应选用节能型抽油机,对稠油井或产能较高而套管直径相对较小的井,应选用具有较大冲程的前置型、异相型或无游梁式长冲程、大负荷抽油机;

(4)所选择的抽油机应进行区域统筹,对同一油区或同一采油矿区所选机型不宜太杂,流体物性和载荷要求都相近的井尽量选用同一规格和型号的抽油机。

抽油杆、抽油机和抽油泵之间彼此联系又相互影响。例如,抽油杆柱的直径及长度影响悬

点载荷,影响抽油机选型;还影响柱塞冲程,从而影响泵的实际排量,故影响泵径、冲程和冲次的选择。反之,选用的泵径、冲程和冲次又影响抽油杆柱和抽油机的选择。在实际选用时,一般采用计算法和图表法,这两种方法都是在基本确定抽油机型号后,再进行必要的校核和参数调整。在具体油田上往往是按已有抽油井所选用的设备,根据经验选用。

图表法是指根据产液量和下泵深度查图表确定需要的机型。图表法具有简便快速的优点,但因油井条件和泵效差异大,图表法所能容纳的变量少,故具有其局限性。随着新型抽油机等设备的应用和计算机的普及,图表设计法的使用越来越少。

计算法可针对油井条件并考虑设备性能,其计算步骤如下:

(1)根据配产、井底流压要求或实测动液面,由经验或计算确定下泵深度。
(2)根据式(4-45)初选冲程、冲次和泵径。
(3)在可能的最大产量下,根据需要的下泵深度和抽汲参数,初选抽油杆柱组合。
(4)由已选出的 D、S、n 组合及抽油杆柱计算悬点最大载荷和减速器曲柄轴最大扭矩。
(5)根据计算得出的最大载荷和扭矩,以及选用的 S 和 n,查各型抽油机技术规范,选出需要的抽油机型号。
(6)进行参数配合及抽油机和抽油杆柱的校核,如校核不合格,再调整后重新进行校核。

第五节 抽油井生产分析

抽油井生产分析的目的是了解油层生产能力、设计的抽油设备能力及其工作状况,为进一步制定合理的技术措施或调参措施提供依据,最终使设备能力与油层能力相适应,以充分发挥油层潜力,并使设备在高效率下工作,使油井高效、高产生产。抽油井生产分析主要是通过对抽油井产量、液面及示功图等方面的检测来实现。

一、油层工作状况分析

油层工作状况,就其整体而论,属于油田动态分析的范畴。在这里,仅仅指通过油套环空液面等的测试,对已确定生产层位的单井生产能力进行分析。

为了分析产层单井产能及其工作状况,需要获取抽油井的井底压力。除起泵测压外,还可在油管下端安装振弦压力计,从偏心的油套环空下入小直径压力计和氮气测压管等直接测压。尽管这些直接测压方法所得到的结果较为准确,但因其测试工艺较为烦琐,成本较高而使其应用受到限制。通过测试油套环空的液面来间接求得井底压力的方法因其操作简单、费用低被现场广泛应用。

(一)动液面、静液面及采油指数

动液面是指油井稳定生产时,油套环空的液面,如图4-14所示。动液面一般是从井口(地面)到液面之间的测量深度 L_f,也可用从油层中部算起的液面高度 H_f 表示其位置。与它相对应的井底压力就是流压 p_{wf}。

图中 h 称为沉没度,它表示抽油泵沉没到动液面以下的深度,其液柱压力即为沉没压力。

静液面是关井后油套环空中液面恢复到静止(与地层静压相平衡)时的液面。可以从井口测得的深度 L_s,也可以用从油层中部算起液面高度 H_s 来表示其位置,与它相对应的井底压力就是平均地层压力 $\bar{p}_r$。

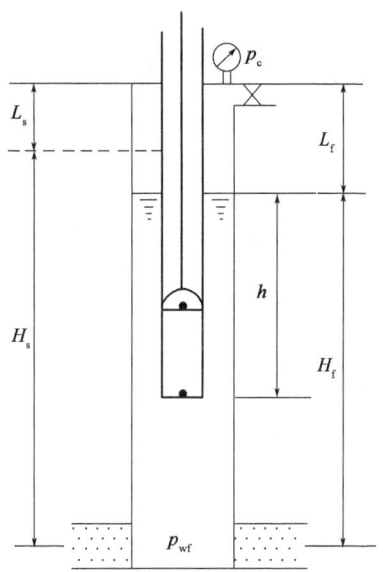

图 4-14 静液面、动液面位置

静液面与动液面之差($\Delta H = H_s - H_f$)相对应的压力差即为油层的生产压差($\Delta p = \bar{p}_r - p_{wf}$)。所以,抽油井可以通过液面的变化,反映井底压力的变化,其产量可表示为

$$Q = K(H_s - H_f) = K(L_f - L_s) \tag{4-56}$$

式中 Q——油井产液量,m^3/d;

K——产液指数,$m^3/(d \cdot m)$;

H_s, L_s——静液面的高度、深度,m;

H_f, L_f——动液面的高度、深度,m。

由上式可得

$$K = \frac{Q}{L_f - L_s} = \frac{Q}{H_s - H_f} \tag{4-57}$$

产液指数 K 也表示单位生产压差下的油井产液量,只是用相应的液柱表示生产压差。

在探测液面时,往往套压并不为零,在不同套压下测得的液面并不直接反应井底压力的高低。为了消除套压的影响,便于对不同资料进行对比,引入折算液面的概念,即把在一定套压下测得的液面折算为

$$L_{fc} = L_f - \frac{p_c}{\bar{\rho}_L g} \tag{4-58}$$

式中 L_{fc}——折算动液面深度,m;

L_f——在套压为 p_c 时测得的动液面深度,m;

p_c——测液面时的套管压力,Pa;

$\bar{\rho}_L$——油套环空井液平均密度,kg/m^3。

对于多数井,静液面和动液面往往是在不同的套压下测得的。因此,用式(4-57)计算产液指数时应采用折算液面。

(二) 回声探测法

回声探测法是抽油井油套环空液面测试广泛采用的方法。常用的仪器主要有单声道和双声道两种回声仪。

1. 单声道回声仪探测液面

单声道回声仪所测的声波反射曲线如图4-15所示。为了确定油套环空中的声速,在油管上预先安装了一个声音反射装置称为音标。在图4-15所示声波反射曲线上,A为井口反射波记录点,B为音标反射波记录点,C为液面反射波记录点。根据已知音标深度和所测到的声波反射曲线,便可方便地计算出液面深度,即

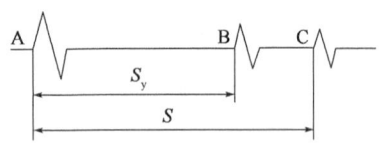

图4-15 单声道回声仪声波反射曲线

$$L = L_y \frac{S}{S_y} \tag{4-59}$$

式中 L, L_y——液面深度、音标深度,m;
S, S_y——液面波长度、音标波长度,mm。

2. 双声道回声仪探测液面

对于未下音标或音标已被液面淹没的油井,用双声道回声仪可同时测得两条声波反射曲线,如图4-16所示。一条为液面反射曲线(A笔);另一条为油管接箍的反射曲线(B笔)。使用专用卡规以井口波峰为起点至液面波峰起点为止(A笔),测量出油管接箍数(B笔),根据每根油管的平均长度确定液面深度。

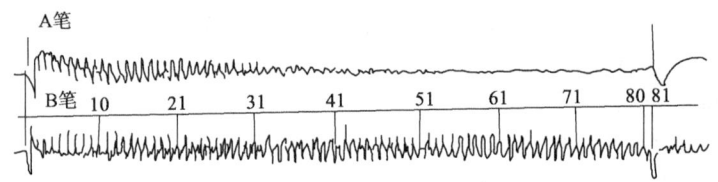

图4-16 双声道回声仪声波反射曲线

需要指出的是,井底流压是油井产能分析、抽油系统设计等最基础的关键参数之一,通过测试油套环空动液面来计算井底流压是最简便、应用最普遍的方法。在油田生产管理中,一般都要定期进行示功图和油套环空液面的测试。但对于气液比较高的油井,油套环空往往存在泡沫段,使动液面的测试结果存在较大误差。因此,在实际分析中,需要对动液面测试数据进行甄别。

二、抽油泵工作状况分析

反映悬点载荷随其位移变化规律的图形称为光杆(地面)示功图($W \times S = $功)。在实际工作中,常常以实测示功图作为分析抽油泵工作状况的主要依据。取得光杆示功图的简单准确的办法是利用动力仪对实际抽油井进行实测。

(一)理论示功图及其分析

1. 静载荷作用下的理论示功图

以悬点位移为横坐标,悬点载荷为纵坐标,悬点静载荷随悬点位移的变化规律为平行四边形ABCD,如图4-17所示。此图称为静载理论示功图。

图中 A 点为下死点，C 点为上死点，ABC 为上冲程静载变化线，其中 AB 为加载线。在这一加载过程中，游动阀和固定阀均处于关闭状态，作用在油管上的液柱载荷转移至抽油杆柱上，引起油管柱和抽油杆柱的弹性变形，尽管悬点（驴头）在向上运动，但柱塞与泵筒间并无相对运动，B 点加载结束，因此 B′B = λ，对应于图 4 - 9(a)、图 4 - 9(b)。此后柱塞与泵筒开始发生相对位移，固定阀打开吸液进泵，故 BC 为泵的吸入过程，且 BC = S_p，对应于图 4 - 9(c)。CDA 为下冲程静载变化线，其中 CD 为卸载线。卸载过程中，游动阀和固定阀均处于关闭状态，作用在抽油杆柱上的液柱载荷转移至油管柱上，尽管悬点（驴头）在向下运动，但柱塞与泵筒间并无相对运动，到 D 点卸载结束，因此 D′D = λ，对应于图 4 - 9(c)、图 4 - 9(d)。此后柱塞和泵筒开始发生相对位移，游动阀被顶开，泵开始排液。故 DA 为泵的排液过程，且 DA = S_p，对应于图 4 - 9(e)。

2. 考虑惯性载荷和振动载荷的理论示功图

考虑惯性载荷的理论示功图是将惯性载荷与静载荷叠加而成。视杆柱为刚体，在液体不可压缩的理想情况下，作用在悬点的惯性载荷的变化规律与悬点加速度的变化规律相似。在上冲程中，前半冲程有一个由大变小的增加悬点载荷的向下的惯性载荷；后半冲程则有一个由小变大的减小悬点载荷的向上的惯性载荷。在下冲程中，前半冲程有一个由大变小的减小悬点载荷的向上的惯性载荷；后半冲程则有一个由小变大的增加悬点载荷的向下的惯性载荷。在此情况下惯性载荷的影响使静载理论示功图的平行四边形 ABCD 被扭曲成 A′B′C′D′，如图 4 - 18 所示。

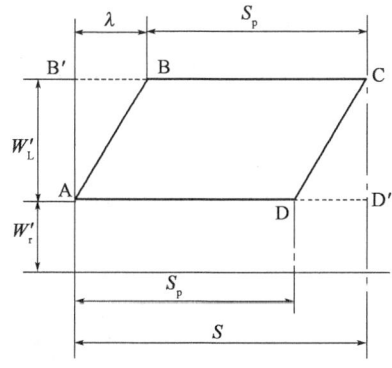

图 4 - 17　静载理论示功图

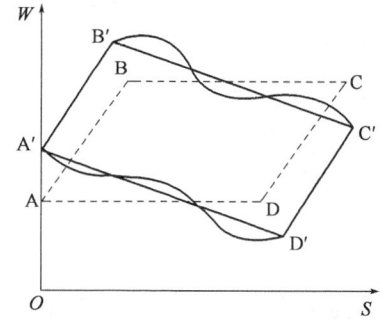

图 4 - 18　考虑惯性载荷和振动载荷的理论示功图

考虑振动时，则把抽油杆振动引起的悬点载荷叠加到四边形 A′B′C′D′ 上。杆管液三组弹性体的振动相互影响，再加上阻尼的作用，使整个系统的振动过程相当复杂。图 4 - 18 中考虑振动载荷的理论示功图，它是把抽油杆振动引起的动载叠加在四边形 A′B′C′D′ 上，由于杆柱的阻力作用，叠加之后的 B′C′ 线和 D′A′ 线上出现了逐渐减弱的波浪线。

（二）典型示功图分析

由于抽油井的情况较为复杂，在生产过程中抽油泵将受到制造质量、安装质量，以及砂、蜡、水、气、稠油和腐蚀等多种因素的综合影响，使得实测示功图与理论示功图可能会有较大差异。因此，在分析过程中既要依据示功图和油井的各种资料作全面分析，又要找出影响示功图的主要因素。

典型示功图是指某一因素的影响十分明显，其形状代表了该因素影响下的基本特征的示功图。虽然实际情况下有多种因素影响示功图的形状,但总有其主要因素。所以,示功图的形状也就反映着主要因素影响下的基本特征。

图 4 – 19 为动载荷和摩擦载荷不大,充满良好,漏失较小的正常示功图。图中两条虚线分别为最大和最小静载荷。图 4 – 20 为稠油井摩擦载荷较大的正常示功图,显得异常"饱满"。

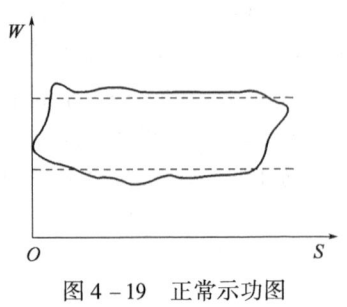

图 4 – 19 正常示功图

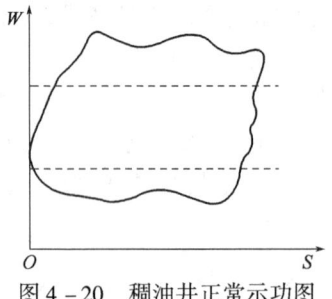

图 4 – 20 稠油井正常示功图

第六节 系统效率的计算与提高措施

一、系统效率的计算

有杆抽油系统包括原动机(电动机)、抽油机、抽油杆、抽油泵、井下管柱和井口装置等。整个有杆抽油系统工作时是一个能量不断传递和转化的过程,在能量每一次传递时都会损失一定的能量。为了准确获取系统各部分的能耗数据,需要采用一定的测试仪器,在现场对电动机、减速器的转速及功率进行实测,并结合光杆示功图、动液面以及油压、套压、产液量和含水率等数据进行分析计算。

(一)系统效率的组成

机械采油系统效率 η 定义为系统有效功率 $P_\text{有}$ 与系统输入功率 $P_\text{入}$ 的比值,即

$$\eta = \frac{P_\text{有}}{P_\text{入}} \tag{4-60}$$

根据抽油系统工作的特点,以光杆悬绳器为界,将抽油系统效率分解为地面效率 $\eta_\text{地}$ 和井下效率 $\eta_\text{井}$ 两部分,即

$$\eta = \frac{P_\text{有}}{P_\text{入}} = \frac{P_\text{有}}{P_\text{光}} \frac{P_\text{光}}{P_\text{入}} = \eta_\text{井} \eta_\text{地} \tag{4-61}$$

抽油系统的井下效率 $\eta_\text{井}$ 是指抽油系统的有效功率(水功率)$P_\text{有}$ 与光杆功率 $P_\text{光}$ 的比值。$P_\text{有}$ 与 $P_\text{光}$ 之差反映了井下摩擦、杆柱振动和惯性以及漏失等因素引起的功率损失。

抽油系统的地面效率 $\eta_\text{地}$ 即抽油机效率,是指光杆功率 $P_\text{光}$ 与抽油机输入功率 $P_\text{入}$ 的比值,地面部分的能量损失发生在电动机、皮带和减速器、四连杆结构中,因此

$$\eta_\text{地} = \frac{P_\text{光}}{P_\text{入}} = K\eta_1\eta_2\eta_3 \tag{4-62}$$

式中 K——有效载荷系统系数;

η_1,η_2,η_3——电动机、皮带及减速器、四连杆机构的效率,要进一步分解这三个效率值,需要在电动机输出轴和减速器的输入和输出轴上贴电阻应变片,分别测量各点功率。

(二)有效功率

抽油系统的有效功率是指在一定的扬程下,以一定排量将井下液体举升到地面所需的功率,也称水功率,即

$$P_{有} = \frac{Q\rho_L gH}{86400} \tag{4-63}$$

其中

$$H = L_f + 10^3 \frac{p_t - p_c}{\rho_L g} \tag{4-64}$$

式中　$P_{有}$——有效功率,kW;

　　　Q——实际产液量,m³/d;

　　　ρ_L——井液密度,t/m³;

　　　g——重力加速度,9.81m/s²;

　　　H——有效扬程,m;

　　　L_f——动液面深度,m;

　　　p_t, p_c——油压、套压,MPa。

(三)输入功率

输入功率是指拖动抽油机所用电动机的实际输入功率,可根据测试数据按下式计算

$$P_{入} = \frac{3600 n_p k}{N_p t_p} \tag{4-65}$$

式中　$P_{入}$——电动机输入功率,kW;

　　　n_p——三相有功电能表所转的圈数,r;

　　　k——电流互感器变化系数;

　　　N_p——耗电为1kW·h时有功电能表所转的圈数,r/(kW·h);

　　　t_p——有功电表转 n_p 圈所用的时间,s。

(四)光杆功率

光杆功率是抽油机传递给光杆上的功率,它包括光杆提升液体和克服井下各种阻力所消耗的功率,即

$$P_{光} = P_{水} + P_{摩} \tag{4-66}$$

光杆功率可根据实测示功图的面积计算,有

$$P_{光} = \frac{A s_d f_d n_{实}}{60000} \tag{4-67}$$

式中　$P_{光}$——光杆功率,kW;

　　　A——示功图面积,mm²;

　　　s_d——示功图减程比,m/mm;

　　　f_d——示功图力比,N/mm;

　　　$n_{实}$——光杆实测冲次,min⁻¹。

二、提高系统效率的措施

有杆抽油系统是油田使用最广泛的采油方式,其能耗已占油田总能耗的1/3左右。通常

只要单井有杆抽油系统的系统效率≥25%就认为是达标的,但实际生产中,仍有为数不少的井不能达到该指标,因此,提高有杆抽油系统效率是采油工程师孜孜不倦追求的目标。

有杆抽油系统是一个系统工程,其组成不仅仅是抽油机、抽油杆、抽油泵等硬件设施,还应包括大量的相关软件,如有杆抽油设备参数选择、设备优选、智能诊断及优化设计等。抽油系统效率是一项综合性经济技术指标,只有把硬件与软件作为一个整体,才能有效提高系统效率,从而获得最佳的经济效益。提高系统效率的措施是多方面的,其主要途径有以下几个方面。

(一)调节抽油机平衡

如果抽油机没有平衡装置,当抽油机运转时,由于上下冲程中悬点载荷极不均衡,在上冲程中,抽油机要克服悬点载荷(为举升抽油杆柱和液柱)做功;而在下冲程中,减速器做负功,即抽油杆柱重力反过来对减速器做功。因此,电动机在上下冲程的载荷是极不均匀的,而悬点运动速度和加速度的变化又会加剧这种载荷的不均匀性,这会严重降低减速器和电动机的效率和使用寿命,也会恶化抽油杆柱和泵的工作条件。因此,有杆抽油装置必须采用平衡装置。

1. 平衡原理

抽油机不平衡是因为上下冲程中悬点载荷不同,造成电动机在上下冲程中做功不相等。平衡的目的在于使电动机在上下冲程中都做相同的正功,为此,需要在下冲程以某种方式(通常采用平衡方式)把抽油杆柱所释放出的能量、电动机提供的能量储存起来,到上冲程时再释放出来帮助电动机做功。

在下冲程过程中,平衡装置储存的能量 A_w 应等于电动机下冲程做的功 A_{md} 与下冲程抽油杆下落悬点所做的功 A_d 之和,即

$$A_w = A_{md} + A_d$$

在上冲程过程中,平衡装置释放的能量(等于下冲程时储存的 A_w)加上电动机上冲程所做的功 A_{mu} 等于上冲程悬点提升抽油杆柱和液柱所做的功 A_u,即

$$A_u = A_w + A_{mu}$$

根据电动机上下冲程做功相等的平衡准则,电动机上下冲程所做的功相等,即 $A_{md} = A_{mu}$,由以上两式得出平衡装置所需储存和释放的能量 A_w 为

$$A_w = \frac{A_u + A_d}{2} \tag{4-68}$$

为了抽油机平衡运转,在下冲程中需要储存的能量应该是悬点在上下冲程中所做功之和的一半。

由于悬点惯性载荷在上下冲程中所做的总功等于零,故忽略惯性力所做的功,悬点在上、下冲程中所做的功分别为

$$A_u = (W'_r + W'_L)S$$
$$A_d = W'_r S$$

将以上二式代入式(4-68),得

$$A_w = \left(W'_r + \frac{W'_L}{2}\right)S \tag{4-69}$$

2. 平衡方式

为了把下冲程中抽油杆自重做功和电动机做功储存起来,可以采用不同的形成,即不同的

平衡方式。目前游梁式抽油机平衡采用气动平衡和机械平衡两种方式。气动平衡是通过游梁带动活塞压缩气缸中的气体,把下冲程中做的功储存为气体的压缩能,在上冲程中被压缩的气体膨胀,将储存的压缩能转换成膨胀能帮助电动机做功。

机械平衡是以增加平衡重块的位能来储存能量,在上冲程中平衡重降低位能帮助电动机做功。机械平衡有以下三种方式:

(1)游梁平衡:在游梁尾部加平衡重(图4-21),适用于小型抽油机;
(2)曲柄平衡:平衡重加在曲柄上(图4-22),这种平衡方式便于调节平衡,并且可避免在游梁上造成过大的惯性力,适用于大型抽油机;

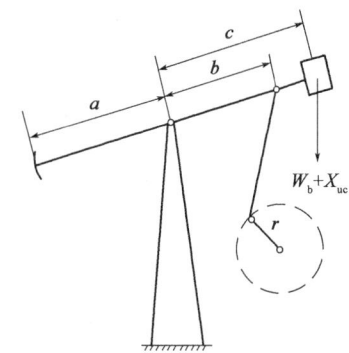

图4-21 游梁平衡
a—游梁前臂长度;b—游梁后臂长度;c—游梁轴中心到曲柄轴中心的距离;r—曲柄半径;W_b—需要装在游梁尾部的平衡块重量;X_{uc}—抽油机本身的不平衡值

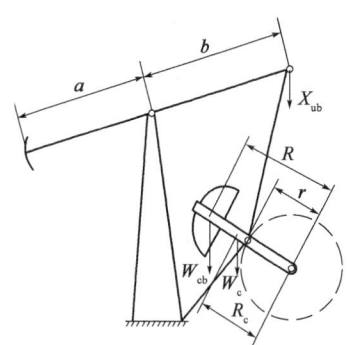

图4-22 曲柄平衡
R—曲柄平衡半径;R_c—曲柄重心半径;W_c—曲柄自重;W_{cb}—曲柄平衡块重;X_{ub}—抽油机本身的不平衡值

(3)复合平衡:在游梁尾部和曲柄上都加平衡重,是以上两种方式的组合,多用于中型抽油机。

综上所述,无论机械平衡还是气动平衡,其平衡的基本原理是相同的,即下冲程过程中以某种方式把抽油杆柱所放出的能量、电动机提供的能量储存起来,到上冲程时再释放出来帮助电动机做功。

3.抽油机平衡检验方法

有杆抽油过程中,由于地层情况、油井状况、油井工作制度的改变等都会破坏抽油机原来的平衡,工作时始终处于平衡状态的抽油机是没有的,因此,需要在油井生产过程中定期检查和及时调整抽油机的平衡。通常采用两种方法来检验抽油机的平衡:

(1)测量驴头上下冲程的时间。对常规型抽油机而言,抽油机在平衡条件下工作时,其上、下冲程所用的时间应该相同。如果上冲程快,下冲程慢,说明平衡过量,则应减小平衡重或减小平衡半径R;反之,则应增加平衡重或增大平衡半径R。

(2)测量上、下冲程中的电流。抽油机在平衡条件下工作时,上、下冲程的电流峰值应相等。如果上冲程电流峰值大于下冲程,说明平衡不够,应增加平衡重或增大平衡半径R;反之,则应减小平衡重或减小平衡半径R。

抽油机的平衡度ψ可用下、上冲程的峰值电流I_u、I_d表示为

$$\psi = \frac{I_u}{I_d} \times 100\% \qquad (4-70)$$

抽油机的百分之百平衡是不可能的。只要$80\% \leqslant \psi \leqslant 110\%$,即认为抽油机是平衡的,可

不再进行平衡调节。

(二)合理选择电动机功率

在抽油机、抽油杆、抽油泵这三大有杆抽油系统的主体装备中,抽油机投资最大、使用寿命最长。对于单井而言,悬点许用最大载荷和减速器额定最大扭矩是标志及选择抽油机性能的最重要指标,一旦抽油机型号选定,一般很少更换。但油井在长期生产中,由于地层能量等发生变化,使得抽油机悬点载荷、扭矩等要相应发生变化,在抽油机型号不变的条件下,容易造成"大马拉小车"现象,即出现电气设备(如电动机)的能力(容量、功率)大,而负载或实际功率小的情况。引起电动机轻载运行的原因主要有两个:一是由抽油机负载特性造成的,使抽油机电动机在一个冲程里相当一部分时间内处于轻载运行;二是设计时选型过大,使电动机处于轻载运行。

"大马拉小车"的结果是电动机电能利用率变差,系统效率降低。根据电动机的负载特性,譬如一台10kW的电动机带动一台2kW的负载时,其负载率为20%,在这一负载下,电动机效率只有50%,因此电源实际上要提供4kW的功率。假如更换为2.5kW的电动机,其负载率上升到80%,电机效率达到91%,电源只需要提供2.2kW的功率就足够了。由此可见,合理选配电动机对于提高系统效率有重要意义。虽然抽油机很少更换,但通过建立抽油机电动机调剂库,合理配置、更换电动机,能达到提高系统效率的目的;对于抽油机电机负载率低于35%的井,在不更换电动机(额定功率)的条件下,电源由△接改为Y接,将有明显的节电与提高地面效率、系统效率的效果。

1. 最大扭矩的预测

在抽油工艺设计和一般分析中大多采用简化公式计算最大扭矩 $M_{\max}$。

拉玛扎若夫(1957年)根据大量实测示功图资料回归分析得出以下预测常规型抽油机最大扭矩的经验公式(SI 单位制)

$$M_{\max} = 300S + 0.236S(W_{\max} - W_{\min}) \tag{4-71}$$

根据我国油井扭矩曲线的峰值资料也建立了类似的经验公式(SI 单位制)

$$M_{\max} = 1800S + 0.202S(W_{\max} - W_{\min}) \tag{4-72}$$

式(4-71)和式(4-72)中,均采用 N、m 单位。

和抽油机悬点最大最小载荷计算的经验公式相似,式(4-71)和式(4-72)的计算结果只是一个近似值,与实测结果尚有一定的差异,在实际应用时,同样需要将其预测结果与实测值进行对比,并对其进行必要的修正。

2. 电动机功率计算

在实际应用中,电动机的功率往往根据曲柄轴等值扭矩计算,即

$$P = \frac{2\pi M_e n}{60\eta_{zc}} \tag{4-73}$$

式中 P——电动机功率,W;

M_e——减速器曲柄轴等值扭矩,N·m;

n——冲次,$\min^{-1}$;

η_{zc}——传动效率(即减速器传动效率与皮带传动效率的乘积,可取油田的统计值)。

抽油机曲柄轴的等值扭矩与最大扭矩之间存在一定关系,可近似表示为

$$M_e \approx kM_{\max} \tag{4-74}$$

式中 k——比例系数。

将抽油机的运动视为简谐运动时 $k=0.7$；回归分析结果为 $k=0.54$；根据理论分析和实践资料的计算结果，并考虑到不平衡等因素，建议取 $k=0.6$。

应该指出，计算出电动机功率后，在具体选择电动机型号时，还应注意电动机的转数与皮带轮直径和冲次的配合，以及考虑电动机的超载能力和起动特性。

(三) 选用节能型技术装备

1. 节能型抽油机

常规型抽油机悬点上、下冲程运行时间基本相等，属对称循环机构抽油机；而异相型和前置型抽油机属非对称循环机构抽油机，通过对机构尺寸优化设计，使其动力性能明显优于常规型抽油机。使上冲程运行时间增长，下冲程运行时间缩短，使得上冲程加速度的峰值减小，而下冲程加速度峰值则相应增大，从而使瞬时功率及能耗均有所下降。

为了优化四连杆机构的运动特性，达到节能增产的目的，国内外研制了不少异型游梁式抽油机，例如我国首创的双驴头抽油机(图 4-23)。其游梁后臂为变径圆弧形，游梁与曲柄之间采用柔性连接，抽油机工作时，"特殊连杆"（柔性件）与游梁后臂有效长度均随曲柄转动而变化，减小了上冲程悬点速度和加速度，从而减小悬点动载荷，并改善了平衡效果。

近年来还出现了内插式下偏杠铃复合型抽油机、调径变矩抽油机、悬挂偏置式游梁抽油机、直线电动机抽油井等节能效果较好的新型抽油机。

2. 节能电动机

节能电动机又称高转差电动机。转差率 s 是用来表示电动机转子转速 n 与磁场转速 n_0 之间的相差程度的重要参数。普通电动机转差率为 2%～5%，较小的转差率变化会引起较大的电流和功率的变化。高转差电动机的转差率可达 14%～25%，其转速 n 随转矩 M 变化，因此它具有较软的机械特性(图 4-24)，可以随悬点载荷的变化，转速在较大范围内变化。与普通低转差电动机相比，高转差电动机驱动抽油机具有以下的机械效益和电效益：

(1) 减小光杆最大载荷，增大光杆最小载荷，减小抽油杆的应力幅，提高其使用寿命；
(2) 降低减速器曲柄轴扭矩峰值，基本消除负扭矩，有利于改善减速器的工作条件；
(3) 减小输电线路的热电流和电动机工作时电流的变化范围；
(4) 提高功率因数，降低电动机的耗电量。

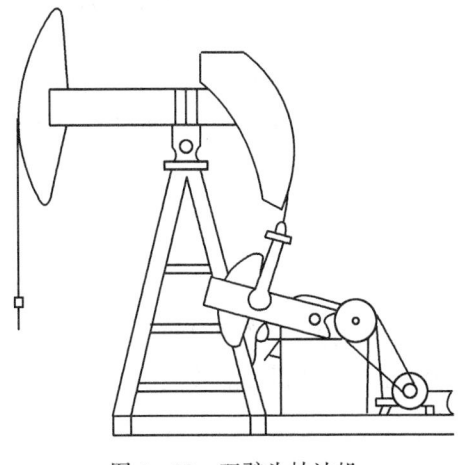

图 4-23 双驴头抽油机

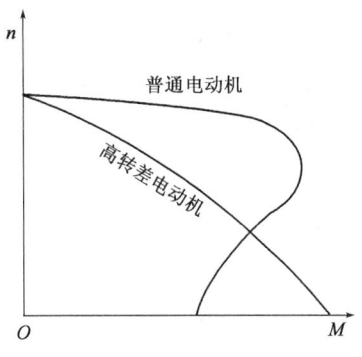

图 4-24 电动机机械特性

3. 天然气发动机

天然气发动机是以可燃气体(套管气、伴生气、液化气和沼气)为燃料的内燃机。由于大多数抽油井套管有一定的产气量,而这部分天然气的集输和利用有一定的困难,合理地利用套管气,对油田节约电力、降低成本具有重要的意义。

4. 采用滚轮接箍和扶正器

抽油机井井下功率损失是影响井下效率的主要因素。利用滚轮接箍和扶正器能减小杆柱的摩擦功率损失和杆柱的变形,对于斜井和定向井效果更佳。滚轮接箍是将普通的抽油杆接箍适当加以改制,在不同方位安装滚轮,这样把原来抽油杆同油管的滑动摩擦变为滚动摩擦。杆的扶正器是由尼龙或橡胶材料制成,安装于杆柱底部10%～25%部分,可减小杆柱的功率损失。

5. 玻璃钢抽油杆

玻璃钢抽油杆具有强度高、重量轻和弹性好等优点。使用玻璃钢抽油杆能减小井下功率损失,同时优化设计可增大柱塞的超行程。

(四)加强抽油机井的科学管理水平

1. 对机杆泵进行优化设计

机杆泵设计对抽油机井的系统效率有较大的影响。在油井产量要求一定的情况下,不同抽汲参数组合,其系统效率可能相差5%以上。抽汲参数不合理的井,特别是动液面较浅的井应确定合理的下泵深度,并对抽汲参数进行优选,并调参。

2. 应用系统效率控制图

对于一个区块或一个油田而言,应用系统效率控制图是提高有杆抽油系统管理水平的重要手段。控制图以系统效率为横坐标,以抽油泵吸入口压力为纵坐标。全图分为系统效率较高、抽汲参数配置合理的正常区,设备能力过小、或抽汲参数配置不合理、或油井供液能力过强、系统效率较高的调整区,设备选型过大、或抽汲参数匹配不好、或油井供液能力不足引起的系统效率较低的非正常区等。将全油田有杆抽油井标识在系统效率控制图中,对处于非正常区的油井,通过及时采取相应措施,提高其系统效率,从而有助于提高全油田有杆抽油系统的效率及管理水平。

此外,在抽油井的日常管理中,还应注意适当调节皮带及密封盒的松紧程度,防止非正常漏失,以及通过安装无功补偿装置提高电力变压器和电力线路运行的功率因数、有效降低电网的运行电流和网损率等。

(五)采用监测控制技术

1. 泵空控制技术

目前,对泵空监测主要通过测量悬点载荷及速度、电动机电流及产液量等。应用软件技术判定井下故障,如卡泵、气锁、液击及泵空等问题,并由此控制电动机的启停。

2. 变速控制技术

该装置由一载荷传感器组成,当悬点载荷超过某一预定值时,控制器控制电动机降低转速,反之当载荷低于某一预定值时,电动机增速,从而使抽油机载荷变化均匀,减少耗电。

抽油系统效率是一项综合性经济技术指标。要提高系统效率,一是尽量提高油井产液量和有效扬程;二是要设法降低消耗功率。由于抽油系统复杂,影响因素多(地层和工况的影响、管理水平、动液面、产液量计量误差和测试困难等),所以系统效率也是经常变化的动态参数,需要经常监测及时调整。

习　题

4-1　简述游梁式抽油机的基本类型、主要结构特点和型号表示方法。

4-2　简述抽油泵的基本结构组成、工作原理、类型特点。

4-3　某井泵径44mm,下泵深度1500m,光杆冲程3m,冲次6min^{-1},井液密度0.95t/m^3,动液面深度1200m,抽油杆柱为25mm×22mm(杆长比0.4×0.6),油管内径62mm、外径73mm、下端锚定。试计算悬点最大和最小载荷、柱塞冲程系数,并绘制静载荷作用下的理论示功图。

4-4　作用在悬点上的摩擦载荷有哪些?上下冲程又分别有哪些摩擦载荷?

4-5　试述影响泵效的主要因素及提高泵效的技术措施。

4-6　什么是抽油系统的系统效率?试述影响系统效率的主要因素及提高系统效率的技术措施。

第五章　无杆泵采油

无杆泵采油与有杆泵采油的主要区别在于动力传递方式不同。有杆泵采油是利用从地面下入井内的抽油杆作为传递地面动力的手段,带动井下抽油泵,将原油抽至地面;而无杆泵采油是用电缆或高压液体将地面能量传输到井下,带动井下机组把原油抽至地面。常用的无杆泵包括潜油电泵、螺杆泵、水力活塞泵和水力射流泵等。本章主要介绍这四种无杆泵采油装置、工艺原理和工艺设计。

第一节　潜油电泵采油

潜油电泵(electric submersible pump)全称电动潜油离心泵(动画5-1)。它是将电动机和泵一起下入油井内液面以下进行抽油的井下举升设备。潜油电泵是井下工作的多级离心泵,同油管一起下入井内,地面电源通过变压器、控制屏和潜油电缆将电能输送给井下潜油电动机,使电动机带动多级离心泵旋转,将电能转换为机械能,把井液举升到地面,目前广泛应用于非自喷高产井、高含水井和海上油田。

一、潜油电泵采油系统装置

潜油电泵采油系统的组成如图5-1所示。

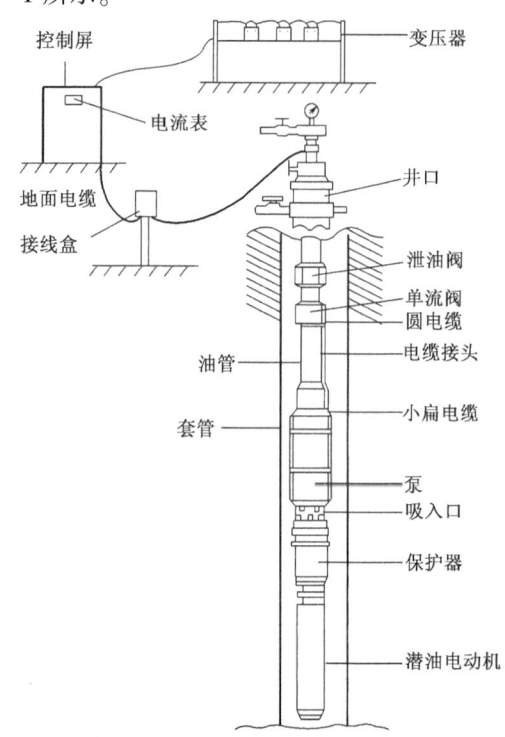

动画5-1　潜油电泵

图5-1　典型潜油电泵采油系统

(1)井下机组部分:潜油电动机、保护器、分离器和多级离心泵。
(2)电力传输部分:潜油电缆。
(3)地面控制部分:控制屏、变压器和接线盒。

除了上述基本部件外,潜油电泵还可选用一些附属部件,如单流阀、泄油阀、扶正器、井下压力测试传感器和变速驱动装置等。

(一)主要设备

1. 潜油电动机

潜油电动机(图5-2)用于驱动离心泵转动。井下电动机一般为两极三相鼠笼感应电动机,工作原理与地面电动机相同,在60Hz时的额定转速为3500r/min,目前电动机的功率范围在7.5~1000hp,根据实际需要电动机可以采用几级串联达到特定的功率。电动机内充满电动机油,用于润滑和导热,运行电动机产生的热量由电动机油通过电动机外壳传给井液,井液将热量带走冷却电动机,因此电动机必须安装在井液流过的地方。为了适应油井条件,潜油电动机具有以下特点:(1)外廓尺寸细长;(2)转子和定子分节;(3)保证潜油电动机的严格密封;(4)润滑油循环系统比较特殊。

2. 多级离心泵

多级离心泵(图5-3)是举升井液的关键部件,由许多单级离心泵串联组成,其工作原理与地面离心泵相同,即叶轮旋转后离心力的作用使叶轮流道中的液体增压和加速,从叶轮流道出口排出,叶轮旋转机械能转变为流体的压能和动能;流体进入导轮,将一部分动能转变成静压。流体进入下一级叶轮,重复这一过程直到最后一级叶轮。和普通的地面离心泵相比较,多级离心泵在结构上具有以下特点:

(1)直径小(小于160mm),级数多,长度大(泵的单级扬程一般为6~7m);
(2)轴向卸载,径向扶正;
(3)泵吸入口装有特殊装置,如油气分离器、油砂分离器;
(4)泵出口上部装有单流阀和泄油阀。

3. 保护器

保护器(图5-4)是利用井液与电动机油密度间的差异,以防止井液进入电动机造成短路而烧毁电动机的装置。它主要是通过隔离腔连接井液与电动机油来完成这一功能。保护器有四种基本功能:

(1)保护器通过连接外壳和传动轴,把泵和电动机连接起来;
(2)保护器装有止推轴承,以吸收泵轴的轴向推力;
(3)隔离井液与电动机油,同时使井筒与电动机的压力保持平衡;
(4)允许电动机运行时温度升高所造成的电动机油热膨胀以及停机后电动机油的收缩。

目前国内外在电潜泵机组中,所使用的保护器种类很多,但普遍使用的保护器有沉降式和胶囊式,主要区别在于隔离电动机和井液的方式不同,沉降式保护器利用电动机油和井液的密度不同进行隔离,胶囊式保护器则通过胶囊腔的膨胀和收缩将电动机油和井液隔离。当潜油电泵用于水平井时,沉降式保护器就有应用限制。

4. 气液分离器

气液分离器的作用是作为井液进入泵的吸入口,把游离气从井液中分离出来,减少气体对泵特性的影响。当泵吸入口气液比超过10%时,泵的特性变差,甚至可能发生气锁,因此采用气液分离器使进泵的气量控制在泵能承受的范围之内。

分离器主要有沉降式和旋转式。沉降式分离器只能处理泵吸入口气液比在10%以下的井液,而且分离效率最高只能达到37%。旋转式分离器(图5-5)能处理泵吸入口气液比在30%以内的井液,分离效率高达90%以上。

  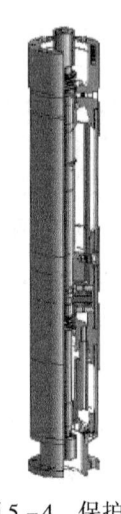 

图5-2 潜油电动机　　图5-3 多级离心泵　　图5-4 保护器　　图5-5 旋转式分离器

对于气体含量很高的井,还必须选用高级气体处理装置。该装置根据压降越低流体混合越均匀的原理工作。气液混合物在进泵前均匀混合使其在泵中几乎像单相流一样,防止气锁,大大提高了泵的气体处理能力。

5. 潜油电缆

潜油电缆(图5-6)作为从地面向井下机组传输电力的介质,从外形上看,可分为圆电缆和扁电缆两种,主要由导体(三芯独根铜线或二芯多股铜绞线)、绝缘层、护套层,并用钢带铠装。

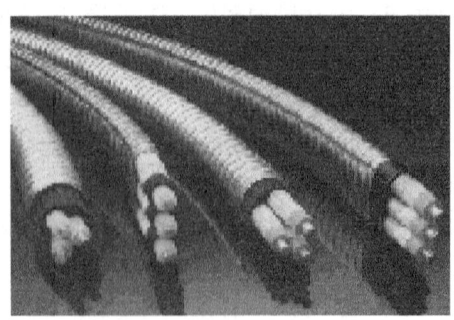

图5-6 潜油电缆

根据下泵深度,电缆的长度可由几百米到几千米。电缆的工作介质是油气水三相混合物,这就要求电缆的护套绝缘材料具有较好的耐油性和较高的气密性。电缆长期工作在温度为50~120℃、压力为7~20MPa的井液中,在冬季野外施工,气温最低达-30℃,并需要经过多次盘绕收放,这就要求电缆的结构紧凑,护套层有足够的横向密封性,在高温、高压下不易变形,在低温下不易破裂,材质应满足井下温度相应的热老化性能要求,保持柔软性和可弯曲性。电缆应有良好的绝缘性能,并能够可靠地传递电动机所需要的电能。

6. 控制屏

控制屏主要用于控制井下电动机的运行,它由电动机启动器、过载和欠载保护、手动开关、时间继电器、电流表组成。

变频控制屏可以改变传给井下电动机的频率。变频控制屏通过变速驱动装置进行工作,变速驱动装置是一个可编程的集成控制系统。变频控制屏的频率可以在 30~90Hz 任意变化,改变电动机转速,灵活调节泵的排量。变频控制屏不会把电源瞬变传到井下,而且具有软启动功能,减少机组的损坏。

(二) 潜油电泵采油系统的安装方式

潜油电泵的主要安装方式有标准安装方式、底部吸入口安装方式和底部排出口安装方式。潜油电泵的安装方式不同,系统的组成和用途也不完全一样。

标准安装方式,从下往上依次是电动机、保护器、气液分离器、多级离心泵及其他附属部件,主要用于油井采油。电动机应在射孔段以上,使井液从电动机旁流过,冷却电动机。如果电动机在射孔段以下,应采用电动机罩引导流体从电动机旁流过,电动机罩还起气液分离器的作用。

底部吸入口安装方式用于油管摩阻损失大或泵径大的井。这种系统是从一根插到井底的尾管吸入流体进泵,通过带封隔器的油套环空排出流体,因此提高了排量和效率。这种安装方式与标准安装方式不同,泵和电动机的位置刚好是颠倒的,从上到下依次是电动机、保护器、排出口、泵、吸入口。

底部排出口安装方式用于将上部层位的地层水转注到下部层位,适用于油田注水开发或气井排水采气。这种系统是从油套环空吸入流体进泵,通过尾管排出到下部层位。这种安装方式与标准安装方式也不同,泵和电动机的位置也是颠倒的,从上到下依次是电动机、保护器、吸入口、泵、排出口。

潜油电泵也可用于增压泵系统和采 注系统,系统的安装方式与标准安装方式相同。

二、潜油电泵的工作特性曲线

潜油电泵的工作特性曲线是指排量、压头、功率、效率与转速之间的关系曲线,是潜油电泵设计的重要依据。

(一) 基本概念

泵的排量是指泵在单位时间内输送的流体体积。

泵的压头是指单位重量流体通过泵增加的能量,也称为有效压头或扬程。

泵的功率是指电动机传给叶轮的功率,也称为泵的轴功率。

泵的效率是指泵的有效功率与泵轴功率之比。

泵的转速是指泵轴单位时间内的转数。

泵的有效功率是指泵内流体获得的功率。

(二) 特性曲线

一般的特性曲线是在固定的转速(电动机频率 60Hz,转速 3500r/min)下,在相对密度为 1、黏度为1mPa·s的清水中测试的泵工作特性,也称为泵的标准特性曲线,如图5-7所示。它代表单级泵的工作特性。

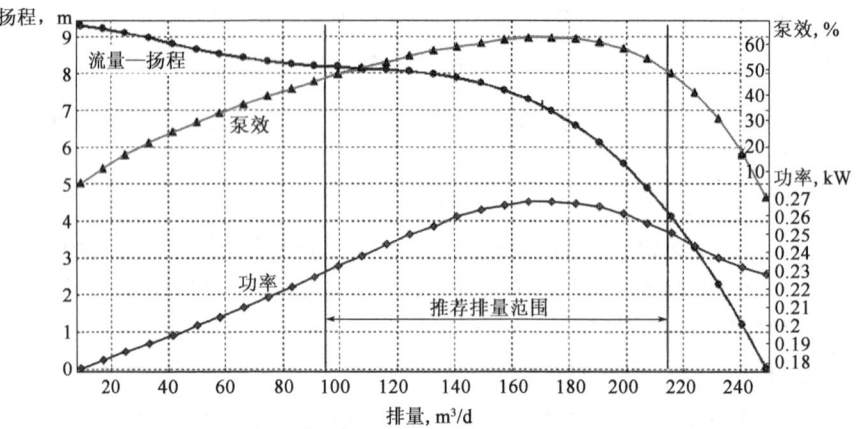

图5-7 DF1100潜油电泵(电动机频率:60Hz,级数:1级)特性曲线

由图5-7可知,泵的特性曲线存在效率最高的点,此点称为泵的额定工作点,潜油电泵铭牌上标出的性能参数就是额定工作点对应的参数。在额定工作点附近有最佳排量范围,在此范围内效率随排量的变化不大。在正常工作条件下,潜油电泵应在接近额定工作点工作,至少不应超出最佳排量范围。当泵的排量为零时,泵轴功率比额定功率小得多,因此在启动泵时最好缓慢增加排量,这种启泵方法称为软启动。

(三) 影响泵特性的因素

泵的转速、井液相对密度和黏度不同,泵的特性也不相同;井液存在气体时使泵的特性变差。因此,必须预测泵在这些条件下的工作特性。

1. 泵的转速、井液相对密度和黏度

泵的转速对排量、压头和功率都会产生影响,井液相对密度仅影响泵的功率,但不影响泵的效率。这些因素对泵特性的影响可根据仿射定律进行计算。

泵在油井中实际工作时,处于油气水三相环境,因此必须根据纯水特性曲线进行校核,以得到实际特性曲线。一般是根据油气水三相的混合液黏度进行校正。黏度对泵特性影响的理论研究还未完善。当井液与水的黏度差别很大时,可以采用实验系数进行校正。

2. 气体

气体对泵特性的影响主要有以下三个方面:第一,气体进泵会占据一定的泵容,必然使液体进泵量减少;第二,泵内流体密度与单相液体不同,对泵的功率会产生影响;第三,气体对泵内各种能量损失也要产生影响,使泵的特性偏离单相液体的特性。

地面低压实验数据表明,当泵吸入口气液比小于7%时,泵的压头—排量曲线与单相液体接近,当泵吸入口气液比大于7%时,泵的特性偏离单相液体的特性。目前普遍把泵吸入口气液比为10%作为界线。当在吸入条件下气液比小于10%时,可以直接采用泵的标准特性曲线,否则应该安装井下气液分离器和提高吸入压力等方法使进泵的游离气减小,也可以采用两相泵的特性进行设计。

3. 气蚀

潜油电泵的气蚀是泵内任何一点流体压力低于工作温度下流体饱和蒸气压时,产生小气泡,气泡流入高压区会冷凝和破碎,这时产生的压力很大,使泵易受到冲击和腐蚀,这种现象和水击相似,称作气蚀。气蚀使泵的工作特性变差,排量和效率下降。

三、潜油电泵采油系统设计

潜油电泵井的工作好坏,与潜油电泵井的设计与施工有密切关系。合理选井与设计,可以延长电泵机组的寿命,获得良好的经济效益。

(一)确定潜油电泵参数

设计的潜油电泵系统应满足:(1)必须使泵在最高效率点附近工作,至少不应超出最佳排量范围;(2)泵的额定排量必须和井的产能协调,额定压头必须等于井的总动压头;(3)电动机功率必须满足泵举升流体所需的功率。

潜油电泵井生产系统压力剖面如图5-8所示。

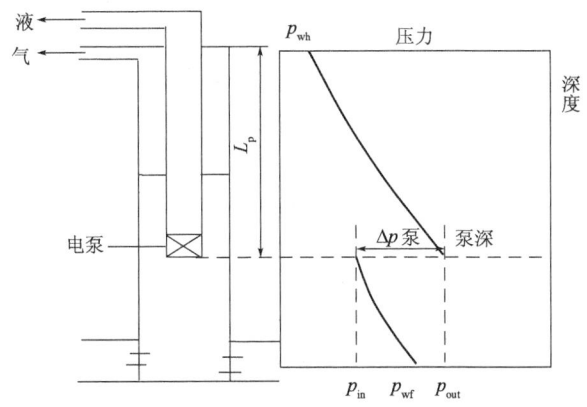

图5-8 潜油电泵生产系统压力剖面

一般以潜油电泵为函数节点,其流入子系统压降包括油层生产压差和油层至泵入口压降两部分;流出子系统压降为从井口至泵排出口的压差。流入和流出子系统压差为泵所提供的压头,有

$$\begin{cases} p_{in} = \bar{p}_r - \Delta p_{res} - \Delta p_{泵下套管} \\ p_{out} = p_{wh} + \Delta p_{泵上油管} \\ S_t = \dfrac{1}{q_{sc}\rho_{fsc}g}\int_{p_{in}}^{p_{out}} \dfrac{V}{h(V)}dp \\ HP = \int_{p_{in}}^{p_{out}} \dfrac{h_p(V)}{gh(V)}dp \end{cases} \quad (5-1)$$

式中 p_{in}——泵吸入口(上游)压力,MPa;

p_{out}——泵排出口(下游)压力,MPa;

$\bar{p}_r$——平均地层压力,MPa;

p_{wh}——井口回压,MPa;

Δp_{res}——油层生产压差,MPa;

$\Delta p_{泵下套管}$——井底至泵吸入口之间的压降,MPa;

$\Delta p_{泵上油管}$——井口至泵吸入口之间的压降,MPa;

S_t——泵级数,级;

q_{sc}——标准状况下的油气井产量,m^3/d;

ρ_{fsc}——在标准条件下 $1m^3$ 液体加上相应的泵送气体的总质量,kg/m^3;

V——泵排量,m^3/d;

$h(V)$——每级扬程,m/级;

HP——泵功率,kW;

$h_p(V)$——每级功率,kW/级。

(二)确定其他设备参数

(1)电动机。电动机应根据套管内径、功率、电压和井温进行选择。根据套管内径选择最大外径的电动机,其寿命长,可靠性强,成本低。电动机电压应根据功率、电缆和控制屏进行最佳选择。对于特定的功率,如果选择的电动机电压小,那么小直径电缆的电压降会很大,大直径电缆的成本高或受套管尺寸限制;如果选择高电压的电动机,可以采用一根小直径便宜的电缆,但需要一台较贵的高电压控制屏,在深井选择高电压电动机可以降低成本。井温对电动机选择的影响很大,井温高电动机寿命短,成本也高。

(2)保护器。保护器应根据电动机和泵的规格、电动机功率和井温进行选择。保护器一般与电动机和泵属同一系列。电动机功率大和井温高,需要的容量也大。

(3)电缆。电缆必须根据套管内径、电压降、电流、井温和腐蚀条件进行选择。套管内径限制电缆的规格,电缆的电压降一般应小于30V/304.8m,电流不能超过电缆的最大载流能力。根据电流和井温从电缆电压降图可以确定出电缆型号和电压降,根据井液腐蚀条件确定是否选择铠装和铅护套电缆。

(4)控制屏。控制屏应根据地面电压和电动机电流进行选择。为了适应将来采用较大排量的泵,选择容量较大的控制屏较好。控制屏的地面电压等于电动机电压、电缆电压降和其他部件的电压降之和。

(5)变压器。变压器应根据变压器的容量、地面所需电压和电流进行选择。地面所需电压等于电动机电压、电缆电压降、变压器电压降和其他部件电压降之和,变压器的电压降一般取控制屏地面电压的2.5%。

第二节　螺杆泵采油

螺杆泵(progressing cavity pump,PCP)是以液体产生的旋转位移为泵送基础的一种机械采油装置,融合了柱塞泵和离心泵的优点,无阀、运动件少、流道简单、过流面积大、油流扰动小,较其他采油方式在抽汲高黏度、高含砂和含气量较大的原油时具有良好的适应性,目前广泛应用于国内主要油气田。常用的井下螺杆泵、双螺杆泵原理分别如动画5-2、动画5-3所示。

动画5-2　井下螺杆泵

动画5-3　双螺杆泵

一、螺杆泵采油系统

螺杆泵采油系统按驱动方式可划分为地面驱动和井下驱动两大类。地面驱动螺杆泵发展较早,也较成熟,是目前油田采用的主要方式。井下驱动螺杆泵避免了地面驱动时扭矩的损失,设备较少,具有较高的采油效率,但应用较少。

(一)地面驱动螺杆泵系统

典型的地面驱动螺杆泵系统如图5-9所示,它是利用抽油杆传递地面电机的扭矩,带动井下螺杆泵转动来举升原油。就其驱动方式而言,它是一种旋转运动的有杆泵。

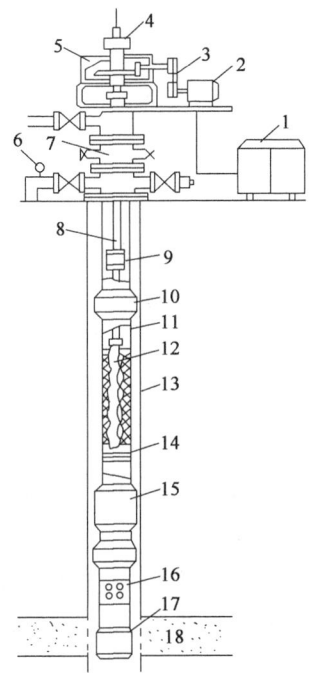

图5-9 地面驱动螺杆泵系统
1—电控箱;2—电动机;3—皮带;4—方卡子;5—减速箱;6—压力表;7—专用井口;8—抽油杆;9—抽油杆扶正器;
10—油管扶正器;11—油管;12—螺杆泵;13—套管;14—定位销;15—油管防脱器;16—筛管;17—丝堵;18—油层

1. 电控箱

电控箱由控制系统、监测和保护系统组成。电控箱完成螺杆泵整机的控制,起监控和保护作用。电控箱配套有保护器,实现电动机的过载、短路、断相、堵转及三相电流严重不平衡的自动保护。

(1)控制系统。合上空气开关后,按下启动按钮,交流接触器得电吸合,接通主电路,使电动机运行,螺杆泵便可正常运转。当准备停止工作时,只需按下常闭按钮,交流接触器失电断开主电路,电动机停止运转,螺杆泵便停止工作。

(2)监测和保护系统。电控箱配有电流表,可监测电动机工作时的电流。当电动机启动时或不需要测量电流时,电流表按钮短路,起保护电流表的作用,按下即可读表,得到电流数。

2. 地面驱动装置

地面驱动装置是油管头下法兰以上与地面出油管线相连接部分设备的总称,为井下螺杆泵提供动力和适宜的转速,承受杆柱的轴向载荷,为油井产出液进入地面输油管线提供通道,并密封产出液,防止其渗漏到井场。

根据原动机不同可分为电动机机械驱动、内燃机驱动和气动驱动三种方式;按装置调速方式不同可分为无级调速驱动装置和有级调速驱动装置。目前国内油田主要应用的是电动机机械驱动、有级调速、井口法兰连接的地面驱动装置。

3. 螺杆泵井口

根据光杆规格,目前螺杆泵井口主要有 $\phi 25mm$、$\phi 28mm$、$\phi 36mm$ 和 $\phi 38mm$ 四种型号,简化了采油树,减小了地面驱动装置的振动,便于使用、维修、保养。

4. 抽油杆柱

抽油杆柱是地面驱动螺杆泵系统的主要组成部分,是动力传递的重要环节。与有杆泵井用抽油杆柱相比,螺杆泵用抽油杆不仅承受杆柱自身重量和举升液体的载荷,而且要传递扭矩,这就要求螺杆泵用抽油杆柱具备同等级普通抽油杆相同的机械性能,还具有承受扭矩、防反转卸扣的机械性能。

5. 辅助器具

(1)油管锚。由于螺杆泵的工作负载表现为扭矩,转子扭矩通过定子作用在油管上,使用油管锚可以防止油管转动,减轻油管磨损。

(2)抽油杆扶正器。由于螺杆泵转子具有偏心,所以高速转动的抽油杆柱会造成井口振动和杆柱与管柱摩擦,在抽油杆上安装扶正器是解决该问题的主要手段。

(3)油管扶正器。由于螺杆泵转子离心力的作用,定子受到周期性冲击产生振动,为减小或消除定子的振动需要在定子附近安装油管扶正器。安装时直接套在油管上,一般在定子上提拉短节处安装较为适宜,而对于采用反扣油管的管柱,则需在定子上、下接头处分别安装扶正器。

(二)井下驱动螺杆泵系统

典型的井下驱动螺杆泵系统如图 5-10 所示。其驱动方式一般为电动或液压马达,为另一种形式的潜油电泵。其井下部分由电动机、保护器和螺杆泵组成,地面电能通过电缆传递给井下电动机,带动螺杆泵旋转,将井液排到地面。

潜油电动螺杆泵井下机组主要由四极潜油电动机、电动机保护器、行星齿轮减速器、减速器保护器、螺杆泵组成,如图 5-11 所示。其工作原理是通过动力及引接电缆将电能传送至井下潜油电动机,潜油电动机通过齿轮减速器和双万向节驱动螺杆泵在低速下转动,井液经过泵增压后,通过油管举升到地面。目前潜油电动螺杆泵有单螺杆、双螺杆和三螺杆等 3 种形式,其采油系统为上下两个左右旋转的转子并联。

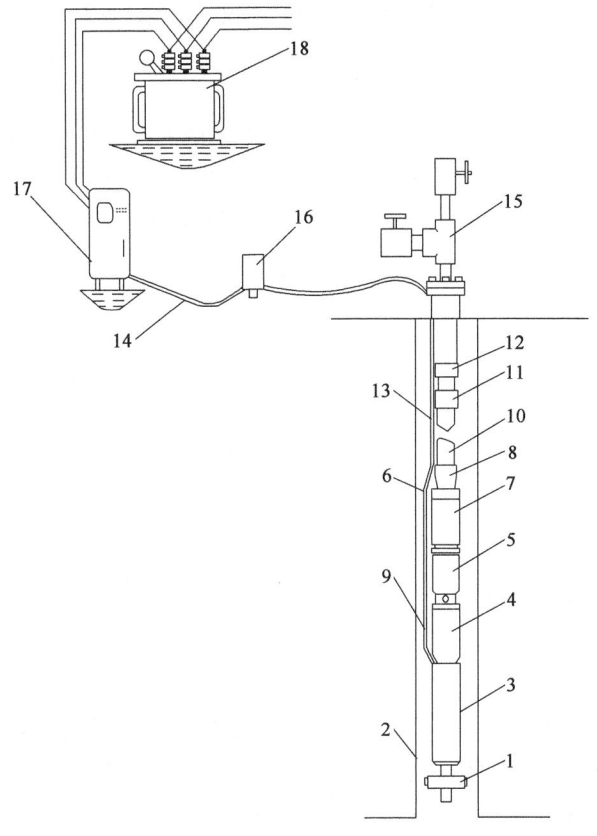

图 5-10 井下驱动螺杆泵系统

1—扶正器；2—套管；3—潜油电动机；4—保护器；5—潜油减速器；6—电缆护罩；7—螺杆泵；8—螺杆泵排出头；
9—引接电缆；10—油管；11—单向阀；12—泄油阀；13—动力电缆；14—地面电缆；15—井口装置；
16—接线盒；17—控制柜；18—变压器

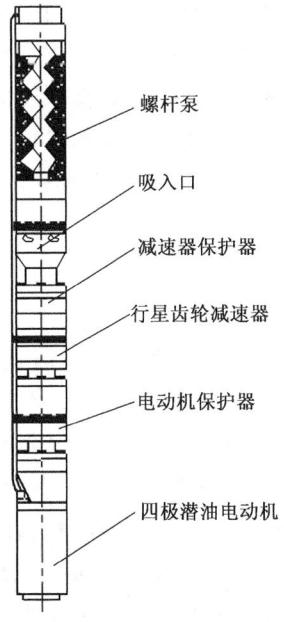

图 5-11 潜油电动螺杆泵井下机组

二、螺杆泵结构、工作原理、工作特性曲线及其影响因素

(一) 结构

螺杆泵由一个能转动的单螺杆(转子)和一个固定的衬套(定子)组成,如图 5-12 所示。螺杆采用单线螺杆,其任意位置处的横截面积都是相同的圆面积。螺杆横截面的中心位置与它轴线的距离称为螺杆的偏心距。螺杆的螺线有左旋和右旋两种,对于不同的螺旋方向,电动机转动方向应不同。

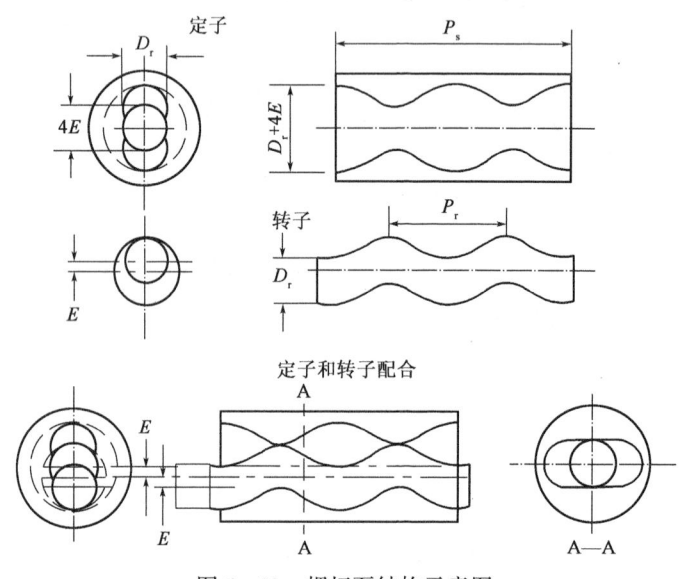

图 5-12 螺杆泵结构示意图
D_r—螺杆直径;E—螺杆偏心距;P_s—衬套导程;P_r—转子导程

衬套采用弹性橡胶制成,其内表面是双线螺旋面。衬套螺旋面的导程是螺杆螺距的两倍。衬套任意位置的横截面由两个半圆和一个矩形组成,两个半圆面积等于螺杆横截面积,矩形的长度是螺杆偏心距的四倍,宽度等于螺杆直径。衬套管内螺旋面是这个面积绕轴线转动和沿轴线平移的结果,衬套内螺旋面的螺旋方向要与螺杆螺旋面相同。

螺杆在衬套中的运动有两种:一种是螺杆本身的自转;另一种是螺杆沿衬套内表面滚动使螺杆轴线绕衬套轴线旋转。因此螺杆与中间传动轴必须采用万向轴或偏心联轴节连接。

(二) 工作原理

当转子在定子衬套中位置不同时,它们的接触点是不同的。液体完全被封闭,液体封闭的两端的线即为密封线,密封线随着转子的旋转而移动,液体即由吸入侧被送往压出侧。转子螺旋的峰部越多,也就是液力封闭数越多,泵的排出压力就越高。转子截面位于衬套长圆形断面两端时,转子与定子的接触为半圆弧线,而在其他位置时,仅有两点接触。由于转子和定子是连续啮合的,这些接触点就构成了空间密封线,在定子衬套的一个导程内形成一个封闭腔室;这样,沿着螺杆泵的全长,在定子衬套内螺旋面和转子表面形成一系列的封闭腔室。当转子转动时,转子—定子副中靠近吸入端的第一个腔室的容积,在它与吸入端的压力差作用下,举升介质便进入第一个腔室。随着转子的转动,这个封闭腔室开始封闭,并沿轴向向排出端移动,在排出端消失,同时在吸入端形成新的封闭腔室。由于封闭腔室的不断形成、运动和消失,使

举升介质通过一个又一个封闭腔室,从吸入端挤到排出端,压力不断升高,排量保持不变。

螺杆泵就是在转子和定子组成的一个个密闭的独立腔室的基础上工作的。转子运动时(自转和公转),密闭空腔在轴向沿螺旋线运动,按照旋向,向前或向后输送液体。螺杆泵是一种容积泵,所以它具有自吸能力,甚至在气液混输时也能保持自吸能力。

(三)工作特性曲线及其影响因素

螺杆泵的工作特性曲线是螺杆泵设计、制造、工艺参数优化的重要依据。

1. 特性曲线

螺杆泵的型号不同,其特性曲线不一样。一般用清水测试获得,包括容积效率 η_v、扭矩 M、系统效率 η 与扬程 Δp 的特性曲线,如图 5-13 所示。由图可知,泵的容积效率随压力升高而降低。因为在压力较低时,橡胶密封性能较好,液体漏失很小,转子和定子橡胶几乎直接接触摩擦,摩擦损失也较大,机械效率低;当压力升高到有一些液体漏失时,容积效率缓慢降低,干摩擦变为有润滑的摩擦,机械效率升高;当压力继续升高,有大量液体漏失时,容积效率开始大幅度下降,定子、转子间的摩擦变为液体之间的摩擦,摩擦损失很小,机械效率较高。螺杆泵总效率的高效区较宽,它的最高点大约在容积效率曲线的拐弯处附近。在这一区域,泵开始被击穿,容积效率开始急剧下降,但还不是大量下降,机械效率已接近最大值,总效率最高。这一区域为泵的最佳工作区域,泵在这一区域效率最高,而且寿命长。

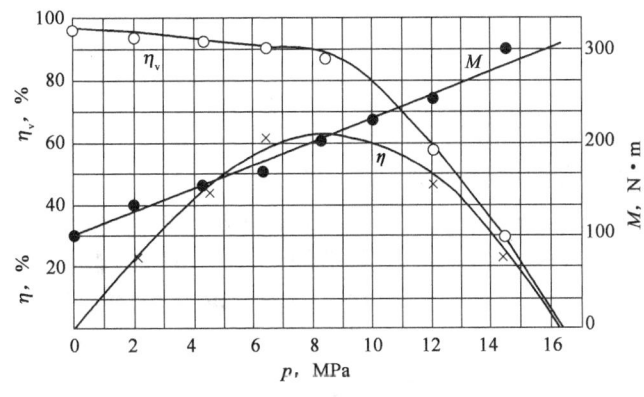

图 5-13 螺杆泵特性曲线

2. 影响因素

(1) 过盈量。不同过盈量下的容积效率差别很大,因而过盈量将严重影响泵的系统效率。一方面,过盈量大可获得较高的泵效,但是抽油杆的扭矩增加,容易出现油管、抽油杆的断脱现象,并且定子橡胶磨损加剧,影响泵的寿命;另一方面,过盈量小虽然不易出现上述问题,但泵的容积效率过低,将降低泵的系统效率。因此要对过盈量进行合理的选择。

(2) 转子转速。转子转速决定了螺杆泵的排量,在油井产能允许的条件下,转子的转速越高,排量就越大。但转速越高,抽油杆的离心力就越大,抽油杆的弯曲和振动就越严重,抽油杆接箍与油管内壁的摩擦力随之增大,同时举升高度也将因沿程损失的增加和定子磨损的加速而下降。因此,转子的转速不宜过高,一般应小于 500r/min。

(3) 介质黏度。螺杆泵常用于举升稠油,其举升过程中的工作特性曲线将偏离采用清水实测的特性曲线。黏度增加使漏失量减少,有利于提高泵的容积效率和系统效率;但黏度增加将使流动阻力增大,降低泵的充满程度和举升高度,泵的容积效率和系统效率也随之降低。同时,泵的摩擦增大将增加阻力扭矩。因此,在实际应用中,应充分考虑原油黏度的影响。

三、螺杆泵采油系统设计

螺杆泵采油系统的关键设备是螺杆泵,其选择基本要求是满足油井产量、举升压力的需要。

(一)排量

一个密封腔的横截面积在各个位置都相同,密封腔的横截面积等于衬套横截面积减去螺杆横截面积。螺杆每旋转一周,流体运动一个导程。因此螺杆泵理论排量为

$$q = AV = 5760ED_rP_sN \tag{5-2}$$

式中 q——螺杆泵理论排量,m^3/d;
A——密封腔横截面积,m^2;
V——流体速度,m/s;
E——螺杆偏心距,m;
D_r——螺杆直径,m;
P_s——衬套导程,m;
N——电动机转速,r/min。

螺杆泵实际排量为

$$q' = q\eta_v \tag{5-3}$$

式中 q'——螺杆泵实际排量,m^3/d;
η_v——螺杆泵的容积效率(一般取 0.7 左右)。

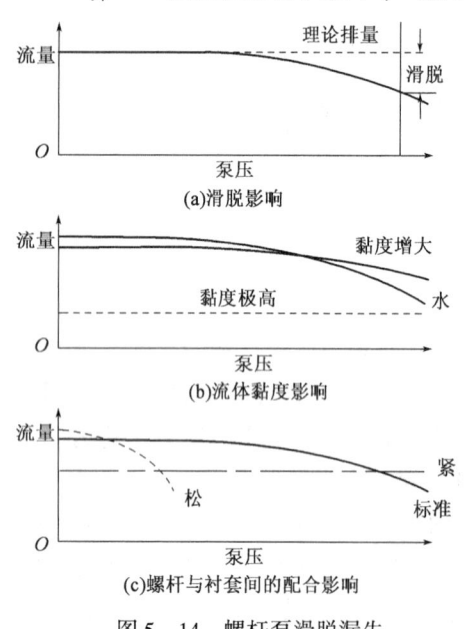

图 5-14 螺杆泵滑脱漏失

螺杆泵的实际排量小于理论排量,对于相同级数的泵,压头增加,排量下降,这种现象称为滑脱。因滑脱漏失的流量与压力、泵级数、密封线数、流体黏度、螺杆和衬套间的配合方式有关,如图 5-14 所示。

(二)压头和级数

泵的压头与泵的级数、密封线数有关。对于每个密封腔,螺杆泵和衬套间的接触线称为密封线。正常情况下,一级泵的长度是衬套导程的 1.1~1.5 倍。泵级数和密封线数增加,泵的压头会增大。一般采油用螺杆泵单级举升扬程不超过 70m,即单级最大工作压差不超过 0.69MPa,目前螺杆泵单级工作压差设计为 0.5MPa 左右。泵的级数由实际需要的举升压头和单级泵的举升压头决定。

单级工作压差主要靠定子和转子间的过盈配合来实现,如图 5-15 所示,而且也与其结构参数、工作参数和定子橡胶的机械物性等有关。

螺杆泵在井下工作时定子和转子的总过盈为

$$\delta = \delta_1 + \delta_2 + \delta_3 \quad (5-4)$$

式中 δ——螺杆泵在井下工作时的总过盈,mm;

δ_1——给定的初始过盈(由泵的外特性确定),mm;

δ_2——热膨胀产生的过盈(试验确定),mm;

δ_3——原油溶胀造成的过盈(试验确定),mm。

定子、转子初始扭矩小于规定值,其中小排量螺杆泵为 60N·m;中排量螺杆泵为 100N·m。额定工作压力下泵平均容积效率不得低于 0.5,最高效率点不得低于 0.7。

图 5-15 定子和转子间的过盈配合
1—定子钢套;2—定子橡胶;3—转子;
a—转子外径;b—定子内径;δ—过盈量

(三)螺杆泵采油系统工艺设计

螺杆泵采油系统由油层、井筒和抽油设备三部分组成。油层的工作特性由综合 IPR 曲线来描述;井筒中流体的流动遵从多相管流规律;抽油设备(主要包括地面驱动装置、抽油杆柱、井下螺杆泵)用来向井筒中流体提供能量,其自身组成一个复杂的机械系统。通过正确选择泵型和设计抽油参数(如泵深、转速和抽油杆柱组合等)来控制和调节油井的生产,使抽油设备与油层和井筒的举升能力相协调,在高效、安全的基础上获得较高的产油量和经济效益。

设计的螺杆泵采油系统应满足:(1)使泵在最高效率点附近工作,至少不应超出最佳工作区范围(最佳工作区指螺杆泵特性曲线中系统效率较高的区域,大致在容积效率曲线的拐点处附近,在这一区域螺杆泵总效率最高且寿命长);(2)泵的额定排量必须和井的产能协调,额定压头必须等于井的总动压头;(3)电动机功率必须满足泵举升流体所需的功率。

螺杆泵采油系统工艺设计时,首先应根据油井的产能确定油井的产量,由此确定所用螺杆泵的排量;其次根据泵的工作特性曲线确定在保障该产量下泵的举升高度,并根据油井条件确定所需泵的级数,同时还要根据需要以及油井实际条件确定合理的过盈量;最后,根据负载大小选择抽油杆的材料与规格、电动机以及其他附属部件。

第三节　水力活塞泵采油

水力活塞泵(hydraulic pump)(动画 5-4)是一种液压传动的无杆抽油设备,由地面动力泵将动力液地面增压后,经油管或专用动力液管传至井下,通过滑阀控制机构不断改变供给液马达的液体流向来驱动液马达做往复运动,从而带动抽油泵进行抽油。水力活塞泵对高气油比、出砂、高凝油、含蜡、稠油、深井、斜井及水平井具有较强的适应性。

典型水力活塞泵采油系统如图 5-16 所示。

一、动力液系统

动力液的质量,尤其是其固体杂质含量,是影响水力活塞泵使用寿命的重要因素。

(一)分类

动力液系统有多种类型,不同系统的地面流程和设备其处理能力不同,选择时要考虑现有设备、场地和投资等因素。一般按如下方式分类:

动画 5-4　水力活塞泵

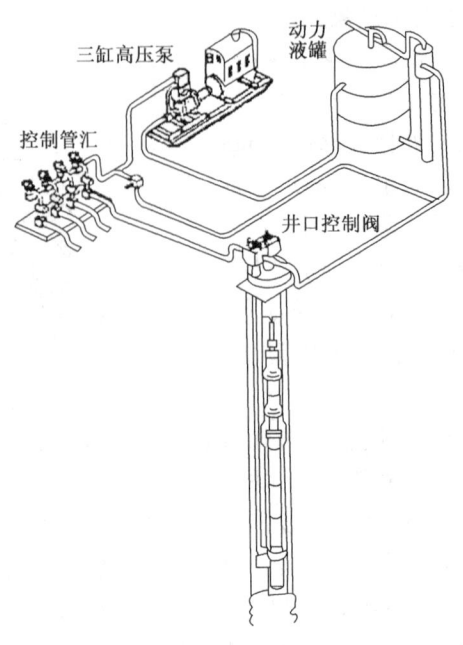

图 5-16 典型水力活塞泵采油系统

(1)按系统井数分单井流程系统、多井集中泵站系统、大型集中泵站系统。

(2)按动力液循环分闭式循环和开式循环系统。开式循环或闭式循环是指在整个采油系统中乏动力液是否有自己的独立通道。动力液经地面泵加压使井下泵工作后不与产出液混合,而从特设的乏动力液独立通道排出,再通过地面泵反复循环使用的,称为闭式循环;反之,如果没有特设的乏动力液独立通道,乏动力液必须和产出液混合,流往地面集油站,称为开式循环。开式循环系统设备简单,操作容易,但动力液处理费用较高;而闭式循环系统设备复杂,操作麻烦,但动力液处理费用低。

(3)按动力液流动方向分正循环和反循环系统。正循环系统是将动力液从装泵的油管注入;反循环系统是动力液从未装泵的流动通道注入,动力液和地层流体从装泵的油管返出地面,主要用于保护套管和降低摩阻。

(4)按动力液性质分原油动力液、水基动力液。原油动力液或水基动力液是指在整个系统中所使用的是以原油还是以添加各种防腐剂和润滑剂的水为动力液。用高质量的原油做动力液可使整个系统有较好的工作性能。在特殊条件下或没有高质量原油的情况下,也可以采用水基动力液。

目前油田优先选用原油做动力液的开式循环多井集中泵站系统。当原油黏度较高或油井含水较高时,可选用水做动力液的闭式循环多井集中泵站系统。

(二)动力液

一般采用油或水作动力液,动力液的质量对水力泵系统的使用寿命和维修成本影响很大。用相对密度为 0.825~0.876 的原油做动力液,要求杂质含量在 10~15mg/L 以下,油的润滑性较好,需要的化学剂较少,成本低,油的压力脉冲比水小,地面柱塞油泵的维护较少。用水做动力液,要求杂质粒径小于 $15\mu m$,含盐的质量分数小于 1.2%,水对环境污染小,安全性好,但水在井底条件不具备润滑性,易产生腐蚀,水的黏度低使井下泵更易漏失,另外水还需脱氧处理。因此动力液的选择应综合考虑可利用的流体介质、成本等。

二、水力活塞泵结构、工作原理及安装方式

(一) 结构

井下水力活塞泵由泵和马达通过空心活塞杆相连组成,马达和泵可以有一个到多个。双作用水力活塞泵结构如图 5-17 所示。

泵由泵缸套、泵柱塞、泵吸入阀和排出阀以及平衡管组成,分为单作用和双作用泵。单作用泵仅在上冲程或下冲程时向地面排液,双作用泵在上冲程和下冲程都向地面排液。

马达由马达缸套、马达活塞、马达阀、阀杆和马达排出口组成。马达活塞面积与泵柱塞面积可以不同,马达活塞面积越大,泵的排出压头越高,泵柱塞面积越大,泵的排量越高。

为了使马达往复运动,动力液必须交替注入马达活塞上下腔。这一过程通过马达阀实现,其主要作用是:(1) 在各个交替的半冲程中改变动力液的流向,使马达活塞往复运动,带动泵柱塞运动;(2) 马达阀也称为倒向阀,具有均匀倒向、限制泵柱塞卸载速度的功能,从而减少泵的振动和冲击。马达阀的换位方法有液压作用换位、机械作用换位、液压和机械作用组合换位。液压作用换位是在上、下冲程末端由阀杆上的孔导压至马达阀的控制面积上,使其换位。机械作用换位是在上、下冲程末端靠阀杆系统的机械作用使其换位。马达阀的安装位置可以在活塞杆上方,也可以在泵的中部,或马达活塞中。

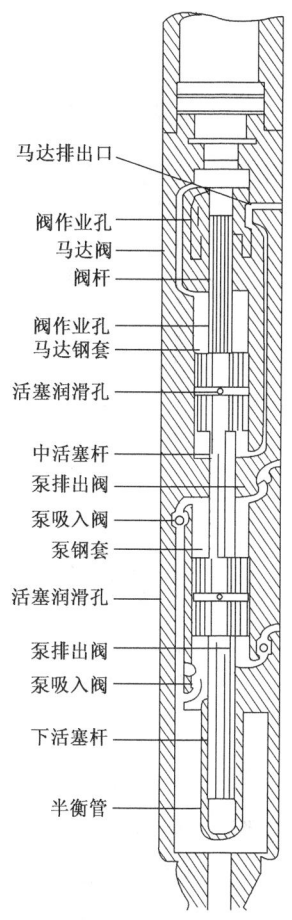

图 5-17 双作用水力活塞泵

(二) 工作原理

(1) 马达的工作原理。在下冲程中,马达阀处于下部位置。高压动力液进入马达活塞上腔,马达活塞下腔的低压动力液从马达排出口排出。马达活塞到达下冲程末端,马达阀向上换位。阀杆顶部的阀作业孔与马达阀控制腔连通,动力液进入马达阀控制腔,马达阀下端面积大于上端面积,使马达阀向上运动到上部位置,动力液流动倒向。在上冲程中,高压动力液进入马达活塞下腔,马达活塞上腔低压动力液从马达排出口排出。马达活塞到达上冲程末端,马达阀向下换位。阀杆下部的作业孔将马达阀控制腔与排出口连通,马达阀上端面的力大于下端面的力,使马达阀向下运动到下部位置,动力液流动倒向,开始下一个循环。

(2) 泵的工作原理。泵在上冲程与下冲程的工作原理相似。在下冲程中,马达活塞下冲程带动泵柱塞作向下运动。泵柱塞下腔压力上升,吸入阀关闭,排出阀打开,高压流体从排出口排出。同时泵柱塞上腔压力下降,排出阀关闭,压力降到吸入阀打开压力时,地层流体进入泵柱塞上腔。马达活塞上冲程带动泵柱塞向上运动。

(三) 安装方式

水力活塞泵的安装方式可分为固定插入式、套管固定式、平行自由式和套管自由式四种,如图 5-18 所示。

(1) 固定插入式。水力活塞泵井下机组随动力油管下入井底,动力液从直径较小的动力

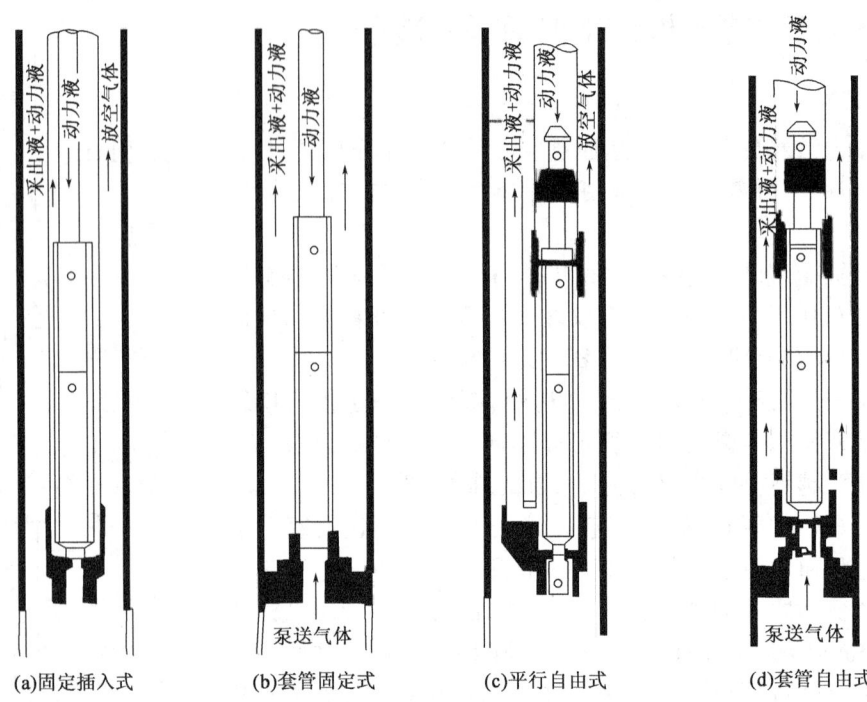

图 5-18 常用的水力活塞泵安装方式

油管中注入井下机组,原油和乏动力液从动力油管和油管之间的环形空间返回地面,所有自由气都从油套环空导出。

(2)套管固定式。水力活塞泵井下机组随动力油管下入井底,并固定在一个套管封隔器上,动力液从动力油管送入井下机组,原油和乏动力液从动力油套环空返回地面,所有的自由气必须经水力活塞泵井下机组导出。

(3)平行自由式。平行自由式水力活塞泵安装有两根平行油管。水力活塞泵井下机组从大直径油管下入井底,并利用一个固定阀形成密封,同时上部安装有专用环箍处形成密封。原油和乏动力液从小直径油管排到地面,自由气不进泵而从套管中直接导出。

(4)套管自由式。套管自由式水力活塞泵只需一根油管配套安装井下封隔器。动力液从油管进入井底,原油及乏动力液从油套环空排到地面,自由气必须从水力活塞泵井下机组导出。

固定式泵装置是将井下泵固定在油管底部,随油管一起下入井中。泵的外径不受油管内径的限制,主要用于高产井,换泵需要进行起下油管作业。

自由式泵装置是在油管下部安装一个泵的井下总成,由一个密封泵座和多个密封腔组成,通过改变动力液的流向,可以自由地把泵下入井底采油或起出地面换泵维修。多数自由式泵装置采用动力液正循环系统,安装泵时将泵置于动力液管中,正循环动力液把泵送入井底密封腔,泵就位正常工作。起泵时通过井口四通阀改变动力液流动方向,把正循环改成反循环,动力液从排出管注入,使井底固定阀和泵顶部固定阀关闭,泵和动力液一起从动力液管柱返出地面。这种装置可以减少停产时间和作业成本,将压力计装在泵下部与泵一起下入井底可进行产能测试和中途测试,也便于自动化管理,将泵起出可方便地对地层进行各种措施处理,但泵的外径受油管尺寸的限制。

三、水力活塞泵采油系统设计

选择水力活塞泵的基本原则是:(1)必须满足排量要求,且与油井的产能协调;(2)必须使泵产生足够的举升压力并保持所需的井口剩余压力。因此油藏流入动态特性资料要求准确可靠。一旦确定了油井产能、井下装置类型、管柱尺寸和动力液介质等,就可设计水力活塞泵。

水力活塞泵采油系统设计包括选择开式或闭式系统、选择合适的井下装置、井下泵安装方式及泵型选择等。

(1)系统选择。开式系统简单,操作方便,成本低,所以一般来说优先考虑开式系统。若无合适的原油作动力液,必须使用水基动力液,为了减少添加剂的消耗,应选用闭式系统;另外建设动力液罐及处理设备的空间受限,往往采用闭式系统。

(2)选择合适的井下装置。根据泵吸入口处流体的气液比合理选择井下装置。如果气液比较低,一般可采用泵出全部气体的井下装置;反之则需要选用放气的井下装置,大部分气体不经过泵采出。

(3)井下泵安装方式及泵型选择。井下泵的安装方式首先应考虑套管型投入式泵(单管柱投入式泵),因为起下泵简单;其次采用平行管柱式安装方式,尽量不采用固定式或插入式,因为起下泵不方便。

(4)根据设计产液量和下泵深度来选择合适的泵。

第四节 水力射流泵采油

水力射流泵(jet pump)简称射流泵(动画5-5),是一种特殊的水力泵。它是利用射流原理将注入井内的高压动力液的能量传递给井下产液的无杆水力采油装置。射流泵采油系统与水力活塞泵采油系统的组成相似,由地面储液罐、高压地面泵和井下射流泵组成。射流泵和水力活塞泵的井下总成可互换使用。射流泵的井下装置类型与水力活塞泵一样,包括固定式装置和自由式装置。射流泵只能采用开式动力液系统。射流泵井下无运动部件,对于高温深井、高产井、含砂、含腐蚀性介质、稠油以及高气液比油井具有较强的适应性。

动画5-5 射流泵

一、射流泵结构、工作原理及特点

(一)结构

射流泵是通过两种流体之间的动量交换实现能量传递来工作的。典型的套管自由式井下射流泵装置如图5-19所示。射流泵没有运动部件,工作元件为喷嘴、喉管和扩散管。

(1)喷嘴:喷嘴的作用相当于射流泵的马达,与孔板流动相似。

(2)喉管:喉管一般是一个直的长圆筒,可以有一定的张角。喉管的作用是使产液和动力液在其中完全混合,交换动量,实质上是一个混合管。在喷嘴出口和喉管入口之间有一定距离,称为喷嘴—喉管距离。喉管直径要比喷嘴出口直径大,喷嘴和喉管之间的环形面积是产液进入喉管时的吸入面积。

(3)扩散管:扩散管是一个将动能转换成压力的能量转换器。扩散管的截面积沿流动方向逐渐增大,一般采用一个张角,也可采用多个张角。

(二) 工作原理

图 5-20 为一台射流泵的参数图,其压力和流速的转换关系如图 5-21 所示。在动力液压力为 p_1 流速为 q_1 的条件下,动力液被泵送通过过流面积为 A_n 的喷嘴,将高压动力液的压能转换为高速流动液体的动能;并在嘴后形成低压区,压力为 p_3、流速为 q_3 的井中流体则被吸入喉管,与动力液在喉管中混合,形成均匀混合液。进入扩散管后随着流通截面积逐渐增大,将高速流动的液体动能转换成低速流动的压能,压力增高到泵的排出压力 p_2,这个压力足以将混合液排出地面。

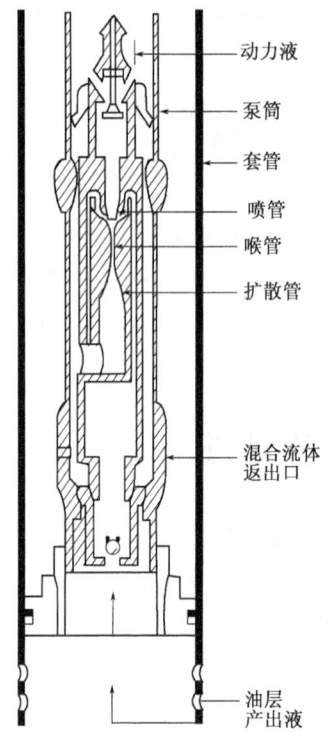

图 5-19 套管自由式井下射流泵装置图

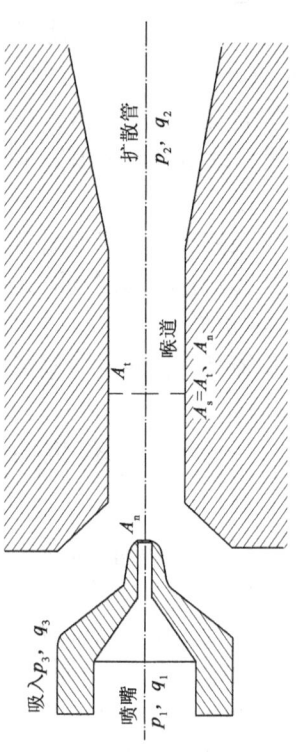

图 5-20 射流泵参数图

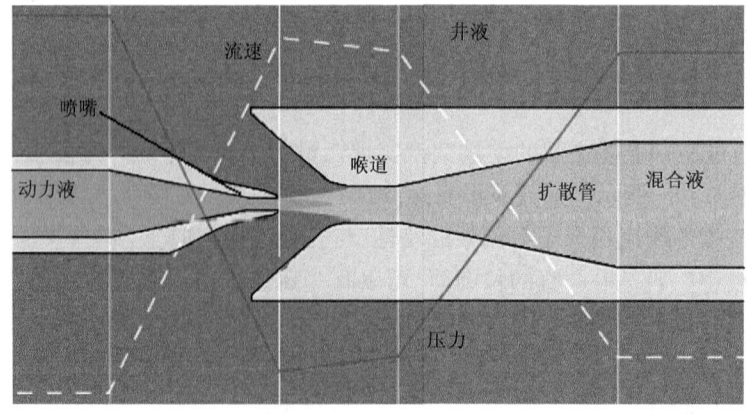

图 5-21 射流泵压力和流速的转换关系

水力射流泵的排量、扬程取决于喷嘴面积与喉管面积的比值。对于一个过流面积为 A_n 的喷嘴来说，如果选用的喷嘴面积（A_n）为喉管面积（A_t）的60%，此时喷射流四周供油井流体进入喉管的环形面积（A_s）相对较小，即油井产液量低于动力液的流量，并且由于喷嘴的能量是传给低产量油井流体，因而将产生高压头，故这种射流泵适用于举升高度大的深井抽油。反之，如果选配的喷嘴面积（A_n）为喉管面积（A_t）的20%，那么喷射流周围供油井流体进入喉管的环形面积（A_s）就大多了，由于喷嘴喷射流的能量是传递给比动力液流量大的油井产量，将产生低的压头，所以这种泵适用于低举升高度的浅井抽油。

有了一系列不同面积比的喷嘴—喉管组合，就能最好地满足不同流量和举升高度的要求。要用喷嘴喉管面积比为20%的组合来生产比动力液流量小的油井产量，由于在高速喷射的动力液和低速流动的油井流体之间产生高湍流混合损失，效率将极低。反之，要用喷嘴喉管面积比为60%的组合来生产比动力液流量大的油井产量，由于油井流体快速流过相对较小的喉管而产生较大的摩阻损失，效率也将极低。因此要选择最佳的喷嘴喉管面积比，就要在混合损失和摩阻损失之间进行协调处理。

（三）特点

射流泵有许多优点：(1)没有运动部件，适合于处理腐蚀和含砂流体；(2)结构紧凑，适用于斜井、水平井；(3)自由投捞作业，维护费用低；(4)产量范围大，控制灵活方便；(5)能用于稠油开采，容易对动力液加热；(6)能处理高含气流体；(7)适用于高温深井。

射流泵为了避免气蚀，必须有较高的吸入压力，使射流泵的应用受到限制。另外，射流泵泵效较低，所需要的输入功率比水力活塞泵高。

二、射流泵的动态特性

射流泵的动态特性是指压力和排量的关系。

（一）无因次参数及泵效

1. 无因次参数

无因次面积比 R 指喷嘴面积与喉管面积之比，即

$$R = A_n/A_t \tag{5-5}$$

式中　A_n，A_t——喷嘴、喉管面积，mm^2。

无因次压力比 N 表示井液获得的压力与动力液在泵内损失的压力之比，即

$$N = \frac{p_d - p_s}{p_n - p_d} \tag{5-6}$$

式中　p_d，p_s，p_n——排出压力、吸入压力、动力液压力，MPa。

无因次质量流量比 M 指井液质量流量与动力液质量流量之比。由于假设动力液和井液密度相同，可表示为

$$M = q_L/q_n \tag{5-7}$$

式中　q_L，q_n——井液流量、动力液流量，m^3/d。

2. 泵效

泵效 E 指地层产液与动力液得失能量之比，即

$$E = \frac{q_3(p_2 - p_3)}{q_1(p_1 - p_2)} \tag{5-8}$$

(二)无因次动态特性方程

由喷嘴、吸入腔室、喉管和扩散管的能量和动量守恒可导出射流泵的无因次动态特性方程为

$$N = y/(1 + K_n - y) \qquad (5-9)$$

其中

$$y = 2R + (1 - 2R)\frac{M^2 R^2}{(1-R)^2} - (1 + K_{td})(1+M)^2 R^2$$

式中 K_n——喷嘴损失系数；

K_{td}——喉管和扩散管综合损失系数,与流动雷诺数和泵的结构有关。

(三)无因次特性曲线

射流泵的无因次特性曲线是指无因次压力、无因次质量流量比、无因次面积、功率以及效率之间的关系曲线,代表射流泵无因次动态特性方程,如图 5-22 所示。从图中可见,无因次质量流量比一定,都有一个效率最高的无因次面积比相对应,即存在一个最高效率的泵。在喷嘴和喉管面积比为 0.25 和 0.30 时,泵的峰值效率最高。较高的无因次面积比产生的压头高,但动力液流量明显大于吸入流量,这种泵适用于举升深井;较小的无因次面积比产生较小的压头,但动力液流量明显小于吸入流量,这种泵适用于举升浅井。

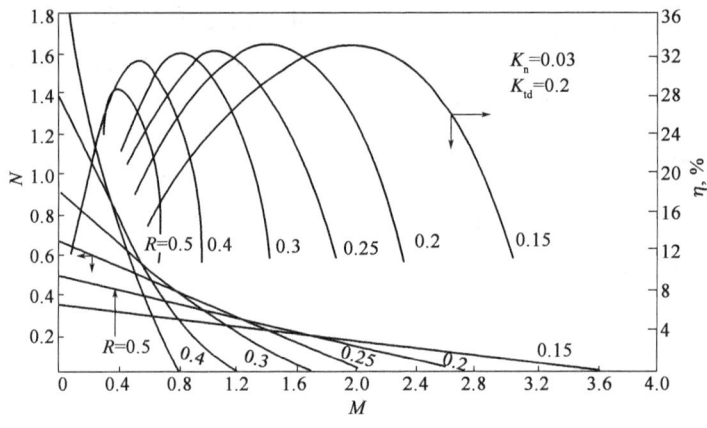

图 5-22 射流泵的无因次特性曲线

(四)气体影响

气体对射流泵工作影响较大。主要有三个方面:(1)气体要占据一定的体积,使泵的液体体积排量下降,同时需要更大的气蚀面积;(2)气体对泵内压力损失产生影响,吸入腔室的压力下降会脱出溶解气,喉管两相混合过程的速度、浓度分布极不均匀,同时气液相间要产生滑脱,扩散管的压力回升会使游离气重新溶解在液体中,泵的结构不同,其影响程度差别较大,一般气体会使泵效下降;(3)气体要影响排出管柱的压力损失,对于合理的排出管尺寸,气体的举升作用有利于降低排出管压力损失,如果气液比较大,排出管柱的压力损失应采用多相流理论计算。

在喉管入口处,吸入流体是通过喷嘴和喉管之间的环形面进入喉管的,环形面积越小,吸入流体的速度越高,喉管入口处的压力越低。当吸入压力降到流体蒸气压时,流体中会出现小气泡,气泡进入喉管的高压区就会冷凝和破碎,会对泵产生冲蚀,这种现象称为气蚀。当气蚀发生时,即使增加动力液流量,也不会使产量提高。对一定的产量和吸入压力,存在一个刚好

能避免气蚀的环形面积,这个面积称为最小气蚀面积。另外,为了避免气蚀,射流泵需要较高的吸入压力。射流泵在最高效率点工作时,一般要求泵的沉没度在20%以上,而且随采出流体的摩阻和地面回压增大,需要的沉没度也将随之增大。为了获得较低的吸入压力和沉没度,同时又不出现气蚀,就必须牺牲泵效,这使射流泵可以用于更多的低压深井。

最小气蚀面积的计算公式为

$$A_{cm} = 3.24 q_L \sqrt{g_s/p_s} \tag{5-10}$$

式中 A_{cm}——最小气蚀面积,mm^2;

g_s——吸入流体梯度,MPa/m;

p_s——吸入压力,MPa。

对气体的近似处理使模型的适用范围受到限制。当吸入条件下气液比大于5(气体体积含量大于0.83)时,模型的预测精度开始变差。当游离气量超过模型适用范围时,建议采用有排气系统的装置。

三、射流泵采油系统设计

射流泵采油系统的设计原则是:(1)选择的泵必须满足排量要求,与油井的产能协调,必须使泵产生足够的举升压力并保持所需的井口剩余压力,因此油藏流入动态特性资料要求准确可靠;(2)选择的泵在不出现气蚀时的效率最高,功率最低。

射流泵的选择需要迭代计算。在要求的设计产量下,根据最小气蚀面积可以选择一台合理的射流泵,由于射流泵是一个开式动力液系统,排出管混合物流量等于吸入流量和动力液流量之和,动力液流量取决于喷嘴尺寸和动力液压力,而排出管柱压力取决于动力液流量。当动力液压力增加时,泵的举升压头增加,同时由于动力液流量也要增加,排出管柱压力上升。只有当泵的举升压头与排出管柱压力相等时,泵和井的工作才协调,所以选泵时需要迭代计算。

选泵的计算方法主要有三种。第一种是对所有喷嘴和喉管组合都进行计算,找出一种工作参数最佳的组合。在计算时先把发生气蚀的组合去掉,再选择剩下的组合。第二种是利用最佳设计动态曲线(即无因次特性曲线的上包络线)直接选择最优组合。当管柱中的压力损失与泵的特性相比占支配地位时,这种方法通常不收敛。第三种是应用最优化技术。

一旦确定了井的产能、井下装置类型、管柱尺寸和动力液介质等,就可设计射流泵。为了选择最佳射流泵必须对所有可能的泵进行计算,从中选择合适的效率最高的泵。

习　题

5-1　简述潜油电泵系统装置的组成及其采油原理。

5-2　简述影响潜油电泵特性曲线的主要因素及其影响规律。

5-3　简述地面驱动螺杆泵系统的主要组成及采油原理。

5-4　简述水力活塞泵的安装方式。

5-5　简述水力射流泵的结构及其采油原理。

第六章 注 水

注水(water injection)(彩图6-1)是通过注水井,向油层注入满足一定水质标准的清水或污水,以补充油层能量,保持一定油层压力水平,是油井长期高产稳产的一项重要技术措施,也是油田有效提高原油采收率的二次采油方法。

我国大多数油田通过早期注水,甚至超前注水开发,取得了很好的开发效果。在高含水油田控水稳油技术的研究、开发与应用方面,我国已经走在了世界前列。经过多年发展,形成了适合具体油田的注水开发主体配套技术,为油田多年的高产稳产做出了重要贡献。

彩图6-1 注水示意图

本章主要介绍注入水水质指标设计、水处理及注水工艺等基本问题。

第一节 水 质

外来水注入油层打破其原始平衡,将不可避免地出现因油层伤害而堵塞的问题。注入水水质就是指注水过程中,为了避免或减轻系统腐蚀和油层堵塞,满足开发方案配注要求而提出的注入水指标要求。

水质指标设计必须根据油层配伍性要求,从注入水油层防堵、注水系统防腐和防垢的机理出发,根据大量的流动试验评价结果,提出配伍性注入水水质方案。

水质指标具有较强的针对性,不同的油藏有不同的要求,它必须是在对具体的水源、具体的油藏全面分析以后,提出的不伤害油层、经济上可行、易于操作的注入水水质规范。石油工业行业水质标准不具有普遍适应性,只是总体的、全局概念上的约束与规范。

一、水质指标体系的构成

完善的水质控制指标体系必须能有效控制注水系统的腐蚀问题和注水井的堵塞问题,因而水质指标体系可大致分为三类,即腐蚀类控制指标、堵塞类控制指标以及检验腐蚀和堵塞控制效果的综合评价指标。引起系统腐蚀和油层堵塞的因素很多,有些因素既可引起腐蚀,还可能带来堵塞问题,只要将主要的诱发因素加以控制,其他问题就会迎刃而解。表6-1概括了水质指标体系构成及分类。

表6-1 水质指标体系构成及分类

类别	指标项目	内容要点
堵塞因素	悬浮固相	☑ 粒径 ☑ 含量
	含油量	☑ 粒径 ☑ 含量
	相溶性	☑ 与油层岩石相容 ☑ 与油层流体相容
腐蚀因素	溶解气	☑ H_2S ☑ O_2 ☑ CO_2
	细菌	☑ SRB ☑ TGB

续表

类别	指标项目	内容要点
腐蚀因素	pH值	6~8
综合指标	总铁含量	☑ Fe^{3+}
	膜滤系数	☑ 根据油层渗透率
	年腐蚀率	☑ 小于0.076mm/a

注：SRB—硫酸盐还原细菌；TGB—腐生菌。

二、水质行业标准

砂岩油藏注水水质行业标准一直处于一个发展的过程，随着人们对油田注水开发认识的深入和对注水油藏保护的逐步重视，砂岩油藏水质标准也从20世纪五六十年代的"老三标"（悬浮物、含油及含铁）发展到了1988年颁布的水质标准和1994年、2012年的碎屑砂岩油藏分类水质标准，水质主要控制指标见表6-2。

表6-2 水质主要控制指标（SY/T 5329—2012）

注入层平均空气渗透率 $\bar{K}$, μm²		$\bar{K}$≤0.01	0.01<$\bar{K}$≤0.05	0.05<$\bar{K}$≤0.5	0.5<$\bar{K}$≤1.5	$\bar{K}$>1.5
控制指标	悬浮固体含量，mg/L	≤1.0	≤2.0	≤5.0	≤10.0	≤30.0
	悬浮物颗粒直径中值，μm	≤1.0	≤1.5	≤3.0	≤4.0	≤5.0
	含油量，mg/L	≤5.0	≤6.0	≤15.0	≤30.0	≤50.0
	平均腐蚀率，mm/a	≤0.076				
	SRB，个/mL	≤10	≤10	≤25	≤25	≤25
	IB，个/mL	$n×10^2$	$n×10^2$	$n×10^3$	$n×10^4$	$n×10^4$
	TGB，个/mL	$n×10^2$	$n×10^2$	$n×10^3$	$n×10^4$	$n×10^4$

注：(1) 1<n<10；
(2) 清水水质指标中去掉含油量。

表6-2明确了以下要求：

(1) 水质基本要求。水质稳定，与油层水相混不产生沉淀；水注入油层后不使黏土矿物产生水化膨胀或悬浊；采用二种水源混合时，应实验证明配伍性好；低腐蚀、低悬浮；水源选择评价符合标准。

(2) 水质主要控制指标。按照油层渗透率的大小分高、中、低三类，主要控制悬浮物颗粒直径、悬浮固体含量、含油量、平均腐蚀率、SRB、铁细菌、腐生菌、点腐蚀8项指标。

(3) 辅助性指标。试注后若发现因水质原因不能顺利注水，再用水质辅助性指标。水质辅助性指标是指溶解氧、侵蚀性二氧化碳和硫化氢3项指标（表6-3）。

表6-3 水质辅助性指标

辅助性检测项目	控制指标	
	清水	污水或油层采出水
溶解氧含量，mg/L	≤0.50	≤0.10
硫化氢含量，mg/L	0	≤2.0
侵蚀性二氧化碳含量，mg/L	-1.0~1.0	

注：(1) 侵蚀性二氧化碳含量等于零时此水稳定；大于零时此水可溶解碳酸钙并对注水设施有腐蚀作用；小于零时有碳酸盐沉淀出现。
(2) 水中含亚铁时，由于铁细菌作用可将二价铁转化为三价铁而生成氢氧化铁沉淀。当水中含硫化物（S^{2-}）时，可生成FeS沉淀，使水中悬浮物增加。

执行上述标准应遵循以下基本原则：

(1)控制指标优先原则。水质主要控制指标首先应达到要求。在主要控制指标已达到注水要求的前提下，若注水又较顺利，可以不考虑辅助性指标，否则应查其原因，并进一步检测辅助性指标。

(2)标准分级原则。各类油层指标执行时遵循"先严后松，逐级放宽"的原则。新投入注水开发的油藏或新建注水站应执行对应标准指标范围的下限，而建站时间较长或实际水处理能力已超过原设计能力或高含水期可执行标准指标范围的上限。

(3)具体油田标准原则。各油田应借荐而不是照搬行业标准，应根据油层的具体特性和生产实际情况，科学制定切合实际的水质标准，各油田的水质标准是不完全一致的。

必须指出：行业标准推荐的水质控制指标，具有全局意义的约束，对于改善油田注水开发现状具有重要意义。但是，如果在编制注水工艺方案时，仅参照行业标准，机械地根据油藏条件套用其相应水质标准的做法是不可取的。大量现场实践表明，注入水水质标准具有较强的针对性，不同的油藏有不同的要求。合理的水质指标方案设计应根据油藏孔隙结构、渗透性分级、流体性质和水源特征，通过大量的实验评价来综合考虑。

三、水质指标的设计方法

水质指标的设计就是如何量化水质控制参数，它应根据油田具体情况，通过注入水对油层的伤害机理分析，从有效控制系统堵塞和腐蚀的观点出发，在对水源、油层充分认识的基础上，提出合理的水质指标方案，为水质达标处理和注水系统设计奠定基础。其基本步骤如下：

(一)静态资料录取

静态资料是了解、认识研究对象的基本信息，包括：

(1)水源水数据。严格来讲应对水源水进行水质全分析，通常包括水的总矿化度、阴离子含量、阳离子含量、硬度、碱度、pH值、水型、溶解气含量(CO_2、O_2、H_2S)、细菌(SRB、TGB及铁细菌)含量、含油量、悬浮固相总量与粒径分布、温度和相对密度。

(2)油层岩石特征参数。主要包括敏感性矿物的含量和产状数据、岩石孔隙结构特征与孔喉分布数据以及油层的孔渗特征。

(3)油层流体数据。主要包括油层水、原油和天然气的基本数据，是进行流体配伍性评价的基础参数。

(4)温度及压力分布数据。油层压力和温度分布数据是进行实验评价和分析必需的基础数据，一般的实验及其相关模型分析都应该以此数据为准。

(二)注水系统调查分析

对现有注水系统，在确定水质标准的适应性时，必须对现有注水系统进行全面的调查分析。需要调查的内容包括：

(1)注水系统水质调查。明确现有注水系统采用的水质标准及其确定依据、水质处理流程及配方以及是否按要求执行、目前水质是否达标、现有注水系统沿程水质指标的变化、各样点水质随时间的变化、水质监测是否正常、出现问题的原因等。

(2)注水井吸水能力调查。分析注水井吸水能力变化情况、注水井试井资料、注水井解堵增注情况以及目前注水方式(注水压力是否大于油层破裂压力)。

根据调查结果，确定现有水质标准及其水处理措施是否合理，注水能否正常进行，如水质合理并能满足配注要求则合格。反之,应该初步判定水质标准是否适合,如果不合理就应该进行调整和修正。如果现有水质标准适合于油层则应弄清造成注水困难的原因,是水质入井前达标进入井筒后恶化,还是水质处理本身的问题使处理后的水不达标,都应该通过分析确定真实原因。

(三) 控制指标的量化及其评价实验

如何量化水质控制指标一直是人们比较关心的问题,目前的方法主要是通过室内实验进行评价。原则上讲,实验要求在模拟实际油藏条件下进行。常用的评价实验有以下几种:

(1) 油层敏感性评价实验。敏感实验评价包括常规五敏实验和应力敏感实验。

(2) 悬浮固相指标评价实验。该实验是确定适合于具体油层注入水水质指标中固相含量和粒径的主要依据,应根据油层孔喉大小配制系列不同粒径和含量的悬浮液体,最好采用正交实验原理获得悬浮物含量和粒径与油层伤害的规律。

(3) 乳化油指标评价实验。该实验用于确定适合于具体油层注入水水质指标中乳化油含量,应根据油层孔喉大小配制系列不同粒径和含量的乳化油液体,采用正交实验原理获得乳化油含量和粒径与油层伤害的规律。

(4) 腐蚀控制指标评价实验。腐蚀控制的评价已经标准化,主要采用静态挂片和动态挂片实验评价方法,结合油田水具体性质和腐蚀性气体的含量,评价 H_2S、CO_2 和 O_2 对系统腐蚀的危害性。

(5) 细菌控制指标评价实验。细菌的控制应使细菌杀灭或不致繁殖为最终目标。任何水系统(不论淡水或盐水)都含有细菌,细菌的数量、种类、活性决定了它们的危害程度,也决定了有效控制这些细菌的方法。实验评价主要应根据注入水中监测到的细菌类型和数量,通过培养繁殖后进行腐蚀、堵塞评价实验。

(6) 注入水及其与油层水的配伍性评价实验。评价的方法有两种,一是室内实验评价,二是模型预测。室内实验评价方法可分为静态法和动态法。静态法是将两种水(如油层水和注入水)在一定的温度和压力条件下,在容器内混合,观察混合后垢粒沉淀情况,并进行离子分析,通过实验判别水垢类型及结垢量。动态法也称驱替法,在模拟靶场条件(如温度、压力等)的情况下,将两种水连续注入岩心或装有填充砂的管式模型中,其目的是了解两种不相容水在岩心或填充砂中混合后产生的结垢对油层渗透率的伤害程度。

(7) 其他评价实验。主要指确定化学处理剂配方(药剂类型、含量及其相容性)的相关实验。

在上述分析和实验的基础上对注入水水质指标进行概念设计,并尽可能向行业标准靠近,概念设计方案可提供二到三个方案。结合油层伤害程度的定量关系、吸水能力随时间的变化规律等预测注水井的吸水能力,讨论不同方案的配注指标实现程度和水质处理可行性。最后结合开发方案、注水工艺技术现状、水处理费用等优选出一套水质指标的试注方案。

(四) 水质指标的合理性检验

通过配伍性水质指标设计可以获得适合于油层的注入水水质理想指标,具体效果如何还必须通过室内和现场评价对配伍性水质指标的合理性进行检验。

室内实验一般是采用流动实验法,对水质控制指标(即悬浮颗粒和乳化油)进行复合因素评价,以检验配伍性水质指标在各主要因素同时存在的情况下,水质对油层的伤害程度有多大,并及时调整这些主要控制指标。

现场试验一般是采用试注方法,通过注水系统腐蚀检查和注水井吸水能力检测,检验水质指标的可行性,否则修改水质指标。

第二节 水源及水处理

制定出与油层特征相适应的水质标准后,必须根据水源特点和水质指标要求,提出相应的水处理措施,并设计配套注水流程和注入系统,以保证水质达标和注水系统正常运行。水源的选择既要考虑水质处理工艺简单,又要满足油田日注水量的要求及设计年限内所需要的总注水量。水处理必须保证油田水质标准的实现。

一、水源选择

油田注水要求水源的水量充足、水质稳定。目前作为注水用的水源主要有以下四种:

(1)地下水。浅层地下水一般产于河流冲积和沉积层中,其水量稳定,水质不受季节影响,通常腐蚀性较小。深层地下水矿化度较高,对于含铁较高的水应除铁。

(2)地表水。江、河、湖的地面淡水矿化度低,但泥砂含量高,含氧多,携带大量悬浮物和各种微生物。地表水的水质和水量受季节影响变化很大。

(3)含油污水。含油污水指油层采出水,在注水期间产出水的总量可达到注水需求量的30%~70%。含油污水一般偏碱性,硬度低,含铁少,矿化度高,含油量高和胶体物含量高,悬浮物组成复杂。含油污水必须经过水质处理后才能外排,回注产层可改善注水工程的经济状况。随含水率的增多,含油污水已成为油田注水的主要水源。

(4)海水。海湾沿岸和海上油田注水一般用海水。由于海水含氧量和含盐量高,腐蚀性强,悬浮固体颗粒随季节变化大。最好使用在海岸打的浅井作水源井,并使用密封系统,使其过滤从而减少水的机械杂质。

具体选择水源时,应按标准(SY/T 5329—2012)分析和评价水源,结合注入油藏的水质标准,综合考虑水处理、防腐、施工成本和由此增加的开发成本等因素,进行经济评价。选择水源应遵循以下基本原则:

(1)有充足的水量,且供水量稳定;

(2)有良好或相对良好的水质,且水处理工艺相对简单或水处理经济技术可行;

(3)含油污水优先,以减少环境污染;

(4)考虑水的二次或多次利用,减少资源浪费。

因此,"最好"的水源可大排量注入、不易产生地层堵塞和系统腐蚀、注入成本低且满足环保要求。油田注水大多数情况是含油污水与其他水源混合注入油层。含油污水同其他水源混合可能会导致地面系统和注水井结垢、腐蚀率增大。为了避免这一问题,大型注入系统可在地面采用交替注入的方式,分别注入油层。在严重缺水地区(如我国西北)生活污水可作为一种水源与含油污水或其他水源混合。

二、水处理措施

水源不同,与具体油层相适应的水质指标也不同,对应的水处理措施也就不同。现场上常用的水处理措施有以下几种。

(一)沉淀

沉淀是让水在沉淀池(罐)内停留一定时间,使其中所悬浮的固体颗粒借助自身的重量沉淀下来。足够的沉淀时间和快速的下沉速度是水处理质量的保证。经沉淀后的水,其悬浮物含量应小于 50mg/L。加快沉降速度的方法是在沉淀过程中加入絮凝剂,它与水中的悬浮物和非溶性化合物发生物理化学作用,将细的微粒凝聚,形成絮状沉淀物,增大颗粒直径。一般在沉淀池(罐)内装有迂回挡板,以增大流程和沉淀时间,改变流向以利于颗粒凝聚与沉淀。此外,在沉淀过程中,pH 值影响聚凝效果,调整或改善水质具有事半功倍的效果。

(二)过滤

来自沉淀罐的水往往还含有悬浮颗粒和细菌,为了清除这类物质必须进行过滤处理。即使是无须沉淀的地下水,也需过滤。过滤是水质处理的重要环节,水质标准分级决定了过滤等级。过滤的目的是除铁或除悬浮固体。

(1)除铁。地下水中铁质的主要成分是二价铁,通常以 $Fe(HCO_3)_2$ 的形态存在。二价铁极易水解而生成 $Fe(OH)_2$,氧化后形成 $Fe(OH)_3$ 沉淀,常用的地下水除铁方法列入表 6-4。

表 6-4 地下水除铁方法

除 铁 方 法	特 点
自然氧化法(石英砂过滤)	适用于 pH<6.8 的含重碳酸亚铁的地下水,但效率较低
接触催化法(天然锰砂过滤)	适用于 pH≥6.0,水中含铁不超过 30mg/L 的地下水,应用较普遍
人工石英砂法	利用在石英砂表面人工制成的活性滤膜,可加快二价铁氧化,效果与天然锰砂相似,近年来开始使用

(2)除悬浮固体。采用过滤器过滤后的水中机杂含量应小于 2mg/L。经过滤可清除某些细菌。

不同的过滤器其过滤标准或过滤对象也不尽相同。常规分层过滤罐(压力过滤罐)能除去大部分 25~30μm 的颗粒;而硅藻土过滤器,能除去小于 5μm 的颗粒;高速深度过滤器,在没有用絮凝剂时,也能除去 5~10μm 的颗粒,若加 0.5~2.0ppm 的絮凝剂,可清除 1~2μm 的颗粒。对于低渗透油田,应考虑采用更精细的过滤技术。图 6-1 和图 6-2 是两种不同类型的过滤器。

(三)杀菌

控制水中细菌的处理方法很多,遗憾的是没有一种方法普遍有效。而且细菌适应性强,具有抗药性,各种杀菌方法应交替使用。常用的杀菌剂有氯及其他化合物,如次氯酸、次氯酸盐及氟酸钙。甲醛既有杀菌作用又有防腐作用。氯气杀菌时,由于和水作用而生成次氯酸:

$$Cl_2 + H_2O \longrightarrow HCl + HClO$$

而次氯酸是一种不稳定的化合物,分解后产生新生态的氧[O]:

$$HClO \longrightarrow HCl + [O]$$

[O]是强氧化剂,可以杀菌。

除化学方法外,物理法杀菌具有很好效果,如紫外光照射杀灭 SRB。

(四)脱气

地表水和海水由于与空气接触,总是溶有一定量的氧,有的水源中还含有碳酸气和硫化氢气体。在一定条件下,这些气体对金属和混凝土产生严重腐蚀,应除去。

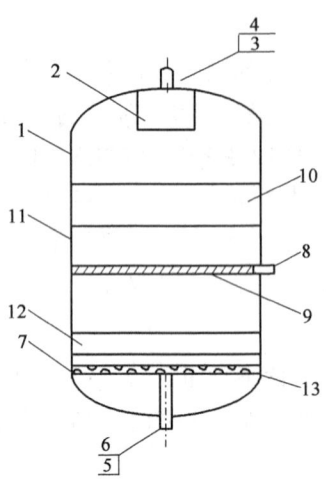
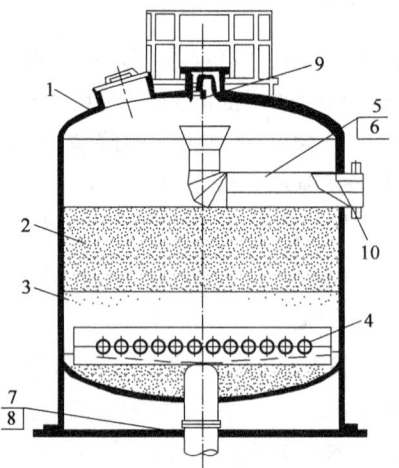

图 6-1 双向过滤器
1—罐体;2—防砂器;3—进水管;4—反冲洗排水管;
5—出水管;6—反冲洗进水管;7—配水管;8—出水管;
9—集水筛管;10—无烟煤滤料层;11—石英砂滤料层;
12—磁石矿砂层;13—卵石垫料层

图 6-2 压力式锰砂除铁滤罐
1—罐体;2—滤料层;3—垫料层;4—集配水管;
5—进水管;6—反冲洗排水管;7—出水管;
8—反冲洗进水管;9—自动排气阀;
10—排气管

(1) 真空除氧。真空式脱氧塔如图 6-3 所示。由于气体在液体中的溶解能力与系统的压力成正比,降低压力就降低了溶解气量。事实上,气体在水中的溶解能力还与温度有关,在冬季就要提高真空度。真空除氧在实际应用中不都成功,可采用多级设计流程以降低氧的含量或用化学脱氧方法补充。

(2) 气提脱氧。用天然气、烟道气或惰性气体从水中逆流以提出水中溶解氧,逆流气提式除氧装置如图 6-4 所示。气提脱氧还达不到最终的含氧指标时,也采用化学方法来弥补。注意天然气应不含 CO_2 或 H_2S。

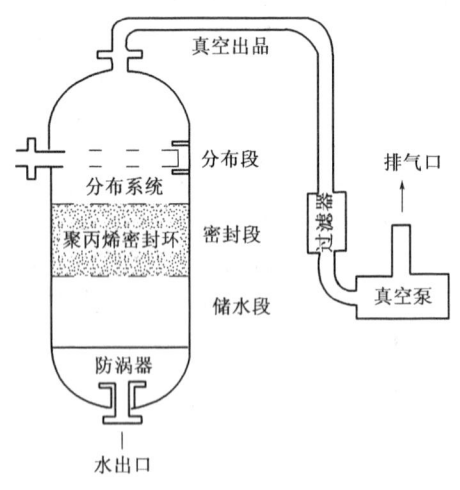
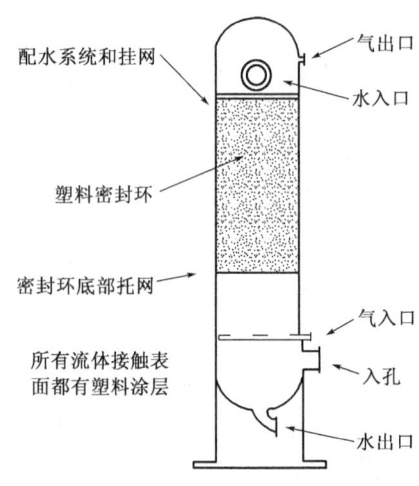

图 6-3 真空式脱氧塔

图 6-4 逆流气提式除氧装置

(3) 化学除氧。常见的化学除氧剂有亚硫酸钠(Na_2SO_3)、二氧化硫(SO_2)和联氨($H_2N \cdot NH_2$)等。由于亚硫酸钠具有价格低廉和处理方便的特点,因而被广泛采用。其基本原理是化学药剂(氧化剂)投放在水中,与氧反应后生成无腐蚀性易溶解产物,以达到除去水中溶解氧的目的。在这些反应中,亚钴离子(Co^{2+})常用作催化剂。需要注意的是,SO_2 会使水的 pH 降低到足以引起严重腐蚀的程度,且除氧剂会与通常作为杀菌剂的氯反应,因此除氧剂与杀菌剂的投放点间的距离要精心设计。

(4)从水中除去 H_2S 和 CO_2。硫化氢的离解随 pH 值变化而变化。当 pH<5 时,所含的 H_2S 都以溶解气存在,pH 值升高时越来越多的 H_2S 离解为 HS^- 和 S^{2-};同样地,CO_2 也随 pH 值变化而变化,随着 pH 值升高而生成碳酸盐垢。因此,在酸性条件下,除去 H_2S 和 CO_2 可在真空脱氧或气提脱氧中一并完成。水中 H_2S 和 CO_2 的气体含量随 pH 值的变化见表 6-5。

表 6-5　水中 H_2S 和 CO_2 气体含量

pH 值	5.0	6.0	7.0	8.0	9.0
H_2S 含量,%	98.0	83.0	33.0	5.0	0.5
CO_2 含量,%	95.0	70.0	2.0	1	0.05

(五)除油

目前含油污水回注量占油田总注水量的 70%~80%,油田含油污水处理是注入水水质处理的重头戏。随着对注入水中含油量要求的提高以及排放时环保要求的日益严格,油田污水除油处理也日益重要。

目前除油方法很多,最常用的是重力分离和气体浮选。

(1)重力分离。大多数水处理设备使用重力分离除油。设计重力分离时,需要知道流出水中油的浓度和粒径的分布,一般油珠的大小随油浓度的降低而变小。立式除油罐结构如图 6-5 所示,该装置可以提供足够的停留时间以便油珠聚结和重力分离。

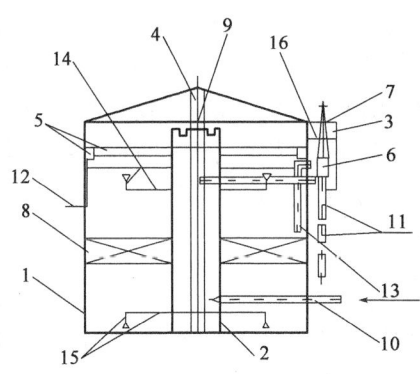

图 6-5　立式除油罐

1—罐体;2—中心筒;3—水箱;4—中心柱;5—油槽;6—调节堰;7—调节杆;8—斜板;9—通气孔;
10—进水管;11—出水管;12—出油管;13—溢流管;14—配水管;15—集水管;16—溢流堰板

(2)气体浮选。将大量的小直径气泡注入水中,气泡与悬浮在水流中的油滴接触,使其像泡沫一样上升到水面。气悬浮槽除油装置如图 6-6 所示。一般来说,要达到除油目的,只采用一种处理方法或设备是不行的,往往需要将几种除油方法联合使用,必要时可添加混凝剂。

(六)曝晒

当水中含有大量的过饱和碳酸盐(碳酸氢钙、碳酸氢镁和硫酸亚铁等)时,由于其化学性质都不稳定,注入油层后因温度升高便可能产生碳酸盐沉淀而堵塞油层。因此需预先进行曝晒处理,使碳酸盐沉淀下来。

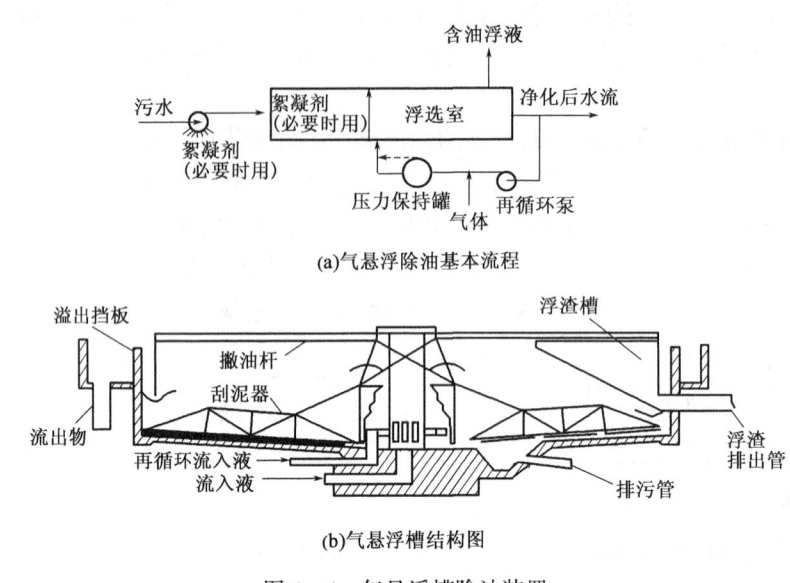

图 6-6 气悬浮槽除油装置

三、水处理流程

水处理系统一般分为闭式系统和开式系统两种。闭式系统(closed water treating system)是一种完全隔绝氧气的系统,只用于原来就不含空气(或极少量氧),并几乎不用化学处理的系统。海水注入系统也可采用闭式系统。而原来就被氧饱和的水源或需要以通气的方式除去H_2S和CO_2时,最好选用开式系统。在开式系统中,经处理的水可能暴露在空气中,应采用相应的隔氧技术(如柴油隔氧技术、天然气隔氧技术)。水处理流程的选择是在水质指标设计的基础上,按照水质指标的要求,选择水处理设备、等级和工艺措施,科学、经济、安全地安排流程。在确立基本流程后,由于水源的特殊性或水质的特别要求,需作特别的修改和完善,并在充分论证或可行性研究之后,交设计部门、施工部门设计与建设。

下面介绍常用的水处理流程。

(一)地下(层)水处理流程

地下(层)水水质的主要问题是含有铁、锰矿物、高矿化度及悬浮固体。目前常用的地下水处理流程如图6-7所示。锰砂除铁滤罐在除铁的同时可将大部分悬浮固体除去。但用于低渗油层时,还需在除铁后再进行深度处理。

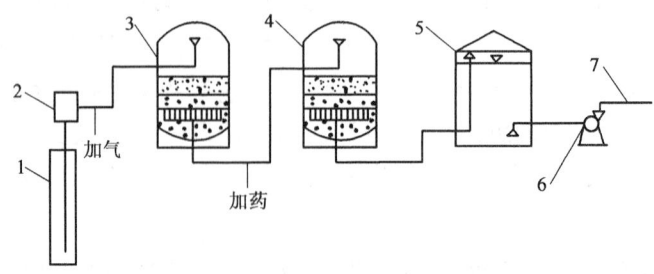

图 6-7 地下水处理流程
1—水源井;2—深井泵;3—锰砂除铁滤罐;4—石英砂滤罐;5—缓冲水罐;6—输水泵;7—输水管线

(二) 含油污水处理流程

含油污水的处理主要是除去油及悬浮物。除油、过滤、杀菌是基本的处理措施。图 6-8 是目前油田常用的含油污水处理流程。

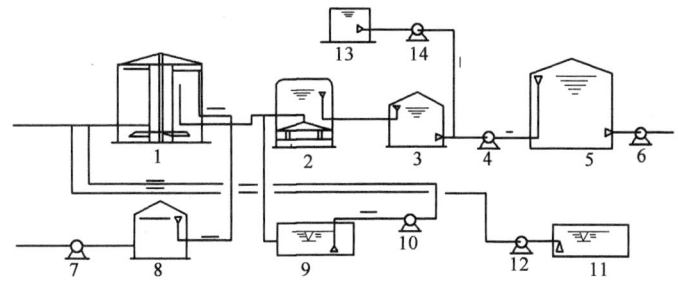

图 6-8 含油污水处理流程

1—除油罐；2—单阀过滤罐；3—缓冲水罐；4—输水泵；5—注水罐；6—高压注水泵；7—输油泵；8—污油罐；
9—污水回收池；10—回收水泵；11—混凝剂溶药池；12—加药泵；13—杀菌剂溶药罐；14—加杀菌剂泵

(三) 地表水处理流程

地表水水质的主要问题是泥砂含量高,溶解氧含量高。除悬浮物和脱氧是主要的处理措施。常用的地表水处理流程如图 6-9 所示。

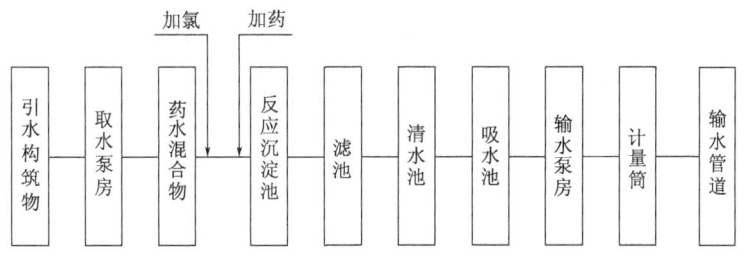

图 6-9 地表水处理流程

(四) 海水处理流程

海水水质的主要问题是含氧和悬浮物。脱氧和净化是海水处理的基本措施。图 6-10 是美国库克湾油田海水处理流程,主要由三级净化装置和两级脱氧流程组成。

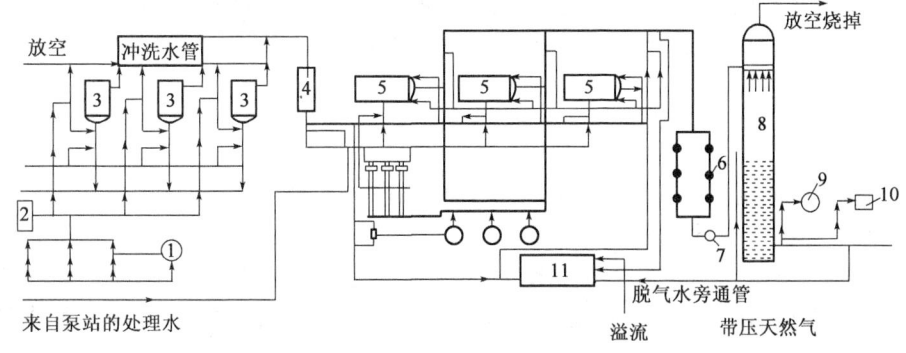

图 6-10 美国库克湾油田海水处理流程

1—絮凝剂罐；2—压风机；3—砂滤器；4—砂滤器缓冲罐；5—硅藻土滤器；6—筒式过滤器；7—提升泵；8—气提脱氧塔；
9—装 Na_2SO_3 罐；10—装 $CoSO_4$ 罐；11—过滤器辅助箱；12—预涂罐；13—钻井泵

对于低渗透油田注水,水质要求高,水处理应强化深度处理,必要时经基本处理后,还可在井口再增加一级精细过滤器。对于特低渗透油藏的保持压力措施,也可采取注气的方式。水质标准要求过高,将增加水处理费用或由于现有水处理技术水平有限导致达不到要求的水质指标。

四、油田注水系统

油田注水系统可分为油田供水系统、油田注水地面系统、井筒流动系统、油藏流动系统。油田注入系统是油田注水地面系统和井筒流动系统的总称,它由注水站、配水间、注水井(井口、井下配水管柱)及注水管网组成。水源水经处理后达到油田注入水水质标准后,被送到注水站。

(一)注水站

油田注水系统的核心是注水站,注水站的主要作用是将来水升压,以满足注水井对注入压力的要求。

1. 注水站设施

注水站的主要设施有储水罐、高压泵组以及流量计和分水器等。

储水罐的作用之一为储备作用,即为注水泵储备一定水量,防止因停水而造成缺水停泵现象;作用之二为缓冲作用,即避免因供水管网压力不稳定而影响注水泵正常工作及其他系统的供水量及水质;作用之三为分离作用,它可使水中较大的固体颗粒物质、砂石等沉降于罐底,含油污水中较大颗粒的油滴可浮于水面,便于集中回收处理。

高压泵组多为多级离心泵或柱塞泵,主要用于给注入水增压。流量计主要用于计量水量,而分水器主要用于将高压水向各配水间分配。

2. 注水站规模

注水站的规模主要以该站管辖范围的注水量及注水站压力为依据,其中注水量与洗井周期直接相关。

洗井周期按60天计算,若注水站管辖井不足60口,可按每天洗一口井的水量计算;洗井强度通常按$20 \sim 30 m^3/h$计算。

注水站压力是由油层注水压力决定的。油层注水压力可根据压力系统分析和试注资料获得。确定注水站设计压力时要注意两点:一是多油层混注时,以各油层均能完成配注水量的最高压力为依据;二是应考虑注水站与注水井因地形起伏而带来的液位高差影响,并应用注水井节点分析方法逐级推算。

3. 站内流程

站内流程要能满足注入水水质、计量、操作管理及分层注水等方面的要求。其基本流程为:来水进站→计量→水质处理→储水罐→泵出。拖动注水泵的大中型异步电机需设润滑系统和冷却系统。此外,当清水和含油污水混注时,在水罐出口处设投放阻垢剂、杀菌剂等的装置,即应有加药系统(溶药池和加药泵)。注水站可以对单井配注,也可对配水间配水量。

(二)配水间

配水间主要用来调节、控制和计量一口注水井的注水量,其主要设施为分水器、正常注水和旁通备用管汇、压力表和流量计。配水间一般分为单井配水间和多井配水间。

(三)注水井

注水井是注入水从地面进入油层的通道,井口装置与自喷井相似,不同点是无清蜡阀门,不装油嘴,可承高压。井口有注水用采油树(图6-11),陆上油田注水采油树多用CYB-250型,其主要作用是:悬挂井内管柱,密封油套环空,控制注水和洗井方式(如正注、反注、合注、正洗、反洗)和进行井下作业。除井口装置外,注水井内还根据注水要求(分注、合注、洗井)下有相应的注水管柱。注水井可以是生产井转成的或专门为此目的而钻的井。通常将低产井或特高含水油井、边缘井转换成注水井。

注水井的井下管柱结构、井下工具遵循简单原则。大多数情况下(笼统注水),注水井仅需配置一套管柱和一个封隔器,封隔器下到射孔段顶界50m处,对特定防腐要求的注水井,其管材应特殊要求,且必要时,油套环空采用充满防腐封隔液的方法加以保护。简单的注水井井下系统如图6-12所示。这种液体可以是油也可以是水,一般用防腐剂或杀菌剂进行处理或另加除氧剂等。分层注水的井下管柱可按需设计。

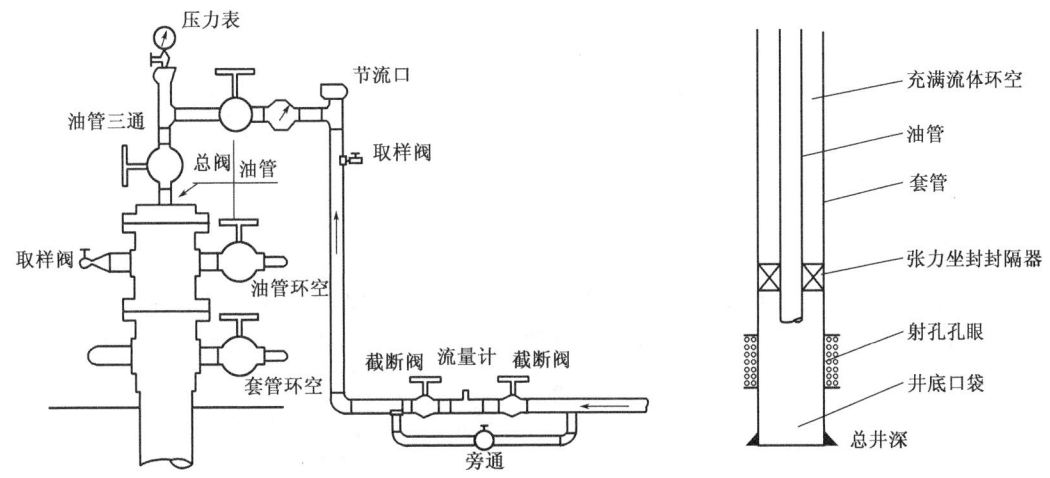

图6-11 典型注水井采油树　　　　图6-12 简单的注水井井下系统

多个注水井构成注水井组,注水井组的注入由配水间来完成。在配水间可添加增压泵,在井口或配水间可另加过滤装置。一般情况下,在配水间或增压站可对每口注水井进行计量。

(四)注水管网

对于一个油田或一个区块,注水管道一般都连网成片,由几座或十几座注水站同时供水,涉及的因素多,问题相对复杂。合理地确定注水站的位置及数目是注水管网设计的重要内容。

第三节　注水井吸水能力

注水井吸水能力是评价注水井动态的重要指标,也是注水压力设计和地面设备选择的主要依据。初期注水时,注水井吸水能力将随着注入水的推进而发生变化,长期注水后注水井吸水能力则主要受水质和油层亏空体积的影响。下面主要阐述吸水能力评价指标、确定方法及影响因素。

一、吸水能力评价指标

(一)注水井指示曲线

注水井指示曲线是表示在稳定流动的条件下,注入压力与注水量的关系曲线。全井指示曲线如图6-13(a)所示。当吸水层为多层时,分层指示曲线则表示各小层注入压力(水嘴后井底压力)与小层注水量之间的关系曲线[图6-14(b)]。分层指示曲线的形状反映了油层吸水能力变化及井下工具的工况。分层指示曲线除特殊情况外,均可采用投球法测试整理获得。

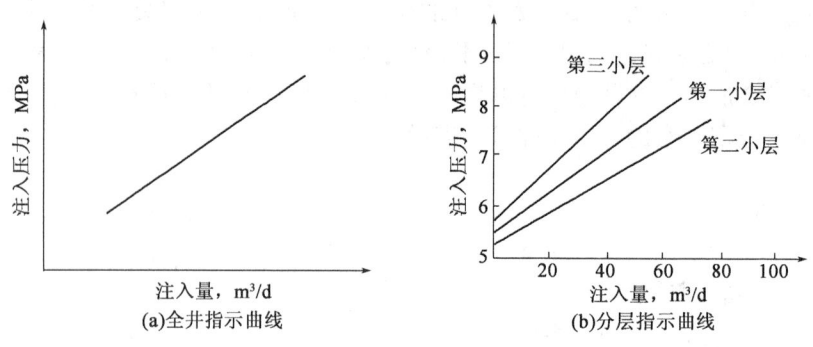

图6-13 某注水井指示曲线

(二)吸水指数

吸水指数表示注水井在单位井底压差下的日注水量,表征油层吸水能力的大小,单位为 $m^3/(d \cdot MPa)$。由于注水井不可能经常关井测静压(既影响生产,又增加成本),所以常常利用指示曲线上两点的斜率来求取吸水指数,即

$$吸水指数 = \frac{日注水量}{注水压差} = \frac{日注水量}{流压 - 静压} = \frac{两点流量之差}{两点压力之差} \quad (6-1)$$

为了对比不同厚度油层的吸水能力,常采用比吸水指数或米吸水指数来表示单位油层厚度的吸水能力,单位为 $m^3/(m \cdot d \cdot MPa)$。

(三)视吸水指数

用吸水指数进行分析时,需要对注水井进行测试,以取得流压资料。为了及时掌握注水井吸水能力的变化,现场常常采用视吸水指数进行分析,视吸水指数定义为

$$视吸水指数 = \frac{日注水量}{井口压力} \quad (6-2)$$

对于没有采用分层注水的井,若采用油管注水,则井口压力取套压;若采用油套环空注水,则井口压力取油压。

(四)相对吸水量

当注水井吸水层为多层时,各小层的吸水能力则用各小层的分层指示曲线求取。为了研究某一单层的吸水量,则引入相对吸水量的概念,表示在同一注水压力下,某一层吸水量占全井吸水量的份额,即

$$相对吸水量 = \frac{小层吸水量}{全井吸水量} \quad (6-3)$$

二、吸水能力确定方法

注水井吸水能力的确定现场普遍采用直接测试法。由于影响注水井吸水能力的因素是多方面、复杂的，是随时间而变化的，因而直接测试法简单、方便、直观。另一类预测注水井吸水能力的方法是理论计算法。下面将从理论计算和直接测试两方面，阐述吸水能力的确定方法。

(一)吸水能力理论计算

1. 点状注水单井吸水能力

有些时候油田开发注采井网极不规则，并不按标准井网布井，注水井是根据需要随机在某些点上选择注水，这种情况可称为点状注水。

由于注水井内流体的流动类似于油井内的流动，遵循达西定律，因此注水井的吸水能力取决于油层的有效渗透率、油和水的黏度、砂层厚度、井的有效半径和注水井的完井效率等因素。另外，注入水水质、油层油水系统物理化学性质的变化将引起油层渗透性能的变化，导致水向油藏中扩展渗流阻力增加，从而引起注水井吸水能力发生变化。在单井径向流条件下，长期注水后吸水能力 J_w 可表示为

$$J_w = \frac{0.543hK_w}{B_w\mu_w\left(\ln\frac{r_c}{r_w} + S - \frac{3}{4}\right)} \qquad (6-4)$$

式中　J_w——注水井吸水能力，$m^3/(d \cdot MPa)$；

　　　h——吸水层段有效厚度，m；

　　　K_w——水的有效渗透率，$10^{-3}\mu m^2$；

　　　B_w——水的体积系数；

　　　μ_w——水的黏度，$mPa \cdot s$；

　　　r_c, r_w——注水井控制半径、井筒半径，m；

　　　S——注水井综合表皮系数。

应当注意，注水井的吸水能力随注水过程的进行而不断变化。在注水初期，注入水并没有从对应生产层中突破，从注水井到生产井的运移带上，存在纯水流动区、过渡区(油水同时流动)和纯油流动区。对刚开始投注的注水井，初始注水能力可按仅有油为流动相来计算，即用束缚水饱和度下油相的流度 K_o/μ_o 来计算。而当平面驱扫效率为100%时，水是可流动相，油处在残余状况，这时可用残余油饱和度下水相的流度 K_w/μ_w 来计算注水井的吸水能力(或注入能力)，其结果表示驱替过程中的极限注入能力，与流度比 $M[M = (K_w/\mu_w)/(K_o/\mu_o)]$ 无关。对面积注水中驱扫效率为0~100%中间过程的注入能力，它与驱替前缘的位置、流度比等有关。

2. 面积注水时注水井吸水能力

在注水井之间发生干扰之后，单井注水量方程不再适用面积注水。发生干扰时，推进的液体汇聚于生产井，按具体井网的稳态导流能力稳定下来。假设系统中完全充满液体，流体不可压缩，水驱油满足活塞式驱替，当流度比 $M = 1$ 时，标准井网的稳态吸水能力计算方法见表6-6。

表 6-6 标准井网面积注水稳态吸水能力计算公式($M=1$)

井网类型	J_w 的计算公式	备注
五点井网	$\dfrac{0.0864\pi K_w h}{\mu_w \left(\ln\dfrac{d}{r_w}+0.619+S_t\right)}$	式中： d——同行生产井间距，m； a——同列注采井间距，m； F_p——角井与边井产量比； S_t——注采井总表皮系数。 对于行列井网，要求 $d/a \geq 1$；K_w 取残余油状态下吸水层水相有效渗透率
直行列井网	$\dfrac{0.0864\pi K_w h}{\mu_w \left(\ln\dfrac{a}{r_w}+1.571\dfrac{d}{a}-1.838+S_t\right)}$	
七点井网	$\dfrac{0.0864\pi K_w h}{\mu_w \left(\ln\dfrac{d}{r_w}+0.569+S_t\right)}$	
反九点井网	$\dfrac{0.0864\pi K_w h}{\mu_w \left(\dfrac{1+F_p}{2+F_p}\right)\left(\ln\dfrac{d}{r_w}+0.272+S_t\right)}$	

由于实际注水情况下，水油流度都不相等。而常规注冷水的冷却作用使注水地带的原油黏度增加，注入水由于吸热黏度反而下降，这一物理过程便进一步加大了水油两相渗流区流度的差异，流度比 $M \neq 1$ 更能代表实际情况。

当流度比不等于 1 时，面积注水的注水井吸水能力计算模型的推导过程较为复杂，特别是假设为非活塞式驱替时更是如此。以五点井网为例，该井网中注采井周围大约有 23% 的井网面积上为径向流，虽然不同的流度比影响径向渗流区域的大小，但比较一致的是大约有 90% 的压力降消耗在这一区域上，其余的区域则认为是线性渗流。

不论 M 是否等于 1，向井中注水都会形成一个径向水驱前缘，注水井的注入能力随水驱前缘后方渗流阻力的变化而变化，该阻力是增大还是降低取决于水油流度比的相对大小。考虑注采井表皮系数，流度比 M 不为 1 时，五点井网的注水井吸水能力可表示为

$$J_w = \frac{0.543\lambda_o h}{\left(\dfrac{1}{M}-1\right)\ln\dfrac{r_i}{r_w}+\dfrac{1}{M}S_{ti}+S_{tp}+2\ln\left(\dfrac{d}{r_w}\right)-1.144} \tag{6-5}$$

式中 λ_o——残余水状态下油的流度，$10^{-3}\mu m^2/(mPa \cdot s)$；

S_{ti}，S_{tp}——注水井、生产井的表皮系数。

从理论来讲，如果 $M \leq 1$，则吸水能力在整个注水期间将连续递减；如果 $M > 1$，则吸水能力将连续增大（大多数情况）。然而实际上并非如此，注水过程中由于水质和系统腐蚀影响，注入水与油层的相互作用将不可避免地引起近井油层伤害，并且这种伤害随时间过程而动态积累，导致吸水能力下降的幅度远远超过流度比引起的吸水能力增加。因此，采用理论计算来准确预测吸水能力是十分困难的，其预测值只能作为注水工程设计的参考依据。现场一般通过测吸水指数曲线的方法来确定注水井吸水能力。

（二）吸水能力直接测试

油层纵向上一般具有较强的非均质性，注水层常常包含多个吸水能力不同的小层。获取油层吸水能力的直接测试方法主要有三类：一是通过试注的方法获取注水层的吸水指数曲线，从而计算出注水层的吸水能力，其缺点是只能获得全井总的吸水能力，无法得知各小层的吸水能力；二是测注水井吸水剖面，它是采用同位素载体法，获得全井的吸水剖面，用各层的相对吸水量来表示分层吸水能力的大小；三是直接进行分层测试，用分层测试方法整理分层指示曲线，并求得分层指数来表示分层吸水能力，如投球测试法和浮子式流量计法。

1. 同位素载体法

测吸水剖面就是在一定注入压力下测定沿井筒各射开层段的分层吸水量,目的是掌握全井和各小层的吸水能力,为优化分层配注提供依据。

同位素载体法是将吸附有放射性同位素(^{65}Zn、^{110}Ag 等)离子的固相载体(如医用骨质活性炭、氢氧化锌或二者的混合物)加入水中,调配成带放射性的活化悬浮液。当活化悬浮液注入井内时,与正常注水一样,活化悬浮液将按井筒剖面原有各小层吸水能力的比例进入各层,固相被滤积在岩层表面,而清水进入深处。固相载体能牢固地吸附并均匀悬浮,所以吸水量大的层段,岩层表面滤积的固相载体就多,放射性强度就大。活化悬浮液注入前后各进行一次放射性测井。实验研究表明,注入活化悬浮液前后放射性强度变化与吸水量成正比。将自然伽马曲线(岩层本身)与放射性同位素曲线叠合(参考自然电位曲线,使泥岩段与不吸水井段重叠)组成放射性吸水剖面图(图 6-14)。由曲线异常部分(两条曲线不重合部分)确定吸水层位,由各层的同位素曲线异常面积(阴影部分)正比各层吸水量,计算分层相对吸水量。吸水剖面形象地表示出注水井分层吸水能力,分层相对吸水量表示为

$$\text{分层相对吸水量} = \frac{\text{该层异常面积}}{\text{全井异常面积}} \times 100\% \qquad (6-6)$$

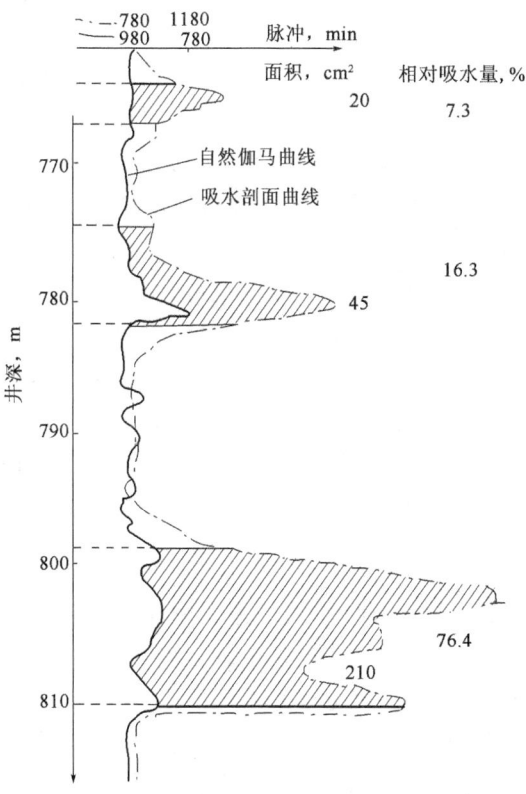

图 6-14 放射性吸水剖面曲线

2. 投球测试法

一般投球测试法用于不带偏心配水器的注水管柱,投球测试管柱通常由油管、封隔器、配水器、球座和底部阀构成,图 6-15 是典型的投球测试管柱示意图。

投球测试法的步骤为：

(1)测全井指示曲线。全井指示曲线是指井下各注水层段在该井下管柱条件下同时吸水时，注入压力和全井吸水量的关系曲线。测试时通常分别测出 4~5 个不同注入压力和对应的全井注水量。每个测点之间的压力相差 0.5~1.0MPa，其中一个点的压力应为正常注水压力。测各压力点下的注水量必须在注水稳定之后，其稳定时间视注水层情况而定，一般为 30min 左右。

(2)测分层指示曲线。测得全井指示曲线后，开始测分层指示曲线。其方法是先投小球入井，小球坐在最下一级球座上，将最下一层封住(图 6-15 中第 3 层)，然后对其上第 1 和第 2 层进行测试，同样测出 4~5 个不同压力下的注水量，每个压力点都稳定注水 30min 以上，每个控制点的注入压力应与全井测试时的压力相同；然后投入第二个球将第 2 层段封住，便可测得第 1 层段(最上一层)的资料。依此类推，如果井下分注三层，投球两个，如果井下分注五层，则需从下到上逐级投入直径由小到大的四个球进行测试。

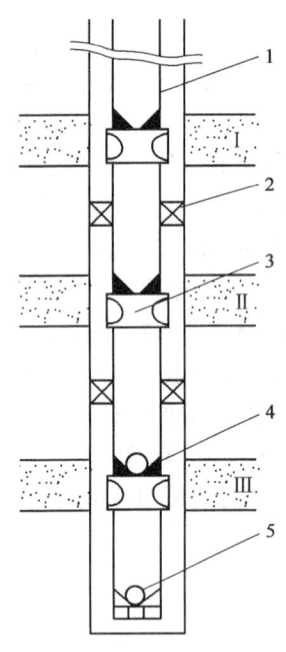

图 6-15　投球测试管柱示意图
1—油管；2—封隔器；3—配水器；
4—球座；5—底部阀

(3)资料整理与分析。分层测试得到的资料经整理后便可得出分层指示曲线。假设油层共三个测试层段，测试层段投第一个球后的注水量为第 1 层段和第 2 层段注水量之和，投第二个球后的注水量为第 1 层段的注水量。全井注水量是 1、2、3 三个层段同时吸水时的注水量，则

第 1 层段注水量 = 投最后 1 个球后测得的注水量

第 2 层段注水量 = 投第 1 个球后的注水量 - 投第 2 个球后的注水量

第 3 层段注水量 = 全井注水量 - 投第 1 个球后的注水量

将全部测试成果进行整理，可得到全井和各小层的吸水量在不同压力测点的注水量。据此可绘制出全井和各小层的注水指示曲线，获得各小层的吸水能力。

一般在正常注水情况下，为了检查各层段配水的准确程度，判断井下工具的工作状况，了解各层段吸水能力的相对变化情况而进行分层测试时，均采用井下原有的注水管柱进行测试。

3. 浮子式流量计法

对于采用偏心配水器分层注水的注水井，一般采用浮子式流量计(如庆 106 型等)进行分层测试。它是利用与被测试管柱配套的密封及定位装置密封，并定位于被测试段的配水器上，依靠井下流量计计量来配合进行的。其方法是将仪器下至井底，打开测试密封段的定位爪，然后上提仪器自下而上地逐层进行测试。仪器在各个层段停留时测得的流量等于包含该层段注水量在内的以下各层段注水量之和。用仪器在每个层段记录的流量减去其下面一个层段处所记录的流量，即为该层段本身的注水量。

三、影响吸水能力的因素

影响注水井吸水能力的因素很多，主要包括油层和流体特征参数、注采系统条件变化、注入水水质及操作管理水平等。

(一)油层和流体特征参数

(1)有效渗透率。吸水能力首先取决于产层岩石渗透率及相关性质(如润湿性等),其次是产层的含水饱和度。砂岩对水的有效渗透率常比空气渗透率低1/10。一般地,随着含水饱和度的上升,水的有效渗透率(水的相对渗透率 K_{rw})也将随之逐渐上升。例如,含水饱和度从70%升高到85%,水的有效渗透率从30%增加到60%左右。必须注意的是,油层岩石的储渗空间随注水过程是不断改变的。如外来固相微粒或结垢的堵塞作用使储渗空间减小;注入水的长期冲刷和溶解作用,部分孔隙胶结物流失使储渗空间增大;油层压力的不断变化使岩石骨架颗粒有效应力不断变化,结果是油层空间也发生变化;黏土矿物与淡水发生膨胀运移引起储渗空间发生变化。同时油层注水后由于黏土矿物的运动、水化以及优先吸附液体的变化,使得油层润湿性发生变化。油层的水动力学场(压力、地应力、天然能量)、温度场不断被打破和重新平衡使油层岩石和流体物理化学性质发生变化。这些都将对油层的渗透性能产生影响。

(2)流体黏度。注入水的黏度是由特定水的性质与温度决定的,而含油增多或乳化液将增大渗流阻力。乳化液,特别是油包水型的乳化液有较高的黏度,且当这种乳化液或分散油,在毛细管中流动时,会产生贾敏效应。根据油水乳化程度,在注入水中加入一定量的破乳剂,可防止或减缓乳化伤害。含油或乳化可以理解为油层堵塞或有效渗透率下降,或可理解为多相液体黏度的增加。在注水过程中,油水流度比也将对吸水能力产生较大影响。

(3)表皮系数。表皮系数是注水油层完善程度的综合体现。减少钻井、固井过程中的油层伤害,优化射孔,可增加注水井完善程度,有利于吸水能力的增加。

(4)注水压差。一般来讲,注水压差并不影响注水井的吸水能力。但当注水压差过大,实际井底流动压力大于油层破裂压力后,油层将被压开,油层吸水能力显著增加。

(二)注采系统条件变化

注采系统的条件变化主要包含五个方面:(1)流度比变化;(2)注水时间(历史)延长;(3)注采系统井网调整;(4)工作制度变化引起的井间干扰;(5)随着注采亏空的弥补油层压力逐渐回升导致吸水能力下降。

(三)注入水水质及操作管理水平

现场资料表明,注入水水质和注水井操作管理水平对注水井吸水能力影响极大。

(1)与水质有关的因素,主要包括注入水与设备和管线的腐蚀产物[如$Fe(OH)_3$、FeS]堵塞;注入水中所含的某些微生物(如硫酸盐还原菌、铁菌等)及其代谢产物堵塞;固相微粒堵塞;乳化油堵塞;注入水与油层流体不配伍造成的结垢沉淀;油层中黏土矿物遇水后发生膨胀等。

(2)与注水井井下作业及注水井管理操作等有关的因素,主要包括进行作业时,压井液浸入注水层造成堵塞;由于酸化等措施不当或注水操作不平稳而破坏油层岩石结构,造成砂堵;未按规定洗井,井筒不清洁,井内的污物随注入水带入油层造成堵塞等。

实际注水过程中,上述影响吸水能力的因素都可能同时出现,只是各自的影响程度不同。必须根据具体情况具体分析,抓住影响注水井吸水能力的主要因素,深入了解注水井堵塞机理,这样才能制定出行之有效的增注措施。

第四节 注水工艺

将处理合格的水经注水井按需要量注入具体油层(单层或多层)是注水工艺设计的基本要求。根据实际所需的工艺参数设计注水系统、确定合适注水工艺、为克服吸水能力下降而选择合理增注工艺都是注水工艺设计的主要内容。当前国内油田根据各自油田油层特点,分别使用不同的注水工艺及管柱。注水工艺按注入通道可分为油管注水(正注)、套管注水(反注)与油套管同时注水(合注),按是否分层又可分为笼统注水和分层注水。本节主要阐述注水参数设计、注水工艺分类及注水井工艺措施等。

一、注水参数设计

注水参数设计主要是根据油田开发方案配注要求,设计注水量或吸水能力、注水压力和注水温度等参数。由于不同的油田开发指标、生产井数和油藏地质情况有较大差异,因此,单井注水量设计不仅要满足油田开发设计的注水量,还要保证油藏压力能够保持在油藏工程方案设计的水平。

(一) 注水量预测与设计

为保持油藏压力,使油藏注采平衡,根据开发方案确定注采比和日产油量(或实际产量),在油藏不同含水阶段的油田日总注水量可由式(6-7)预测,由此可求得每一口注水井的平均日注水量为

$$Q_w = BCQ_y \left[\frac{B_o}{\rho_o} + \frac{f_w}{(1-f_w)\rho_w} \right] \tag{6-7}$$

式中 Q_w——油田日总注水量,m^3/d;
  B——注采比;
  C——注水系数,取 1.0~1.2;
  Q_y——产油量,t/d;
  B_o——原油体积系数;
  ρ_o, ρ_w——地面原油密度、注入水密度,t/m^3;
  f_w——含水率。

对于速敏较强的油层,注水强度应控制在临界流速以下。但随着含水量的增加,单井日平均注水量的需求增加,这就构成一对矛盾。一般通过试注可获得单井的吸水能力,可检验注水井在有限的注水压力范围内能否满足单井日平均注水量随含水率增加而增加的需求。如果不能满足,必须针对注水井实际情况,采取相应的增注措施。

(二) 注水压力设计

油层物理性质及油层流体性质决定了水驱油流动的最小压差,只有当注水压差大于等于这个最小压差后,油层才开始吸水。油层开始吸水时的注入压差称油层吸水的启动压差。

设计注水压力采用临界压力原则。注入量与井底压力的关系曲线如图 6-16 所示。对于中、高渗透油层,最大井底注水压力不得超过油层破裂压力的 90%;对低渗透油层可进行微破裂压力注水,但井底压力不应超过油层破裂压力的 10%。此外,注水是保持油层压力的基本措施,维持平均油层压力达到某一水平是注水压力设计的基础。注水压差 Δp 为

$$\Delta p = p_{iwf} - \bar{p}_r - \Delta p_r \tag{6-8a}$$

或

$$p_{iwf} = \Delta p + \bar{p}_r + \Delta p_r \tag{6-8b}$$

式中 Δp——注水压差,MPa;
p_{iwf}——井底注水压力,MPa;
$\bar{p}_r$——油层保持压力水平,MPa;
Δp_r——油层注水启动压差,MPa。

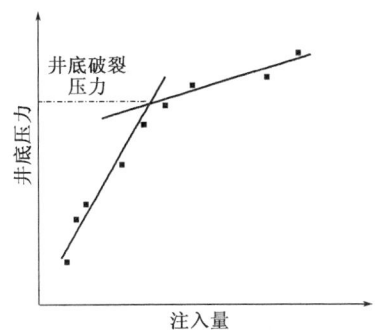

图 6-16 注入量与井底压力关系曲线

由注水井吸水能力公式可知,控制注水量的关键因素是井底砂面注水压差 Δp,增大注水压差可增加单井的注水量。因此,注水压力设计还必须满足注入量 q_{iw} 的要求,即

$$\Delta p = q_{iw}/J_w \tag{6-9}$$

则注水井的井口压力为

$$p_{wh} = p_{iwf} + p_{fr} + p_{vc} - p_h \tag{6-10}$$

式中 p_{wh}——注水井井口压力(国内井口注水装置通常为25MPa),MPa;
p_{fr}——注水井管路摩阻损失,MPa;
p_{vc}——打开配水器节流阀损失和嘴流损失,MPa;
p_h——注水井井筒静水压头,MPa。

合理的注水压力设计还应考虑地面设备和流程的合理压力等级,因为地面管网高压比中压、中压比低压价格约高一倍。所以,设计注水系统压力水平时,应该采用前述方法,预测出不同类型注水井在不同开发阶段的注水压力和油层破裂压力,参照注水系统管网的压力等级系列,推荐合理的注水压力等级。

二、注水工艺分类

(一)笼统注水工艺

笼统注水主要用于不需要分层、不能分层的注水井或注聚合物井,其注水管柱是注水管柱中最简单的一种。基本结构为油管+工作筒+喇叭口(ϕ100mm)。

(二)分层注水工艺

分层注水是根据不同油层的特点及之间的差异,为了较均匀提高各个油层的动用程度,控制高含水层水量、增加低含水层产量而采取的工艺措施,是老油田挖潜、改善开发效果的关键措施,大约50%的注水井都采用分层注水方式。分层注水技术的核心,是以分层吸水能力为基础,按开发要求设计分层注水管柱和分层配水。

国内分层注水的工艺方法比较多,如油管、套管分层注水,单管分层注水,多管分层注水等。其中目前油田最常用的是单管配水器多层段配水的方式。该方式是在井中只下一根管柱,利用封隔器将整个注水井段封隔成几个互不相通的层段,每个层段都装有配水器。注入水从油管入井,由每个层段配水器上的水嘴控制水量,注入各层段的油层中。

1. 分层注水管柱

分层注水管柱一般分为两类:同心式注水管柱和偏心式注水管柱。

1) 同心式注水管柱

同心式注水管柱主要包括固定配水管柱、活动配水管柱和同心集成式注水管柱三种,如图 6-17 所示。

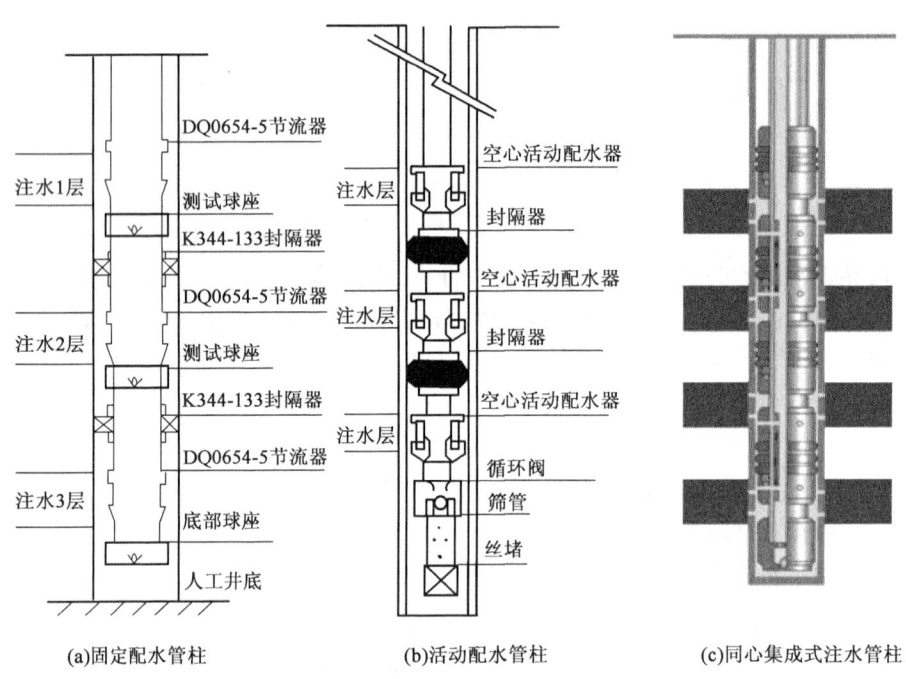

图 6-17 同心式注水管柱

固定配水管柱要求各级配水器启动压力必须大于等于封隔器坐封压力,以保证封隔器坐封。由于采用固定式配水器,换水嘴时需要起下管柱,十分不便,目前已不再使用。

活动配水管柱主要由扩张式封隔器和空心配水器等组成。其配水嘴装在配水器芯子上,各级配水器的芯子直径自上而下从大到小,故应从下而上逐级投送;打捞配水器芯子时相反。由于配水器芯子与管柱轴线同心,为保证每级投送顺利,受油管内通径限制不可能分级过多,一般为三级,最多为四级。换水嘴时只需打捞配水器芯子,不需起管柱。

同心集成式细分注水管柱是在同心集成式注水管柱的基础上开发的,是以主体封隔器的中心管作为配水器的工作筒,每个配水器控制两个分层注水层段。该管柱主要由 Y341-114 可洗井封隔器、可洗井配水封隔器、内捞式配水器组成,可实现四个层段以内的分层注水。

2) 偏心式注水管柱

由于配水器芯子堵塞器与油管轴线不同心,故称偏心。偏心配水器由堵塞器和偏心工作筒组成,通过专用投捞器投捞堵塞器(其中装有水嘴)。该管柱可实现多级细分配水,一般可分4~6个层段,最高可分11个层段;还可实现不动注水管柱而任意调换井下配水嘴和进行分层测试,能大幅度降低注水井调整和测试作业工作量;而且测试任意层段注水量时,不影响其他层段注水,因此偏心配水管柱现在国内外油田已广泛应用。

偏心式注水管柱按其所用封隔器类型又分为可洗井、不可洗井两种管柱;按管柱测试方式的不同可以分为普通偏心式注水管柱[图6-18(a)、图6-18(b)]和桥式偏心式注水管柱[图6-18(c)]两种。桥式偏心式注水管柱既能满足分层注水要求,又可实现分层段高效测压;流量测试可实现单层直接测试,避免了递减法存在的误差;压力测试不用投捞堵塞器,提高了分层资料的准确性和测试效率。

图6-18(a)的普通偏心式注水管柱主要由压缩式封隔器和偏心配水器等组成,而图6-18(b)的普通偏心式注水管柱主要由扩张式封隔器和偏心配水器等组成。要满足洗井要求则必须采用可洗井封隔器。

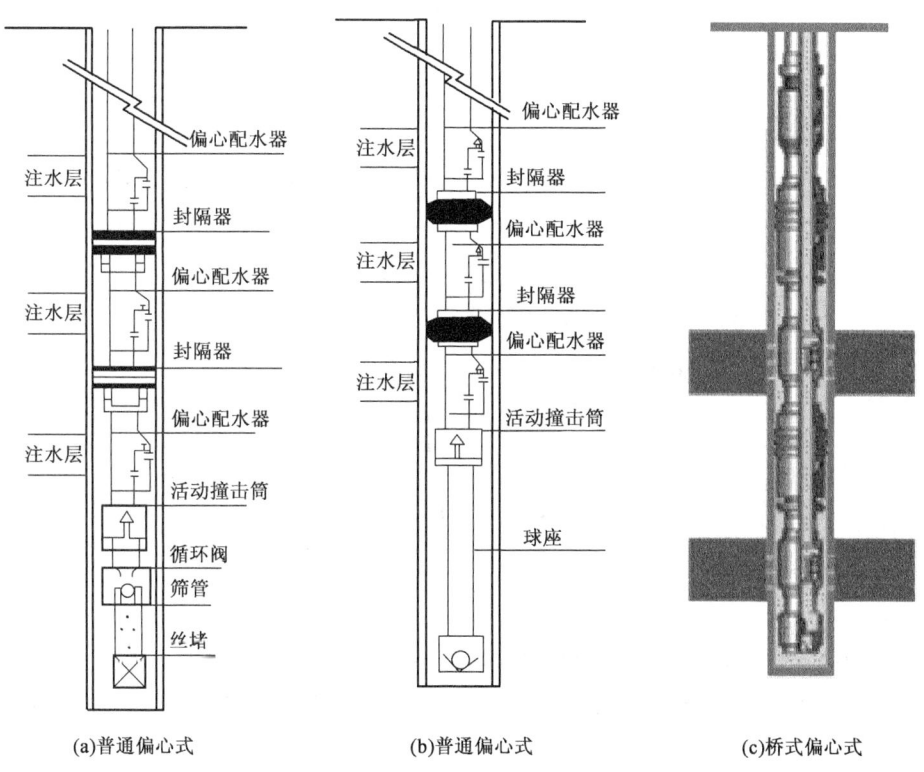

图6-18 偏心式注水管柱

随着注水井井数的不断增加以及层段划分越来越细,注水井测调工作量日益加大,而原有的分层注水技术测调效率低,测试强度大,已无法满足油田开发后期测试工作的需要。目前在桥式偏心配水管柱的基础上已发展了相适应的注水井(智能)测调联动分层注水技术。而研究新的适应深井、高压及高温井的分层注水工艺或智能分注工艺技术是目前的发展方向。

分层配水管柱设计的主要依据是各注水层的注水指示曲线,它反映了注水层吸水能力;另一个依据就是配水嘴的嘴损曲线,它反映了水嘴尺寸、配水量和通过配水嘴时的节流损失三者之间的定量关系,不同结构的配水器的嘴损曲线也不相同。

2. 分层配水技术

分层配水必须利用分层注水指示曲线和嘴损曲线。应注意不同油藏、不同注水井、不同时间,分层指示曲线不都是相同的;且不同种类配水器的嘴损曲线也不都是相同的。分层配水技术的核心就是选择井下水嘴。

1) 分层注水指示曲线和嘴损曲线

同一层段在同一时间和不同时间的分层注水指示曲线的变化,反映了油层吸水能力的变化及井下工具的工作状况。

嘴损曲线可以在实验室通过地面模拟试验来确定。试验时,固定嘴前压力,然后控制出口改变回压,以求得不同压力下的流量。KGD-110配水器的嘴损曲线如图6-19所示。

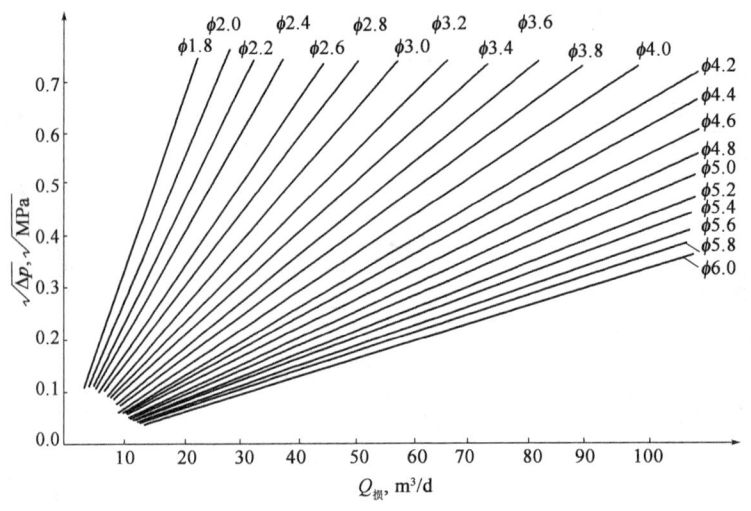

图6-19　KGD-110配水器的嘴损曲线

2) 井下水嘴的选择

注水井的分层定量配水是通过配水嘴来实现的,其实质就是在相同井口注入压力下,利用配水嘴节流损失大小对各层段的注水量进行控制,达到分层配水的目的。因此,可以通过配水嘴需要降低的压力值(即嘴损)来求得配水嘴尺寸。选择水嘴的方法有两种,即嘴损曲线法和原理推算法。

注水层段配水嘴尺寸的选择分两种,一是新投注井进行配水,二是已投注井进行水嘴调配。新投注井进行配水时一般采用嘴损曲线法,已投注井水嘴调配一般采用原理推算法。下面分别加以说明。

嘴损曲线法选择水嘴的步骤如下:

(1) 根据测试资料绘制分层注水指示曲线(按实测井口压力绘制),如图6-20所示;

(2) 在分层指示曲线上,查出与各层段配注水量 Q_d 相对应的分层井口配注压力 p_d;

(3) 用设计好的井口注入压力减去分层井口配注压力,得到各层的(井口)嘴损压差 p_{cf};

(4) 根据各层嘴损压差和需要的配注量在嘴损曲线(图6-21)上查得水嘴尺寸和个数。

原理推算法一般用于已下配水管柱的井,经过测试,水量达不到配注方案要求时,需要立即进行调整。调整步骤如下:

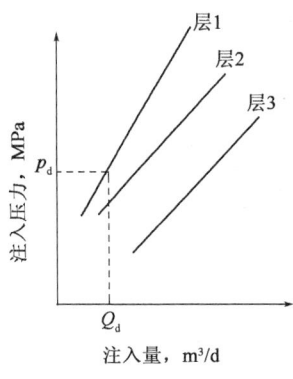

图 6-20 分层注水指示曲线

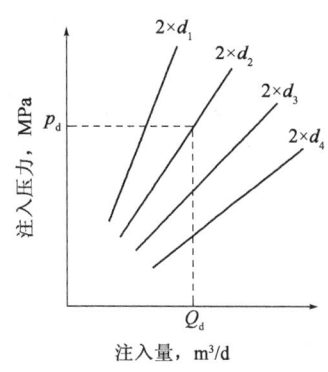

图 6-21 嘴损曲线

(1)据测试资料绘制真实分层注水指示曲线(按有效井口压力绘制);

(2)根据实际注水量 Q_d 和分层配注量 Q_s,在真实分层注水指示曲线上查出与实际注水量和配注量相对应的分层井口配注压力,二者压差 $(p_d - p_s)$ 即为嘴损压差 Δp;

(3)在嘴损曲线上,用实际注入量和原水嘴尺寸 d_0 交点所对应的嘴损压力,按 Δp 的正负,向上或向下截取 Δp,与配注量相交于某一水嘴尺寸上 d_1,这一水嘴即为该层所要求调配的水嘴,如图 6-22 所示。

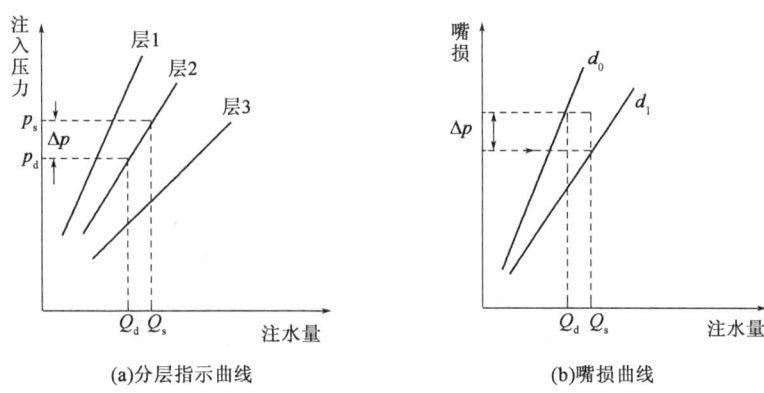

(a)分层指示曲线 (b)嘴损曲线

图 6-22 原理推算法水嘴调配示意图

实际上,对于调整水量不大的层段选配水嘴直径时,还可采用下式进行简易计算:

$$d_1 = d_0 \sqrt{Q_1/Q_0} \tag{6-11}$$

式中 d_0, d_1——调整前、后水嘴直径,mm;

Q_0——实际注水量,m³;

Q_1——要求配注量,m³。

该方法与原理推算法结果相差 0.1~0.2mm。

三、注水井工艺措施

(一)注水井工艺措施分类

注水井工艺措施主要包括:(1)改变注水井工作制度的措施;(2)黏土控制措施;(3)注水井增注措施(如压裂、酸化,见第七章、第八章);(4)注水井调堵措施(见第十章)。各种工艺措施都有其特定的目的和适应性。注水井吸水能力变化诊断是工艺措施的前提,只有在全面掌握注水井故障及原因的基础上,才能进行有针对性的措施决策,进而开展工艺措施设计与施工、评价。

(二)改变注水井工作制度的措施

改变注水井工作制度的措施主要有:(1)优化高压注水;(2)脉冲注水;(3)改变液流方向;(4)单层开采;(5)停止注水等。经过多年实践发展起来的成熟技术主要有以下几个。

1. 增压注水

由于油层堵塞、渗透率下降或者油层压力回升,在原注水压力下不能满足配注要求,或为了启动低渗透层段的注入,可进行增压注水。增压注水是提高井底砂岩面注入压力,来增加注水井吸水量的工艺措施。如提高注入系统的泵压或在配水间添加增压泵或在井下利用潜油电泵增压。优化管柱结构,降低井下管柱压力损耗也可作为一种增压注水措施。在实施增压注水前,必须做可行性研究,检验管网、套管的承压强度和选择增压方法。

增压注水提高了注水压差,使在低注入压力下不吸水的油层吸水。增压注水可使油层产生微小裂缝,以提高吸水能力。室内试验结果是:当注入时的井底压力大于岩柱压力时,油层渗透率将随井底压力与岩柱压力之差的增加而增加。其原因是:当注入井井底压力大于岩柱压力后,由于颗粒间的应力减小,颗粒发生移动,岩层孔隙结构被破坏,原关闭孔隙和敞开孔隙间的隔墙被打开,在大压差下,小孔道产生了流动。

提高注水压力后,可使一些低渗透层吸水而增加吸水层厚度,但并不能保证各层吸水能力均衡增加。在高注水压力下,高渗透层的吸水能力也要增大。在裂缝性灰岩中采取高压注水,常导致油井暴性水淹。所以要根据油层的具体情况选择注入压力,保证得到最好的注入效果。

2. 脉冲注水

脉冲水嘴增压的基本理论是流体瞬间理论和水声学原理。高压水流过亥姆霍兹振荡器可产生大幅度脉动,形成高频水射流。实验测试发现,注水压力 10MPa 时,出口压力可达 11.2MPa 左右。脉冲注水技术的关键是谐振腔几何尺寸的设计。产生谐振有两个重要条件,一是谐振频率与腔体结构,二是剪切层放大的条件与腔体结构关系。国内已有多家脉冲水嘴的生产厂家供选择。

采用脉冲水嘴增注,不改变原有的配水工艺和测试工艺,有较强的适用性,不需增加投资。此外,在频率选择适合的情况下,产生的高频压力脉冲,使油层近井带的污染物松动脱落,提高注入水中固相颗粒及异相液滴在水中的分散均匀度,使其不易附着在油层孔隙的壁面上,从而起到解堵、防堵、增注的作用。

3. 周期注水

周期注水也称间歇注水或不稳定注水,它是周期性地改变注水量和注入压力,在油层中形成不稳定的压力状态,引起不同渗透率层间或裂缝与基岩块间液体的相互交换,同时促进毛管渗吸作用,并增大其渗吸深度。各层间渗透率差异越大,在压力重新分布时,层间液体交换能力越强,周期注水效果越好。因此,油层具有较强的非均质性,尤其是纵向非均质性,是采用周期注水的必要条件。

周期注水开始的时间不仅影响注水效果的大小,而且还会影响见效时间的长短和达到最佳效果的时间。一般认为,应尽早实施周期注水,如油井含水率小于等于 70% 前,周期注水效果较好。

一般地，随着注水量相对波动幅度的增加，相对增产油量也成比例增加，然而，在实际情况下，由于注水压力系统中泵的排量及压力限制，即使通过采取措施（如采用井口增压泵），也只能使注水量相对波动幅度达到 0.5~0.8。在周期注水时，最好使注入水量的波动幅度因数接近于 1，即在增大注水量的半个周期内，将注水量增大一倍，而在降低注水量的半个周期内关井停注；配注水量仍以注采平衡为前提。周期注水扩大了水驱的波及体积，提高了注入水的利用率，注水量可相对减少，大约为连续注水量的 85%，且综合含水率下降。

合理的间注周期既要保证停注后油水置换所需时间，又要保持一定的压力水平使产油量保持相对稳定。因此，间注周期应根据区块开发的实际情况而定，不同含水阶段、不同压力水平所需间注周期也应有所区别。在低含水阶段，周期注水间注周期不宜过长（如 50~70 天），在中高含水阶段，停注时间可以适当延长；压力水平较高，停注时间可适当延长；当流压在最低流压界限时，应适当缩短停注时间而延长注水时间，以恢复压力为主，避免因原油脱气造成泵的充满系数下降。注水和停注的时间视油层特性加以确定，不宜相差太大。为了保证周期注水效果，周期时间应随周期的增加按抛物线规律依次渐渐延长。

(三) 黏土控制措施

黏土膨胀、分散、运移等都将引起吸水能力大幅度下降。防止注水过程中的黏土膨胀也是一种有效的增注措施。常用的方法有：黏土防膨剂段塞注入或黏土收缩剂段塞注入、矿化度梯度注水、强磁增注或磁化抑膨技术。

1. 黏土防膨剂段塞注入技术

黏土防膨剂的选择和注入方式是其技术的核心要点。由于黏土矿物成分和油层岩石的差异，没有一种固定的现成防膨剂通用于各油层，筛选防膨剂是最重要的技术工作。在注水过程中进行防膨处理，其注入方式有段塞注入和连续注入，周期性注入加防膨剂段塞可降低成本。在停止加防膨剂注水后，其注水量降低到一定值时，或经酸化等作业的新鲜岩面，需先注入段塞，然后再注水。

黏土防膨剂可分为无机盐类、无机物表面活性剂、离子型表面活性剂（有机物离子表面活性剂）以及无机物离子型表面活性剂复配物。这个顺序也是黏土防膨剂发展的大致历程。无机盐类，如 KCl、NH_4Cl，有效期短；无机物表面活性剂，如铁盐类，施工条件严，成本高；离子型表面活性剂是目前常用的防膨剂，如聚季胺，有效期长，成本较低，施工容易。无机盐和有机物混合的处理剂也已开始应用，它综合二者的性能，降低了成本，提高了有效期。

防膨剂的筛选必须经过初选和渗流防膨效果评价。初选是将油层的岩屑粉碎过筛后，称量，等量分析加入有防膨剂的水（或注入用水）中，浸泡一定的时间，对比其前后的重量变化，其变化最小的防膨剂及配方为最佳。渗流防膨效果评价，是将初选的防膨剂加入注入水中，经岩心模拟注入试验，测定其渗透率的变化值，如果变化小即初选正确，可用于现场；否则，重新初选，再进行渗流防膨效果评价。

2. 矿化度梯度注水

注入水与油层水矿化度相差太大是引起严重的黏土膨胀、分散、运移的外因，注入水（特别是淡水）矿化度较低，注入油层后，打破了黏土矿物与油层水的相对平衡，黏土矿物受到注入水矿化度的突变冲击导致黏土水化膨胀。国内外大量研究表明：如果将矿化度突变冲击程度减弱，可减缓岩石渗透率的伤害。由于各级矿化度间距不大，受到的环境冲击很小，即使有少量的黏土矿物水化膨胀、分散、运移,也被该级矿化度的注入水推至远离井壁的地方,并逐渐向前推移。由于分散微粒相对量小,对远离井壁区渗透率影响不大。将这种注入水矿化度从油层水矿化度逐渐降至水源水矿化度的注水方法称为矿化度梯度注水,简称梯度注水。

梯度注水设计内容主要是矿化度梯度等级和各级注入体积。一般地矿化度梯度越小,油层伤害减小。应用注入层岩心做矿化度梯度(用NaCl调整注入水矿化度)流动实验,绘制矿化度梯度与渗透率下降的关系曲线。以等伤害率为级差设计矿化度梯度级差,且为了注水操作,级差数设6～8级为宜。各级注入体积应保证3倍注水井油层径向流最小半径的体积量。射孔井有限元的数值模拟研究发现,大约60倍井筒半径(射孔孔眼端点)距离内,服从三维渗流规律,压力损失大;在此范围以外,基本服从平面径向流、压力损失较小;再往更远处,压力损失小或渗流阻力小,油层渗流速度小,服从线性渗流规律。一般地,取裸眼井筒半径0.1m,射孔弹地下穿深0.25m,注水井油层径向流最小半径20m左右。第一倍孔隙体积水量处理三维渗流空间;第二倍孔隙体积水量驱除三维渗流空间内已形成的水化膨胀、分散、运移的黏土微粒;第三倍孔隙体积水量是适应性注入且具有第二倍水量的作用。注入速度和注入压力按正常注水操作。

在实际应用时,可将矿化度梯度注水与黏土防膨段塞注入交替进行或联合进行。此外,可利用螯合多价金属络合物防止黏土水化膨胀或使水化后的黏土凝聚。

3. 磁化抑膨技术

经磁化处理后,水系统许多物理化学性质将发生变化:

(1)表面张力、润湿性(水)下降10%～15%;
(2)水的凝聚性和油层吸附力增加;
(3)渗透速度增加一个数量级,岩心渗透率增加4%～20%;
(4)pH值增加0.1～0.5;
(5)水的电离度、介电常数增大,溶液电动势下降;
(6)当磁场强度$H \geq 0.4 \times 10^5 A/m$时,钢的腐蚀速度减少30%;
(7)在离子交换方面,向着朝向阳离子吸附方向移动;
(8)黏土膨胀率下降47%($H = 0.9 \times 10^3 A/m$)。

可见水磁化后,注入水性质得到改善。

利用强磁处理注入水抑制黏土膨胀,可使注水井吸水量增加30%左右或井口压力下降20%～30%。一般在注水流程的井口或井下安装一个磁化器(井口进水管线上安装外磁式磁化器,井下安装内磁式磁化器),并要求高磁场强度,水流经磁场的速度≤2.0m/s。

利用磁化水抑制黏土膨胀前,仍要求用黏土防膨剂段塞注入预处理注入层。

若将上述三种黏土防膨技术综合应用将大幅度提高防膨效果。

注水井的工艺措施,是注水工艺充满活力的研究领域。工艺措施的发明、开发、推广不断革新注水技术,提高了注水开发油田的效果。

习　题

6-1　油田为什么要进行注水开发?注水开发的优势是什么?

6-2　注水过程中造成油层堵塞的原因主要有哪些?

6-3 注水过程中引起腐蚀的因素是什么？哪类腐蚀因素造成的危害最大？
6-4 硫化氢和二氧化碳的腐蚀机理是什么？细菌腐蚀危害的表现是什么？
6-5 注入水水质指标有哪些？
6-6 水质指标设计过程是什么？
6-7 油田常见注入水水质处理措施有哪些？
6-8 什么是吸水指数？注水井吸水能力确定方法有哪些？
6-9 如何通过吸水指示曲线的改变判断油层吸水能力变化？
6-10 注水工艺参数有哪些？什么是分层注水？为什么要分层注水？

第七章 水力压裂

水力压裂是油气井增产、注水井增注的一项重要技术措施,不仅广泛应用于低渗透油气藏,而且在中、高渗透油气藏的增产改造中也取得了很好的效果。它是利用地面高压泵组,以超过地层吸液能力的排量将高黏压裂液体注入井中,在井底憋起高压,当此压力大于井壁附近的地应力并达到岩石抗张强度时,便在井底附近地层产生裂缝;继续注入压裂液使水力裂缝逐渐延伸;随后注入带有支撑剂的携砂液,裂缝继续延伸并填以支撑剂,关井后裂缝闭合在支撑剂上,从而在井底附近地层内形成具有一定几何尺寸和导流能力的填砂裂缝,从而实现油气井增产和注水井增注。水力压裂工艺(动画7-1、动画7-2)主要用于砂岩油气藏,在部分碳酸盐岩油气藏也得到成功应用。

动画7-1 水力压裂工作原理1

动画7-2 水力压裂工作原理2

水力压裂增产增注的机理主要体现在:(1)沟通非均质性构造油气储集区,扩大供油面积;(2)将径向流动改变为线性流和拟径向流,从而改善近井地带的渗流条件;(3)穿透井底附近污染带,解除堵塞。

第一节 地应力与水力裂缝延伸方位

水力压裂裂缝的形成和延伸都是一种力学行为,而且裂缝的形态与方位对有效发挥压裂的油藏改造作用十分重要,因此必须了解水力压裂裂缝的起裂与延伸过程的力学机制。本节从地应力场分析及获取方法入手,介绍水力裂缝的形态与方位、破裂压力预测方法。

一、地应力

地应力不但影响水力压裂造缝过程,而且通过井网与人工裂缝的配合关系影响油藏开发。存在于地壳内的应力称为地应力,它是由于地壳内部的垂直运动和水平运动及其他因素综合作用引起介质内部单位面积上的作用力。地应力包括原地应力和扰动应力两部分。前者主要包括重力应力、构造应力、孔隙流体压力和热应力等;后者主要是指由于人工作用引起的扰动应力。

地下岩石一般处于三向压应力状态,通常是三个相互垂直且不相等的主应力,即作用在地下岩石单元体上的垂向压力 σ_z 和水平应力 σ_H(又可分为两个相互垂直的水平主应力 σ_x 和 σ_y)。

(一)垂向压力

垂向压力 σ_z 是指沉积盆地中的储层受到上覆岩层重力作用而引起的应力分布。

$$\sigma_z = 10^{-6} \int_0^H \rho_r(h) g \mathrm{d}h \tag{7-1}$$

式中　σ_z——深度 H 处的垂向应力,MPa;

$\rho_r(h)$——随深度变化的上覆岩体密度(砂岩一般为 $2100\sim2500\mathrm{kg/m^3}$),$\mathrm{kg/m^3}$;

H——压裂层位深度,m;

g——重力加速度,$9.81\mathrm{m/s^2}$。

在地层中孔隙流体压力作用下,部分上覆岩层的重力被孔隙流体压力所支撑,如图 7-1 所示。但由于颗粒间胶结作用,孔隙压力并未全部支撑上覆地层压力,因而有效垂向应力为

$$\overline{\sigma}_z = \sigma_z - \alpha p_s \tag{7-2}$$

式中　α——Biot 孔隙弹性常数。

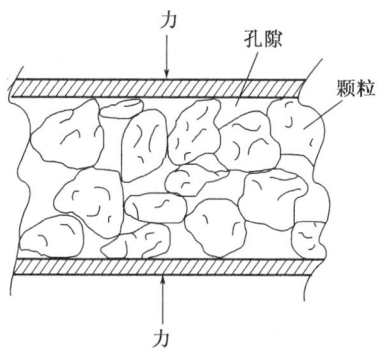

图 7-1　孔隙压力承载部分载荷
(总压力 = 孔隙压力 + 由固体颗粒承受的有效应力)

假设地层岩石为理想的均质各向同性线弹性体,且岩体水平方向上应变受到限制,即 $\varepsilon_x = 0, \varepsilon_y = 0$。由于泊松效应,弹性状态下垂向载荷产生的水平应力分量由广义胡克(Hook)定律计算,考虑构造应力的影响,可得到最大和最小水平应力为

$$\sigma_{\mathrm{Hmax}} = \frac{1}{2}\left[\frac{\xi_1 E}{1-\nu} - \frac{2\nu(\sigma_z - \alpha p_s)}{1-\nu} + \frac{\xi_2 E}{1+\nu}\right] + \alpha p_s \tag{7-3}$$

$$\sigma_{\mathrm{Hmin}} = \frac{1}{2}\left[\frac{\xi_1 E}{1-\nu} - \frac{2\nu(\sigma_z - \alpha p_s)}{1-\nu} - \frac{\xi_2 E}{1+\nu}\right] + \alpha p_s \tag{7-4}$$

式中　$\sigma_{\mathrm{Hmax}}, \sigma_{\mathrm{Hmin}}$——地层水平方向的最大和最小水平应力,MPa;

ξ_1, ξ_2——水平应力构造系数,可根据室内实验结果推算;

E——地层岩石杨氏弹性模量,MPa;

ν——地层岩石泊松比。

E 和 ν 是反映地层岩石的力学特征参数,与岩石类型和所受到的围压有关。假设水平应力场均匀,则有

$$\overline{\sigma}_x = \overline{\sigma}_y = \frac{\nu}{1-\nu}\overline{\sigma}_z \tag{7-5}$$

砂岩的泊松比一般在 $0.15\sim0.27$(表 7-1),泊松比越大,水平应力越接近垂向应力。考虑孔隙流体压力后的地层水平应力为

$$\sigma_x = \sigma_y = \frac{\nu}{1-\nu}(\sigma_z - \alpha p_s) + \alpha p_s \qquad (7-6)$$

表7-1 常见岩石的泊松比与杨氏弹性模量

岩石类型	杨氏弹性模量,10^4MPa	泊松比	岩石类型	杨氏弹性模量,10^4MPa	泊松比
硬砂岩	4.4	0.15	砾岩	7.4	0.21
中硬砂岩	2.1	0.17	白云岩	4.0~8.4	0.25
软砂岩	0.3	0.20	花岗岩	2.0~6.0	0.25
硬灰岩	7.4	0.25	泥岩	2.0~5.0	0.35
中硬灰岩	—	0.27	页岩	1.0~3.5	0.30
软灰岩	0.8	0.30	煤	1.0~2.0	0.30

(二) 构造应力

构造应力是指构造运动引起的地应力增量。它可以使相邻不同岩性地层受到的应力显著不同,而以矢量形式叠加在地层重力应力场中,使得水平应力场不均匀,因此,水平面地应力数值还与构造应力强弱有关。一般而言,在断层和裂缝发育区是应力释放区,例如,在正断层,水平应力 σ_x 可能只有垂向应力 σ_z 的 1/3,而逆断层或褶皱地带的水平应力可以大到垂向应力 σ_z 的 3 倍。通常,构造应力只有两个水平主应力,属于水平的平面应力状态,而且挤压构造力引起挤压构造应力,张性构造力引起拉张构造应力。

(三) 热应力

热应力是指由于地层温度变化在其内部引起的内应力增量,热应力主要与温度变化和岩石热力学性质有关。火烧油层、注热水和注蒸汽可以改变油藏乃至整个油层的主应力大小和方向。在地质条件允许产生热膨胀的岩石中,受热过程会产生明显的张应力。瞬时张应力随受热速率和冷却速率增加而增加。

假设岩石为各向同性材料,温度改变时地层能够很快传递和消耗由于温度引起的垂向应力改变,使垂向主应力保持与上覆岩层重力平衡。将油藏边界视为无穷大,其侧向应变受到约束,温度引起的水平应力增量 $\Delta\sigma_x$、$\Delta\sigma_y$ 为

$$\Delta\sigma_x = \Delta\sigma_y = \frac{\alpha_T TE\Delta T}{1-\nu} \qquad (7-7)$$

式中 σ_T——岩石热膨胀系数,$℃^{-1}$;

T,ΔT——地层温度和地层温度增量,℃。

二、水力裂缝延伸方位

在天然裂缝不发育的地层,压裂裂缝形态(垂直缝或水平缝)取决于其三向应力状态。根据最小主应力原理,水力压裂裂缝总是产生于强度最弱、阻力最小的方向,即岩石破裂面垂直于最小主应力轴方向。当 σ_z 最小时,形成水平裂缝;当 σ_z 最大时,形成垂直裂缝。若 $\sigma_z>\sigma_x>\sigma_y$,裂缝面垂直于 σ_y 方向;若 $\sigma_z>\sigma_y>\sigma_x$,裂缝面垂直于 σ_x 方向,如图7-2所示。

显裂缝地层很难出现人工裂缝;而微裂缝地层可能出现多种情况,可以垂直于最小主应力方向,也可能基本上沿微裂缝的方向发展,把微裂缝串成显裂缝。

目前,测定压裂裂缝方向的常用方法有声波测定、井壁崩落法、地面电位法、井下微地震法和水动力学试井等。

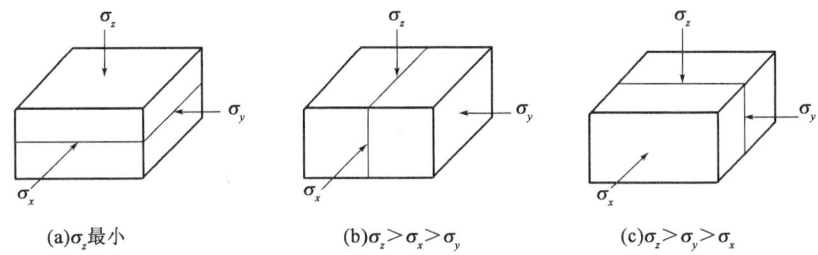

(a) σ_z 最小 (b) $\sigma_z > \sigma_x > \sigma_y$ (c) $\sigma_z > \sigma_y > \sigma_x$

图 7-2 人工裂缝方向示意图

三、破裂压力梯度

破裂压力梯度 α_F 为某点破裂压力 p_F 与该点深度 H 的比值,即

$$\alpha_F = \frac{p_F}{H}$$

(一)理论计算

忽略构造应力和岩石抗张强度的影响,对于均匀水平应力场,假设孔隙弹性常数为 1,则破裂压力梯度为

$$\alpha_F = \frac{p_F}{H} = \frac{2\nu}{1-\nu} \cdot \frac{\sigma}{H} + \frac{1-3\nu}{1-\nu} \frac{p_s}{H} \tag{7-8}$$

该式忽略了构造应力和岩石抗张强度影响,因而与实际情况有些差异。

(二)统计方法

油田使用的破裂压力梯度通常是根据大量的压裂实践统计出来的。一般范围为 0.015~0.025MPa/m,新疆焉耆盆地个别井达到 0.036MPa/m。根据破裂压力梯度可以大致估算压裂裂缝形态。当 $\alpha_F < 0.015~0.018$ MPa/m,形成垂直裂缝;当 $\alpha_F > 0.022~0.025$ MPa/m,形成水平裂缝。

第二节 压 裂 液

压裂液及其性能是影响压裂成败和施工成本的诸多因素中最重要的因素。压裂液类型及其性能对能否形成一条足够尺寸的、有足够导流能力的裂缝和减少对储层的伤害、最大程度改善增产效果是有重大影响的。压裂液技术是压裂液分子理论、压裂液添加剂与配方体系和压裂液工程应用技术的组合技术。其发展方向是在满足压裂施工造缝、携砂的条件下,实现压裂液低成本和低伤害。

一、压裂液的作用与基本性能

压裂液是水力压裂改造油气层过程中的工作液,是由多种添加剂按一定配比形成的非均质不稳定化学体系。它起着传递压力、形成和延伸裂缝、携带支撑剂的作用,并能破胶与返排,尽可能减少对储层的伤害。

压裂液性能的好坏直接影响压裂作业的成败,尤其对于大型压裂(MHF),这种影响更为突出。一般衡量压裂液性能的指标主要有黏度、交联时间、滤失性能、破胶性能、助排性能、与储层的配伍性及岩心伤害率。

(1)压裂液黏度性能,包括未交联基液的黏度、交联后冻胶的热稳定性和耐温耐剪切能力、按幂律模型处理的流体流变性能稠度系数 k 与流动行为指数 n'。

(2)交联时间,是降低施工摩阻和减小冻胶机械降解能力的重要途径之一。测试方法为漩涡封闭法,即在盛有一定基液的混调器中,以一定转速旋转,形成漩涡见底,观察交联剂加入漩涡封闭的时间为交联时间。

(3)压裂液滤失性能,反映了压裂液施工效率。以在一定温度和压差作用下,密闭容器内液体通过单位渗滤面积的滤失量表征,表征参数有初滤失量、造壁滤失系数和滤失速率。

(4)压裂液破胶性能,反映在地层温度下压裂液破胶快慢和黏度降低的程度,测定参数包括破胶时间、破胶液黏度和破胶后残渣含量。

(5)助排性能,反映压裂液降低毛细管阻力能力的大小,测试参数包括滤液或破胶液的表面张力、界面张力和接触角。

(6)与储层的配伍性,反映压裂液滤液或破胶液与储层岩石和流体的相容性,包括油水乳化程度及破乳率、是否形成沉淀物以及防膨率。

(7)岩心伤害率,综合反映压裂液滤液或破胶液流经岩心后渗透率的变化,以压裂液滤液通过岩心前后渗透率的递减百分数表征。

另外,压裂液应尽可能地接近模拟现场条件下评价表征压裂液性能。因此,理想压裂液必须满足以下性能要求:

(1)与地层岩石和地下流体的配伍性。

(2)有效地悬浮和输送支撑剂到裂缝深部,如动画7-3所示。

(3)滤失少。这是造长缝、宽缝和提高压裂液效率的重要要求,主要取决于压裂液黏度和造壁性,加入降滤剂可大大降低滤失量。

(4)低摩阻。在设备功率有限条件下,提高压裂设备效率。

(5)低残渣、易返排。降低对生产层的伤害和对填砂裂缝渗透率的影响。

(6)热稳定性和抗剪切稳定性。保证压裂液不因温度升高或流速增加引起黏度大幅度降低。

(7)货源广、便于配制和价格便宜。

动画7-3 支撑剂悬浮实验

二、压裂液的类型

按泵注顺序和所起作用不同,压裂液分为预前置液、前置液、携砂液和顶替液,前置液和携砂液将是整个压裂工作液的主要部分。

(1)预前置液,降温保证压裂液的黏温性,充分减缓压裂液对储层伤害,主要针对储层高温、或水敏、或结垢、或含蜡量等。预前置液的用量通常为前置液量的1/3。

(2)前置液,即不含支撑剂的压裂液,用于形成和延伸地层裂缝,为支撑剂进入地层而建立必要的空间,同时可以降低地层温度以保持压裂液黏度。

(3)携砂液,用于进一步延伸裂缝,将支撑剂带入压裂裂缝预定位置,充填裂缝而形成高渗透支撑裂缝带。携砂液实质上是一种混有支撑剂的压裂液,用量很大,视地层情况、液体性能和改造规模而定。

(4)顶替液,用于将井筒内携砂液全部顶入地层裂缝避免井底沉砂。

对于压裂井段的射孔孔眼有堵塞、或孔眼处结垢、或蜡堵等情况,在注入预前置液前还可使用清孔液,以充分疏通孔眼,以利于压开水力裂缝和压后产出。

压裂液按照组成不同可以分为水基压裂液、油基压裂液、乳化压裂液、泡沫压裂液和清洁胶束压裂液等。国内外压裂液类型及使用情况见表 7-2。

表 7-2 国内外压裂液类型及使用情况

压裂液类型	优点	缺点	适用范围	使用比例,% 国外	使用比例,% 国内
水基压裂液	廉价、安全、可操作性强、性能好	浓度高,残渣、伤害较高	除强水敏性储层外均可使用	60~65	≥90
泡沫压裂液	密度低、易返排、伤害小、携砂性好	施工压力高、需特殊设备	低压、水敏储层	25~30	≤3.0
油基压裂液	配伍性好、密度低、易返排、伤害小	成本高、安全性差、耐温较低	强水敏、低压储层	≤5.0	≤3.0
乳化压裂液	残渣少、滤失低、伤害较小	摩阻较高、油水比例较难控制	水敏、低压储层、低中温井	≤5.0	≤2.0
清洁胶束压裂液	无聚合物、无残渣、低伤害	黏度低、滤失较大、成本高	高渗透油气储层	≤2.0	试验

目前,约有 70% 的压裂采用瓜尔胶和羟丙基瓜尔胶为主的水基压裂液,5% 为油基压裂液,25% 采用增能气体。

(一) 水基压裂液

水基压裂液是目前国内外使用最广泛的压裂液。除少数低压、油湿、强水敏地层外,它适用于多数油气层和不同规模的压裂改造。其主要问题是在水敏地层引起黏土膨胀和迁移,在井眼附近引起油水乳化、未破胶聚合物、不相容残渣和添加剂引起支撑裂缝带渗透率损失。水基压裂液包括活性水压裂液、稠化水压裂液和水基冻胶压裂液。

水基冻胶压裂液由水、稠化剂、交联剂和破胶剂等配制而成。用交联剂将溶于水的稠化剂高分子进行不完全交联,使具有线性结构的高分子水溶液变成线型和网状体型结构混存的高分子水冻胶,或者说水基冻胶压裂液是交联了的稠化水压裂液,如图 7-3 所示。

(1) 稠化剂。稠化剂是水基冻胶压裂液的主体,用以提高水溶液黏度、降低液体滤失、悬浮和携带支撑剂。主要用的稠化剂有植物胶及衍生物、纤维素衍生物和工业合成聚合物。典型的植物胶是瓜尔胶(G)和田菁粉(T),国内也用过香豆子、皂仁、槐豆、魔芋等天然植物胶。但天然植物胶压裂液残渣含量高、热稳定性差、抗剪切稳定性弱,为了改善这些性质,往往需要进行改性开发。

(2) 交联剂。交联剂是能与聚合物线型大分子交联形成新的化学键,使其联结成网状体型结构的化学剂,如图 7-4 所示。聚合物可交联的官能团和聚合物水溶液的 pH 值共同决定了交联剂类型。常用交联剂为两性金属(或非金属)含氧酸盐。大多数两性金属含氧酸盐在 pH=7~11 溶液中,羟基合物阴离子通过极性键和配位键与含有邻位顺式羟基的各种非离子型半乳甘露聚糖植物胶及衍生物交联。典型产品为有机硼交联剂,此外,还有无机盐类两性金属盐、无机酸酯和醛类。

(3) 破胶剂。破胶剂是使黏稠压裂液有控制地降解成能从裂缝中返排出的低黏度压裂液的添加剂。水基压裂液中常用的破胶剂是氧化破胶剂,也有生物酶体系和有机弱酸等,温度对选择破胶剂有重要影响。常用的氧化破胶剂是过硫酸盐。油基压裂液中典型的破胶剂是碳酸铵盐、氧化钙和/(或)氨水溶液,采用弱酸降解该体系效果有限。

图 7-3　水基压裂液

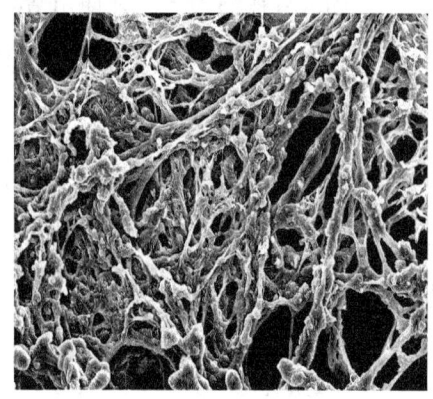
图 7-4　交联剂电镜扫描图

(二) 油基压裂液

油基压裂液是以油(原油、汽油、柴油、煤油及凝析油)为溶剂或分散介质,加入各种添加剂形成的压裂液。现今最普遍采用的稠化剂是铝磷酸酯与碱的反应产物,典型油基压裂液为有机脂肪酸与无机非金属氧化物五氧化二磷生成的磷酸酯均匀混入基油中,用铅酸钠进行交联,可形成磷酸酯铝盐的网状结构,使油成为油冻胶。铝磷酸酯盐冻胶改善了原油的稠化,并提高了温度稳定性。20 世纪 90 年代初,进一步完善了的油基压裂液体系,以原油为介质,磷酸酯为稠化剂,铝酸盐为交联剂,醋酸盐为破胶剂,并通过两次交联过程,实现了现场施工的连续混配,缩短了交联时间,优化用量,改进流变性能,耐温能力达 120~130℃,实现了高砂比施工。

在某些情况下,使用油基压裂液有利于避免对水敏性产油层使用水基压裂液而引起的地层伤害。油基压裂液适用于低压、偏油润湿、强水敏性储层。使用油基压裂液的首要缺点是易燃性,并且大多数情况下,油基压裂液的泵送摩阻明显高于水基压裂液的。与水相比,使用油品时静水压头较小,所以要求泵送压力也较高。由于以油为介质,添加剂用量大,成本高,施工安全性差,现场配制及质量控制较难。

(三) 乳化压裂液

乳化压裂液是用表面活性剂稳定的两种非混相的高黏分散体系。水相有水或盐水、聚合物稠化水、水冻胶和酸类、醇类,油相有现场原油、成品油和凝析油。

最常用的是聚乳状液,典型组成是 1/3 稠化盐水(外相) + 2/3 油(内相) + 成胶剂、表面活性剂。内相百分比越大,黏度越高,内相浓度低于 50% 则黏度太低,高于 80% 则乳化液不稳定或黏度太高。

乳化压裂液的主要特点是:乳化剂被岩石吸附而破乳,故排液快,对地层伤害小;摩阻特性介于线性胶和交联液之间;温度增加,聚状乳化压裂液变稀,限制了在高温井的应用;而且成本高(除非油相能有效回收)。

(四) 泡沫压裂液

泡沫压裂液是气体分散于液体的分散体系,典型组成是水相 + 气相 + 起泡剂。水相为稠化水、水冻胶、酸液、醇或油;气相为 CO_2、N_2、空气;起泡剂多为非离子型表面活性剂。泡沫压

裂液的黏度稳定性取决于泡沫干度(泡沫质量),即

$$泡沫干度(泡沫质量) = \frac{气体体积}{泡沫液总体积}$$

气泡提供了高黏度和优良的支撑剂携带能力。在施工过程中,保持稳定的泡沫,干度范围极为重要。典型的压裂施工设计达到70%~80%干度的泡沫,这意味着压裂液的70%、75%或80%是气。一般随着泡沫干度从60%增到90%,泡沫的稳定性和黏度也增大。超过90%,泡沫恢复成雾状。液气混合时的扰动产生气泡,气泡乳化到液体中形成随时间会慢慢破裂的泡沫。在大气压条件下,用来产生泡沫的液体有一半从泡沫中破出所需的时间为泡沫的半衰期。通过加入表面活性剂覆盖气泡表面可以稳定水包气乳化液,添加聚合物到液体中也有助于泡沫的稳定。70%~80%干度的泡沫使用高质量起泡剂一般有3~4min的半衰期,添加聚合物稳定剂可使半衰期增加到20~30min。

当使用CO_2泡沫时,泵入液态CO_2以代替干燥的气体,在混合时并未形成气液泡沫,到储层条件下,液态CO_2转化为气态时,乳化液才转变为泡沫,使用N_2时只要干度在60%~90%,就会形成真正的泡沫。

泡沫压裂液具有易返排、低滤失、黏度高、携砂能力强、对储层伤害小等优点。其不足之处在于压裂施工中需要较高的注入压力、特殊的设备装置、施工难度大。泡沫压裂液适用于低压、强水敏性储层。

三、压裂液添加剂

为满足对压裂液性能要求,需要加入多种添加剂(表7-3)。

表7-3 常用压裂液添加剂类型

添加剂种类	作　用	举　例
稠化剂	增黏溶剂、并提供可交联基团	植物胶及其衍生物
交联剂或螯合剂	提供交联离子、交联稠化剂	无机硼、有机硼、钛、锆
杀菌剂(细菌抑制剂)	杀灭压裂液基液中的细菌	季胺或醛类
消泡剂	抑制压裂液配制过程中泡沫形成	
降滤失剂	降低压裂液滤失量	柴油、油溶性树脂
分散剂	改善降滤失剂的分散稳定性	表面活性剂
pH调节剂	调节溶液pH值	$NaOH$、Na_2CO_3
缓冲体系	缓冲调节pH值变化	Na_2CO_3、$NaHCO_3$
温度稳定剂	提高压裂液耐温能力	硫代硫酸钠
降阻剂	降低摩擦阻力	聚丙烯酰胺类
起泡剂	泡沫压裂液形成泡沫	表面活性剂(ABS、甜菜碱)
乳化剂	乳化压裂液的油水乳化	表面活性剂
破胶剂	破胶降解,降低相对分子质量	过氧化物、酶
黏土稳定剂	稳定黏土矿物,防止分散运移堵塞	KCl、聚季铵盐
助排剂	降低表面(界面)张力	表面活性剂
破乳剂	减少压裂液在地层的油水乳化	SP169、AE系列
阻垢剂	防止压裂液在地层的垢形成	
滤饼溶解剂	溶解在压裂过程中形成的滤饼	FCS-6
低温破胶活化剂	活化低温破胶活性物质	LTB-6
胶束剂	在胶束压裂液中形成胶束	表面活性剂

(一) pH 调节剂

控制特定交联剂和交联时间所要求的 pH 值,加速或延缓某些聚合物的水合作用,保证压裂液处于破胶剂和降解剂的有效作用范围。加入足够的 pH 调节剂(弱酸或碱),即使是因为地层水或其他原因而有改变 pH 值趋势时,仍能保持 pH 值不变。典型缓冲剂有氢氧化钠、碳酸氢钠、磷酸氢钠、醋酸钠、苏打粉、甲酸、醋酸、富马酸等。

(二) 杀菌剂

几乎所有的水基压裂液都应加入杀菌剂,保持胶液表面的稳定性,阻止地层内细菌生长。常用的戊酰醛、氯酚盐、季胺、异噻唑啉等虽能杀菌,但未必能使产生细菌而破坏多糖(糖聚合物)的酶丧失活性。油基压裂液中不用杀菌剂。

(三) 黏土稳定剂

砂岩地层常含有黏土,黏土与胶结物的类型、分布状态和含量、孔隙尺寸与粒度分布决定了水基压裂液的潜在水敏程度,引起压裂改造的地层伤害。

(1) KCl。提供充分的阳离子浓度防止阳离子交换出现侵析而阻止黏土颗粒扩散。K^+ 可以很好地使黏土稳定,防止水侵入。KCl 虽有助于保持黏土质点的化学环境,但无法提供永久稳定的环境。

(2) 季胺。带正电荷的基吸附在带负电荷的黏土质点,其烃链从质点向外伸展形成"有机屏障"而保持黏土颗粒呈不分散状态。它可用于防止在压裂和自喷时高速流动引起的裂缝表面剥落和微粒产生。

(3) 阳离子型聚合物稳定剂。牢固吸附于黏土表面,束缚并阻止任何微粒迁移和膨胀。其作用时间长,但使用过量会堵塞孔隙。

(四) 破乳剂

破乳剂是用于阻止某特定原油与处理液的乳化作用的表面活性剂,能在地层温度下保持其表面活性,在与岩石接触时不易因吸附作用而从溶液中分解出来。

(五) 降滤剂

(1) 硅粉。粒径范围 $1 \sim 75\mu m$,常用 $10 \sim 40\mu m$,由于粒径混杂,对各种孔隙都有降滤作用,尤其是对渗透率为 $(2 \sim 200) \times 10^{-3} \mu m^2$ 的地层相当有效。

(2) 乳状液(水包油)。通常采用浓度为 5% 柴油或较低浓度的芳香烃与产生微乳化作用的表面活性剂一起作用。乳状液通过滤饼的滤失产生两相流动而使水的渗透率大大降低。在低渗地层($< 1 \times 10^{-3} \mu m^2$)的压裂液降滤效果好。

(3) 油溶性树脂。主要用作酸化过程的转向剂。

控制与主裂缝斜交的天然裂缝中的滤失非常困难,由于要堵塞的裂口比较大,人们普遍采用硅粉之类的固体材料。此外,压裂液中还有其他添加剂,如温度稳定剂、起泡剂、减阻剂、转向剂等。

四、压裂液流变性

压裂液流变性是指压裂液在外力作用下产生运动和变形特性的关系。由于压裂液在施工过程中经过各种地面设备、井筒、射孔孔眼及裂缝等,这些不同形状、孔隙大小的几何体的剪切差别很大,每个不同的流动空间对其影响也不一样。在地面管汇中流动时间较短,尽管剪切作用较大,其对压裂流体的影响并不明显;在泵车中的剪切作用极大,但时间很短且其数值很难计算;考察较多的是在井筒中较长时间的高剪切作用和在裂缝中的低剪切作用。

一般来说,压裂液在井筒中受到的往往是较大的剪切速率,而在裂缝中的剪切速率要小很多。因此,在经过井筒和射孔孔眼的高剪切之后,进入剪切速率较低的裂缝中后,不同的压裂流体表现出不同的恢复特征。因此,为了获得较为准确的压裂液参数,必须在模拟施工过程条件下,评价压裂液的流变性能。

目前使用的压裂液除了水、活性水和油(低黏原油或成品油)以外,几乎都是各种高分子聚合物增稠或交联的水基或油基压裂液,其流变特性均有不同程度的非牛顿液体性质。活性水、稠化水压裂液可视为牛顿型流体;水基冻胶、黏弹性聚合物溶液,其流动状态更复杂,通常视为幂律型流体。泡沫压裂液一般视作宾汉型流体或幂律型流体。

(一)压裂液的流变曲线

1. 牛顿型压裂液

层流条件下,剪切应力 τ 与剪切速率 $\dot{\gamma}$ 成正比,比例常数即为流体黏度。描述牛顿流体的本构方程为

$$\tau = \mu \dot{\gamma} \tag{7-9}$$

式中　μ——压裂液的黏度,Pa·s;
　　　τ——压裂液的剪切应力,Pa;
　　　$\dot{\gamma}$——流体流动的剪切速率,s^{-1}。

2. 非牛顿型压裂液

在给定条件下,压裂液的黏度随着剪切速率变化而变化,主要有幂律型(假塑性流体)流体和宾汉型流体两种。

1)幂律型压裂液

幂律型压裂液黏度随着剪切速率增大而减小。反映其流变特性的本构方程表达为

$$\tau = K \dot{\gamma}^n \tag{7-10}$$

式中　K——压裂液稠度系数,$Pa \cdot s^n$;
　　　n——压裂液流态指数(反映偏离牛顿液的程度)。

比较式(7-9)与式(7-10),幂律型压裂液的视黏度为

$$\mu_a = K \dot{\gamma}^{n-1} \tag{7-11}$$

压裂液在井筒中流动和在裂缝中流动条件不同,稠度系数也有差异,二者可以相互转换。圆管中流动的稠度系数 K_p 与稠度系数 K 的关系为

$$K_p = K \left(\frac{3n+1}{4n} \right)^n \tag{7-12}$$

裂缝中流动的稠度系数 K_a 与稠度系数 K 的关系为

$$K_a = K \left(\frac{2n+1}{3n} \right)^n \tag{7-13}$$

2)宾汉型压裂液

宾汉型压裂液具有屈服值,施加一定应力后才能流动。本构方程为

$$\tau = \tau_0 + \mu \dot{\gamma} \tag{7-14}$$

式中　τ_0——宾汉型压裂液的屈服应力,Pa。

(二)压裂液流变性的测定方法

进行压裂流体的黏度测量时,常使用的是旋转黏度计和管路黏度计,而在研究其黏弹性能时,则主要使用的是控制应力型的流变仪。测试方法见 SY/T 5107—2016《水基压裂液性能评价方法》。

1. 旋转黏度计

(1)Fann35 和六速黏度计。在现场检测压裂液基液的基本性能时,最常用的是 Fann35 和六速黏度计等较为简单的旋转黏度计。这种仪器一般采用 Couette 测量系统,具有操作简单、携带方便等特点。但其仅具有六种剪切速率,并且对黏弹性能较强的交联冻胶压裂液很难测定。

(2)RV20 和 Fann50 型高温高压黏度计。RV20(德 HAKE)和 Fann50(美)型高温高压黏度计是压裂液评价试验中最常用的仪器,能在高温高压、密闭条件下进行压裂液黏度的测量,避免了由于爬竿效应造成的无法测量黏弹性液体黏度的问题。测量精度和自动化程度较高,但设备结构复杂,不易于携带,常用作在试验室中评价压裂液。

2. 管路黏度计

由于旋转黏度计中的流场与实际压裂施工中的流场相差较大,无法很好地模拟现场实际施工情况。因此,国内外的研究工作者设计了多种管路黏度计进行压裂液的现场模拟试验。这类黏度计一般具有模拟实时混配、动态交联以及剪切速率场和温度场的能力,有些甚至可以进行实时的加砂模拟,并观察记录支撑剂在模拟裂缝的沉降过程和铺置情况。而且对于某些特定的压裂液体系(如泡沫压裂液),只有这种类型的仪器才能获得较准确的模型参数。这种装置的缺点是测量精度稍差,结构复杂,价格昂贵。

3. 控制应力流变仪

上述仪器都是研究压裂液黏度性能的,而控制应力流变仪主要用于研究压裂液的黏弹性能。压裂液的携砂和悬砂能力与压裂液的黏弹性能密切相关,控制应力流变仪是通过对样品施加一交变应力,测定相应的剪切速率,从而获得样品的黏弹参数。

五、压裂液的滤失性

压裂液从裂缝壁面向地层内部的滤失(leakoff)经历了三个过程,如图 7-5 所示。首先由于压裂液中固相在裂缝壁面形成滤饼,压裂液经过滤饼向地层滤失,该过程为压裂液造壁性控制的滤失过程,相应的影响区域称为滤饼区;然后滤液侵入地层,该过程为压裂液黏度控制的滤失过程,相应的影响区域称为侵入区;侵入区以外广大地区是受地层流体压缩和流动控制的第三个区域,称为压缩区。尽管每种机理控制的滤失系数都可以独立导出,但在压裂过程中是同时起作用、共同影响压裂液效率。

(一)压裂液的造壁性滤失系数

多数压裂液本身就有造壁性,加入降滤剂后,造壁性更强。压裂液的造壁性一方面有利于减少压裂液向地层的滤失,提高压裂液效率;另一方面也容易在裂缝壁面形成固相堵塞。用造壁性滤失系数反映造壁性对滤失影响的程度,用实验方法测定。实验压差 Δp_a 与裂缝内外压差 Δp_f 不一致时的造壁性滤失系数 c_w 按下式修正:

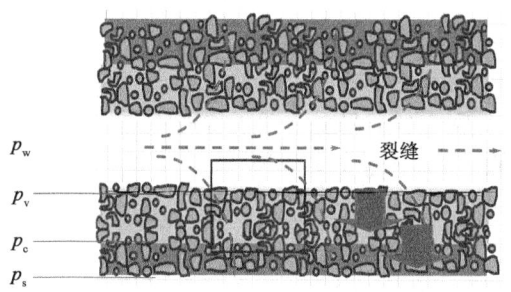

图 7-5 压裂液滤失控制示意图

$$c_w = c_w' \left(\frac{\Delta p_f}{\Delta p_a}\right)^{1/2} \quad (7-15)$$

式中 c_w——修正后的滤失系数，$m^3/\sqrt{min}$；

c_w'——实验得到的滤失系数，$m^3/\sqrt{min}$；

Δp_f——实际裂缝内外压差，MPa；

Δp——实验压差，MPa。

造壁性滤失系数在一定条件下可看成是常数，而滤失速度则随时间而变。

(二) 受压裂液黏度控制的滤失系数

当压裂液黏度比地层流体黏度大得多时，压裂液的滤失速度主要取决于压裂液的黏度，根据达西流动定律，可得受压裂液黏度控制滤失系数为

$$c_v = 0.17 \left(\frac{\phi K \Delta p}{\mu_f}\right)^{1/2} \quad (7-16)$$

式中 c_v——受压裂液黏度控制的滤失系数，$m/\sqrt{min}$；

ϕ——储层孔隙度；

K——储层渗透率，μm^2；

Δp——裂缝内外压差(净压力)，MPa；

μ_f——压裂液的黏度，$mPa \cdot s$。

(三) 受地层流体压缩性控制的滤失系数

压裂液在较高的净应力作用下进入地层，而地层流体被压缩后让出一部分空间压裂液才得以滤失进来。忽略岩石体积膨胀，基于地层流体的压缩性和达西渗滤方程推导出受地层流体压缩性控制的滤失系数为

$$c_c = 0.136 \Delta p \left(\frac{\phi K c_f}{\mu_R}\right)^{1/2} \quad (7-17)$$

式中 c_c——受地层流体压缩性控制的滤失系数，$m/\sqrt{min}$；

c_f——地层流体压缩系数，MPa^{-1}；

μ_R——地层流体黏度，$mPa \cdot s$。

(四) 综合滤失系数

从滤失过程看，压裂液的滤失受三种机理控制，但可以用一个综合指标，即综合滤失系数反映共同作用的结果。综合滤失系数为

$$\frac{1}{c} = \frac{1}{c_w} + \frac{1}{c_v} + \frac{1}{c_c} \qquad (7-18)$$

实际上压裂液滤失过程中的总压降 Δp 为滤饼区、侵入区和压缩区压降之和。因而提出了分压降法计算综合滤失系数。对于非造壁性压裂液,不存在滤饼影响,总压降为侵入区压降 Δp_v 和压缩区压降 Δp_c 之和,则综合滤失系数为

$$c = \frac{2c_v c_c}{c_v + \sqrt{c_v^2 + 4c_c^2}} \qquad (7-19)$$

对于造壁性压裂液,综合滤失系数为

$$c = \frac{2c_v c_c c_w}{c_v c_w + \sqrt{c_v^2 c_w^2 + 4c_c^2(c_v^2 + c_w^2)}} \qquad (7-20)$$

综合滤失系数是压裂设计中的重要参数,也是评价压裂液性能的重要指标,比较好的压裂液在油层及裂缝中的流动条件下,综合滤失系数可达 $10^{-4} \mathrm{m}/\sqrt{\mathrm{min}}$。

六、压裂液的优选

(一)压裂液选择的要求

一般来讲,砂岩储层可选用水基压裂液和油基压裂液,白云岩和石灰岩储层选用酸基压裂液。泥质含量高、水敏性强的储层选用油基压裂液,低压水敏砂岩储层选用泡沫压裂液,致密、低黏土矿物的砂岩储层可考虑使用低成本的水压裂工艺。

影响压裂液主要性质的是储层温度、压力和滤失特性,选择时要求对储层的伤害低,尽量满足低成本、低伤害和易操作要求。

在压裂液配制时,对水质和添加剂的基本要求为:压裂液罐干净、无杂质,水质总铁含量不大于 25mg/L,碳酸盐岩含量不大于 600mg/L,pH 值为 6.5~7.5。添加的各类压裂液添加剂必须合格。

(二)压裂液配方评价与优选

压裂液的评价与优选离不开储层地质条件、压裂工艺与压后增产的要求。评价与优选压裂液的步骤为:

(1)依据储层温度、压力、岩性、物性、敏感性分析(水敏、碱敏、酸敏和速敏,以水敏分析为主)、地下原油性质、地层水类型及矿化度等储层特征,确认选用压裂液类型及其所属的温度范围(低于60℃为低温,60~120℃为中温,高于120℃为高温)。

(2)结合压裂工艺要求(如高砂比压裂或端部脱砂压裂),完善或重新研制新的压裂液配方。

(3)对诸多压裂液配方进行实验室性能评价,包括滤失、流变(黏温/黏时)与对储层伤害等性能的试验评价。

(4)结合压裂设计模拟和实际情况优选的压裂液。

第三节 支 撑 剂

支撑剂是在水力压裂时地层压开裂缝后,用来支撑水力裂缝不使裂缝再重新闭合的一种固体颗粒。它的作用是在裂缝中铺置排列支撑形成的水力裂缝,从而在储层中形成远远高于

储层渗透率的支撑裂缝带,使流体在支撑裂缝中有较高的流通性,减少流体的流动阻力,达到增产、增注的目的。因此,选择恰当的支撑剂是保证压裂效果、提高开发水平的关键。了解支撑剂的类型与在闭合应力下的状态,以及支撑剂的性能评价指标和各种因素对支撑裂缝导流能力的影响,是正确选择和使用支撑剂的基础。

较理想的支撑剂应满足下列性能要求:

(1)能够承受140MPa闭合压力,以获得最大的支撑裂缝宽度;

(2)密度低,体积密度最好小于2000kg/m³,以利于压裂液输送支撑剂;

(3)在200℃盐水中呈化学惰性,不与压裂液及储层流体发生化学反应,以避免伤害支撑裂缝带;

(4)颗粒粒度均匀,圆球度好,在易于输送条件下粒径尽量大;

(5)杂质少,以免堵塞支撑裂缝孔隙而降低裂缝导流能力;

(6)货源充足,价格便宜。

目前使用的支撑剂都是相对满足上述要求,有些要求在当前尚难以实现,只能依靠科学技术的进步逐步达到。

一、支撑剂的类型

水力压裂曾使用过多种支撑剂,如石英砂、金属铝球、核桃壳、玻璃珠、塑料球、陶粒、树脂包层砂等。按照支撑剂的强度和硬度可将其分为硬脆性支撑剂和韧性支撑剂。目前经常使用的支撑剂如图7-6所示。

(a)陶粒

(b)覆膜砂

(c)石英砂

图7-6 常用支撑剂图片

(一)石英砂

石英砂是首先而又广泛使用的支撑剂(约占55%),主要化学成分是氧化硅(SiO_2),同时伴有少量的铝、铁、钙、镁、钾、钠等化合物及少量杂质。石英含量是衡量石英砂质量的重要指标,我国压裂用石英砂的石英含量一般在80%左右;国外优质石英砂的石英含量可达98%以上。

石英砂具有下列特点:(1)圆球度较好的石英砂破碎后,仍可保持一定的导流能力。(2)石英砂密度相对低,便于泵送。(3)0.15mm或更细粉砂可作为压裂液降滤剂,充填与主裂缝沟通的天然裂缝。(4)石英砂的强度较低,开始破碎压力约为20MPa,破碎后将大大降低渗透率,而且受嵌入、微粒运移、堵塞、压裂液伤害及非达西流动影响,裂缝导流能力可降低到初始值的10%以下,因此适用于低闭合压力储层。(5)价格便宜,在许多地区可以就地取材。我国压裂用石英砂产地甚广,如甘肃兰州、福建福州、湖南岳阳等。

(二)人造陶粒

人造陶粒是一种主要由铝矾土(氧化铝)烧结或喷吹而成的,它具有较高的抗压强度,一般分为中等强度和高强度两种陶粒支撑剂。

中等强度陶粒支撑剂(ISP)材料是由铝矾土或铝质陶土而制造的,视密度为 $2.7 \sim 3.3 g/cm^3$。其组分为氧化铝(Al_2O_3)或铝质(质量百分含量为46%~77%)、硅质(SiO_2,占12%~55%),还有不到10%的其他氧化物。

高强度陶粒支撑剂由铝矾土或氧化铝的物料制成,视密度约为 $3.4 g/cm^3$ 或更高,其化学组分为:氧化铝(含量可达85%~90%)、氧化硅(占3%~6%)、氧化铁(占4%~7%)和氧化钛(TiO_2,占3%~4%)。高含量的铝硅物料使这种支撑剂比中等强度陶粒支撑剂具有更大的密度,物料经热处理后,主晶相是刚玉,但也存在少量的莫来石晶相或玻璃晶相,颜色呈墨色。

人造陶粒由于抗压强度高,能在较高地层闭合压力(大于30MPa)下提供较高的导流能力,适用较高地层闭合压力的深井、超深井。陶粒密度高,施工时泵送困难;加工工艺困难,价格昂贵;而且随着铝含量增加,陶粒抗压强度增大,但密度相应增加,两者应取得平衡。

(三)树脂砂

树脂砂属于韧性支撑剂,它是在较高闭合压力作用下相对容易变形而不破碎的支撑剂,如树脂包层砂(超级砂)、核桃壳等。

树脂砂在20世纪60年代初期开始研制,但近年来得到迅速发展(用量约占15%)。它采用一种特殊工艺将改性苯酚甲醛树脂包裹在石英砂表面,并经热固处理而成,密度约为2550kg/m^3。树脂砂分为以下两种:

(1)预固化树脂砂。在石英砂表面包裹了一层树脂,使闭合压力分布在较大的树脂层面积上而不易压碎。此外,即使压碎了包层内石英砂,微粒仍被包裹在一起,不致引起微粒运移堵塞孔隙,从而保持较高裂缝导流能力。

(2)固化树脂砂。在石英砂表面预先包裹一层与压裂层温度匹配的树脂,作为尾追支撑剂置于近井段水力裂缝。当裂缝闭合且地层温度恢复后,它先转化成玻璃球状,然后由软到硬将周围相同的(可)固化树脂包层砂胶结,而在裂缝深部与近井地带形成一道防止支撑剂回流的天然屏障。

在低闭合应力下,树脂砂的性能与石英砂相近,但在高闭合应力下,树脂砂的性能则远远高于石英砂。

二、支撑剂的物理性能

支撑剂性能包括物理性质和导流能力,其物理性质决定了支撑剂的质量及在闭合压力下的导流能力。

(1)支撑剂粒度组成及分布。根据待评价的支撑剂尺寸,选择一组由6个筛网和底盘组成的、依照逐层叠放的标准试验筛进行筛析试验。要求最少有90%的颗粒落在规定的筛网尺寸间,如 $\phi 0.45 \sim 0.9 mm$ 支撑剂,至少有90%的颗粒直径为 $0.45 \sim 0.9 mm$,最上层筛网上支撑剂量小于试样总量的0.1%,底盘上的量不大于试样总量的1.0%。通常认为平均粒径大于或等于其算术平均值的支撑剂粒度分布较好。

(2)圆度、球度和表面粗糙度。圆度是指支撑剂颗粒棱角的相对尖锐程度;球度是指支撑剂颗粒接近球体形状的程度。圆度、球度一般以目测法或图像比较法测量,其值为 0~1。表面粗糙度以图像比较法测量,分为优、中、差三级。

(3)浊度。浊度是指支撑剂颗粒(主要是石英砂)表面粉尘、泥质或无机物的含量。将支撑剂试样置于蒸馏水中,测得的液体浊度通常称为支撑剂的浊度。按石油行业标准规定,支撑剂的浊度应小于100JTU(度)。

(4)密度。支撑剂有真密度和视密度之分,支撑剂真密度(即颗粒密度)为支撑剂颗粒间在无孔隙条件下的密度。支撑剂视密度(即体积密度)为支撑剂颗粒间存在孔隙时的砂堆密度。支撑剂颗粒密度小于 2700kg/m³,属于低密度支撑剂;大于 3400kg/m³ 属于高密度支撑剂;在 2700~3400kg/m³ 称为中等密度支撑剂。

(5)酸溶解度。测量支撑剂上混杂的碳酸盐岩、长石和铁等氧化物及黏土等杂质含量,采用 12% HCl + 3% HF 酸液进行溶解测试。

(6)抗压强度。抗压强度是指支撑剂抵抗压力作用的能力,通常以支撑剂在压力作用下破坏而产生的数量来确定,以单颗粒抗压强度、酸蚀后单颗粒抗压强度和群体破碎率表示。

三、支撑剂在闭合压力下的状态

根据支撑剂的强度、硬度,以及岩石壁面硬度和闭合压力的相对关系,支撑剂在闭合压力下有三种状态,如图 7-7 所示。

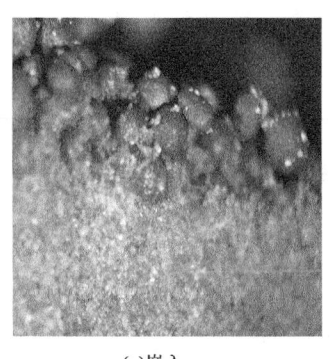
(a)嵌入

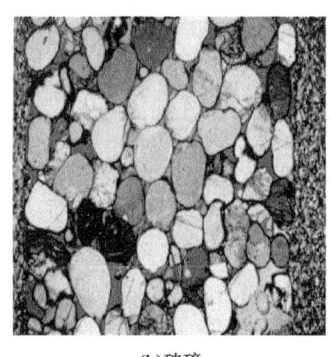
(b)破碎

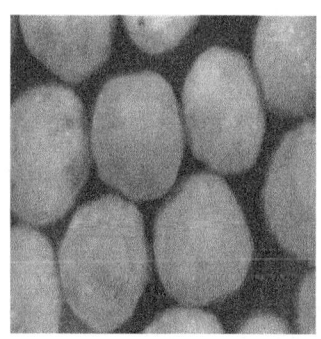
(c)变形

图 7-7 支撑剂在地层闭合压力下的形态

(1)支撑剂嵌入岩层。如果支撑剂硬度大于岩石硬度,支撑剂将嵌入裂缝壁面,从而减小支撑裂缝宽度,降低裂缝导流能力。

(2)支撑剂被压碎。如果支撑剂硬度小于岩石硬度,且支撑剂的抗压强度小于其受到的闭合压力,则支撑剂将被压碎。这不仅减小了支撑裂缝宽度,而且由于支撑剂破碎后相互嵌入也降低了支撑裂缝渗透率,从而降低了裂缝导流能力。

(3)支撑剂受压变形。对于韧性支撑剂,在闭合压力作用下韧性支撑剂首先变形而增加了承压面积,从而提高了支撑剂的承压能力而不破碎。因此,采用韧性支撑剂虽然减小了支撑剂裂缝宽度,但不存在破碎的微粒,所以仍有相对较高的裂缝导流能力。

四、支撑剂的导流能力

支撑裂缝导流能力(F_{RCD})是指支撑剂在储层闭合压力作用下通过或输送储层流体的能力,通常以支撑裂缝渗透率K_f与裂缝宽度w的乘积表示,单位为$\mu m^2 \cdot cm$。

短期导流能力是指对支撑剂试样由小到大逐级加压,且在每一压力级别逐级加压测得的导流能力,主要用于评价和选择支撑剂。

长期导流能力是指将支撑剂置于某一恒定压力和规定的试验条件下,考察支撑缝导流能力随时间的变化情况,用于压裂效果评价。

取得短期、长期裂缝导流能力的关系后,可直接修正短期导流能力得到长期导流能力值。由实验室测得的不同闭合压力下的导流能力见表7–4。

表7–4 我国部分支撑剂导流能力

闭合压力 MPa	φ0.5~0.80mm 石英砂				φ0.8~1.25mm 石英砂				φ0.45~0.90mm 陶粒			
	甘肃兰州砂		湖南岳阳砂		甘肃兰州砂		湖南岳阳砂		宜兴陶粒		成都陶粒	
	F_{RCD}	K	F_{RCD}	K	F_{RCD}	K	F_{RCD}	K	F_{RCD}	K	F_{RCD}	K
10	88	276	82	260	106	353	179	553	153	462	141	515
20	42	142	48	143	59	211	69	225	111	347	115	421
30	15	62	22	75	24	99	27	93	85	272	92	345
40	6	29							62	205	74	283
50	—								44	148	57	221
60	—								31	108	45	177
70	—								18	65	37	146
80	—								13	46	28	116

注:(1)导流能力F_{RCD}单位为$\mu m^2 \cdot cm$,渗透率K单位为μm^2;
(2)API导流室,22℃±3℃;等质量法;铺砂浓度为5.0kg/m²,实验流体为脱去离子蒸馏水。

五、支撑剂的选择

支撑剂选择的主要内容包括类型、粒径及浓度。支撑剂选择与所压地层的岩石、环境条件及增产要求紧密相连。

选择支撑剂时首先应考虑支撑剂性质及在特定地质、工程条件下的裂缝导流能力,结合特定的地质条件(如闭合压力、岩石硬度、温度、目的层物性)选用满足工程条件(压裂液性质、泵注设备)、并能获得良好的增产效果的支撑剂。其次还必须考虑经济效益,由于支撑剂种类多、质量和产地等条件差异大,支撑剂成本也有差别,必须考虑性能价格比,结合压裂经济性来分析优选支撑剂。

(一)裂缝导流能力的确定原则

1. McGuire & Sikora 图版法(1960)

$$R_c = \frac{F_{RCD}}{K} \left(\frac{40}{2.471 \times 10^{-4} A} \right)^{1/2} \tag{7-21}$$

式中 R_c——裂缝相对导流能力;
A——井的泄油面积,m²。

在使用 McGuire & Sikora 图版法选择支撑剂可从两方面着手,即在给定闭合压力下,从现有支撑剂的导流能力入手,得到不同穿透比时期望获得的增产倍数(压后产量);或者从预期的产量出发,按照不同穿透比时所需的导流能力选择支撑剂。

但 R_c 具有长度量纲,作为准数有所欠缺,而且该准数没有反映裂缝长度的影响。在低渗透油气藏改造中,形成长裂缝是关键。

2. Cinco 准则(1978)

$$c_r = \frac{F_{RCD}}{\pi K L_f} > 10 \qquad (7-22)$$

式中 c_r——Cinco 准数;

K——储层有效渗透率,μm^2;

L_f——支撑裂缝半长,m;

F_{RCD}——裂缝导流能力,$\mu m^2 \cdot m$。

Cinco 准数反映了支撑缝长在选择支撑剂中的作用,虽然缝越长,所需裂缝导流能力越大,只要 $c_r > 10$,则压裂必然有效。在实际应用中,近似采用下列关系:

对于垂直缝

$$c_r = \frac{F_{RCD}}{K L_f} \geqslant 30$$

对于水平裂缝

$$c_r = \frac{F_{RCD}}{K h} \geqslant 10$$

式中 h——形成水平裂缝时的地层有效厚度。

(二)支撑剂类型的选择

支撑剂类型的选择基本上受闭合压力控制,当闭合压力小于 40MPa,可选用石英砂作支撑剂;当闭合压力高于 70MPa,一般选用高强度陶粒;当闭合压力为 40~70Ma,可选用中强度陶粒。通常我国在 3000m 以上深井选用陶粒,在中深井压裂也常用陶粒作尾随支撑剂。

(三)支撑剂粒径的选择

地层渗透率、裂缝几何尺寸对支撑剂粒径选择都有影响,要考虑下述方面:

(1)闭合压力。在闭合压力不太高时,大颗粒能提供更高导流能力;而在高闭合压力下,各种尺寸支撑剂导流能力基本相同,甚至小颗粒支撑剂提供的导流能力更高。

(2)支撑剂填充的裂缝宽度。满足支撑剂在裂缝中自由运移的需要。

(3)输送支撑剂的要求。粒径越大,携带支撑剂越困难。在许多情况下,支撑剂输送条件(主要是压裂液表观黏度)控制了可选择的支撑剂尺寸。通常是按粒径大小分批泵入,第一批粒径小,向裂缝深部运移,最后一批粒径最大,沉降于井筒附近裂缝中,以提高关键地区的渗透率,如动画 7-4 所示。

动画 7-4 支撑剂沉降

图 7-8 反映了粒度分布对导流能力的影响,图中曲线 A、B 均为 $\phi 0.5~0.9mm$ 成都陶粒,其中 0.63mm 以上颗粒质量分别约为 75% 和 50%。目前世界上 85% 的支撑剂粒径在 0.45~0.90mm(20/40目)范围内。

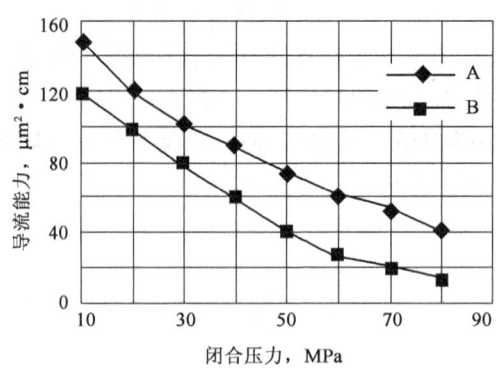

图 7-8 粒度分布对导流能力的影响

(四)支撑剂铺置浓度

由于支撑剂类型和粒径范围的选择余地很小,支撑剂浓度选择就非常重要。通常依据增产要求确定裂缝长度,然后确定裂缝导流能力,进而利用裂缝导流能力、支撑剂粒径、闭合压力资料确定铺砂浓度。

第四节 水力压裂增产效果评价

水力压裂评价通常包括水力裂缝评估、工艺效果评价、开发效果评价和经济效益分析。这里从水力压裂油井渗流特点和增产机理出发,阐述压裂工艺效果评价方法。

一、水力裂缝井的渗流特点

油藏中形成了高导流的水力裂缝后,其渗流方式不再是简单的径向流动,而将出现复杂得多的多种流动方式,如裂缝线性流、地层和裂缝的双线性流、地层线性流和拟径向流。在一口压裂井中,这几种流动方式可能仅出现一种,也可能几种方式同时出现,如图7-9所示。

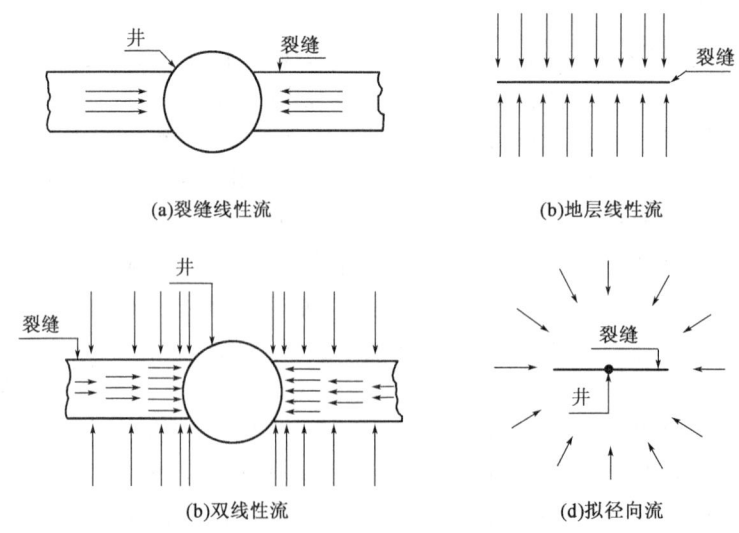

图 7-9 压裂井渗流形态示意图

压裂井渗流方式的改变将表现出与常规井不同的特点：

(1) 原油先从致密地层流向裂缝，然后从裂缝流入井筒。

(2) 水力裂缝方位影响渗流区域。常规的中、高渗油层的渗流区域是以井筒为中心的同心圆，而低渗层由于井筒有两条对称裂缝存在，因而压裂裂缝周围形成了一个椭圆形的泄流区域，随裂缝方位不同泄流区域也不同，井与井之间这种泄流区域可能交叉、重叠，在合适的裂缝方位下将形成最大的驱扫面积。

(3) 裂缝长度、导流能力、方位影响油井产量和采收率。低渗油藏的产量主要取决于压后支撑裂缝长度和导流能力，而裂缝方位的有利与不利将决定油藏注水开发过程中的驱油效率，从而影响油藏的最终采收率。

二、压裂井增产机理

根据油井产能公式，地层压力、储层渗透率、油层厚度、供给区的大小、边界和表皮系数都是影响油井产能的关键因素。通过降低表皮系数和所需的井底流动压力可以最大可能地提高单井产量，Kh 是油藏的固有特性，降低井底流动压力存在允许的低限，以防止出砂、气锥或水锥推进等。而人为容易改变的只有井的内边界条件，即降低表皮系数 S 来最大可能地提高产量。

$$q = \frac{cKh(\bar{p}_r - p_{wf})}{B_o\mu_o[\ln(r_e/r_w) - 0.75 + S]} \tag{7-23}$$

将有效井筒半径定义为

$$r'_w = r_w e^{-S}$$

于是可得

$$q = \frac{cKh(p_r - p_{wf})}{B_o\mu_o[\ln(r_e/r'_w) - 0.75 + S]} \tag{7-24}$$

压裂后不稳定试井解释分析表明，压裂后表皮系数大大降低，一般为负值，水力压裂正是降低了表皮系数，相当于扩大了有效井筒半径，使有效渗流面积增加，因而使压后油井产量得以大幅度增加。

三、压裂增产效果分析

压裂工艺效果分析主要指标是增产有效期和增产倍比。增产有效期是指某井从压裂施工后增产见效开始至压裂前后产量递减到相同的日产水平所经历的时间。增产倍比是指相同生产条件下压裂后与压裂前的日产水平或采油指数之比，可以采用曲线法、近似解析法和数值模拟法得到。

(一) McGuire & Sikora 曲线法

这是目前广为采用的计算图版，考虑正方形泄油面积中的一口无伤害油井，假定裂缝高度等于产层有效厚度，地层流体可压缩、封闭外边界、定产内边界拟稳定流动下增产倍比的预测图版如图 7-10 所示。

横坐标为相对导流能力：

$$x = \frac{K_f w_f}{K} \sqrt{\frac{40}{2.471 \times 10^{-4} A}}$$

纵坐标为增产倍比：

$$y = \frac{J_f}{J_o} \frac{7.13}{\ln(0.472 r_e/r_w)}$$

式中　A——井控制面积，m^2；

　　　K_f, K——裂缝渗透率和地层渗透率，$10^{-3} \mu m^2$；

　　　J_f, J_o——压后与压前的油井采油指数；

　　　r_e, r_w——泄油半径和井半径，m。

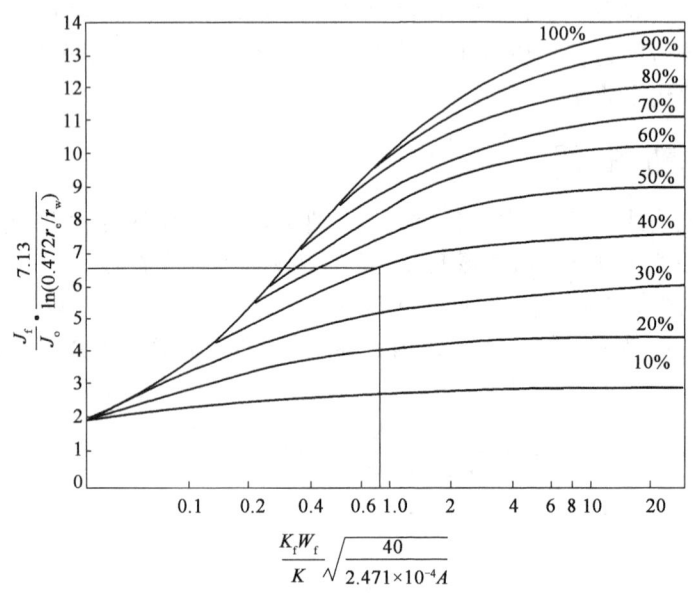

图 7 - 10　McGuire & Sikora 图版

从图 7 - 10 可以看出：相同情况下，裂缝导流能力越高，则增产比越大；人工裂缝越长，增产效果越显著。从曲线的变化趋势看，以横坐标上 0.4 为界，在它左边要提高增产倍数，应以增加裂缝导流能力为主；而在右边，要提高增产效果应以提高人工裂缝长度为主。分析该图版，可以得到下面的认识：

(1) 对低渗透储层（$K < 1 \times 10^{-3} \mu m^2$），很容易得到较高的裂缝导流能力比值（大于 0.4），欲提高压裂效果，应以增加裂缝长度为主。这正是低渗、特低渗储层采取大型压裂技术造长缝的依据。

(2) 对高渗透地层，不容易获得较高的裂缝导流能力比值，提高裂缝导流能力是提高压裂效果的主要途径，不能片面追求压裂规模而增加缝长。

(3) 对一定缝长，存在一个最佳裂缝导流能力，超过该值而增加导流能力的效果甚微。

(4) 无伤害油井最大增产倍比为 13.6。

（二）典型曲线法

Agarwal(1979) 将地层视为均质无限大，垂直对称双翼裂缝具有有限均一导流能力。给出了单相油气流动条件下预测压后生产动态的典型曲线（图 7 - 11）。

无因次压力　　　　　　　　　$p_{wd} = \dfrac{Kh\Delta p}{1.842 q\mu B}$　　　　　　　(7 - 25)

无因次产量倒数　　　　　　　$\dfrac{1}{q_D} = \dfrac{Kh\Delta p}{1.842 q}$　　　　　　　(7 - 26)

无因次时间　　　　　　　　　$t_D = \dfrac{3.6 \times 10^{-3} Kt}{\phi \mu c_t L_f^2}$　　　　　　　(7 - 27)

式中 Δp——生产压差,MPa;
q——油井产量,m³/d;
c_t——综合压缩系数,MPa^{-1};
t——生产时间,d;
ϕ——孔隙度;
B——原油体积系数,m³/m³;
μ——流体黏度,mPa·s。

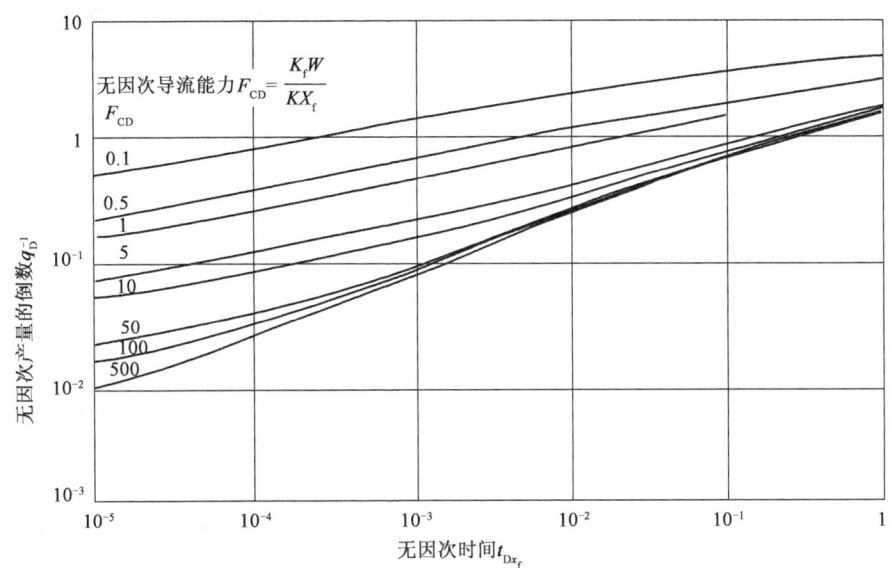

图 7-11 有限导流垂直裂缝定压双对数典型曲线

(三) Raymond&Binder 公式法

圆柱形泄油面积中具有有限导流能力的伤害井,压裂后在拟稳态下的增产倍比为

$$J_f/J_0 = \frac{\frac{K}{K_d}\ln\left(\frac{r_d}{r_w}\right)+\ln\left(\frac{r_e}{r_d}\right)}{\frac{K}{K_d}\ln\frac{r_d+\frac{w}{\pi}\left(\frac{K_f}{K_d}-1\right)}{r_w+\frac{w}{\pi}\left(\frac{K_f}{K_d}-1\right)}+\ln\frac{L_f+\frac{w}{\pi}\left(\frac{K_f}{K}-1\right)}{r_d+\frac{w}{\pi}\left(\frac{K_f}{K}-1\right)}+\ln\left(\frac{r_e}{r_d}\right)} \tag{7-28}$$

式中 K_d——污染带渗透率,$10^{-3} \mu m^2$;
r_d——污染带的半径,m。

(四) 数值模拟法

针对水力压裂后的裂缝—油藏系统,分别建立流动介质的流动方程,结合辅助方程、内外边界条件以及初始条件,采用有限差分方法求解数学模型,预测压裂后井的生产动态。

第五节 水力压裂设计

水力压裂设计是寻求满足地质、工程和设备条件下作出经济有效的最优方案。目前有两种设计方法:(1)从满足给定的配产方案要求的增产倍数出发,优选压裂液、支撑剂及布砂方式,设计出相应的施工规模(排量、液量和砂量),确定相应的裂缝几何尺寸;(2)从地层条件出发,满足设备能力的约束条件,优选压裂液、支撑剂和加砂方式,预测多种不同方案下的增产能力,再根据实际需要选择施工方案。

一、选井选层

压裂是靠在地层中形成高导流能力裂缝而解放低渗透储层生产力,即有一定能量的低渗透储层的产量问题。必须正确选择压裂对象,综合考虑储层地质特征、岩石力学性质、孔渗饱特性、油层油水接触关系、岩层间界面性质与致密性、井筒技术要求。通过对候选井层进行压前评估,分析油气井低产的原因,筛选出适当的压裂井层,并确定部分压裂设计参数。

油气井低产的原因可能有:(1)由于钻井、完井、修井等作业过程对地层伤害使近井地带造成严重的堵塞;(2)油气层渗透率很低,常规完井方法难以经济开采;(3)土豆状、透镜体地层,单井控油面积有限,难以获得高产;(4)油气藏压力已经枯竭,即油气藏剩余能量不足以驱出更多原油。前三种情况可以采取适当的压裂措施。地层状况究竟处于什么状态,由地层评估技术解释。

(一)储层物性评估

(1)储层地质特征。储层沉积特征决定了井的泄油面积,从而决定了压裂规模。例如浅层的多数透镜体含水或包含气/水接触面,而盆地深部的砂岩透镜体含气,某些透镜体可能主要含水而不适合压裂。断层发育的区块,必须确定出其断层体系的走向和断层性质,从而估计水力裂缝走向。

(2)黏土矿物分析。储层中总充填有黏土,黏土矿物类型、含量与分布方式严重地影响了储层渗透性,而且决定了压裂液与地层的配伍性,是选择压裂液体系的主要依据。常用伽马射线测井、自然电位测井等测井方法或扫描电镜(SEM)实验分析方法测定。

(3)岩石力学性质。主要包括储层、盖层和地层的杨氏弹性模量、泊松比和断裂韧性值,它们对裂缝几何尺寸有很大的影响。岩石力学性质参数可通过取心在实验室测试。由于储层岩石的非均质性、地面与储层条件的差异,测试结果与实际情况有一定出入。现场常用长源距声波测井结合密度测井计算杨氏弹性模量和泊松比。但长源距声波测井得到的是动态值,而在压裂作业中使用静态值更合理。

(4)岩心分析。评估油气藏储层基本参数,可采用岩心常规分析或岩心特殊分析技术。后者能模拟地层条件,因而分析结果更可靠。

(5)试井分析。进一步评价地层,确定储层的渗透率、表皮系数、地层压力及其他性质。

(二)选井选层原则

任何成功的压裂作业必须具备两个基本的地质条件:储量和能量,前者是压裂改造的物质基础,后者是较长增产有效期的保证。压裂候选井应具备下列条件:

(1)低渗透地层。渗透率越低,越要优先压裂,越要加大压裂规模。

(2)足够的地层系数。一般要求 $Kh > 0.5 \times 10^{-3} \mu m^2 \cdot m$。

(3)含油饱和度。含油饱和度一般应大于35%。

(4)孔隙度。一般孔隙度为7%~15%才值得压裂;若储层厚度大,最低孔隙度为6%~7%。

(5)高污染井。解堵不是压裂的主要任务,而是必然结果。需对储层条件采取措施。

此外,油气井是否适合压裂或以多大规模压裂,还应考虑距边水、底水、气顶、断层的距离和遮挡层条件,并结合天然裂缝原则、最大水平主应力与油水井不相间原则、井网与最大水平主应力有利原则等考虑压裂工艺,并考虑井筒技术条件。

二、确定入井材料

(一)优选压裂液体系

(1)筛选基本添加剂(增稠剂、交联剂、破胶剂),配制适合本井的冻胶交联体系。

(2)筛选与目的层配伍性好的黏土稳定剂、润湿剂、破乳剂、防蜡剂等添加剂系列。

(3)筛选适合现场施工的耐温剂、防腐剂、消泡剂、降阻剂、降滤剂、助排剂、pH 值调节剂、发泡剂和转向剂等。

(4)对选择的压裂液,在室内模拟井下温度、剪切速率、剪切历程、阶段携砂液浓度来测定其流变性及摩阻系数,并按石油行业标准进行全面评定。

(二)选择支撑剂

依据目的层闭合压力选择支撑剂类型,并按石油行业标准对其性能进行全面评定,通过选择支撑剂粒径、铺砂浓度和加砂方式满足闭合压力下无因次导流能力要求。

三、水力压裂设计计算

优化的压裂设计必须完成下列任务:(1)在给定的储层与井网条件下,根据不同缝长和导流能力预测压后生产动态;(2)根据储层条件选择压裂液、支撑剂和加砂浓度,并确定合理用量;(3)根据井下管柱与井口装置的压力极限选择合理的泵注排量与泵注方式、地面泵压和压裂车数;(4)确定压裂泵注程序;(5)进行压裂经济评价,使压裂作业最优化。

(一)压裂设计基础参数

在进行压裂设计计算之前,除要收集油气井基本参数(如井深、泄油面积、油管尺寸、套管尺寸、井眼直径、油管质量、套管质量、射孔孔数和孔眼直径)外,还必须收集储层岩石和储层流体参数、压裂液性能参数和支撑剂的有关参数。

(二)压裂设计计算内容

1. 注入方式选择

压裂施工注液方式有油管注液、环空注液、套管注液和油套混注。在满足泵注参数和施工管柱安全条件下尽量选择简单的施工注入方式。在常规油气层压裂中,油管注液方式居多。但在煤层气藏压裂中,为了降低井筒摩阻,可采用环空注液、套管注液或油套混注。

2. 施工排量

确定施工排量要考虑多种因素,首先,诱发人工裂缝是因为压裂液能够在井底憋起高压,因此,施工排量必须大于地层的吸液能力 $Q_{吸}$。

$$Q_{吸} = \frac{B_o q (p_F - p_{wf})}{1440(p_s - p_{wf})} \quad (7-29)$$

式中 $Q_{吸}$——地层吸液速度,m^3/min;

B_o——地层原油体积系数,m^3/m^3;

q——压前地层产液量,m^3/d;

p_{wf}——压前地层流压,MPa。

高排量有利于输送支撑剂和充分压开产层有效厚度。但高排量注液可能使裂缝穿进遮挡层,尤其当产层与附近气、水层的封隔作用不是足够大时,窜层非常危险。

此外,还应考虑摩阻压力。排量越大,产生的射孔孔眼摩阻和井筒摩阻越高,所需的井口施工压力越大,对设备要求越高。

3. 液量与砂比

针对油藏特征,以获得最佳裂缝长度和最佳裂缝导流能力为目标,通过裂缝延伸模拟确定压裂液量和砂比。例如,对低渗透储层应以形成长裂缝为主,砂比在30%~50%,而高渗透储层改造应获得较高裂缝导流能力,对砂比要求更高一些。

4. 井口施工压力

$$p = p_k - p_H + p_{ft} + p_{fc} + p_{per} \tag{7-30}$$

式中 p——井口施工压力,MPa;
p_k——井底压力(射孔孔眼末端),MPa;
p_H——静液柱压力,MPa;
p_{ft}, p_{fc}——压裂管柱种油管部分和套管部分井筒摩阻,MPa。

如果 p_k 采用地层破裂压力,p 对应的井口最大施工压力。

5. 施工功率

$$W = 16.67pQ \tag{7-31}$$

式中 W——压裂所需功率,kW。

6. 压裂车数

设压裂车单车功率为 H_η,机械效率为 η,则所需压裂车台数为

$$N_1 = \frac{W}{\eta H_\eta} + (1 \sim 2) \tag{7-32}$$

设压裂车单车排量为 q,则所需压裂车台数为

$$N_2 = \frac{Q}{q} + (1 \sim 2) \tag{7-33}$$

设计的压裂车数取决于上述二者的最大值。

(三)水力裂缝设计计算步骤

水力压裂设计通常是根据储层条件、压裂液性能和支撑剂性能,设置若干施工规模,通过裂缝延伸模拟预测增产倍数,从中选择最优方案。

(1)确定前置液量、混砂液量以及砂量;
(2)选择适当的施工排量、计算施工时间;
(3)计算动态裂缝几何尺寸;
(4)支撑剂在裂缝中的运移分布,确定支撑裂缝几何尺寸;
(5)预测增产倍比。

(四)水力压裂优化设计

水力压裂优化设计的最终目的是获得最大的经济效益。水力压裂优化设计包括裂缝延伸

模型(求解各种作业参数下的裂缝几何尺寸和导流能力)、油藏模型(把水力裂缝与油藏开发有机地结合起来,预测不同方案下的压后生产动态)和经济模型(确定经济上收益尽可能多的设计方案)。这是一个带有离散变量的多目标线性规划模型,将压裂施工方案与最终影响压裂井开采效益的裂缝参数之间的互相影响的非线性关系离散成多个互不影响的线性关系,运用线性规划方法,在求得目标最优解(最佳开采效益)的同时得到相应的最佳压裂改造施工方案。

四、压裂施工设备与施工

为了适应水力压裂的需要,压裂设备和施工(动画7-5)是压裂优化设计得到顺利实施的根本保证,包括压裂施工的地面设备、压裂材料的现场配置和质量控制、压裂施工的数据采集和监测、压后管理等,都必须经过系统、周密的安排。否则,优化压裂设计得不到很好的实施,即使优化设计得到了很好的实施,但若没有科学的压后管理,也会在一定程度上影响压裂效果。

动画7-5　压裂设备和施工

(一)压裂井口装置

为了适应水力压裂的需要,要求专用的井口管汇和连接部件、井口管汇安全、耐压、机械强度高及适应性好。

1. 压裂高压井口

压裂井口总的要求是能承受高压,便于拆装,能及时活动管柱。常用的压裂井口是使用于深井的1050型压裂井口及600型压裂井口,根据施工压力的高低,选用安全、合格的井口装置。

2. 井口隔离工具或井口保护器

井口隔离工具或井口保护装置,可以保护井口装置,防止由高压、高蚀性液体及携砂液的磨蚀等造成的伤害,井口的额定压力通常低于压裂施工时的泵注压力,用具有高的额定压力的井口替换现有的井口是昂贵的,并需要用可能有伤害的液体压井。即使现有的井口装置具有足够的额定压力,但要其承受高压和施工液体,仍然是不安全的。

井口安全装置是安装在现有的采油树上,工作筒通过采油树上的阀门伸进油管,工作筒上有密封圈与油管壁密封,以防止液体或压力直接作用于采油树。安装了井口安全装置以后,井口的工作压力可达139.93MPa(20000psi),压裂施工结束以后,从采油树内取出工作筒,然后关闭井口阀门。

3. 精制钢施工管线

压裂施工所使用的精制钢高压管线的尺寸由预计的排量和压力决定,压裂液体的流速限制在45ft/s,以减少对管线的磨蚀。如果施工速率超过精制钢尺寸的限制速率,则需使用更大尺寸的管线,或在井口使用多根管线。

两个施工钢管之间的连接应用不加压的连接件,不能采用焊接或螺纹连接。在压裂施工期间,施工管线可能移动和轻微振动,为了防止施工管线承受由于这种运动而产生的应力,应将施工管线进行固定。使用旋转活接头可允许施工管线有一定的活动余地,这种活接头也能使施工管线拐弯和改变方向。为了保证直管段能自由活动,在管线的任何两个固点之间推荐使用三个旋转活接头,直管段的两端各需一个旋转活接头,在管线的一端都需接一个三通活接头(即在中心和两端的活接头是自由旋转的)。

施工管线必须安装单流阀和卸压管线。

(二)压裂车组

压裂车组主要包括压裂仪表车、压裂泵车、混砂车、管汇车及其配套设备,如图 7-12 所示。

(a)压裂仪表车

(b)压裂泵车

(c)混砂车

(d)管汇车

图 7-12　压裂施工车组

1. 压裂仪表车

水力压裂施工的监测由简单的压力条形图发展到复杂的计算机记录和显示,这些仪器显示的信息为监测工程师提供一个施工进展的诊断,施工期间,根据这些信息实时作出决策。传感器带来输入数据去追踪和计算施工现场发生的大量操作,为评价压裂施工所需的大多数参数都可来自传感器,压力、密度、排量、温度、pH 值和黏度通常都需要显示和记录。

目前比较先进的压裂仪表车是美国 Stewart & Stevenson 公司生产的"SS-2"仪表车。可供远控操作装备 BL1600 型压裂车 6 台和配套使用装备 HS60B 型混砂车 1 台,远控操作距离 30.5m。

2. 压裂泵车

压裂泵车放置的位置应尽量靠近混砂车,以便混砂车上的排出泵以足够的压头将携砂液输入高压泵的吸入管汇。一个大型的压裂施工要使用多台泵,可能要使用管汇车进行连接,管汇车有助于低压吸入端及高压排出端的连接。混砂车和泵之间吸入软管的使用数量由泵的排量决定,标准的 4in 吸入软管,长度为 25ft 或更短,允许泵的液体流量为 12bbl/min,如果有更大的排量通过软管,则可能造成泵入口压力不够,使泵抽空且运行不平稳。如果 1 台泵的排量超过 12bbl/min,则应使用另一根吸入软管为吸入管汇供液。

对于低排量的压裂施工,必须使用小直径的软管,以使软管内的液体具有足够高的流速,特别是对于高支撑剂浓度的压裂施工,如泡沫压裂施工。从泵的吸入管汇到混砂车之间可使用循环管线,如果在软管内的液体速度降至支撑剂的沉降点,软管可能被堵塞,并使泵的供液不足。每台泵车与施工管线的连接部分都应有隔离阀,以便于压裂施工期间进行一些小型维修。若没有隔离阀,泵总是处于施工压力之下,在隔离阀后应安装泄压阀,以便释放泵内的压力,任何时候泵都可以脱离施工管线。

目前比较先进的压裂泵车是 HQ-2000 压裂泵车。该设备包括哈里伯顿自动遥控系统(ARC)和哈里伯顿 HQ-2000 型泵。可以由操作员接口面板(OIP)或由作业局域网(JLAN)远距离连接的接口面板(OIP)来控制。

3. 混砂车

常用混砂车有 FBRC100ARC 型混砂车、607-T 型混砂车、E-230 型混砂车、SS70 型混砂车、HS60B 型混砂车、HALLIBURTON75 型混砂车、HS60BA 型混砂车、HS100BA 型混砂车、E-231 型混砂车、WESTERN100 型混砂车、HSC-GOL 等。

另外,压裂车组还包含管汇车、CO_2 泵注设备、压裂混合设备。同时还包括连续油管车、液氮泵车等相关设备。

(三)现场配液设备

在水力压裂施工前,聚合物基胶和盐水可能相混合,并储存在压裂液罐内。清水储存在水罐中,以便胶液太浓时使用。在泵入期间,压裂液从储罐流向一个公共的集管,然后由安装在混砂车上的离心泵供给混砂车上的搅拌器。液体滤失添加剂可能加入搅拌器内,或者是在前一天原液制备时,在压裂液储罐内预先进行混合。

1. 压裂液储罐

压裂液储罐储存施工液体,并将可能使用的各种类型的液体分离开来。理想的储罐应加衬里,以防止铁生锈,从而影响压裂液的胶凝和交联。应检查衬里以确保其完整性,衬里上的裂口或孔洞可能在衬里下面形成微小的孔隙,在这些孔隙里会隐藏细菌或前次使用遗留下来的性质相反的化学剂。

这些储罐通过 4in(10.16cm)直径的软管与搅拌器相连接。连到储罐上的软管尽可能直接连到储罐的正面,更通常的是连到从储罐上伸出的 8~10in 的管汇上。伸出的管汇可使几个储罐一起接到管汇的每个接头。一条循环管线接到储罐,用来混合液体和添加剂。

2. 液罐车

液罐车主要用储存和输运液体。

(四)压裂施工与质量控制

现场施工质量是影响压裂施工增产效果的重要因素之一。压裂是一项工序繁多的系统工程,当施工设计确定之后,严格按照设计要求组织现场实施,就成为施工质量控制的根据和着眼点。压裂施工成功的主要因素是在压裂施工的各个阶段都要将质量保证和质量控制相结合,可由完善的质量管理系统来完成。

压裂施工作业要点主要内容包括:

(1)施工准备,包括井场、井口装置、施工装备、井下管柱及工具、工作液体及地面流程管线的准备过程,是压裂施工的基础性工序。

(2)压裂施工设备的摆放,如图 7-13 所示。

(3)压裂液和支撑剂的现场质量控制。

(4)施工过程质量控制,关键在于做好低压替液、坐封封隔器、高压泵注。

(5)施工资料录取。

(6)施工工程质量评价。

(7)健康、安全及环境管理。

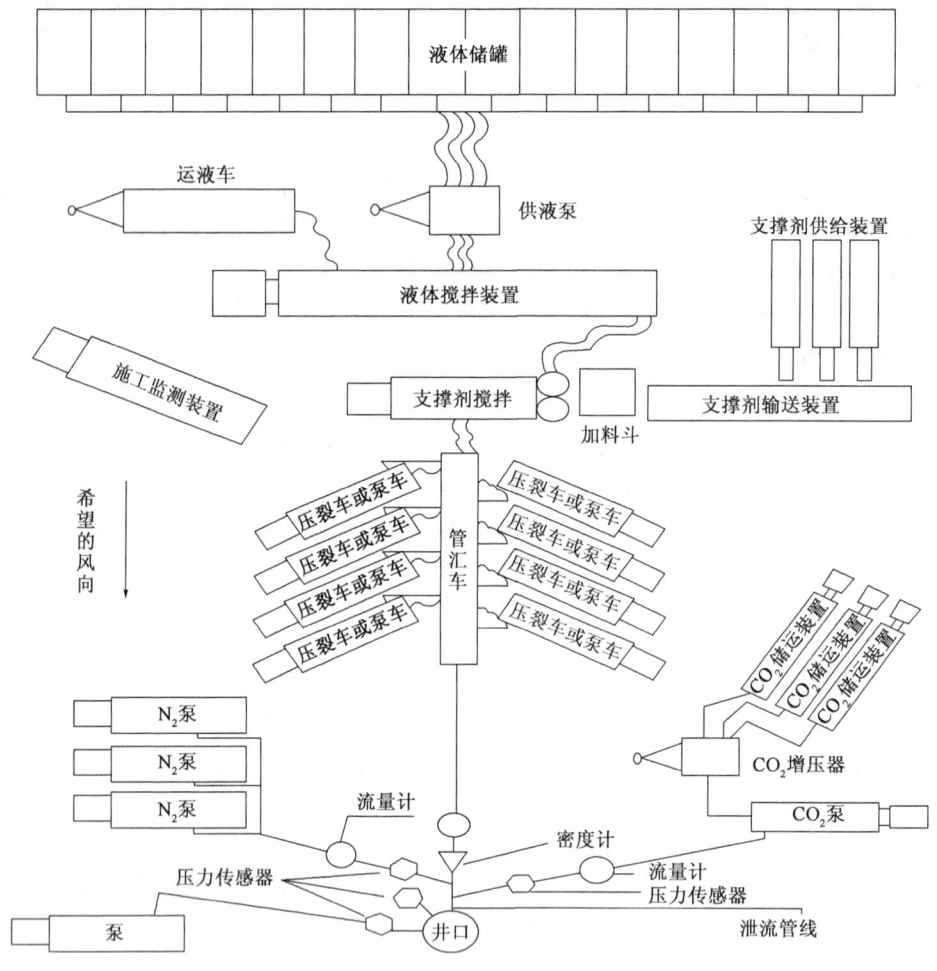

图 7-13 压裂施工设备布置示意图

第六节 压裂工艺技术

任何压裂设计方案都必须依靠适当的压裂工艺技术来实施和保证。对于不同特点的油气层,必须采取与之适应的工艺技术,才能保证压裂设计的顺利执行,取得良好的增产效果。压裂工艺技术种类很多,这里简要介绍分层及选择性压裂技术、控缝高压裂技术的基本原理。

一、分层及选择性压裂

我国有很多多层油气田,通常要进行分层压裂(分层压裂的工艺原理与分段压裂的基本相同,如动画7-6所示)。另外,在油田开发层系划分中,有的虽同属一个开发层系,但油层非均质特性强,存在层内分层现象,这些油层的压裂通常称为选择性压裂。

动画7-6 分段压裂

(一)封隔器分层压裂

封隔器分层压裂是目前国内外广泛采用的一种压裂工艺技术,但作业复杂、成本高。根据所选用的封隔器和管柱不同,封隔器分层压裂有以下四种类型。

(1)单封隔器分层压裂。用于对最下面一层进行压裂,适于各种类型油气层,特别是深井和大型压裂,如图7-14(a)所示。

(2)双封隔器分层压裂。可对射开的油气井中的任意一层进行压裂,如图7-14(b)所示。

(3)桥塞封隔器分层压裂,如图7-14(c)所示。

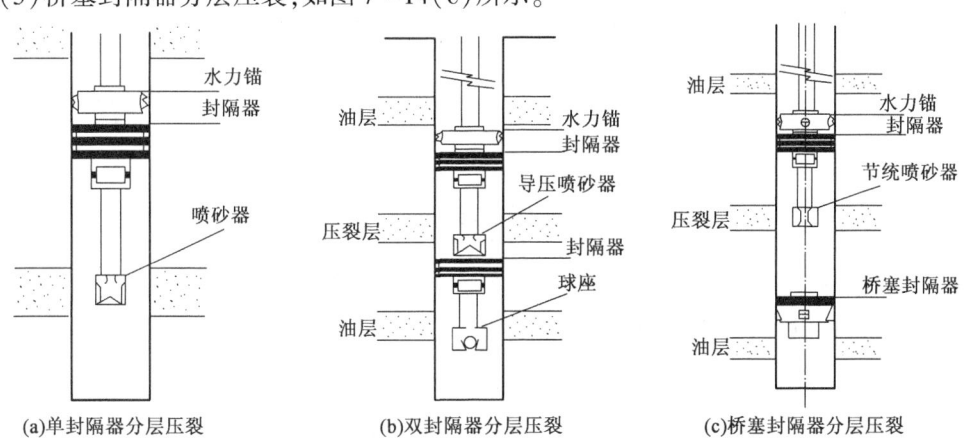

图7-14 封隔器分层压裂管柱结构示意图

(4)滑套封隔器分层压裂。

国内采用喷砂器带滑套施工管柱(动画7-7),采用投球憋压方法打开滑套(动画7-8)。该压裂方式可以不动管柱、不压井、不放喷一次施工分压多层;对多层进行逐层压裂和求产。

动画7-7 压裂管柱

动画7-8 投球滑套分段压裂工艺流程

(二) 限流法分层压裂

限流法分层压裂用于欲压开多层而各层破裂压力有差别的油井。通过控制各层射孔孔眼数量和直径,并尽可能提高注入排量,利用先压开层孔眼摩阻提高井底压力而达到一次分压多层的目的。

如图 7-15 所示,有 A、B 和 C 三个油层,相应的破裂压力分别为 24MPa、20MPa 和 22MPa,按射孔方案射开各自的孔眼。当注入井底压力为 20MPa 时,B 层被压开;然后提高排量,因孔眼摩阻正比于排量,B 层孔眼摩阻达到 2MPa 时的注入井底压力为 22MPa,即 C 层被压开;继续提高排量,B 层孔眼摩阻达到 4MPa 时的井底注入压力为 24MPa,A 层被压开。射孔孔眼的作用类似于井下节流器,随排量增加,井底压力不断提高,从而逐层压开。

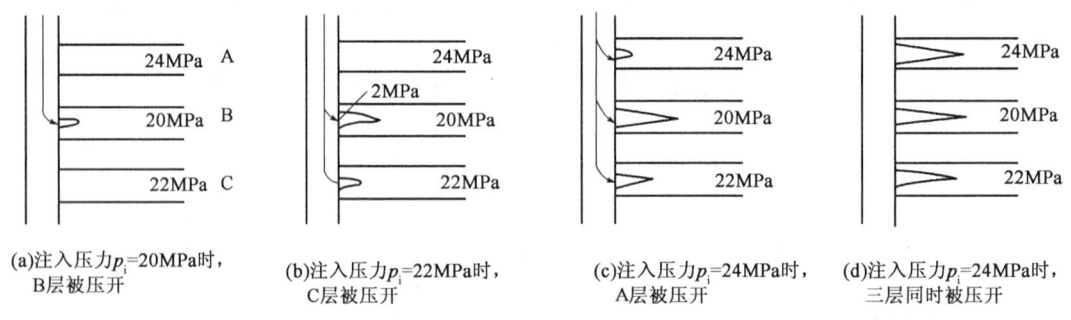

图 7-15 限流法分层压裂工艺原理图

限流法分层压裂的关键在于必须按照压裂的要求设计合理的射孔方案,包括射孔孔眼、孔密和孔径,使完井和压裂构成一个统一的整体。

(三) 蜡球选择性压裂

在压裂液中加入油溶性蜡球暂堵剂,压裂液将优先进入高渗层内,蜡球沉积而封堵高渗层,从而压开低渗层。油井投产后,原油将蜡球逐渐溶解而解除堵塞。若高渗层为高含水层,堵球不解封有助于降低油井含水率。图 7-16 为蜡球选择性压裂工艺原理图。

(四) 堵塞球选择压裂

将井内欲压层段一次射开,首先压开低破裂压力层段后加砂,然后注入带堵塞球的顶替液使射孔孔眼暂堵,再提高压力压开具有稍高破裂压力的地层,从而改善产油(吸水)剖面,如动画 7-8 所示。

动画 7-9 裂缝扩展

二、控缝高压裂技术

当油气层很薄或者产层与遮挡层间最小水平主应力差较小,压开的裂缝高度很容易进入遮挡层,此时需要控制裂缝高度延伸(动画 7-9)。可以通过控制压裂液性能参数和施工排量来实现,更可靠的是人工隔层控缝高压裂技术。

基本原理是在前置液中加入上浮式或下沉式导向剂,通过前置液

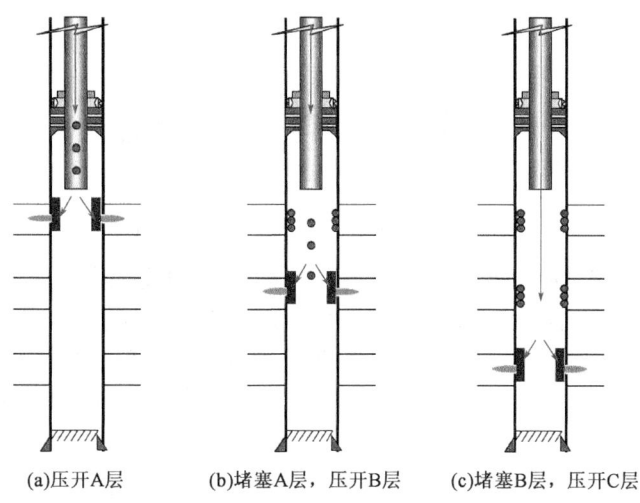

(a)压开A层　　(b)堵塞A层，压开B层　　(c)堵塞B层，压开C层

图 7-16　蜡球选择性压裂工艺原理图

将其带入裂缝，浮式导向剂和沉式导向剂分别上浮和下沉聚集在人工裂缝顶部和底部，形成压实的低渗透人工隔层，阻止裂缝中压力向上/向下传播，达到控缝高的目的（图 7-17）。为了使两种导向剂能上浮和下沉，一般在注入携有导向剂的液体后短期停泵，然后进行正常的压裂作业。

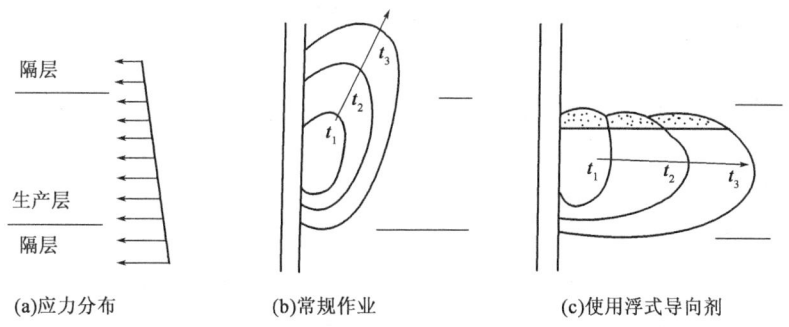

(a)应力分布　　(b)常规作业　　(c)使用浮式导向剂

图 7-17　使用浮式导向剂形成人工隔层

人工隔层控缝高技术主要用于：生产层与非生产层互层的块状均质地层；生产层与气、水层间无良好隔层；生产层与遮挡层应力差不能有效控制裂缝垂向延伸。

习　题

7-1　简述不同阶段注入井内的压裂液的类别及对应所起的作用。

7-2　简述压裂液从裂缝壁面向地层中滤失的过程和其中的主控因素。

7-3　理想的压裂支撑剂应满足的性能要求有哪些？

7-4　简述 McGuire & Sikora 图版对压裂设计和分析的启示。

7-5　列举三种控制裂缝高度过度延伸的工艺方法。

7-6　水力压裂增产的机理是什么？

7-7　水力压裂选井应考虑哪些因素？

第八章 酸 化

酸化是油气井增产和注水井增注重要技术措施之一。它作为一种油气井增产措施始于20世纪。由于酸化措施对油气井解堵和增产的巨大贡献,因而受到油田的高度重视和推广应用并得以长足发展。目前,酸化技术不但成功地应用于常规油气层增产改造,且可对特殊油气井(如高温深井、低压低渗油井、高含硫井、高孔低渗油井等)及复杂结构井等进行有效的作业,为油气田增储上产起着重要作用。本章重点介绍酸化的基本理论和常规酸化工艺技术。

第一节 酸化增产原理

酸化是通过向地层注入酸液,溶解储层岩石矿物成分及钻井、完井、修井、采油作业过程中造成的堵塞储层物质,改善和提高储层的渗透性能,从而提高油气井产能的增产措施。

一、酸化的工艺分类

酸化按工艺不同可分为酸洗、基质酸化及压裂酸化。

(一)酸洗

酸洗是一种清除井筒中的酸溶性结垢或疏通射孔孔眼的工艺。它是将少量酸定点注入预定井段,溶解井壁结垢物或射孔眼堵塞物,也可通过正反循环使酸不断沿井壁和孔眼流动,以此增大活性酸到井壁面的传递速度,加速溶解过程。

(二)基质酸化

基质酸化是在低于储层破裂压力条件下将酸液注入(砂岩或碳酸盐岩)储层孔隙(晶间、孔穴或微裂缝)。对于砂岩储层,酸液大体沿径向渗入储层,溶解孔隙空间内的颗粒及堵塞物,扩大孔隙空间[图8-1(a)];破坏钻井液、水泥及岩石碎屑等堵塞物的结构,从而解除井筒附近污染,恢复或提高基质渗透率,从而达到恢复油气井产能和增产的目的;在某些条件下也可能形成高渗透性酸蚀孔道[图8-1(b)]而旁通污染带。

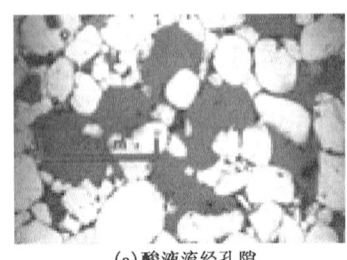
(a)酸液流经孔隙

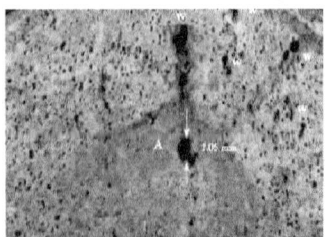
(b)酸液与砂岩作用形成的孔道

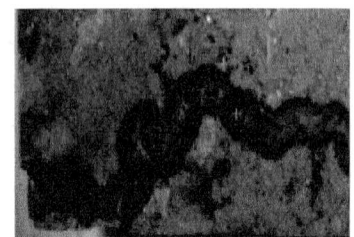
(c)酸液与碳酸盐岩作用形成的蚓孔

图8-1 酸液与岩石作用

对于碳酸盐岩储层,酸液则主要通过溶解微裂缝中堵塞物或溶蚀裂缝壁面,扩大裂缝;或者形成类似于蚯蚓的孔道,简称为酸蚀蚓孔[图8-1(c)]而旁通污染带,从而改善储层渗流条件。

由于页岩的易碎性,或者为了保持天然液流边界以减少或防止水、气采出,而不能冒险进行压裂酸化时,一般最有效的增产措施就是基质酸化。大多数情况下,基质酸化的目的重在解除污染物和旁通污染带。因此储层伤害是酸化过程中关注的重点。

(三)压裂酸化

压裂酸化是指在高于储层破裂压力或天然裂缝的闭合压力下,将酸液挤入储层,在储层中形成裂缝,同时酸液与裂缝壁面岩石发生反应,非均匀刻蚀缝壁岩石,形成沟槽状或凹凸不平的刻蚀裂缝(图8-2),施工结束裂缝不完全闭合,最终形成具有一定几何尺寸和导流能力的人工裂缝,改善油气井的渗流状况,从而使油气井获得增产。习惯上将压裂酸化称为酸压。这种工艺一般只应用于碳酸盐岩油气层。

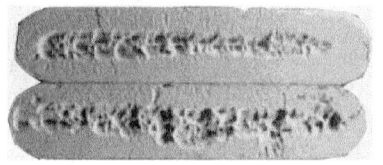

图8-2 酸液非均匀刻蚀裂缝壁面

二、酸化增产原理的内容

Hawkins(1956)引入了表皮系数概念,定量描述储层伤害对产能的影响。表皮系数可用Hawkins(1956)公式(8-1)表示,此式常用于评估渗透率污染的相对程度和污染深度。

$$S = \left(\frac{K}{K_d} - 1\right)\ln\frac{r_d}{r_w} \tag{8-1}$$

式(8-1)表明,渗透率污染对表皮系数的影响比污染深度的影响要大得多。由试井得到的表皮系数基本上是由近井地带的渗透率污染引起的,这对设计基质酸化特别重要。

(一)基质酸化增产原理

基质酸化增产作用主要表现在:

(1)酸液挤入孔隙或天然裂缝与其发生反应,溶蚀孔壁或裂缝壁面,增大孔径或扩大裂缝,提高储层的渗流能力;

(2)溶蚀孔道或天然裂缝中的堵塞物质,破坏钻井液、水泥及岩石碎屑等堵塞物的结构,疏通流动通道,解除堵塞物的影响,恢复储层原有的渗流能力。

储层流体(油、气、水)从储层径向流入井内时,压力损耗在井底附近呈漏斗状。在油气井生产中,80%~90%的压力损耗发生在井筒周围10m的范围内。因此,提高井底附近的渗流能力,降低压力损耗,在生产压差不变时,可显著提高油气产量。

如图8-3所示,介于井半径r_w与污染半径r_d之间的污染带渗透率为K_d,介于r_d与泄流半径r_e之间的储层渗透率为K_0,Muskat(1947)给出了这类井的产能与均值渗透率为K_0的同类井的产能之比为

$$\frac{J_d}{J_o} = \frac{X_d \ln(r_e/r_w)}{\ln(r_d/r_w) + X_d \ln(r_e/r_d)} \tag{8-2}$$

其中 $X_d = K_d/K_0$

式中 X_d——污染带渗透率与原始渗透率比值;

J_o, J_d——无污染井采油指数和污染井采油指数。

假设 r_e 为 300m，r_w 为 0.12m，污染深度 $r_d - r_w$ 值为 0~0.33m，上述关系如图 8-4 所示。已知污染半径及渗透率比值，由式(8-2)便可计算出消除污染后获得的增产量。

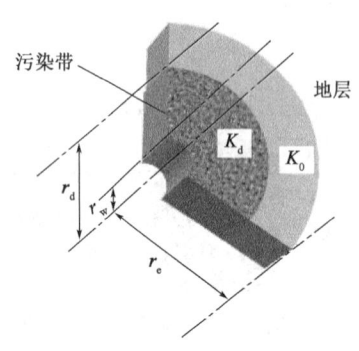
图 8-3 污染井示意

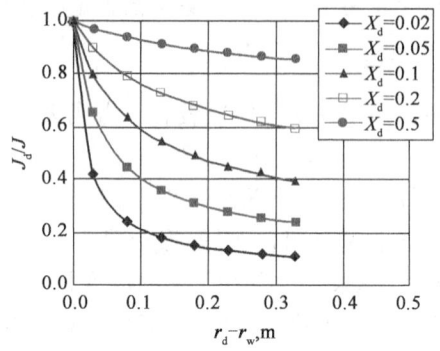
图 8-4 储层伤害引起的产量下降

酸化后采油指数与酸化前采油指数之比称为酸化增产倍比，对于污染井：

$$\frac{J_i}{J_d} = 1 + \left(\frac{1}{X_d} - 1\right)\frac{\ln(r_d/r_w)}{\ln(r_e/r_w)} \quad (8-3)$$

对于未污染井：

$$\frac{J_i}{J_o} = \frac{1}{1 + \left(\frac{1}{X_i} - 1\right)\frac{\ln(r_d/r_w)}{\ln(r_e/r_w)}} \quad (8-4)$$

其中

$$X_i = K_i/K_0$$

式中 X_i——酸化后的渗透率与原始渗透率的比值；

J_i——酸化后的采油指数。

假定严重污染井 X_d 为 5%，表皮系数是 26，由式(8-3)计算可知，当酸化解除储层伤害时可使采油指数增加 4.5 倍。

对未污染井，酸化处理使井筒周围 0.4m 半径范围的渗透率增加 20 倍，即 X_i 为 20，表皮系数从 0 下降到 -1.2 左右，通过式(8-4)计算表明，采油指数只能增加 21%。

因此，对于受污染的油井，采用解堵酸化措施，可以大大提高油井产能，而对于未受到污染的井，解堵酸化效果不大。

(二)酸压增产原理

酸压是碳酸盐岩储层增产措施中应用最广的酸处理工艺。酸压和水力压裂增产的基本原理和目的都相同，都是为了产生具有足够长度和导流能力的裂缝，减少油气水渗流阻力，主要差别在于如何实现其导流性。对水力压裂，裂缝内的支撑剂阻止停泵后裂缝闭合(图 8-5)；酸压一般不使用支撑剂，而是依靠酸液对裂缝壁面的非均匀刻蚀产生一定的导流能力(图 8-6)，这种非均匀刻蚀是由于岩石的矿物分布和渗透性的不均一性所致。酸液沿着裂缝壁面流动反应，有些地方的矿物极易溶解(如方解石)，有些地方则难以被酸所溶解，甚至不溶解(如石膏、砂等)。易溶解的地方刻蚀的厉害，形成较深的凹坑或沟槽，难溶解的地方则凹坑较浅，不溶解的地方保持原状。此外渗透率好的壁面易形成较深的凹坑，甚至是酸蚀孔道，从而进一步加重非均匀刻蚀。酸化施工结束后，由于裂缝壁面凹凸不平，裂缝在许多支撑点的作用下，不能完全闭合，最终形成具有一定几何尺寸和导流能力的人工裂缝。

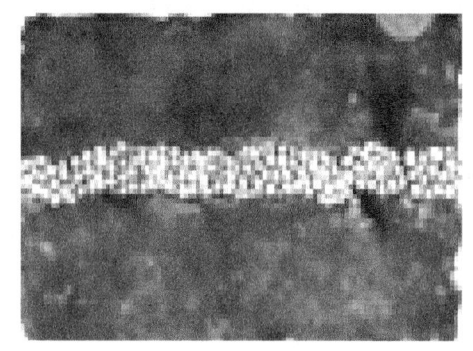

图8-5 水力压裂填砂裂缝　　　　图8-6 酸压酸蚀裂缝

因此,酸压的应用通常局限于碳酸盐岩储层,也是碳酸盐岩储层增产措施中应用最广的酸处理工艺,很少用于砂岩储层,因为:(1)由于酸沿缝壁均匀溶蚀砂岩,不能形成沟槽,酸压后裂缝大部分闭合,形成的裂缝导流能力低。即使是对砂岩矿物溶蚀能力强的土酸也不能使储层刻蚀形成足够导流能力的裂缝,且由于用土酸酸压可能产生大量沉淀物堵塞流道。(2)砂岩储层的胶结一般比较疏松,酸压可能由于大量溶蚀,致使岩石松散,引起油井出砂。因此,砂岩储层一般不能冒险进行酸压,要大幅度提高产能需采用水力压裂措施。但是,在某些含有碳酸盐充填天然裂缝的砂岩储层或一些特殊岩性储层中,使用酸压也可以获得很好的增产效果。

与水力压裂技术类似,酸压的增产原理(图8-7)主要表现在:

(1)酸压裂缝增大油气向井内渗流的渗流面积,改善油气的流动方式,增大井附近油气层的渗流能力;

(2)消除井壁附近的储层伤害;

(3)沟通远离井筒的高渗透带、储层深部裂缝系统及油气区。

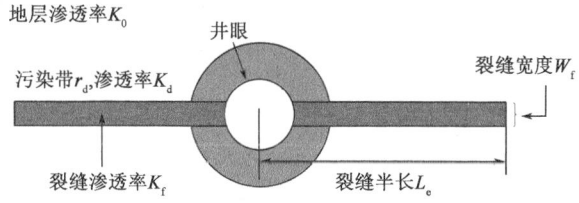

图8-7 酸压增产原理示意图

无论是在近井污染带内形成通道,或改变储层中的流型都可获得增产效果。小酸量处理可消除井筒污染,恢复油气井天然产量,大规模深部酸压处理可使油气井大幅度增产。

第二节　碳酸盐岩储层酸化机理

碳酸盐岩储层是重要的储层类型之一。随着世界各国石油及天然气勘探与开发工作的发展,碳酸盐岩油气田的储量和产量急剧增长。据统计,到目前为止,碳酸盐岩中的油气储量已超过世界油气总储量的一半,而产量已达到总产量的60%以上。

碳酸盐岩地层的主要矿物成分是方解石 $CaCO_3$ 和白云石 $CaMg(CO_3)_2$,其中方解石含量高于50%的称为石灰岩,白云石含量高于50%的称为白云岩。碳酸盐岩的储集空间分为孔隙和裂缝两种类型。根据孔隙和裂缝在地层中的主次关系又可把碳酸盐岩油气层分为三类:孔隙性碳酸盐岩油气层、孔隙—裂缝性碳酸盐岩油气层(孔隙是主要储集空间,裂缝是渗流通道)和裂缝性碳酸盐岩油气层。碳酸盐岩油气层酸处理就是要解除孔隙、裂缝中的堵塞物质,或扩大沟通油气层原有的孔隙和裂缝,提高油气层的渗透性。

一、碳酸盐岩地层的酸—岩化学反应

碳酸盐岩储层酸化常用盐酸。盐酸与碳酸盐岩反应都生成二氧化碳、水及钙盐或镁盐,其典型反应为

$$2HCl + CaCO_3 = CaCl_2 + H_2O + CO_2 \uparrow \tag{8-5}$$

$$4HCl + CaMg(CO_3)_2 = CaCl_2 + MgCl_2 + 2CO_2 \uparrow + 2H_2O \tag{8-6}$$

盐酸与碳酸盐岩发生反应时,所产生的反应物如氯化钙、氯化镁全部溶于残酸中。二氧化碳气体在油藏压力和温度下,小部分溶解到液体中,大部分呈游离状态的微小气泡,分散在残酸溶液中,有助于残酸溶液从油气层中排出。氯化钙极易溶于水(图8-8),在30℃时,$CaCl_2$溶解度为52%,此值大大超过35%。因此,酸—岩反应产生的$CaCl_2$能全部呈溶解状态,不会产生沉淀。由于实际盐酸浓度一般最高使用28%左右,储层温度一般都高于30℃,其溶解度随温度升高而增大,储层中滞留的残酸液酸性环境会使$CaCl_2$盐类的溶解度更大,因而在实际施工条件下,不会产生氯化钙沉淀,可以把残酸水当成水来考虑;二氧化碳在残酸水中的溶解度与储层压力、温度及残酸水中的$CaCl_2$溶解量有关(图8-9),酸岩反应产生的CO_2只有少部分溶于残酸水中,而大部分仍为气态,呈小气泡分散在残酸水中。

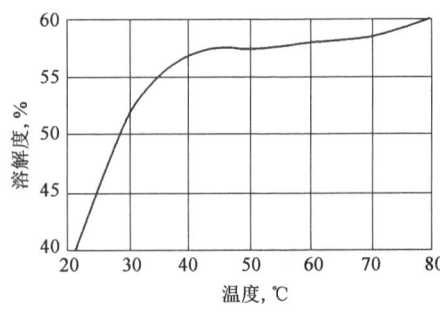

图8-8 氯化钙溶解度

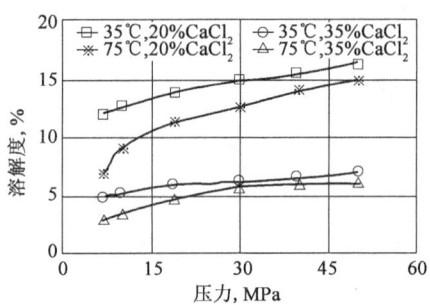

图8-9 不同温度条件下二氧化碳溶解度

盐酸的浓度越高,其溶蚀能力越强,溶解一定体积的碳酸盐岩所需要的浓酸体积较少,残酸溶液也较少,易于从油气层中排出。在解决了酸化中的腐蚀问题后,使用高浓度盐酸的酸化效果较好。另外,高浓度盐酸活性耗完时间相对较长,酸液渗入油气层的深度也较大,酸化效果较好。

酸—岩反应的快慢用酸—岩反应速度表示,定义为单位时间内酸浓度的降低值,常用单位为$mol/(L \cdot s)$,或单位时间内岩石单位面积的溶蚀量(称溶蚀速度),常用单位为$mg/(cm^2 \cdot s)$。一般把未与岩石发生化学反应的酸液称为鲜酸;在酸—岩反应过程中,含有反应产物,但未失去反应性的酸称为余酸;完全失去反应能力的酸液称为残酸。

盐酸溶蚀碳酸盐岩的过程,就是盐酸被消耗的过程,这一过程进行的快慢可用酸—岩反应速度表示。酸—岩反应速度与酸化效果有密切的关系。在数值上酸—岩反应速度可用单位时间内酸浓度的降低值表示,也可用单位时间内岩石单位反应面积的溶蚀量来表示。表8-1列出了$1m^3$盐酸所溶解的碳酸盐岩量以及生成物的量。

表8-1 不同浓度盐酸与碳酸钙和碳酸钙镁作用情况

反应物和生成物	HCl, kg	石灰岩, kg				白云岩, kg				
		$CaCO_3$	$CaCl_2$	CO_2	H_2O	$CaMg(CO_3)_2$	$CaCl_2$	$MgCl_2$	H_2O	CO_2
15% HCl	161	221	245	97	40	203.2	122.4	105.1	40	97
28% HCl	319	437	485	192	79	402.7	242.5	208.2	79	192.3

为了便于应用,引入酸的溶解能力概念,定义为单位质量(或体积)酸液溶解的岩石质量(或体积),可用于直接比较各种用酸成本。用 β 表示反应酸质量与溶解的岩石质量之比(质量溶解力)。

$$\beta = \frac{矿物相对分子质量 \times 反应方程式中矿物的物质的量}{酸相对分子质量 \times 反应方程式中酸的物质的量} \quad (8-7)$$

例如方解石与100% HCl反应的 β_{100} 为

$$\beta_{100} = \frac{100.09 \times 1}{36.5 \times 2} = 1.372 (石灰岩溶解质量/100\% 盐酸反应质量)$$

若酸的质量浓度为15%,则

$$\beta_{15} = 0.15 \beta_{100} = 0.206 (石灰岩溶解质量/15\% 盐酸反应质量)$$

用相应的密度比作为质量比与式(8-7)相乘便可得出反应酸单位体积所能溶解的岩石体积(用 X 表示),即体积溶解力。计算中未将岩石的孔隙度考虑在内。对于质量浓度为15%的盐酸计算结果为

$$X_{15} = \frac{\rho_{15\% HCl} \beta_{15\% HCl}}{\rho_{CaCO_3}} \quad (8-8)$$

式中,$\rho_{15\% HCl}$ 表示浓度为15%(质量)的盐酸密度($1070 kg/m^3$),ρ_{CaCO_3} 表示碳酸钙的密度($2710 kg/m^3$),代入式(8-8)得

$$X_{15} = \frac{1070 \times 0.206}{2710} = 0.082 (石灰岩溶解体积/15\% 盐酸反应体积)$$

如表8-2所示,盐酸的溶解力最强,其次是甲酸,最后是乙酸。表中所列数据没有考虑化学平衡的影响。例如,在现场施工中,有机酸并非完全起反应,故一定体积的酸所能溶解的岩石量将少于表8-2列举的数字。为了修正溶解力,必须乘以一校正系数,即在反应条件(储层温度、压力及生成物浓度)下达到化学平衡之前消耗的酸分量。

表8-2 碳酸盐岩酸化常用酸不同浓度的溶解力

组分	酸	β_{100}	5%	10%	15%	30%
石灰岩 $CaCO_3$ $\rho = 2710 kg/m^3$	盐酸(HCl)	1.37	0.026	0.053	0.082	0.175
	甲酸(HCOOH)	1.09	0.020	0.041	0.062	0.129
	乙酸(CH_3COOH)	0.83	0.016	0.031	0.047	0.096
白云岩 $CaMg(CO_3)_2$ $\rho = 2870 kg/m^3$	盐酸	1.27	0.023	0.046	0.071	0.152
	甲酸	1.00	0.018	0.036	0.054	0.112
	乙酸	0.77	0.014	0.027	0.041	0.083

注:有机酸数据均未作平衡修正,岩石体积未包括孔隙体积,计算酸蚀体积时应除以$(1-\phi)$。

二、碳酸盐岩地层酸—岩化学反应控制机理

当酸通过扩散或对流达到矿物表面时,在酸与矿物之间就发生化学反应。酸液消耗或矿

物溶解的总速度将决定于两个明显的过程:酸通过扩散或对流传到矿物表面的速度和矿物表面上的实际反应速度。通常,这些过程中的某一个将比其他过程慢得多,在此情况下,可忽略最快的过程,因为与慢的过程相比,可以认为它发生在一个可以忽略的时间内。

酸与碳酸盐岩的反应为酸—岩复相反应,反应只在液固界面上进行,因而液固两相界面的性质和大小都会影响复相反应的进行。把与酸液接触的岩石视为一个壁面,如图 8 - 10 所示。考虑任一固体表面都具有吸附物质的剩余力场,假设其反应过程中包含吸附作用步骤,因而酸与碳酸盐岩的反应历程可描述为:

(1) H^+ 向岩石表面传递;
(2) 被吸附的 H^+ 在岩石表面反应;
(3) 反应产物通过传质离开岩石表面。

上述三个步骤中速度最慢的一步为整个反应的控制步骤,它决定着总反应速率的快慢。

酸液中的 H^+ 在岩面上与碳酸盐岩的反应,称为表面反应。对石灰岩储层来说,表面反应速度非常快,几乎是 H^+ 一接触岩面,反应立刻完成。H^+ 在岩面上反应后,就在接近岩面的液层里堆积起生成物 Ca^{2+}、Mg^{2+} 和 CO_2 气泡等反应产物。岩面附近这一堆积生成物的微薄液层,称为扩散边界层,该边界层与溶液内部的性质不同。溶液内部,在垂直于岩面的方向上,没有离子浓度差;边界层内部,在垂直于岩面的方向上,则存在有离子浓度差,如图 8 - 11 所示。

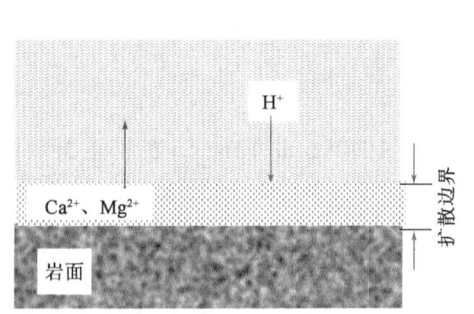

图 8 - 10 酸—岩复相反应示意图

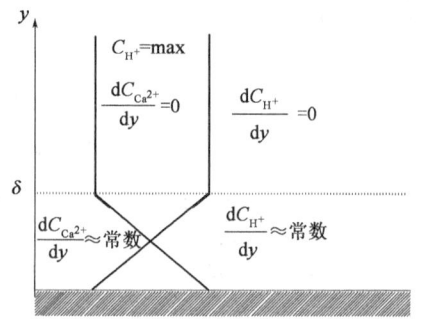

图 8 - 11 扩散边界层的浓度分布
C_{H^+}—氢离子浓度;$C_{Ca^{2+}}$—钙离子浓度;
δ—扩散边界层厚度

由于在边界层内存在着上述离子浓度差,反应物和生成物就会在各自的离子浓度梯度作用下向相反的方向传递。这种由于离子浓度差而产生的离子移动,称为离子的扩散作用。

在离子交换过程中,除了上述扩散作用以外,还会有因密度差异而产生的自然对流作用。实际酸处理时,酸液将按不同的流速流经裂隙,H^+ 会发生对流传质。尤其是裂隙壁面十分粗糙,极不规则容易形成旋涡,酸液的流动将会产生离子的强迫对流作用。

总之,酸液中的 H^+ 是通过对流(包括自然对流和一定条件下的强迫对流)和扩散两种形式,透过边界层传递到岩面。H^+ 透过边界层达到岩面的速度,称为 H^+ 的传质速度。

酸与岩石的反应过程进行的快慢,可用酸与岩石的反应速度来表示。酸—岩反应速度与酸处理效果有密切关系。因为酸处理的目的除了解除井底附近储层中的堵塞以外,还希望在储层中尽可能得到足够深度的溶蚀范围。假如盐酸与碳酸盐岩的反应速度很快,新鲜酸液一进入储层很快就反应完毕成为残酸,酸只能对井底附近的储层起溶蚀作用,增产效果必然不大。因此需要进一步对酸—岩反应化学动力学进行研究,问题比较复杂。

三、影响酸—岩反应速度的因素

研究和矿场实践表明,温度、酸液浓度、岩石类型、同离子效应、酸液类型、酸—岩系统的面容比、酸液流速以及压力等是影响酸—岩反应速度的主要因素。

(一) 温度对酸—岩反应速度的影响——Arrielius 方程

温度对酸—岩反应速度的影响主要体现在其对酸—岩反应速度常数的影响,这可由 Arrielius 方程来描述。结合酸与岩石反应特点,酸—岩反应速度可表示为

$$J = K_0 \exp\left[\frac{E_a(T-T_0)}{RT_0T}\right]C^m \tag{8-9}$$

式中　J——反应速率;
K_0——反应速率常数;
E_a——反应活化能;
T_0——初始温度;
T——某一时刻温度;
C——酸的浓度;
m——反应级数;
R——理想气体常数。

由式(8-9)可知,温度对酸—岩反应速度影响很大,在低温条件下,温度变化对反应速度变化的影响相对较小;高温条件下,温度变化对反应速度的影响较大。例如,温度由 20℃ 增加到 30℃,反应速度增加 1.67 倍;温度由 90℃ 增加到 100℃,反应速度增加了 7.73 倍。可见,随着温度升高,反应速度增加的幅度加大。因此,温度越高,反应速度越快,高温下的酸—岩反应速度很快,酸液有效作用距离有限,若不采取措施,很难取得较好的酸化效果。

酸—岩反应速度随温度的升高而加快可从化学动力学的角度来解释。(1)由于温度升高,分子运动加快,单位时间内分子的碰撞次数增加,有效碰撞次数的比例随之增加,导致反应速度加快。(2)温度升高,使较多的普通分子获得足够多能量而变为活化分子,因而增大了活化分子的份数,结果使单位时间内分子的有效碰撞次数大大增加,导致反应速度加快。(3)随着温度的升高,分子、离子运动加剧,H^+ 向岩面的传质速度加快,岩面上反应产物离开岩面向酸液中的扩散也加剧。(4)温度的升高,还使扩散边界层的黏度降低,从而减小 H^+ 传质过程中的阻力,进而加快传质速度。因此,不论是表面控制反应还是传质控制反应,温度的升高都会使酸—岩系统的反应速度加快。酸—岩反应温度主要受储层温度、注酸温度、注酸速度以及酸—岩反应热等控制。

(二) 面容比对酸—岩反应速度的影响

面容比表示酸—岩系统中岩石的反应面积 S 与参加反应的酸液体积 V 的比值。

$$S_\phi = \frac{S}{V} \tag{8-10}$$

式中　S_ϕ——面容比,cm^2/cm^3。

常用面容比公式为:
(1)对于宽 W、高 H、单翼缝长 L 的双翼垂直裂缝:

$$S_\phi = \frac{4HL}{2WHL} = \frac{2}{W}$$

(2)对于宽 W、半径为 R_f 的水平裂缝：

$$S_\phi = \frac{2\pi R_f^2}{W\pi R_f^2} = \frac{2}{W}$$

(3)对于直径为 d、长度为 L 的孔隙：

$$S_\phi = \frac{\pi d L}{\pi d^2 L/4} = \frac{4}{d}$$

面容比越大，一定体积的酸液与岩石接触的分子就越多，发生反应的机会就越大，反应速度就越快。在小直径孔隙和窄的裂缝中，酸—岩反应时间是很短的，这是由于面容比大，酸化时挤入的酸液类似于铺在岩面上，盐酸的反应速度接近于表面反应速度，酸—岩反应速度很快。在较宽的裂缝和较大的孔隙储层中面容比小，酸—岩反应时间较长。

图 8–12 是酸化压裂时面容比对酸—岩反应速度的影响试验结果曲线。显然面容比越大，酸—岩反应速度越快。因此，形成的裂缝越宽，裂缝的面容比越小、酸—岩反应速度相对越慢，活性酸深入储层的距离越远，酸压处理的效果就越显著。

在裸眼井段的酸洗属于面容比小、反应慢的情况。因此酸洗要关井一段时间，让其充分反应。

(三)酸液浓度对酸—岩反应速度的影响

盐酸与碳酸盐岩反应时，酸浓度对反应速度的影响曲线如图 8–13 所示。

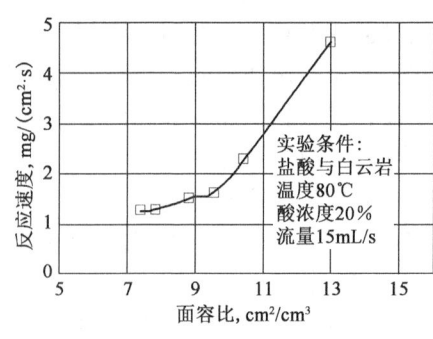

图 8–12 面容比对酸—岩反应速度的影响 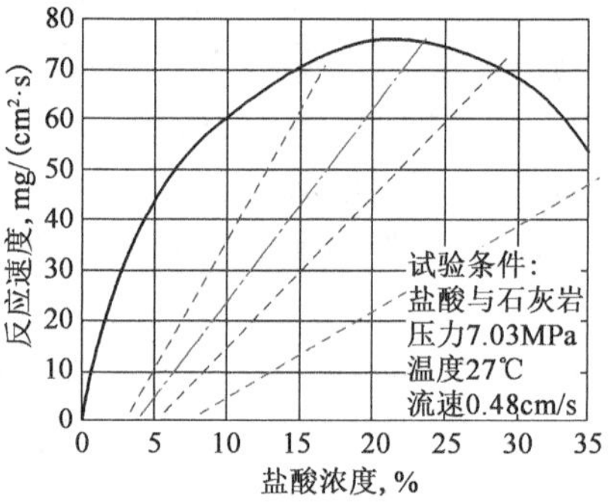　　图 8–13 盐酸浓度对酸—岩反应速度的影响

图 8–13 中实线表示不同浓度的鲜酸的反应速度。由图可以看出，浓度在 20% 以前时，反应速度随浓度的增加而加快；当盐酸的浓度超过 20%，这种趋势变慢。当盐酸的浓度达 22%～24% 时，反应速度达到最大值；当浓度超过这个数值，反应速度反而下降。

酸—岩初始反应速度随盐酸浓度而变化的规律，可以从盐酸的离解度随它的浓度的增加而降低来解释。因为随浓度增大，溶液中的离子数增多，带正负电荷的离子受到周围带极性相反电荷离子的约束，自由运动受到限制，表现为电解质—盐酸的表观离解度减少。溶液中离子浓度增加，一方面 HCl 分子数目不断增加，另一方面离解度不断下降，但由于前者增加的幅度大于后者减少幅度，其结果使得酸液中 H^+ 浓度随盐酸浓度的增大而增加，致使酸—岩反应速度随浓度的增加而渐渐加快。同理，当盐酸浓度超过 24%～25% 时，虽然 HCl 分子数目随其浓度增加而变多，但 HCl 的离解度降低的幅度越来越大。其结果使酸液中的 H^+ 浓度反而变小，使反应速度随浓度的增加而变慢。

图 8–13 中虚线表示正在反应的酸液(余酸)由初始反应速度下降到某一浓度时反应速度的变化规律。新鲜酸液的反应速度最高，余酸的反应速度较低。浓酸的初始反应速度虽快，

但当其变为余酸时,其反应速度比同浓度的鲜酸的反应速度慢得多。初始浓度越高,下降到某一浓度的余酸时的反应速度就越低。余酸比鲜酸反应速度低,这一规律可以由同离子效应来解释。当酸液经过一定时间反应后,酸液中已经存在大量的 $CaCl_2$ 和 $MgCl_2$,Ca^{2+}、Mg^{2+}、Cl^- 浓度升高,酸液中离子浓度增大,致使离子之间的相互牵制作用加强,离子的运动变得更加困难,盐酸的表观离解度降低,致使 H^+ 浓度下降,反应速度变慢。由化学动力学理论可知,溶液中 Ca^{2+}、Mg^{2+}、Cl^- 浓度的升高,会抑制正反应的进行;且 Ca^{2+}、Mg^{2+} 等的存在使扩散边界层内扩散速度减缓,导致酸—岩反应速度降低。这是同离子效应作用的结果,也可以说明浓度高的酸比浓度低的酸的有效作用距离长。

(四)酸液流速对酸—岩反应速度的影响

酸—岩反应速度随酸液流速增大而加快,图8-14为盐酸在白云岩裂缝流动反应时,酸液流速与反应速度的实测数据曲线(试验温度80℃,压力7MPa,裂缝初始宽度1.0mm)。

由图8-14中曲线可知,酸液流速较低时,酸液流速的变化对反应速度并无显著的影响;酸液流速较高时,由于酸液液流的搅拌作用,离子的强迫对流作用大大加强,H^+ 的传质速度显著增加,致使反应速度随流速增加而明显加快。

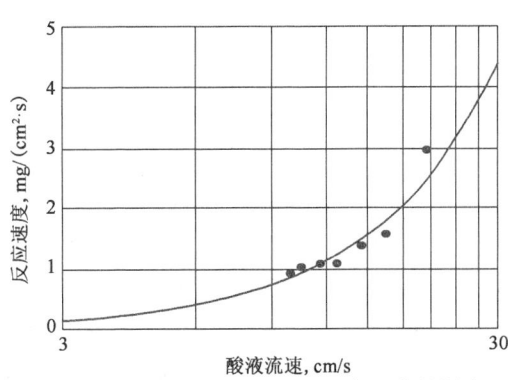

图 8-14 酸液流速对酸—岩反应速度的影响

但在酸化压裂中随着酸液流速的增加,酸—岩反应速度增加的倍数小于酸液流速增加的倍数,酸液来不及完全反应,已经流入储层深处,故提高注酸排量可以增加活性酸深入储层的距离。酸化压裂施工时在设备及井筒条件允许及不压破邻近盖层和底层的情况下,一般充分发挥设备的能力,以大排量注酸。

(五)酸液类型对酸—岩反应速度的影响

各种类型的酸液,其离解度相差很大。如盐酸在18℃、0.1当量浓度时,离解度为92%,绝大部分HCl分子能离解成为 H^+ 和 Cl^-;而醋酸在相同条件下的离解度仅为1.3%。因此酸液中的 H^+ 较少,即 H^+ 浓度较小。

对于盐酸与石灰岩,由于表面反应速度极快,反应速度与酸液内部 H^+ 浓度成正比。因此,采用强酸时反应速度快,采用弱酸时反应速度慢。虽然采用弱酸处理可延缓反应速度,对扩大酸液处理范围有利,但从货源、价格及溶蚀能力方面来衡量,盐酸仍是酸化应用最广泛的酸。

(六)储层岩石类型对酸—岩反应速度的影响

石灰岩同盐酸的反应速度比白云岩同盐酸的反应速度快,这是因为 Ca^{2+} 的离子半径(0.100nm)比 Mg^{2+} 的离子半径(0.072nm)大40%。根据菲古安规则,当阳离子较小且带高正电荷,阴离子较小且带高电荷时,离子键具有较高的共价程度。由于 Mg—O 的键长(0.210nm)比 Ca—O 的键长(0.237nm)短,而使 Mg—O 键偶极矩小于 Ca—O 键的偶极矩。Mg—O 之间键性强,偶极矩短,即 Mg—O 间的作用力大,破坏该键比破坏 Ca—O 键所需能量大。因此,酸与石灰岩的反应比与白云岩的反应速度要快。另外,在碳酸盐岩中泥质含量较高时,反应速度相对变慢。

对于砂岩储层,由于其矿物成分复杂,不同矿物的酸—岩反应速度不同,应用时需分析矿物成分才能确定酸—岩反应特性。

(七)压力对酸—岩反应速度的影响

反应速度随压力的增加而减缓(图 8-15)。试验指出,总的来说,压力对反应速度的影响不大,特别是压力高于 6.5MPa 后可以不考虑压力对酸—岩反应速度的影响。

由以上分析可知,影响酸—岩反应速度的因素很多也很复杂。为此,延缓反应速度的方法和途径也是各式各样的。如造宽裂缝降低面容比、采用高浓度盐酸酸化、采用弱酸处理、洗井井底降温、提高注酸排量等均是现场已采用的工艺措施。

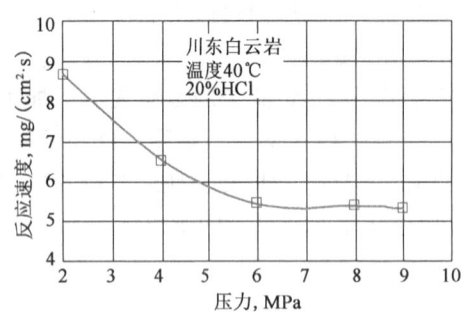

图 8-15 压力对酸—岩反应速度的影响

第三节 砂岩储层酸化机理

砂岩油气层通常采用水力压裂增产措施,但对于胶结物较多或堵塞严重的砂岩油气层,也常采用以解堵为目的的常规酸化处理。砂岩是由砂粒和粒间胶结物所组成,砂粒主要是石英和长石,胶结物主要为硅酸盐类(如黏土)和碳酸盐类物质。砂岩的油气储集空间和渗流通道就是砂粒与砂粒之间未被胶结物完全充填的孔隙。砂岩储层的酸处理,就是通过酸液溶解砂粒之间的胶结物和部分砂粒,或孔隙中的泥质堵塞物,或其他酸溶性堵塞物,以恢复、提高井底附近地层的渗透率。

一、砂岩储层的矿物成分

砂岩的矿物成分较为复杂,常见的有二氧化硅(石英)、硅酸盐(长石和黏土等)和其他碎屑岩。除石英外,其他矿物的化学成分都十分复杂,表 8-3 为砂岩中最常见矿物的化学式。

表 8-3 典型砂岩矿物表面积、溶解度及化学组成

成分	矿物		表面积	盐酸	土酸	化学式
砂粒 (碎屑矿物)	石英		低	不溶解	很低	SiO_2
	长石	正长石	低至中等	不溶解	低至中等	Si_3AlO_8K
		钠长石	低至中等	不溶解	低至中等	Si_3AlO_8Na
		斜长石	低至中等	不溶解	低至中等	$Si_{2\sim3}Al_{1\sim2}O_8(Na,Ca)$
胶结物	云母	黑云母	低	不溶解	低至中等	$(AlSi_3O_{10})K(Mg,Fe)_3(OH)_2$
		白云母	低	不溶解	低至中等	$(AlSi_3O_{10})Mg_5(Al,Fe)(OH)_8$
	黏土	绿泥石	高	低至中等	高溶解	$(AlSi_3O_{10})Mg_5(Al,Fe)(OH)_8$
		高岭石	高	不溶解	高溶解	$Al_4(Si_4O_{10})(OH)_8$
		伊利石	高	不溶解	高溶解	$Al_4(Si_4O_{10})(OH)_2K_xAl_2$
		蒙脱石	高	不溶解	高溶解	$(\frac{1}{2}Ca,Na)_{0.7}(AlMg,Fe)_4$ $(Si,Al)_8O_{20}(OH)_{4n}H_2O$
	碳酸盐	方解石	低至中等	高溶解	高溶解	$CaCO_3$
		白云石	低至中等	高溶解	高溶解	$CaMg(CO_3)_2$

续表

	成分	矿物	表面积	盐酸	土酸	化学式
胶结物	硫酸盐	石膏	低至中等	高溶解	高溶解	$(CaSO_4)\cdot 2H_2O$
		硬石膏	低至中等	高溶解	高溶解	$CaSO_4$
	其他	盐	—	—	—	$NaCl$
		氧化铁	低至中等	高溶解	高溶解	FeO,Fe_2O_3,Fe_3O_4

二、砂岩储层的基本酸—岩反应

一般地，砂岩储层骨架由硅酸盐颗粒、石英、长石、燧石及云母构成，骨架是原先沉积的砂粒，在原生孔隙空间沉淀的次生矿物是颗粒胶结物及自生黏土，这意味着岩石初期形成后，黏土即沉淀于孔隙空间，这些新沉淀的黏土以孔隙镶嵌或孔隙充填形式出现。从矿物学观点看，影响砂岩反应性的因素有两个：一是化学组成，二是表面积。

从砂岩矿物组成和溶解度可以看到，对砂岩地层仅仅使用盐酸是达不到处理目的的，一般都用盐酸和氢氟酸混合的土酸作为处理液，盐酸的作用除了溶解碳酸盐类矿物，使氢氟酸进入地层深处外，还可以使酸液保持一定的 pH 值，不至于产生沉淀物。

砂岩酸化是一个相当复杂的酸岩反应过程，包括多种矿物与氢氟酸之间的酸—岩反应（表8-4）。表中各式描述了氢氟酸和石英、硅酸盐矿物及方解石作用的化学当量。这些反应式中，由于黏土成分复杂，因储层不同而异，以氢氟酸与硅酸钠的反应代表了砂岩基质硅酸盐的反应。酸与岩石的反应发生在多孔介质中，属多相反应。同时每种矿物的比表面积差异较大，与酸的反应速度也不一致，许多矿物的反应表现为不完全反应。

表 8-4 砂岩酸化过程中氢氟酸与矿物主要化学反应

石英	$4HF + SiO_2 \longrightarrow SiF_4 + 2H_2O$
	$2HF + SiF_4 \longrightarrow H_2SiF_6$
钠长石	$NaAlSi_3O_8 + 14HF + 2H^+ \longrightarrow Na^+ + AlF_2^+ + 3SiF_4 + 8H_2O$
正长石（钾长石）	$KAlSi_3O_8 + 14HF + 2H^+ \longrightarrow K^+ + AlF_2^+ + 3SiF_4 + 8H_2O$
高岭石	$AlSi_4O_{10}(OH)_8 + 24HF + 4H^+ \longrightarrow 4AlF_2^+ + 4SiF_4 + 18H_2O$
蒙脱石	$AlSi_8O_{20}(OH)_4 + 40HF + 4H^+ \longrightarrow 4AlF_2^+ + 8SiF_4 + 24H_2O$
方解石	$CaCO_3 + 2HF =\!=\!= CaF_2\downarrow + H_2O + CO_2\uparrow$
二次反应	$SiF_4 + 2NaF =\!=\!= Na_2SiF_6\downarrow$

砂岩主要酸化原理归纳如下：

（1）氢氟酸与硅酸盐类以及碳酸盐类反应时，其生成物中有气态物质和可溶性物质，也会生成不溶于残酸液的沉淀，其反应如下：

$$CaCO_3 + 2HF =\!=\!= CaF_2\downarrow + H_2O + CO_2\uparrow$$
$$CaAl_2Si_2O_8 + 16HF =\!=\!= CaF_2\downarrow + 2AlF_3 + 2SiF_4\uparrow + 8H_2O$$

在上述反应中生成的 CaF_2，当酸液浓度高时，处于溶解状态；当酸液浓度降低后，即会沉淀。酸液中包含有 HCl 时，依靠 HCl 将酸液维持在较低的 pH 值，以提高 CaF_2 的溶解度。

氢氟酸与石英的反应生成的氟硅酸（H_2SiF_6）在水中可离解为 H^+ 和 SiF_6^{2-}，后者又能与地层水中的 Ca^{2+}、Na^+、K^+、NH_4^+ 等离子相结合，生成的 $CaSiF_6$、$(NH_4)_2SiF_6$ 易溶于水，而 Na_2SiF_6 及 K_2SiF_6 均为不溶物质，会堵塞地层。因此在酸处理过程中，应先将地层水顶替走，避免与氢氟酸接触，处理时一般用盐酸作为预冲洗液来实现这一目的。

(2)氢氟酸与砂岩中各种成分的反应速度各不相同。氢氟酸与碳酸盐的反应速度最快，其次是硅酸盐(黏土)，最慢是石英。因此当氢氟酸进入砂岩油气层后，大部分氢氟酸首先消耗在与碳酸盐的反应上，这不仅浪费了大量价格昂贵的氢氟酸，并且妨碍了它与泥质成分的反应。但是盐酸和碳酸盐的反应速度比氢氟酸与碳酸盐的反应速度还要快，因此土酸中的盐酸成分可先把碳酸盐类溶解掉，从而能充分发挥氢氟酸溶蚀黏土和石英成分的作用。

总之，依靠土酸液中的盐酸成分溶蚀碳酸盐类物质，并维持酸液在较低的 pH 值，依靠氢氟酸成分溶蚀泥质成分和部分石英颗粒，从而达到清除井壁的滤饼及地层中的黏土堵塞，以及恢复和增加近井地带渗透率的目的。

第四节 酸液及添加剂

酸液及添加剂体系的合理使用对酸化效果起着主要作用。酸液及添加剂选择的关键在于了解各类酸及添加剂的作用及其适用范围。

一、酸液的类型及选择

酸化设计必须针对施工井的具体情况选择适当的酸液，选用的酸液应满足以下要求：

(1)溶蚀能力强，生成的产物能够溶解于残酸水中，与储层流体配伍性好，对储层不产生伤害；

(2)加入化学添加剂后所配制成的酸液的物理、化学性质能够满足施工要求；

(3)运输、施工方便，安全；

(4)价格便宜，货源广。

随着酸化工艺技术的发展，国内外酸化用酸液越来越多。砂岩酸化过程中应用的酸液主要分为三大类：(1)无机酸，包括盐酸、氢氟酸、氟硼酸、磷酸、硝酸粉末和较少使用的硫酸；(2)有机酸，主要是甲酸和乙酸；(3)多组分(或混合)酸或缓速酸等。每类酸的常用品种见表 8-5。

表 8-5 酸化常用酸型

酸类	名称	特点	适用条件
无机酸	盐酸	溶解力强，价廉货源广；反应速度快，腐蚀严重	广泛用于碳酸盐岩储层酸化和碳酸盐含量高的砂岩储层酸化
	土酸	溶解力强，反应快，反应严重，易产生二次伤害	砂岩储层基质酸化
	氟硼酸	反应慢，水解速度受温度影响较大。处理范围大	砂岩储层深部解堵酸化
	磷酸	反应速度慢，用以解除硫化物、腐蚀产物及碳酸盐类堵塞物，结合用 HF 溶解黏土矿物	碳酸盐含量高，泥质含量高、水敏及酸敏强，伤害较重，又不宜用土酸处理的砂岩储层
有机酸	甲酸	反应慢，腐蚀性弱	高温碳酸盐岩储层酸化
	乙酸		
粉状酸	氨基磺酸	反应慢，腐蚀性弱，运输方便；溶蚀能力低，在高温下易产生水解不溶物	温度不高于70℃的碳酸盐岩储层解堵酸化
	氯醋酸	反应慢，腐蚀性弱，运输方便；溶蚀能力低，较氨基磺酸酸性强而稳定	碳酸盐岩储层解堵酸化

续表

酸类	名称	特点	适用条件
多组分酸	乙酸—盐酸混合酸	可保证较强的溶解力,又可较好地实现深部酸化	高温碳酸盐岩储层的深部酸化
	甲酸—盐酸混合酸		
缓速酸	稠化酸	缓速效果好,滤失量小;高温下稳定性差,残酸不易返排	中、低温碳酸盐岩储层的酸化
	乳化酸	缓速酸效果好,腐蚀性弱;摩阻大,排量受限	碳酸盐岩储层
	胶化酸	缓速效果好,滤失量小;高温下稳定性差,未破胶对储层伤害严重	碳酸盐岩储层
	化学缓速酸	缓速效果好,施工难度大	碳酸盐岩储层
	泡沫酸	缓速效果好,滤失量小,对储层伤害小;成本高,施工困难	低压、低渗水敏性碳酸盐岩储层酸化压裂

除盐酸—氢氟酸、甲酸—氢氟酸等混合酸外,上述其他酸都可用于碳酸盐岩储层的增产措施。下面主要介绍盐酸、氢氟酸、土酸、有机酸、乳化酸、稠化酸、泡沫酸的特性及其用途。

(一) 盐酸

盐酸属于无机强酸,它是氯化氢的水溶液。纯盐酸是无色透明的液体,因含 $FeCl_3$ 及其他杂质,故常看到的工业盐酸略呈黄色,氯化氢气体具有特有的刺激性气味。在空气中,浓盐酸常冒出白色酸雾,盐酸是一种具有强腐蚀性的强还原剂酸。

大多数碳酸盐岩储层的酸处理都采用盐酸,某些碳酸盐岩含量较高的砂岩也用盐酸进行酸化。

酸化常用工业盐酸,其质量分数为 30% ~ 32%。其标准见表 8-6。盐酸一直被沿用的原因是成本低,对储层的溶蚀力强,反应生成物(氯化钙、氯化镁及二氧化碳)可溶,不产生沉淀,以及酸化压裂时对裂缝壁面的不均匀刻蚀程度高。

表 8-6 工业盐酸标准

成分	氯化氢	铁	硫酸	砷
质量分数,%	≥31	≤0.01	≤0.07	≤0.00002

最初由于缺乏早期缓蚀剂,而酸的浓度过高会给井下管柱防腐带来困难,所以当时曾采用浓度为 15% 的盐酸,一般称为常规盐酸。随缓蚀剂的改进,现场已可采用高浓度盐酸,某些情况下,高浓度盐酸的处理效果更为显著,其特点是:

(1)酸—岩反应速度相对变慢,有效作用范围大;
(2)单位体积盐酸可产生较多的二氧化碳,利于残酸的排出;
(3)单位体积盐酸可产生较多的氯化钙、氯化镁,提高残酸的黏度,控制了酸—岩反应速度,并有利于悬浮、携带固体颗粒从储层中排出。

盐酸的主要缺点是与石灰岩反应速度太快,特别是高温深井,由于储层温度高,盐酸与储层岩石反应速度太快,处理范围有限。此外,盐酸对井中管柱具有很强的腐蚀性,温度高时腐蚀性更强,防腐费用很大,而且容易损坏泵内镀铝或镀铬的金属部件。

盐酸的密度和浓度是配置酸液时常用的数据,在常温下其密度随浓度增加而增加的关系参见有关手册,也可采用下面的近似公式计算:

$$\gamma_{HCl} = 1 + C/2 \tag{8-11}$$

式中 γ_{HCl}——盐酸相对密度;

C——盐酸浓度。

当按照设计要求确定了盐酸浓度和用量后,可按下式计算配置该盐酸溶液所需的商品盐酸用量。

$$V_1 = \frac{\gamma_2 C_2}{\gamma_1 C_1} V_2 \qquad (8-12)$$

式中 V_1, V_2——所需商品盐酸和需配置的稀盐酸的体积,m^3;

γ_1, γ_2——所需商品盐酸和需配置的稀盐酸的相对密度;

C_1, C_2——所需商品盐酸和需配置稀盐酸的浓度,%。

配置稀酸液所需的清水量则为

$$V_{清水} = V_2 - V_1 - V_3 \qquad (8-13)$$

式中 $V_{清水}$——清水体积,m^3;

V_3——除商品酸和清水外加入酸液中的其他添加剂总体积,m^3。

(二)盐酸—氢氟酸(土酸)

化工界大批量生产的氢氟酸(HF)是氟化氢的水溶液,有无水纯酸或酸的浓缩(40%~70%)水溶液。氟化氢是一种无色、恶臭有毒气体,氟化氢的熔点为 -83℃,工业氢氟酸浓度为 40%,相对密度为 1.11~1.13。氢氟酸是一种强酸,它能与许多金属、石英、黏土、页岩、长石、淤泥及钻井液等含硅物质反应,氢氟酸与砂岩中的大多数成分都发生反应,但反应速度不同。氢氟酸与碳酸盐的反应最快,其次是硅酸盐类,最慢的是石英。常用盐酸和氢氟酸的混合物来解除上述物质的堵塞或进行砂岩油、气层的酸处理。

氢氟酸与盐酸联合使用其原因在于:

(1)当氢氟酸与硅酸盐类以及碳酸盐反应时,会生成不少难溶物质重新堵塞储层,如 CaF_2 等。由于 CaF_2 在低 pH 值时为溶解状态,pH 值高时会沉淀堵塞孔道,而当酸液中存在盐酸时,则可抑制或减少 CaF_2 的沉淀。

(2)与其他成分的反应相比,氢氟酸与碳酸盐的反应速度最快。如果单独使用氢氟酸,氢氟酸大部分先消耗在与碳酸盐的反应上,既不能充分发挥氢氟酸溶蚀泥质成分的作用,又可能产生不溶性物质堵塞储层。盐酸先溶蚀掉碳酸盐,以充分发挥氢氟酸的溶蚀作用,节约成本较高的氢氟酸,同时也减少难溶物质 CaF_2 的数量,减少重新堵塞油气层的可能性。

土酸的用量和配方确定后,在配置土酸时,所需商品浓度的氢氟酸和盐酸的数量,可按下列公式进行确定:

$$V_{HF} = \frac{\rho_m C'_{HF}}{\rho_{HF} C_{HF}} V_m , \quad V_{HCl} = \frac{\rho_m C'_{HCl}}{\rho_{HCl} C_{HCl}} V_m \qquad (8-14)$$

式中 V_{HF}——所需商品氢氟酸的体积,m^3;

V_{HCl}——所需商品盐酸的体积,m^3;

C_{HF}——商品氢氟酸的质量浓度,%;

C_{HCl}——商品盐酸的质量浓度,%;

C'_{HF}——土酸中氢氟酸的质量浓度,%;

C'_{HCl}——土酸中盐酸的质量浓度,%;

ρ_{HF}——商品氢氟酸的密度,kg/m^3;

ρ_{HCl}——商品盐酸的密度，kg/m^3；

V_m——土酸的体积，m^3；

ρ_m——土酸的密度，kg/m^3。

配置酸液所需的清水量为

$$V_{清水} = V_m - V_{HF} - V_{HCl} - V_{adi}$$

式中 $V_{清水}$——清水体积，m^3；

V_{adi}——除商品酸和清水外加入酸液中的其他添加剂总体积，m^3。

(三) 甲酸和乙酸

甲酸和乙酸均为有机酸，主要优点是反应速度慢、腐蚀性较弱，在高温下易于缓速和缓蚀。它主要用于特殊储层的酸处理(如高温井)及酸与油管接触时间长的带酸射孔等作业，或用于酸需与镀铝或镀铬部件接触的场合。可供使用的有机酸品种很多，但在酸处理中乙酸和甲酸用得较广。

甲酸又名蚁酸，是无色透明的液体，熔点为 8.4℃，有刺激性气味，易溶于水，水溶液呈弱酸性。我国的工业甲酸浓度为 90% 以上。乙酸又名醋酸，我国工业乙酸的浓度为 98% 以上，因为乙酸在低温时会凝成像冰一样的固态，故俗称为冰醋酸。在有机酸中，乙酸是酸处理中用量最大的一种。酸浓度一般不超过 15%（质量分数），在此浓度下与碳酸盐作用的生成物(醋酸钙、醋酸镁)在残酸中一般呈溶解状态。除了用此作射孔液，用于与易腐蚀金属接触等场合外，醋酸还常与盐酸配成混合酸用于特殊储层酸处理。

甲酸和乙酸离解度小，与同浓度盐酸相比腐蚀性小，反应速度慢几倍到几十倍，有效作用距离大。如果完全与碳酸盐反应，其溶蚀能力较同浓度盐酸小 1.5~2 倍。但其溶蚀能力小且价格昂贵，欲达到盐酸的溶蚀能力，用酸量大，成本高。另外，酸压时甲酸均匀溶蚀缝面，裂缝导流能力小。所以，只有在高温(120℃以上)深井中，盐酸液的缓速和缓蚀问题无法解决时，才使用它们进行碳酸盐岩储层酸化。

甲酸或乙酸与碳酸盐作用生成的盐类，在水中的溶解度较小。所以，酸处理时采用的浓度不能太高，以防生成甲酸或乙酸钙盐沉淀堵塞渗流通道。一般甲酸浓度不超过 10%，乙酸液的浓度不超过 15%。

(四) 多组分酸

多组分酸就是一种或多种有机酸与盐酸的混合物。20 世纪 60 年代初，国外一度采用这种多组分酸来缓速，取得显著效果。

酸—岩反应速度依氢离子浓度而定。因此当盐酸中混掺有离解常数小的有机酸(甲酸、乙酸、氯乙酸等)时，溶液中的氢离子数主要由盐酸的氢离子数决定。根据同离子效应，盐酸的存在极大地降低了有机酸的离解程度，因此当盐酸活性耗完前，甲酸或乙酸几乎不离解，盐酸活性耗完后，甲酸或乙酸才离解起溶蚀作用。所以，盐酸在井壁附近起溶蚀作用，甲酸或乙酸在储层较远处起溶蚀作用，混合酸液消耗时间近似等于盐酸和有机酸反应时间之和，因此可以得到较长的有效作用距离。

除上述酸液外，还用到诸如乳化酸、稠化酸(胶凝酸)、泡沫酸等酸液，它们都是在上述盐酸体系中分别加入特殊添加剂配制而成，以满足不同酸化工艺和施工要求，可参见有关酸化专著。

(五) 乳化酸

乳化酸即为油包酸型乳状液，其外相为原油。为了降低乳化液的黏度，亦可在原油中混合柴油、煤油、汽油等石油馏分,或者用柴油、煤油等轻馏分作外相。其内相一般为15%～31%的盐酸,或根据需要使用有机酸、土酸等。

为了配制油包酸型乳状液,需选用HLB值(亲水亲油平衡值)为3～6的表面活性剂作为W/O型乳化剂,如酰胺类(烷基酰胺)、胺盐类(十二烷基苯磺酸胺)、酯类(山梨糖醇单油酸酯)等。乳化剂吸附在油和酸水的相界面上,形成有韧性的薄膜,可防止酸滴发生聚结而破乳。有些原油本身含有表面活性剂(烷基磺酸盐等),当它们与酸水混合,不另加乳化剂时,经过搅拌也会形成油包酸型乳状液。

对油酸乳化液总的要求是:在地面条件下稳定(不易破乳),在地层条件下不稳定(能破乳)。所以乳化剂及其用量、油酸体积比例,应根据当地的具体条件,通过实验的方法确定。目前国内外乳化剂的用量一般为0.1%～1%;油酸体积比为1:9～1:1。

由于油酸乳化液的黏度较高,因此用油酸乳化液压裂时,能形成较宽的裂缝。这样就减少了裂缝的面容比,有利于延缓酸岩的反应速度。更主要的是,油酸乳化液进入油气层后,被油膜所包围的酸滴不会立即与岩石接触。只有当油酸乳化液进入油气层一定时间后,因吸收地层热量使温度升高,才能破乳;或者当油酸乳化液中的酸滴通过窄小直径的孔道时,油膜被挤破而破乳。破乳后油和酸分开,酸才能溶蚀岩石裂缝壁面。因此,油酸乳状液可把活性酸携带到油气层深部,扩大了酸处理的范围。

油酸乳化液除了缓速作用外,由于在油酸乳化液的稳定期间,酸液并不与井下金属设备直接接触,因而可很好地解决防腐问题。现场在配制油酸乳化液时,为了保险,一般仍在酸液中加入适量的缓蚀剂。

油酸乳化液作为高温探井的缓速缓蚀酸,在国内外都被采用。它存在的主要问题是摩阻较大,从而使施工注入排量受到限制。为此,施工时可用"水环"法降低油管摩阻,以提高排量。此外,如何提高乳化液的稳定性,寻找在高温下能稳定而用量少的乳化剂?如何使油酸乳化液在油气层中最终完全破乳降黏,以利于排液?如何寻找内相和外相用量的合理配方?这些问题仍需进行研究。

(六)稠化酸

稠化酸(图8－16)是指在盐酸中加入增稠剂(或胶凝剂),使酸液黏度增加。这样降低了氢离子向岩石壁面的传递速度,同时,由于胶凝剂的网状分子结构,束缚了氢离子的活动,从而起到了缓速的作用。高黏度的稠化酸与低黏度的盐酸溶液相比,酸压时还具有能压成宽裂缝、滤失量小、摩阻低、悬浮固体微粒的性能好等特性。

(a) 10%HCl稠化酸

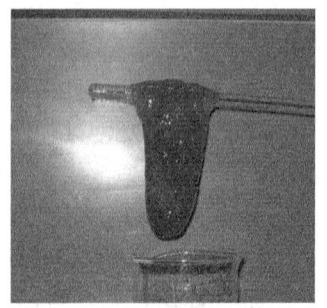
(b) 20%HCl稠化酸

图8－16 稠化酸

酸液的增稠剂有含有半乳甘露聚糖的天然高分子聚合物,如瓜尔胶、刺梧桐树胶等;有工业合成的高分子聚合物,如聚丙烯酰胺、纤维素衍生物等。国外使用的稠化酸中,聚合物与酸液的质量比为 1∶10~1∶125。用该方法配成的稠化酸的黏度为 50~500mPa·s。加入的聚合物越多,黏度越高。通过试验可以确定按不同比例配成的稠化酸的稳定性和时间与温度之间的关系。因此可选择恰当的比例预先配置,然后在一定温度和确信不会破胶的时间内,运往井场挤入地层,稠化酸在地层温度条件下,经过一定时间,即自动破胶,便于返排。若在实际施工中,需要配置超过 500mPa·s 的特高黏度酸液,则可在上述方法配制成的稠化酸中,加入为原酸质量 0.1%~0.8% 的醛类化合物作为交联剂,如甲醛、乙醛、丙醛、2-羟基丁醛、戊醛等。加入醛类化合物后,稠化酸的黏度甚至可达数万毫帕·秒,因而可使配制稠化酸所需的聚合物用量减少,成本也就可以降低。

由于目前的这些增稠剂只能在低温下(338K)使用,在地层温度较高时,它们会很快在酸液中降解,从而使稠化酸变稀。此外,它的处理成本较高,所以在国也较少采用。

(七)泡沫酸

用于水敏性油气层、低渗透率碳酸盐岩油气层的泡沫酸是用少量泡沫剂将气体(一般用氮气)分散于酸液中所制成。气体的体积含量(泡沫干度)占 65%~85%,酸液量 15%~35%。表面活性剂的含量为酸液体积的 0.5%~1.0%。表面活性剂要与缓蚀剂有较好的配伍性。

在天然裂缝发育的地层里,常以稠化水为前置液以减少酸液的滤失。泡沫酸在酸压中由于滤失量低而相对增加了酸液的溶蚀能力。泡沫酸的排液能力大,减少了对油气层的伤害,再加上它的黏度高,在排液中可携带出对导流能力有害的微粒。由于泡沫酸在降低黏土不利影响方面有一定的作用,因此得到了广泛应用。

二、酸液添加剂及选择

为了改善酸液性能,防止酸液在储层中产生有害的影响,需要在酸液中加入某些化学物质,这些化学物质统称为添加剂。常用添加剂的种类有缓蚀剂、缓速剂、铁离子稳定剂、黏土稳定剂、表面活性剂等,有时还加入增黏剂、减阻剂、暂堵剂、破乳剂、杀菌剂等。

对酸液添加剂的总体的要求是:(1)效能高,处理效果好;(2)与酸液、储层流体及岩石配伍性好;(3)来源广,价格便宜。随着酸化工艺技术的发展,国内外采用的酸液添加剂越来越多,类型和品种也在不断改进,本节就常用的主要添加剂作简单介绍。

(一)缓蚀剂

无论是盐酸还是氢氟酸对金属都有很强的腐蚀作用。酸处理时,由于酸直接与储罐、压裂设备、井下油管、套管接触,特别是深井井底温度很高,而所用的酸又比较浓时,便会给这些金属设备带来严重的腐蚀。如果不加入有效的缓蚀剂,不但会使设备损坏,缩短使用寿命,甚至造成事故,而且因酸和钢铁的反应产物被挤入储层,造成储层堵塞而降低酸处理效果。因此,必须将注入酸液对钢材的腐蚀速度控制在允许的安全标准之内。

国外的一般要求是在整个施工过程中,腐蚀总量不超过 $98g/m^2$,高温深井的腐蚀总量不得超过 $245g/m^2$。国内外都规定,在有效缓蚀时间内,不允许产生"点蚀"现象。具体可参见标准 SY/T 5405—1996《酸化用缓蚀剂性能试验方法及评价指标》。

盐酸对钢材的腐蚀机理主要是在金属表面形成局部电池,进行电化学腐蚀,把金属表面坑蚀成麻点状斑痕。温度越高,酸液浓度越大,腐蚀速度越快;同时,优质钢比碳素钢腐蚀严重,有硫化氢存在时,盐酸的腐蚀会加剧钢材的氢脆断裂。

缓蚀剂的作用主要在于减缓局部的电池的腐蚀作用,其机理有三方面:抑制阴极腐蚀、抑制阳极腐蚀或在金属表面形成一层保护膜。目前酸处理时,采用的缓蚀方法很多,如采用缓蚀酸液、采用缓蚀工艺、添加缓蚀剂。

缓蚀剂是指那些加入酸液中能大大减少金属腐蚀的化学物质。有机缓蚀剂分子由两部分组成,一部分是容易被金属表面吸附的极性基(亲水基),另一部分是疏水的有机原子团。缓蚀剂是通过物理吸附或化学吸附而吸附在金属表面,从而把金属表面覆盖,酸溶液中的 H^+ 难以接近,结果使腐蚀速度降低。因而凡是影响覆盖面积大小的因素以及影响吸附易难的因素都会对缓蚀效果有很大影响。

缓蚀剂的类型不同,起主导作用的方面也不一样。国内外使用的盐酸缓蚀剂分为两大类:无机缓蚀剂,如含砷化合物(亚砷酸钠、三氯化砷等);有机缓蚀剂,如胺类(苯胺、松香胺)、醛类(甲醛)、喹啉衍生物、烷基吡啶、炔醇类化合物等。有机缓蚀剂比无机缓蚀剂的缓蚀效能高,有机和无机组成的复合缓蚀剂缓蚀效果最好,例如炔醇类化合物和碘化物(碘化钾、碘化钠)混合成的复合缓蚀剂,能在120℃高温条件下,对28% HCl 起较好的缓蚀效果。

具体选择时,应根据使用酸液配方、储层温度条件等进行试验选择,一般来说,能用于 HCl 的缓蚀剂,多半也能用于土酸等其他酸液,但最好做试验确定。酸化施工时,随着注液过程的进行,井筒温度及井壁附近温度降低幅度大。因此,注液后期选用较便宜的低温缓蚀剂,既扩大了缓蚀剂的选用范围,也大大节约了成本,对其他添加剂的选择也可采用类似的方法。

(二)表面活性剂

在酸液中加入表面活性剂,其作用是多方面的。主要在于降低表面张力、减小注酸和排酸时的毛管阻力、防止形成油水乳化等。按其作用主要有以下几类:

(1)表面张力降低剂。主要采用阴离子型或非离子型表面活性剂及其调配物,将其添加剂加到酸液中以降低酸液和原油之间的表面张力,降低毛管阻力,调整岩石润湿性,帮助酸液返排,提高近井作业效果。常用的表面活性剂为烷基芳基磺酸盐(阴离子型)或氧化乙基烷基醛(非离子型),可与互溶剂一起使用,以增加表面活性剂进入储层的深度。

(2)破乳剂。在酸液中加入活性剂,可以抵消原油中原有的天然乳化剂(石油酸等)的作用,防止酸与储层原油乳化,此类表面活性剂为破乳剂。常用的破乳剂有阴离子型表面活性剂(如烷基磺酸钠)、非离子型表面活性剂(如聚氧乙烯辛基苯酚醚)等。

(3)分散剂及悬浮剂。由于在酸化过程中,酸液溶解不掉的黏土、淤泥等杂质颗粒会从原来的位置上松散下来,形成絮凝团,这些团块移动并可能聚集,以致堵塞储层孔隙。因此应设法使杂质可悬浮在酸液中,随残酸排出,为达到此目的而加入的一种添加剂称为悬浮剂。使残酸液的杂质颗粒保持分散而不聚集加入的添加剂称为分散剂。常用的悬浮剂和分散剂是由非离子型的和阴离子型的表面活性剂复配而成。

(4)缓速剂。为了延缓酸—岩反应速度,在酸液中加入一种活性剂,其在岩石表面吸附,使岩石具有油湿性。岩石表面被油膜覆盖后,阻止了 H^+ 与岩面接触,降低酸—岩反应速度。用于此目的的活性剂称为缓速剂。

(5)抗酸渣剂。在酸液中加入阴离子烷基芳香基磺酸盐与非离子表面活性剂的复配物,并添加芳族溶剂及能在酸性条件下络合铁离子的络合剂,将其加入酸液或前置液中,防止沥青质原油在酸化时形成酸渣堵塞。常用抗酸渣剂有烷基芳香基磺酸盐、芳香族互溶剂、乙二醇醚类等。

(6)互溶剂。互溶剂主要为乙二醇类,常用的是乙二醇单丁乙醚(EGMBE)、双乙二醇单丁醚(EGMEB)及丁氧基三乙醇(BOTP),将其加入前置液或后置液中,可保持岩石水润湿性,减少酸液中表面活性剂在储层固相颗粒的吸附损失,增强酸中各种添加剂的配伍性。

必须强调,表面活性剂是一剂多能,不加分析地将各种表面活性剂罗列进酸液中,不但不能很好发挥表面活性剂的作用,相反会带来副作用。特别要注意加入的表面活性剂必须保证它们与缓蚀剂及其添加剂的配伍性。实际中,最好针对具体储层条件,对选用的酸液进行添加剂的筛选,确定最佳的酸液配方。

(三)铁离子稳定剂

在油气层酸化处理过程中,由于酸液与施工设备、井下管柱等金属(Fe),以及铁锈(Fe_2O_3)相接触,因而在酸液中引入铁离子(Fe^{2+}和Fe^{3+})。此外,油层本身或多或少含有一定的三价铁和二价铁的化合物,当酸液进入储层后,盐酸和这些氧化铁反应,也会在酸液中引进铁离子。

Fe^{3+}和Fe^{2+}在酸液中能否沉淀,取决于酸液的 pH 值与铁盐 $FeCl_2$、$FeCl_3$ 的含量。当 $FeCl_3$ 的含量大于 0.6% 及 pH 值大于 1.86 时,Fe^{3+} 会水解生成凝胶状 $Fe(OH)_3$ 沉淀;当 $FeCl_2$ 的含量大于 0.6% 及 pH 值大于 6.84 时,Fe^{2+} 会水解生成凝胶状 $Fe(OH)_2$ 沉淀。

因此,如果酸液中存在的是二价铁离子,由于残酸的 pH 值一般不会超过 6.84,所以一般不必过于担心二价铁的沉淀问题。如果酸液中存在三价铁离子,由于残酸的 pH 值一般都超过 1.86,必须考虑三价铁的沉淀问题。一般来讲,从设备及管道中进入酸液的铁离子主要是 Fe^{2+}。因此真正有危害的是储层的三价铁,实际中应根据岩心分析确定储层中 Fe^{3+} 的含量来选择铁离子稳定剂。

为了减少氢氧化铁沉淀堵塞储层的现象而加入的某些化学物质称为铁离子稳定剂。铁离子稳定剂能与酸液铁离子结合生成溶于水的络合物,从而减少了氢氧化铁沉淀的机会。例如,醋酸能与酸液中的铁离子结合生成能够溶于水的六乙酸铁络离子。

正因为铁离子和醋酸根的结合能力要比铁离子和氢氧根的结合能力强,所以酸液中的铁离子优先和醋酸根结合,而生成溶于水的六乙酸铁络离子,这样就减少了产生氢氧化铁沉淀的机会。此外,由于醋酸与储层及氧化铁等的反应很慢,在酸化过程中其浓度变化不大,因此可使酸液保持较低的 pH 值。

应用表明,乙二胺四乙酸钠(EDTA)、氨川三乙酸(NTA)、柠檬酸在高温和低温下稳定 Fe^{3+} 效果都好,而醋酸和乳酸在低温下效果好。但由于 EDTA 价格昂贵,应用受到限制,柠檬酸价格较低,但用量过度易产生沉淀,NTA 的效果优于柠檬酸,仅次于 EDTA,而价格也介于二者之间,可依实际情况选用。但存在 H_2S 时,只能选用柠檬酸、EDTA 和 NTA。目前国内外都针对不同使用条件研制出许多优质高效铁离子稳定剂,可据具体情况选用。

(四)黏土稳定剂

在酸液中加入黏土稳定剂的作用是防止酸化过程中酸液引起储层中黏土膨胀、分散、运移造成对储层的伤害。常用的黏土稳定剂有:(1)阳离子类黏土稳定剂,如 KCl、NH_4Cl 等。(2)无机聚阳离子类黏土稳定剂,如羟基铝及锆盐。(3)聚季铵盐,加在酸液中,兼有使酸稠化和缓速作用,或用于酸液的前置液或后置液中,该类黏土稳定剂可用于温度高达 200℃ 的井中,稳定效果好。目前,许多油田均广泛将其用于压裂、酸化施工作业中,取得了明显的效果。

其他类型的黏土稳定剂还有聚胺类黏土稳定剂、季铵盐类,但因其可使岩石油湿,导致酸后产水量上升,已较少使用。

(五)暂堵剂

在酸液中加入适当的暂堵剂(又称分流剂),暂时封堵已酸化层(或高渗透层),使后续的酸液转向到另外一层或低渗层(伤害严重层),达到均匀进酸、最终实现均匀酸化的目的。

目前采用的暂堵剂主要有水溶性聚合物(聚乙烯、聚甲醛、聚丙烯酰胺、瓜尔胶等)、惰性固体(硅粉、岩盐、油溶性树脂等)、萘、苯甲酸颗粒等。这些暂堵剂也可以降低碳酸盐岩储层酸压时酸液沿裂缝壁面滤失的作用,所以,也可以作为酸压时的降滤剂。

(六)增黏剂和降阻剂

由于高黏度酸液能够实现:(1)在酸压时增大动态裂缝宽度、降低裂缝的面容比;(2)高黏降低H^+传质速度;(3)降低酸液滤失等。因而高黏度酸液能够延缓酸—岩反应速度,增大酸液有效作用距离。

在酸液中加入一种能够提高酸液黏度的物质,称为增黏剂或稠化剂。常用的增黏剂为聚丙烯酰胺、羟乙基纤维素和瓜尔胶。增黏剂同时又是很好的降阻剂,能够在注酸时有效地降低酸液在井筒中的摩阻。

第五节 储层酸化工艺技术

酸化工艺设计是指导现场施工的重要依据,要想获得好的酸化效果,必须有一个符合地质条件和具体井况的、技术上可行、经济上合理、可操作性强的酸化施工设计。影响酸化效果的因素很多,如井层的选择、酸化工艺的选择、施工参数的确定以及酸化后的排液及质量控制等,酸化设计必须考虑这些因素的影响。

一、酸化处理井层的选择

酸化处理选井选层的工作目标是:客观描述储层的油气储集性能;客观描述储层的渗滤特征及堵塞特征;推荐可供增产作业改造的井和层段。一般地,选井选层的基本原则如下:

(1)储层含油气饱和度高,储层能量较为充足;
(2)产层受伤害的井;
(3)邻井高产而本井低产的井应优先选择;
(4)优先选择在钻井过程中油气显示好,而试油效果差的井层;
(5)产层应具有一定的渗流能力;
(6)油、气、水边界清楚;
(7)固井质量和井况好的井。

在考虑具体井的酸化方式和酸化规模时,应对井的动态资料和静态资料进行综合分析,确定储层物性参数,并根据物性参数及油井的历史情况综合分析,确定出油气井产量下降或低产(水井欠注)的原因以及该井可改造的程度,为酸化作业提供地质依据。例如,油井位于断层附近、鼻状凸起、长轴等构造应力强、裂缝较发育的构造部位,岩性条件较好,电测曲线解释为具有渗透层的特征,在钻井过程中有井涌井喷、放空等良好油气显示的井,低产的原因主要是储层伤害,一般只要进行常规解堵酸化,均能取得较好的酸化效果。反之,对于位于岩层受构造应力较弱,裂缝不发育,岩性致密,在电测曲线上渗透率层特征不明显,钻井中油气显示不好的井,只有进行酸压,在碳酸盐岩储层中造成较长的人工裂缝,沟通远离井底的缝洞系统才能获得较好的处理效果。

二、酸化工艺

作为增产措施自应用于现场以来,为了满足不同改造对象和措施作业的要求,酸化工艺得到了不断完善和发展,形成了不同类型的酸化工艺。

(一)碳酸盐岩储层酸化工艺

在碳酸盐岩储层酸化改造中,主要形成和发展了基质酸化技术和酸压技术。

1. 基质酸化工艺

基质酸化也称为常规酸化或解堵酸化,如前所述,其基本特征是在施工压力小于储层岩石破裂压力的条件下,将酸液注入储层。碳酸盐岩基质酸化的重要特征是酸蚀蚓孔(图8-17)的形成和微裂缝的扩大,其增产机理与蚓孔密切相关。

2. 酸压工艺

图8-17 碳酸盐岩酸化径向蚓孔

控制酸压效果的主要参数是酸蚀裂缝导流能力和酸蚀缝长。影响酸蚀缝长的最大障碍有:一是酸蚀缝长因酸液快速反应而受到限制,二是酸压流体的滤失影响酸压效果。另外,为产生足够的导流能力,酸必须与裂缝面反应并溶解足够的储层矿物量,且酸蚀裂缝导流能力与裂缝壁面的颗蚀形态(图8-18)有关。因此,为了获得好的酸压效果,应从降低酸压过程中酸液滤失、降低酸—岩反应速度、提高酸蚀裂缝导流能力等几个方面入手。

图8-18 乳化酸和石灰岩在不同反应时间后的岩面形态

酸压过程中酸液的滤失问题通常考虑从滤失添加剂和工艺两方面着手;降低酸—岩反应速率也可以缓速剂的使用及工艺上来进行;加入缓速剂,使用胶凝酸、乳化酸、泡沫酸和有机酸并结合有效的酸化工艺可起到较好的缓速效果;提高裂缝导流能力可从选择酸液类型和酸化工艺着手,其原则是有效溶蚀和非均匀刻蚀。

酸压工艺以能否实现滤失控制,延缓酸—岩反应速度形成长的酸蚀裂缝和非均匀刻蚀划分为普通酸压和深度酸压及特殊酸压工艺。

1) 普通酸压工艺

普通酸压工艺指以常规酸液直接压开储层的酸化工艺。酸液既是压开储层裂缝的流体,又是与储层反应的流体,由于酸液滤失控制差、反应速度较快、有效作用距离短,只能对近井地带裂缝系统进行改造。一般在储层伤害比较严重、堵塞范围较大,而基质酸化工艺不能实现解堵目标时选用该工艺。

2) 深度酸压工艺

以获得较长的酸蚀裂缝为目的而采用的不同于普通酸压技术的酸压技术称为深度酸压技术。

(1) 前置液酸压工艺。

前置液酸压工艺是先向储层注入高黏非反应性前置压裂液,压开储层形成裂缝,然后注入酸液对裂缝进行溶蚀,从而获得较高导流能力,使油气井增产。

前置液的主要作用表现为压裂造缝、降低裂缝壁面温度、降低裂缝壁面滤失。这些作用能够减缓酸—岩反应速度,增加酸液的有效作用距离。前置液的表观黏度比酸液高几十倍到几百倍,当酸液进入充满高黏前置液的裂缝时,由于两种液体的黏度差异,黏度很小的酸液在前置液中形成指进现象,减小了酸液与裂缝壁面的接触面积,这增强酸液非均匀刻蚀裂缝的条件。

前置液酸压工艺可采用多种酸液类型搭配,除了前置液与常规盐酸搭配使用外,前置液还可与胶凝酸、乳化酸或泡沫酸进行搭配应用。上述搭配有各自的特点和应用范围,现场应用中可根据储层和井的情况进行选择。

(2) 缓速酸酸压工艺。

缓速酸酸压技术在工艺特点上与普通酸压技术相同,不同之处在于其采用的酸液是胶凝酸、乳化酸、化学缓速酸或泡沫酸等缓速酸,通过缓速酸的缓速性能达到酸液深穿透的目的。不同缓速酸的特点参见酸液类型部分。

(3) 多级交替注入酸压工艺。

前置液与酸液交替注入的一种酸压工艺,类似前置液酸压工艺,但其降滤失性及对储层的不均匀刻蚀程度优于前置液酸压。该项技术1976年由Coulter和Crowe等人首次提出,20世纪80年代中期后开始得到较为广泛的应用,90年代成为实现深度酸压的主流技术。它适用于滤失系数较大的储层,对储层压力小、岩性均一的地层,如果能有好的返排技术,可取得较好的效果。为获得理想的酸液有效作用距离,有时交替次数多达8次。这一工艺在中、低渗孔隙性及裂缝不太发育储层,或滤失性大,重复酸压储层均有较好成效。

美国在棉花谷低渗白云岩储层、卡顿伍注湾油田曾在大型重复酸压中采用了该项技术,油藏模拟表明有效酸蚀裂缝长度达到91~244m,增产效果显著。国内在长庆气田、塔里木高温深井、四川川东气田的增产改造中取得了显著效果。

3) 特殊酸压工艺

针对某些特殊类型储层或为实现特定要求,提出了一些不同于上述酸压工艺、具有独特理论及工艺特点的一些特殊酸压工艺,如闭合裂缝酸压、平衡酸压、变黏酸酸压及不同酸化技术的复合工艺等。

(1)闭合裂缝酸压工艺。

对较软储层(如白垩岩)以及均质程度较高的储层,采用常规酸压主要问题有:酸裂缝面溶解不均一,不能产生明显的流道,也不能获得必需的裂缝导流能力;油层被酸不均匀刻蚀后,产生了理想的沟槽,但由于油层太软或是因为大量的酸滤失使整个裂缝面软化,刻蚀的流道在裂缝闭合时被压碎;高泵注排量下,酸与裂缝面的反应时间不足,酸岩反应不彻底,难于实现为获得适当裂缝导流能力所必需的非均匀刻蚀。

为克服这些困难,获得高的酸蚀裂缝导流能力,提出了闭合裂缝酸压工艺,其工艺原理是在实施酸压处理的地层或已经处理的地层中闭合的或部分闭合的裂缝中,低排量注入酸液,溶蚀裂缝壁面,产生不均匀溶蚀形成沟槽,在施工压力消除及裂缝闭合后,酸蚀通道仍然具有较好的导流能力。其特点是井底注入压力大于破裂压力,而又小于闭合压力。其优点是注入速度低、窄缝易形成湍流,有助于提高由于大面积刻蚀后因闭合应力而损失的导流能力,裂缝既可以是闭合压裂酸化前才刚压开的裂缝,也可以是以前压裂酸化施工或加砂压裂造成的裂缝或者天然裂缝性油气藏。

在陕甘宁盆地中部气田,由于储层为白云岩,依据缝中温度场理论以及闭合裂缝酸压室内研究成果,将"多级注入"与"闭合裂缝酸压"技术相结合,发展了多级注入闭合裂缝酸压工艺,在现场应用中取得了显著的改造效果。

(2)平衡酸压工艺。

平衡酸压工艺是针对低温白云岩及控制裂缝高度很重要的储层发展和采用的一种特殊工艺技术。其特点是:最大限度地延长了酸液与裂缝面的接触时间,并使动态裂缝几何尺寸得到控制,使其在获得最大增产效益的同时而不压开其上下非产层或水层。

平衡酸压工艺利用了裂缝扩展压力(延伸压力)和最小就地应力(裂缝张开或闭合时的压力)之间的区别,在压开动态裂缝后,控制施工排量,使注液速度与酸液在裂缝壁面的滤失速度相当,当注液速度与滤失速度达到平衡时,缝中压力将低于裂缝延伸压力,这时裂缝将继续保持张开状态,但却不明显地继续扩展,延长酸液在已压开的裂缝壁面上的反应时间,从而获得最佳的酸蚀裂缝导流能力。

在美国的 Wasson San 油田丹佛开发区,在生产井和注水井上都进行了该项技术的现场试验研究,平衡酸压所用的主要设计参数来自测试压裂试验,并根据井温测井估算裂缝高度,试验取得了明显的效果。

在现场进行深度酸压施工时,若使用的控制液体滤失不好的酸液体系,深度酸压比较容易"变成"平衡酸压。该项技术的原理与特点与闭合裂缝酸化技术恰好相反。

(二)砂岩储层酸化工艺

砂岩酸化主要是进行基质酸化。为了满足不同的储层特性、伤害类型及增产的实际需要,目前发展了多种砂岩酸化工艺,不同的工艺其不同之处主要体现在处理液和工序上。按其注入处理液的类型及能否实现深穿透可分为常规土酸酸化和深部酸化技术,不同的工艺其注液顺序也不同。

1. 常规土酸酸化工艺

常规土酸酸化是用常规土酸作为处理液的酸化工艺。它是使用时间最早,也是最为典型的砂岩酸化工艺。该酸化工艺用液包括前置液、处理液、后置液和顶替液,一般注液顺序为注前置液→土酸液→后置液→顶替液。

(1)前置液。一般用 3%~15% HCl 作为前置液。前置液中盐酸能把大部分碳酸盐溶解掉,减少 CaF_2 沉淀,充分发挥土酸对黏土、石英、长石的溶蚀作用;盐酸可将储层水顶替走,隔离氢氟酸与储层水的接触,防止储层水中的 Na^+、K^+ 与 H_2SiF_6 作用形成氟硅酸钠、钾沉淀,减少由氟硅酸盐引起的储层伤害;可维持低 pH 值,以防 CaF_2 等反应产物的沉淀;能清洗近井带油垢。

(2)土酸液。土酸液主要实现对储层基质及堵塞物质的溶解,沟通并扩大孔道,提高渗透性。

(3)后置液。后置液的作用在于将处理液驱离井眼附近,保持近井地带储层清洁和润湿性。对油井,后置液一般采用 NH_4Cl 水溶液、稀盐酸溶液或柴油;对气井,一般采用 NH_4Cl 水溶液或稀盐酸溶液。

(4)顶替液。顶替液一般是由盐水或淡水加表面活性剂组成的活性水,其作用是将井筒中的酸液顶入储层。

2. 深部酸化工艺

砂岩储层深部酸化是为获得较常规酸化工艺更深地穿透深度而开发的工艺,其基本原理是注入本身不含 HF 的化学剂进入储层后发生化学反应,缓慢生成 HF,从而增加活性酸的穿透深度,解除黏土对储层深部的堵塞,达到深部解堵目的。主要包括 SHF 工艺、SGMA 工艺、BRMA 工艺、HBF_4 工艺及磷酸/HF 工艺等。

1)顺序注盐酸—氟化铵(SHF)工艺

该工艺利用黏土的天然离子交换性能,向储层注入 HCl 和 NH_4F,这两种物质本身不含 HF,但注入储层两种溶液混合后,在黏土表面生成 HF 而就地溶解黏土。

注液时,HCl 和 NH_4F 可根据需要多次重复使用,以达到预期的酸化深度,SHF 法的处理深度取决于 HCl 和 NH_4F 的用量和浓度。SHF 工艺对不含黏土的储层无作用,在提高储层渗透率和穿透深度方面都优于常规土酸。

该方法的优点是工作剂成本较低、穿透深度大,适于由于黏土造成的油层伤害储层处理。缺点是工艺较复杂,溶解能力较低。

2)自生土酸酸化(SGMA)工艺

该工艺是向储层注入一种含 F^- 的溶液和另一种水解后生成有机酸的脂类,两者在储层中相互反应缓慢生成 HF,由于水解反应比 HF 的生成速度和黏土溶解速度慢得多,故可达到缓速和深度酸化目的,脂类化合物按储层温度条件进行选择。

自生氢氟酸酸化的特点是,注入混合处理液后关井时间较长,待酸反应后再缓慢投产。这样长的时间选择添加剂难度大,工艺不当易造成二次伤害,应慎重选用。该系统酸化适于泥质砂岩储层,成功的 SGMA 酸化可获得较长的稳产期。

3)缓冲调节土酸(BRMA)工艺

该系统由有机酸及其铵盐和氟化铵按一定比例组成,通过弱酸与弱酸盐间的缓冲作用,控制在储层中生成的 HF 浓度,使处理液始终保持较高的 pH 值,从而达到缓速的目的。

该工艺可用于储层温度较高的油井酸化,在温度高达 185℃ 的含硫气井进行 BR – A 系列试验,效果良好。因此,可用于处理高温井而不用担心腐蚀问题,可不加缓蚀剂。

4)氟硼酸(HBF_4)工艺

HBF_4 处理砂岩储层,既可控制黏土膨胀及颗粒运移,又能获得深穿透。但其溶解岩石的能力不及土酸,国内外广泛采用 HBF_4 及土酸联合施工,这就要求适当的施工工序及选择合理施工参数。

5) 磷酸/HF 工艺

储层碳酸盐含量、泥质含量高,含有水敏及酸敏性黏土矿物,伤害较重,又不易用土酸深度处理的储层可用磷酸/HF 处理。磷酸可以解除硫化物、腐蚀产物及碳酸盐类堵塞物。

三、酸压设计

目前酸压工艺常用的有用盐酸直接酸压(也称常规酸压)和前置液酸压(包括多级交替注入酸压等)。两者比较起来,前置液酸压有效作用距离长,增产效果好而且常用。前置液酸压和常规酸压设计的步骤和方法大致一样。在此重点介绍前置液酸压设计方法和步骤。

(一)酸压设计应收集的资料

酸压设计是酸压系统工程的具体体现。完善的酸压设计应设计下列数据项:井的数据、储层参数、岩石力学数据、压裂液、酸液数据、岩心分析数据及泵注数据等。

(二)酸压设计包括的内容

酸压设计应包括下列内容:井的基本数据,钻井、试油、采油简史,综合分析施工目的及效果预测,主要施工参数及泵注程序,施工准备,施工步骤,施工质量要求及安全注意事项,施工后井的管理,施工劳动组织及环境保护,施工所需设备、材料及费用预算等。

根据施工目的、井及储层条件、室内岩心数据等选择适合的酸压工艺,确定酸压工作液(前置液、酸液、顶替液)的类型、配方、用量及施工压力、排量等参数。

碳酸盐岩储层的酸压处理采用的酸液常用的是盐酸体系,主要有常规盐酸体系、稠化酸体系、泡沫酸体系、乳化酸体系、化学缓速酸体系,在设计时可根据实际情况进行选择。酸浓度可由溶蚀试验确定。国内酸压处理用的盐酸浓度多为 15% ~ 20%。酸液用量则据酸化改造的范围和力度来确定。酸液用量一般为动态裂缝体积的 1.5 ~ 5 倍,也可根据优化设计的要求由计算机模拟确定。

酸压处理时要求施工排量大于储层的吸收能力,以保证裂缝的形成及延伸。在井身质量等不存在问题时,应充分发挥设备的能力,以高的排量注入,有利于造宽缝、长缝,也有利于酸液快速向储层深部推进,提高有效作用距离。

(三)酸压施工设计计算

酸压过程中酸液沿裂缝向储层深部流动,酸液在岩石壁面上径向非均匀溶蚀反应,同时在裂缝壁面产生蚯蚓状的酸蚀"蚓孔",向基质滤失,酸液浓度沿裂缝长度方向逐渐降低,温度、压力及流速相应发生变化,最终形成具有一定几何尺寸和导流能力的酸蚀裂缝。

酸压过程中必须对水动力学参数、流变性参数、化学动力学参数、温度场、压力场、流速场及动态裂缝几何尺寸、酸蚀裂缝参数、储层孔喉、渗滤性能等的变化进行模拟计算。计算结果可供对多种酸压方案进行对比和筛选,优化施工规模和参数。

1. 酸液有效作用距离的计算

酸压时,酸液沿裂缝向储层深部流动,酸液浓度逐渐降低。当酸液浓度降低到一定程度后(一般为初始浓度的 10%),酸液变为残酸。酸液由活性酸变为残酸之前所流经裂缝的距离称为酸液的有效作用距离。

显然,酸液只有在有效作用距离范围内才能溶蚀岩石,当超过这个范围后,由于酸液变为残酸,不能再继续溶蚀岩石。因此,依靠水力压裂作用所形成的动态裂缝中,只有在靠近井壁的那一段裂缝长度内(即在有效作用距离范围内),由于裂缝壁面的非均质性被溶蚀成为凹凸不平的沟槽,施工结束后,裂缝仍具有相当的导流能力,把此段裂缝长度称为裂缝的有效长度。超过活性酸的有效作用距离范围的裂缝段,由于残酸已不再能溶蚀裂缝壁面,施工结束后将会在闭合压力作用下重新闭合而失去导流能力。因此,酸压时仅追求造成较长的动态裂缝尺寸是不够的,还必须力求形成较长的酸液有效作用距离。为此,研究影响裂缝中酸浓度的分布规律及酸液有效作用距离,是酸压设计计算中的一个关键问题。

酸浓度分布和有效作用距离可通过酸液在裂缝中流动反应的偏微分方程求解得到,常用的方法是有限差分法和 Lumping 方法。1972 年 Williams 和 Nierode 利用数值计算结果绘成了图版,可直接查图版确定酸液有效作用距离。图 8 – 19 是考虑了酸液的滤失时,盐酸与石灰岩流动反应的有效作用距离计算图版。图中定义的两个无因次参数为皮克列特数 N_P 和无因次距离 L_D:

$$N_P = \frac{\overline{W}\,\overline{V}}{2D_e} \qquad L_D = \frac{2\,\overline{V}L_e}{u_0 \overline{W}}$$

式中 $\overline{W}$——平均动态裂缝宽度,cm;

$\overline{V}$——裂缝壁面的平均滤失速度,cm/s,可根据施工参数、储层物性及液体参数,由压裂有关公式确定;

u_0——裂缝入口端的酸液流速,cm/s,根据施工排量和动态裂缝几何尺寸确定;

D_e——H^+ 有效传质系数,cm^2/s,利用实际储层岩心,由实验确定;

L_e——任意断面位置,cm。

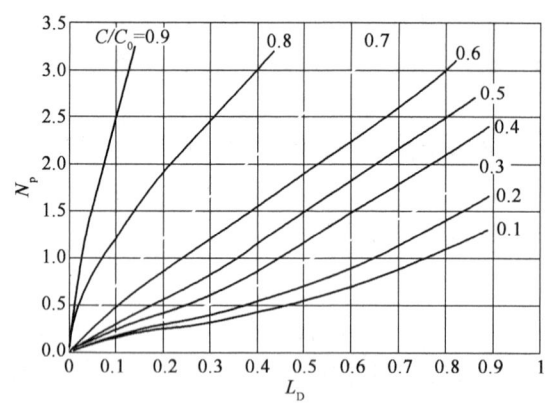

图 8 – 19 考虑酸液滤失时盐酸有效作用距离

上述物理参数确定后,即可计算出 N_p,再给定任意断面位置 L_e,计算出无因次距离 L_D。然后利用图版两坐标位置的垂线相交,得到 L_e 位置的无因次浓度 C/C_0 值,即得到任意断面 L_e 处的酸液浓度值。同样根据 N_p 和给定的 C/C_0,便可查出无因次距离 L_D,从而计算出酸液浓度降至预定的 C/C_0(如 $C/C_0 = 0.1$),酸液的有效作用距离 L_e 值。

必须指出的是,采用图版法计算酸浓度及有效作用距离方法简便,但由于未考虑裂缝中温度场的影响,计算中的中间参数(包括裂缝几何尺寸、温度、滤失速度、流动速度、雷诺数及氢离子传质系数等)都是以初始值或平均参数进行计算,这与实际状况有较大差别,故其实际应用受到限制。

2. 酸蚀裂缝导流能力的计算

酸蚀裂缝导流能力(常用 WK_f 表示)即酸蚀裂缝宽度和酸蚀裂缝渗透率的乘积,是决定酸压效果的关键参数之一,其大小及分布与酸压效果紧密相关。

酸蚀裂缝导流能力很难预测,通常用来预测酸蚀裂缝导流能力的方法只是一些经验方法。通过现场压力不稳定试井测量酸蚀裂缝的有效导流能力,可对这些方法进行校正。

在酸蚀裂缝中岩石的溶解量可用理想宽度 W_{ai} 来表示,W_{ai} 定义为裂缝闭合前被酸溶解所产生的裂缝宽度。如果所有注入裂缝中的酸都溶解裂缝表面的岩石(例如,没有活性酸穿入基质,或在裂缝壁上形成酸蚀洞),那么平均理想酸蚀裂缝宽度为被溶解的岩石体积除以裂缝面积,即

$$W_{ai} = \frac{XV}{2(1-\phi)hL_e} \tag{8-15}$$

式中 X——酸的体积溶解能力,m^3/m^3,见表 8-2;
V——注入酸的总体积,m^3;
W_{ai}——酸蚀缝宽,m。

考虑裂缝在闭合应力下的导流能力时应将闭合应力及岩石的嵌入强度考虑在内。Nierode 和 Kruk(1973)根据试验研究给出了理想裂缝导流能力、有效闭合应力 σ 及岩石嵌入强度 S_{RE} 与真实裂缝导流能力之间的关系为

$$WK_f = C_1 \exp(-142C_2\sigma) \tag{8-16}$$

其中

$$C_1 = 3.902931 \times 10^7 W_{ai}^{2.47} \tag{8-17}$$

当 $0 < S_{RE} \leq 140\mathrm{MPa}$ 时

$$C_2 = (13.458 - 1.3\ln S_{RE})/1000 \tag{8-18}$$

当 $140 < S_{RE} < 3520\mathrm{MPa}$ 时

$$C_2 = (2.41 - 0.28\ln S_{RE})/1000 \tag{8-19}$$

式中 σ——有效闭合应力,MPa;
S_{RE}——岩石嵌入强度,MPa。

3. 酸压后增产倍比预测

增产倍比(stimulation ratio)是酸化井施工后的采油指数与施工前的采油指数之比,用 J/J_0 表示,它是增产效果好坏的直接体现,是酸压设计中的重要指标。增产倍比也是进行酸压技术经济评价必不可少的参数。

酸压后增产倍比预测方法有图版法和数值计算方法。图版法就是运用 McGuire 和 Sikora (1960)通过电模拟得到的图板来预测增产倍比。由于电模拟没有考虑裂缝导流能力随缝长的变化,井底污染以及压裂液或酸液对裂缝壁面的污染等因素的影响,只能对酸化施工效果作粗略估计。

Raymond 和 Binder(1967)最先提出计算增产倍比的理论公式。增产倍比的计算是以平面

径向稳定渗流为基础,主要假设条件如下:

(1)水平油藏充满单相,常黏度,压缩性小的流体;
(2)井位于圆形泄油面积中心,垂直裂缝沿井眼对称地向储层延伸;
(3)在整个泄油面积上,等压线是以井轴为中心的同心圆。

基于以上假设条件,推导酸压后增产倍比计算公式。

酸压前,其产量按稳定平面径向流计算为

$$q_0 = \frac{h(p_e - p_{wf})}{\mu \int_{r_w}^{r_e} \frac{dr}{2\pi r K(r)}} \tag{8-20}$$

酸压后,有效作用距离为 L_e,储层中径向上形成两个不同渗透率区域,其产量为

$$q = \frac{h(p_e - p_{wf})}{\mu} \Big/ \left[\int_{r_w}^{L_e} \frac{dr}{2\pi r K(r) + 2W(r)[K_f(r) - K(r)]} + \int_{L_e}^{r_e} \frac{dr}{2\pi r K(r)} \right] \tag{8-21}$$

式中　$K(r)$——储层渗透率,$10^{-3}\mu m^2$;
　　　$K_f(r)$——酸蚀裂缝渗透率,$10^{-3}\mu m^2$;
　　　$W(r)$——酸蚀裂缝宽度,m;
　　　h——储层有效厚度,m;
　　　μ——储层流体黏度,$mPa \cdot s$。

当 $r > L_e$ 时,即在有效作用距离之外,$K(r) = K_0$(储层平均渗透率);当在 $r_w < r < L_e$ 时,$W(r)K_f(r) = WK_f$。所以,酸压后增产倍比为

$$J/J_0 = \frac{\int_{r_w}^{r_e} \frac{dr}{2\pi r K(r)}}{\int_{r_w}^{L_e} \frac{dr}{2\pi r K(r) + 2W(r)[K_f(r) - K(r)]} + \int_{L_e}^{r_e} \frac{dr}{2\pi r K(r)}}$$

$$= \frac{\int_{r_w}^{r_e} \frac{dr}{2\pi r K_0}}{\int_{r_w}^{L_e} \frac{dr}{2\pi r K_0 + 2\overline{W}(K_f - K_0)} + \int_{L_e}^{r_e} \frac{dr}{2\pi r K_0}}$$

$$= \frac{\ln \frac{r_e}{r_w}}{\ln \frac{r_e}{L_e} + \ln \frac{\left[L_e + \frac{(\overline{W}K_f/K_0 - 1)}{\pi}\right]}{\left[r_w + \frac{(\overline{W}K_f/K_0 - 1)}{\pi}\right]}}$$

当 $\frac{\overline{W}K_f}{K_0} \gg 1$,$L_e \gg r_w$ 时,上式可简化为

$$\frac{J}{J_0} = \frac{\ln r_e/r_w}{\ln \frac{r_e}{L_e} + \ln\left(\frac{\pi L_e + \overline{W}K_f/K_0}{\overline{W}K_f/K_0}\right)} \tag{8-22}$$

上式是无伤害均质储层,裂缝导流能力为常值的情况。考虑储层受伤害、裂缝导流能力为常值的情况,增产倍比为

$$\frac{J}{J_0} = \frac{\ln r_e/r_w}{\ln\dfrac{r_e}{L_e} + \dfrac{K_0}{K_d}\ln\dfrac{\pi r_d + \overline{W}K_f/K_0}{\overline{W}K_f/K_0} + \ln\dfrac{\pi L_e + \overline{W}K_f/K_d}{\pi r_w + \overline{W}K_f/K_d}} \tag{8-23}$$

在实际中由于裂缝中酸浓度在变化,酸蚀裂缝宽度及裂缝导流能力沿缝长是变化的,更精确的计算可将裂缝在径向上分段进行。

四、基质酸化处理设计

基质酸化包括碳酸盐岩基质酸化和砂岩基质酸化,这里主要介绍砂岩基质酸化设计方法。

(一)酸液驱替工艺的确定

酸液驱替工艺的确定主要是指分层措施及适当的用酸选择和注酸顺序,一般说来,用酸选择及注酸顺序应结合岩心流动试验等室内研究确定,注酸工艺主要依据产层情况,即产层厚度、水层分布情况以及各产层吸酸能力等综合决定。

常用的注酸工艺有笼统酸化和分层酸化工艺。笼统酸化即全井筒酸化,整个酸化井段处于一个压力系统下,施工工艺较为简单,但由于酸化井段的储层渗透率不尽相同,因此整个井段的吸酸强度不同,高渗透层可能酸化强度过大,而低渗透层可能得不到酸化,容易引起或扩大层间矛盾。

分层酸化工艺分为机械封隔和化学暂堵剂分流酸化两种方式。机械封隔酸化的首要条件是各层之间要有足够的夹层厚度,便于坐封封隔器和桥塞。化学暂堵剂分流酸化,可达到分层酸化和均匀布酸的目的。这种方法特别适用于套管变形无法下封隔器的井和多层段的井,通过暂堵剂暂堵高渗透层,可酸化低渗透层。

(二)最大施工排量的确定

基质酸化要求在不压破储层的情况下向储层注酸。因此,根据储层破裂压力,可确定最大施工排量,施工时控制排量低于最大排量。

考虑井低压力达到破裂压力 p_F 储层即被压开。因此,最大排量的计算公式为

$$q_{\max} = 3.77 \times 10^{-4} \frac{K_{av} h(p_F - p_s)}{\mu\left(\ln\dfrac{r_e}{r_w} + s\right)} \tag{8-24}$$

式中 K_{av}——储层平均渗透率,$10^{-3}\ \mu m^2$,对于多层油藏可按小层厚度加权平均得到。

施工排量 $q_i < q_{i\max}$,按经验常取 $q_i = 0.9 q_{\max}$。施工排量 q_i 确定后,即可确定地面施工泵压,比较地面设备的承压能力,确定最终施工排量。

(三)酸化工作液类型、浓度及用量的确定

1. 注前置液

假定盐酸与碳酸盐岩的反应非常迅速,盐酸沿径向均匀推进溶解碳酸盐岩。注前置液的用量根据解堵范围和碳酸盐岩含量确定,其方法如下:

(1)溶解 r_d 范围内的方解石体积为

$$V_{CaCO_3} = \pi(r_d^2 - r_w^2)(1-\phi_0)C_m$$

根据溶解力 X 的定义,溶解 V_{CaCO_3} 所需的盐酸体积为

$$V' = \frac{V_{CaCO_3}}{X}$$

(2)清除碳酸盐后,井筒酸化半径(等于污染带半径)内的孔隙体积为

$$V_p = V_0 + V_{CaCO_3} = \pi(r_d^2 - r_w^2)[\phi_0 + C_m(1-\phi_0)]$$

(3)所需注入的盐酸的总体积为

$$V_{HCl} = V' + V_p$$

式中　V_{CaCO_3}, V'——每米厚度储层碳酸盐岩的体积和溶解碳酸盐岩所需的盐酸体积,m^3/m;

　　　V_p, V_0——每米厚度储层清除碳酸盐后的孔隙总体积和原始孔隙体积,m^3/m;

　　　V_{HCl}——盐酸前置液的注入强度,m^3/m;

　　　C_m——储层碳酸盐岩体积含量。

2. 注处理液

处理液一般为(5%~15%)HCl+(1%~3%)HF 组成的土酸液,其选择非常关键。表8-7给出了选择处理液的一些推荐性的原则。但需要说明的是,这些推荐性的原则只能作为参考,而不能作为准则。对于具体的砂岩,土酸处理时适宜的配方一般通过实验确定。

表8-7　砂岩酸化处理液选择的原则

砂岩情况		处理液选择
HCl 溶解度>20%		仅用 HCl
高渗透(100×10⁻³μm² 以上)	高石英(80%),低黏土(<5%)	12% HCl + 3% HF[1]
	高长石(>20%)	13.5% HCl + 1.5% HF[2]
	高黏土(>20%)	6.5% HCl + 1% HF[3]
	高铁绿泥石黏土	3% HCl + 0.5% HF
低渗透(10×10⁻³m² 或更低)	低黏土	6% HCl + 1.5% HF[4]
	高绿泥石	3% HCl + 0.5% HF[2]

注:[1]用 15% HCl 预冲洗;
　　[2]用 7.5% HCl 或 10% 醋酸预冲洗;
　　[3]用螯合的 15% HCl 预冲洗;
　　[4]5% 醋酸预冲洗。

土酸的用量和氢氟酸的浓度应有所控制,若用量太多,氢氟酸浓度过大,一则是氢氟酸价格昂贵,二则是大量溶解胶结物,有可能导致砂粒脱落,破坏砂岩结构,引起储层出砂。

3. 注后置液

后置液中通常加入化学剂帮助处理液返排,恢复储层固相及沉淀性酸反应生成物的亲水性,其用量依据驱替处理液的范围确定。

4. 确定顶替液体积

顶替液体积按照井筒容积附加一定余量确定。

(四)酸化设计计算模拟

砂岩基质酸化设计计算模拟就是联立温度场模型、酸浓度和矿物浓度分布模型、孔隙度和渗透率模型、酸化效果预测模型及施工参数计算模型,进行酸化设计、预测酸化效果、进行方案优选及对比等。

通过模拟计算,可求出有伤害储层解除伤害时所需的最佳酸化施工参数组合,即解除受伤害储层堵塞时所需使用的各级注入液的液量、酸浓度、施工允许的最大排量、实际注酸排量、井口限压、施工井口泵压及施工水马力等,为现场酸化施工提供决策性意见。

(五)酸化后的排液

酸化施工结束后,停留在储层中的残酸液由于其活性已基本消失,不能继续溶蚀岩石,而且随 pH 值的升高,原来不沉淀的金属离子会相继产生氢氧化物沉淀。为了防止生成沉淀及悬浮在残酸中的一些不溶性物质沉淀下来堵塞孔道,最终影响酸化效果,一般来说,应缩短反应时间,限定残酸水的残余浓度在一定值之上就将残酸液尽可能排出。为此,应在酸化前就做好排液和投产的准备,施工后立即排液。

排液方式分为自喷排液和人工排液。人工排液法有抽汲、气举、气体伴注排液和连续油管排液方法。无论是依靠储层自身能量的自喷排液,还是以降低井筒液柱回压诱喷的人工排液,在排液过程中应确保以下四个环节:

(1)排液应及时、彻底,尽可能连续进行,尽可能在较短的时间内将挤入储层的各种液体、酸—岩反应物和井内液体全部排出井筒;

(2)排液不得导致储层出砂或垮塌,挤毁油层套管;

(3)保证施工安全,防止残酸等排出液对人身的伤害;

(4)保证无环境污染,防止残酸、储层流体对环境的污染。

习 题

8-1 对比分析三种酸化工艺的差异性。

8-2 简要说明基质酸化和酸压的增产机理。

8-3 影响酸岩反应速度的因素有哪些?说明可以采取哪些措施提高酸压效果。

8-4 砂岩酸化潜在伤害因素有哪些?

8-5 酸化工作液中,常用的添加剂有哪些?它们分别起何作用?

8-6 酸化井层选择应遵循哪些原则?

8-7 根据工作液所起的作用,说明常规土酸酸化工作液由哪几部分组成?各自的作用是什么?

8-8 对比分析酸压和水力压裂工艺的主要区别。

8-9 描述酸化施工工艺过程,并说明施工中存在哪些安全注意事项。

第九章 防砂、防蜡及防腐、防垢

油井出砂、结蜡结垢及腐蚀是油田开采过程中经常遇到的问题,它直接影响油井的正常生产。因此,必须采取各种有效的工艺技术措施来解决这些问题,以确保油田高产稳产和较高的最终采收率。

第一节 防 砂

疏松砂岩油藏开采中,油井出砂是最为突出的问题。油井出砂会磨蚀井下、地面设备和工具(如泵、分离器、加热器、管线等),桥堵或堵塞井眼,降低油井产量甚至迫使油井停产。

一、影响出砂的因素

油层是否出砂取决于岩石颗粒的胶结程度——地层强度。一般说来,地层应力超过地层强度就可能出砂。出砂的影响因素很多,可以归纳为油井本身地质因素(内因)和开采因素(外因)两方面。

(一)地质因素

地质因素是指储层的地质条件,如砂岩胶结物的含量及分布、胶结类型、成岩压实作用、地质年代等,一般来说,胶结物含量低、地质年代新、埋藏浅、成岩强度低的砂岩,容易出砂。

胶结物在岩石孔隙中的分布状况及其与岩石颗粒的接触关系称为胶结类型,主要有以下四种(图9-1):

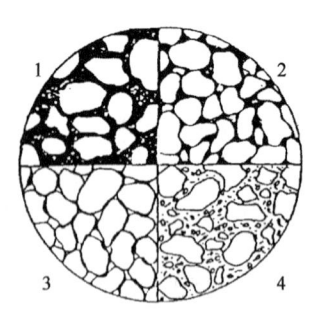

图9-1 胶结类型示意图
1—基底胶结;2—孔隙胶结;
3—接触胶结;4—杂乱胶结

(1)基底胶结。胶结物含量较多,岩石颗粒孤立分布于胶结物之中,彼此互不接触或极少接触。这种岩石的胶结强度很高,但其孔隙度和渗透率均很低,很难成为好的储油层。

(2)接触胶结。胶结物含量很少,分布于颗粒相互接触处,颗粒呈点状或线状接触,胶结强度很低。

(3)孔隙胶结。胶结物含量和胶结强度介于前两种胶结类型之间。胶结物不仅在颗粒接触处,还充填于部分孔隙中。

(4)杂乱胶结。胶结物含量较多,多为泥质,胶结物与基质微粒混杂在一起,分布于碎屑颗粒间的孔隙之中。

容易出砂的油层岩石主要以接触胶结类型为主,其胶结物含量少,而且其中往往还含有较多的黏土胶结物。

(二)开采因素

开采过程中生产压差的大小及建立压差的方式,是油层出砂的外在原因。生产压差大,渗流速度快,井壁处流体对岩石的冲刷力就大,岩石就容易发生变形与破坏,造成油井出砂。

开采因素引起的出砂有的可以避免,有的不可避免,大体有以下几方面:

(1)固井质量差造成高低压层窜通,黏土膨胀,岩石胶结物遭到破坏;
(2)完井方式不当,不能有效防止地层出砂;
(3)生产压差过大,采油速度过高;
(4)不适当的增产措施(酸化、压裂)及频繁的修井作业降低了胶结物强度,破坏了岩石结构;
(5)油井含水率上升,出砂的可能性增大;
(6)油田开采中、后期,为了保持油井稳产,而大幅度提高油井产液量,加剧了对地层颗粒的冲刷;
(7)操作管理措施不当,例如造成井下过大的压力激动等。

一般来说,油井出砂主要是地质原因造成的,其次才是开采过程中措施不当,从而加剧了油井出砂。油井生产过程中是否出砂是可以预测的,预测方法一般有现场观测法、经验法、实验室模拟法和数值计算法,实际生产中一般很难用单一方法准确预测一口井在生产全过程中是否出砂和何时出砂,只有通过多种预测方法才能使预测结果比较可靠。

二、防砂方法

按防砂机理及工艺条件,防砂方法可分为机械防砂、化学防砂及其他防砂方法。

(一)机械防砂

机械防砂方法分两类。第一类:滤砂管柱防砂,如下入割缝衬管、绕丝筛管或者带有割缝衬管、各种地面预制成型的滤砂管(如树脂砂粒滤砂管、双层预充填筛管、多孔陶瓷滤砂管、金属棉纤维滤砂管等)。这种方法施工简单、成本低,缺点是滤砂器容易堵塞、有效期短,只宜用于中、粗砂岩地层。第二类:砾石充填防砂。将绕丝筛管下入井内后,用高渗透砾石充填于筛管和套管的环空之间,有的还将一部分砾石通过射孔孔眼挤入周围地层中,形成多级过滤屏障,阻止油井出砂。这种防砂方法适应性强,应用广泛,对细、中、粗砂岩,直井、定向井、热采井均可应用,防砂成功率高、有效期长;不足之处是不适用于粉砂岩和粉细砂岩,施工复杂,成本较高。

1. 割缝衬管与绕丝筛管防砂

1)割缝衬管

割缝衬管是用油田标准的管材来制造,即在管壁上用激光割出一系列纵向的"缝"。割缝断面的形状可以是"直槽形"或"梯形",如图9-2所示。梯形断面缝的外表面缝宽比内表面缝宽稍窄,它不容易被堵塞,应用较广。

2)绕丝筛管

绕丝筛管是由不锈钢丝盘旋缠绕在一打孔基管外衬套上制成,如图9-3所示。其开口缝隙形状与割缝衬管开口缝隙形状一样,梯形断面的开口缝隙减少了缝隙被堵塞的可能。绕丝筛管的基管使用油田管材。在基管上钻孔眼的尺寸及数量依据基管尺寸来确定,孔眼布置方式应尽可能保留基管抗拉强度。

割缝衬管与绕丝筛管相比,它的优点是价格便宜;它的缺点是割缝的流入面积受限制(且易于被堵塞)。理论上割缝衬管的最小割缝宽度可达0.3mm,不过在实际制造中会大大超过,此外流体将对割缝产生腐蚀。

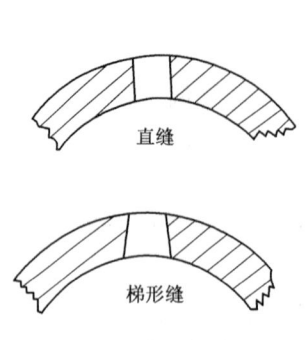
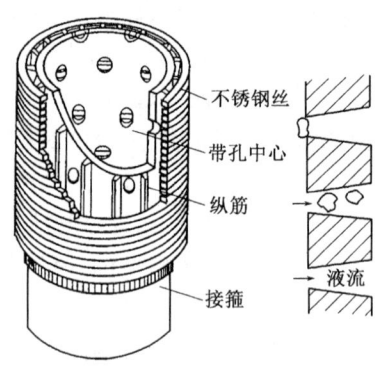

图 9-2 割缝端面形状　　　　图 9-3 绕丝筛管及其剖面

绕丝筛管与割缝衬管相比,它最主要的优点是极大增大了流体流入面积。因为筛套由不锈钢丝或合金材料制造,所以腐蚀不是个问题,同时绕丝筛管的开口缝隙缝宽制造时很容易控制到 0.15mm。

2. 滤砂管防砂

滤砂管防砂通常用于射孔完成井。常用的滤砂管有树脂砂粒滤砂管、双层预充填筛管、多孔陶瓷滤砂管、金属棉纤维滤砂管和粉末冶金滤砂管等。使用方法是:将上部带有悬挂封隔器的某种滤砂管下入井中,对准出砂层位,然后坐封封隔器并实现丢手,把滤砂管留在井底,起出施工管柱,即完成防砂施工,然后再下入生产管柱投产。采油时,地层砂随液流进入井筒,逐渐堆积在滤砂管的周围,形成自然砂拱,进一步阻止地层出砂。其优点是适用于中、粗砂岩 ($d_{50}>0.1$mm),施工简便,费用低。缺点是随着生产时间的延长,滤砂管周围易被地层砂堵死,产量下降,有效期短。

1) 树脂砂粒滤砂管

树脂砂粒滤砂管由滤砂管、引鞋和中心管三部分组成,如图 9-4 所示。其制作方法是用精筛选的石英砂和环氧树脂或酚醛树脂按一定配比均匀混合,装入特制的模具中,在一定条件下固化成型、脱模后取出,便可获得具有一定外形尺寸、适当渗透率的滤砂管和引鞋。树脂砂粒滤砂管适用于合采井的早期或后期防砂,中、粗砂岩地层防砂,中等或较低黏度(小于 2000mPa·s)的油井防砂,并要求井筒套管质量良好。

2) 双层预充填筛管

双层预充填筛管由内外绕丝筛管、预涂层砾石和中心管组成,如图 9-5、图 9-6 所示。其制作方法是将分散的涂层砾石装入内、外绕丝筛管的环空中,两端密封后,加温使涂层砾石固化即成。双层预充填筛管适用于地层砂粒度中值不小于 0.1mm 的中粗砂岩、部分胶结的砂岩或碎屑岩,但不适用于流砂层;可配合进行地层黏土稳定处理,以提高防砂效果;施工简便,成本较低,成功率高;施工前要彻底清洗井筒,保证不污染滤砂管柱。

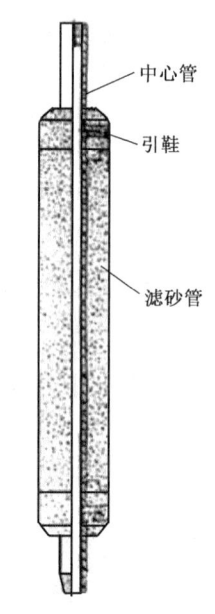

图 9-4 滤砂管结构

— 228 —

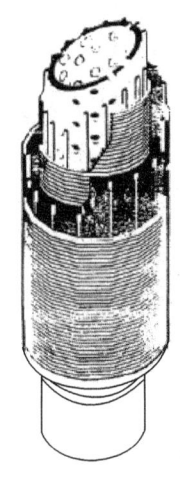 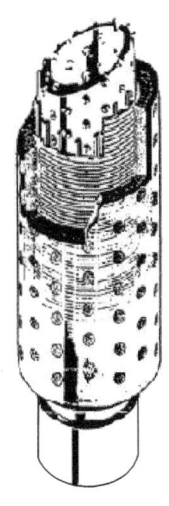

图 9-5　双层绕丝预充填砾石筛管　　图 9-6　双层开孔预充填砾石筛管

3) 多孔陶瓷滤砂管

以多孔陶瓷取代双层绕丝筛管或普通滤砂管,将其下入井内,正对出砂层位,滤砂管周围既可以充填砾石,也可以不充填砾石(当地层砂粒度中值大于 0.1mm 时),地层砂被阻挡于井筒(或滤砂管)之外,油流过滤后采出。由于陶瓷能耐高温,所以特别适用于注汽热采井防砂。

4) 金属纤维滤砂管

它是用耐高温金属棉纤维滤砂管取代传统的滤砂管。用于注蒸汽井开采的特稠油油藏,地层砂粒度中值一般较大(0.10~0.15mm),不必在金属棉周围充填砾石,而直接将其下入井中正对油层,使悬挂封隔器坐封丢手即可完成,施工简单。

3. 砾石充填防砂

砾石充填防砂是应用最早,也是目前应用最广泛的机械防砂方法。它是指将割缝衬管或绕丝筛管下入井内的防砂层段处,用一定质量的流体携带地面选好的具有一定粒度的砾石,充填于管和油层之间形成一定厚度的砾石层,形成由粗到细的砂拱,既具有良好的流通能力又能有效地阻止油层砂粒流入井内的防砂方法。常用的砾石充填方式有两种,即用于裸眼完井的裸眼砾石充填和用于射孔完井的套管内砾石充填(图 9-7)。裸眼砾石充填的渗滤面积大,砾石层厚,防砂效果好,有效期长,对油层产能的影响小。但其常用于油井先期防砂,工艺较复杂,对油层条件要求高(如厚度大、强度较高、无气、水夹层的单一油层)。因而多数油井采用套管射孔完井后,再进行套管内砾石充填防砂。

(二) 化学防砂

1. 化学防砂原理

向套管外地层挤入一定数量的化学胶结剂(如水泥浆、树脂等)和固体颗粒(如石英砂等)以胶固地层或建立一个可渗透的人工井壁(彩图 9-1),阻止地层砂运动,减轻油井出砂,实现长期正常生产。

彩图9-1　化学剂固砂示意图

由于化学剂种类繁多,应用时要用地层岩心或砂样先进行室内胶

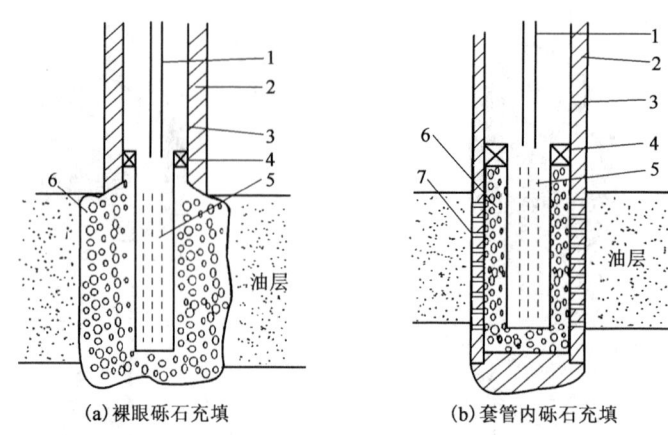

图 9-7 砾石充填防砂示意图
1—油管;2—水泥环;3—套管;4—封隔器;5—衬管;6—砾石;7—射孔孔眼

固阻砂试验,对胶固后的岩心的渗透率、抗压强度等技术指标进行测试评价,以确定化学剂配方、用量等现场工艺条件,才能确保防砂效果。

化学防砂的主要优点是井筒内不留下任何机械装备,防砂一旦失败,较容易实施补偿性措施。它对细粉砂岩尤为有效,施工也较简便,只需泵入化学剂即可。对未严重出砂的地层和低含水率油井成功率较高。对已严重出砂的地层,可先向地层挤入石英砂后再用化学剂胶固,化学防砂一般只宜处理短井段(一般不超过 10m)。若井段太长,由于层间吸入能力的差异,使化学剂难以分布于全井段,导致部分层段仍易出砂。由于化学剂胶固地层后,渗透率通常有较大的损失,故产能也受较大的影响。此外,因化学剂在油层条件下随时间老化,强度变差,故有效期不会太长。

2. 化学防砂分类

按化学剂配方的不同,可将化学防砂方法细分为若干种,各种化学剂的比较见表 9-1。可根据表中各种化学剂的适用条件及优缺点结合实际情况选用。

表 9-1 化学剂比较

化学剂	配方(质量分数)	适用范围	优缺点
水泥砂浆	水:水泥:砂 = 0.5:1:0.4	油水井后期防砂	原料来源广,强度较低,有效期短
水带干灰砂	水泥:砂 = 1:2	高含水油井和注水井后期防砂	原料来源广,成本低,堵塞较严重
柴油水泥浆乳化液	柴油:水泥:水 = 1:1:0.5	少量出砂的油水井防砂	原料来源广,成本低,堵塞较严重
酚醛树脂溶液	苯酚:甲醛:氨水 = 1:1.5:0.5	油水井先期和早期防砂	适应性强,成本高,树脂储存期短
树脂核桃壳	树脂:核桃壳 = 1:1.5	油水井早期和后期防砂	胶结强度高,原料来源少,施工较复杂
树脂砂浆	树脂:砂 = 1:4	油水井后期防砂	胶结强度较高,施工较复杂
酚醛溶液地下合成	苯酚:甲醛:固化剂 = 1:2:(0.3~0.36)	油层温度在 60℃以上的油水井先期和早期防砂	溶液黏度低,易于泵送,可分层防砂
树脂涂层砾石	树脂:砾石 = 1:(10~20)	油层温度在 60℃以上的油水井早期和后期防砂	强度较高,渗透率较高,施工简单

(三) 其他防砂方法

1. 复合防砂

20世纪90年代以来,某些严重出砂的地层或开发后期高含水地层,由于采液强度高、流速高,对防砂工艺提出了更高的要求。单一的防砂方法往往不能满足控砂采油的需要,因此发展形成了两种或两种以上防砂方法组合的复合防砂技术。它们的挡砂强度更高,防砂更可靠,有效期更长。油田目前主要的组合方式有:

(1) 水力压裂与砾石充填复合防砂技术;
(2) 预涂层砾石与砾石充填复合防砂技术;
(3) 预涂层砾石与各类滤砂管复合防砂;
(4) 固砂剂与滤砂管复合防砂。

水力压裂与砾石充填复合防砂技术是两种传统的采油工艺的结合和创新,发挥了两种优势互补的作用,基本上解决了防砂要以牺牲部分产量为代价的矛盾,同时在油层严重伤害井也展示了强大的生命力,应用前景广阔。其缺点是实施工艺复杂,一次性投资高,但长期综合效益好。

2. 套管外膨胀式封隔器防砂

其防砂机理是利用膨胀式封隔器的膨胀作用压实裸眼井壁,以提高近井地带的地应力水平。其做法是:膨胀式封隔器随套管管柱下入正对出砂层段,注入水泥后使密封元件产生径向膨胀,胶件膨胀后直径可为原直径的2~3倍,从而压实裸眼井壁,迫使近井地层径向应力恢复甚至超过原始地应力水平。水泥凝固后,再用高孔密、小孔径弹射开封隔器形成连接地层和井眼的油流通道。投产时,由于地层应力水平已大幅度提高,不易出砂。即使部分微粒运移到射孔孔眼入口处会逐渐堆积,形成具有承载能力的砂拱,将进一步阻止地层出砂。

常用防砂方法的对比见表9-2。

表9-2 常用防砂方法对比

分类	防砂方法	优点	缺点	备注
机械防砂	绕丝筛管砾石充填防砂	(1) 成功率高达90%以上; (2) 有效期长; (3) 适应性强,应用最普遍; (4) 裸眼充填产能为射孔完井的1.2~1.3倍	(1) 井内留有防砂管柱,后期处理复杂,费用高; (2) 不适用于粉细砂岩; (3) 管内充填产能损失大	可按工艺条件和充填方式再细分
机械防砂	滤砂管防砂	(1) 施工简便,成本低; (2) 适合多油层完井,粗砂地层	(1) 不适宜于粉细砂岩; (2) 滤砂管堵塞使产能下降; (3) 滤砂管受冲蚀,寿命短	按材料不同形成多种滤砂管
机械防砂	割缝衬管防砂	(1) 成本低,施工简便; (2) 适用于出砂不严重的中、粗砂岩,水平井等	(1) 不宜用于粉细砂岩; (2) 砂桥易堵塞,影响产能	
化学防砂	胶固地层防砂	(1) 井内无留物,易进行后期补救作业; (2) 对地层砂粒度适应范围广; (3) 可进行多层分段防砂; (4) 施工简便	(1) 渗透率下降,成本高; (2) 不宜用于多层长井段和严重出砂井; (3) 化学剂有毒,可造成伤害	化学剂种类很多,如树脂液、树脂砂浆、地下合成树脂溶液等

续表

分类	防砂方法	优点	缺点	备注
化学防砂	人工井壁防砂	(1)化学剂用量比胶固地层少,成本可下降20%~30%; (2)井内无遗留物,补救作业方便; (3)可用于严重出砂的老井; (4)成功率高达85%以上	(1)不宜用于多油层、长井段; (2)不能用于裸眼井	化学剂种类很多,如预涂层砾石、树脂砂浆、水泥砂浆、水带干灰砂、乳化水泥等
其他防砂方法	水力压裂砾石充填防砂	(1)既防砂,又获高产; (2)消除油层伤害; (3)有效期长	(1)不宜用于多油层和粉细砂岩; (2)后期处理难	已工业应用
	套管外膨胀封隔器防砂	(1)施工简便,费用较低; (2)可用于多层完井施工; (3)产能损失小,后期补救处理较容易	(1)不宜用于粉细砂岩及疏松砂岩地层; (2)砂拱稳定性不好; (3)控制流速影响严重	
	原油焦化防砂	(1)特别适用于超稠油疏松砂岩; (2)井内无遗留物	(1)不宜用于多油层和长井段作业; (2)施工复杂,难度大,费用高	用火烧油层方法

第二节 防蜡与清蜡

通常把原油中 $C_{16}H_{34}$—$C_{63}H_{128}$ 的正构烷烃称为石蜡。纯净的石蜡是略带透明的白色无味晶体。原油中的蜡是多种化合物的混合物,在开采过程中,随着温度和压力下降以及轻质组分不断逸出,原油溶蜡能力随之不断降低,原油中的蜡便以结晶体析出、聚集并沉积在管壁等固相表面,即出现结蜡现象。油井结蜡并非是纯石蜡,而是石蜡、胶质、沥青等混合物,通常还包含泥砂、水等杂质。

油井结蜡一方面使油流通道变小,流动阻力增加;另一方面会直接影响抽油设备的正常工作。因此,防蜡和清蜡是含蜡油井生产管理中一项十分重要的技术措施。

一、影响结蜡的因素

影响油井结蜡的因素主要有原油组分(蜡、胶质、沥青质等的含量)、油井开采条件(温度、压力、气油比等)、原油中的杂质(泥砂、含水率等)、油管特性(管壁粗糙度、表面性质、管径、流速)。其中,原油组分是油井是否结蜡的内因。

(一)原油组分

原油中含蜡量越高,结蜡就越严重。原油中轻质馏分越多,溶蜡能力越强,越不容易结蜡。当压力下降至泡点压力以下时,天然气分离出来,降低了原油的溶蜡能力,析蜡温度上升,结蜡转为严重。

随着胶质含量的增加,析蜡温度降低。胶质本身是活性物质,它可以吸附在蜡晶表面,阻止蜡晶的长大;而沥青质是胶质的进一步聚合物,不溶于油,成极细小的颗粒分散于油中,对蜡晶起到良好的分散作用。因此,由于胶质沥青质的存在,蜡晶虽然析出,但不容易聚合、沉积。但当有胶质沥青质存在时,沉积的蜡强度明显增大,不易被油流冲走,又促进了结蜡,使蜡沉积物变得更为复杂,使热洗清蜡等变得更困难。

(二)油井开采条件

1. 温度

当温度保持在析蜡温度以上时,蜡不会析出,也就不会结蜡;而温度降到析蜡温度以下时,开始析出蜡结晶,温度越低,析出的蜡越多。由于地温梯度和原油中气体析出等原因,井筒从井底往井口的温度逐渐降低,因此井筒上部结蜡更严重。

2. 压力和溶解气

在压力高于地层饱和压力的条件下,原油中的溶解气和轻质成分不易挥发,压力降低时也不会脱气,蜡的初始结晶温度随压力的降低而降低;在压力低于饱和压力的条件下,由于压力降低时油中的气体不断分离出来,降低了对蜡的溶解能力,使初始结晶温度升高。压力越低,蜡结晶温度增加得越高;此外,溶解气从油中析出时还要膨胀、吸热,使油流温度降低将促进蜡晶析出。

(五)原油中的杂质

有晶核存在时,会促使结晶加快,而机械杂质和水的微粒都会成为结蜡核心,加速结蜡。但随着含水上升,会在油管壁上形成水膜,使析出的蜡不容易沉积在管壁上,减缓结蜡。矿场实践和室内实验表明,当含水增高到70%以上时,会产生水包油乳化物,蜡被水包住,会阻止蜡晶的聚积而减缓结蜡。

(六)油管特性

室内实验表明,流速与结蜡量呈正态分布,如图9-8所示。开始随流速升高,结蜡量随之增加;当流速达到临界流速以后,结蜡量反而下降。这主要是开始随流速增加,单位时间通过的蜡量也增加,析出的蜡也多,所以结蜡严重。而达到临界流速以后,由于冲刷作用增强,析出来的蜡不能沉积在管壁上,而降低了结蜡速度。由图中可以看出管材不同,结蜡量也不同,管壁越光滑越不容易结蜡,表面亲水比亲油更不容易结蜡。

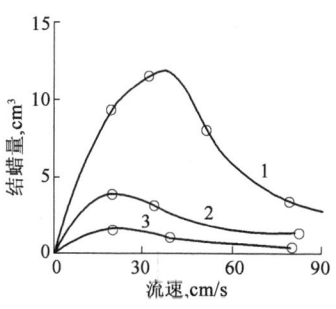

图9-8 流速与结蜡量的关系
1—钢管;2,3—塑料管

二、油井清、防蜡方法

油田常用的油井清、防蜡方法主要有机械清蜡,热力清、防蜡,表面能防蜡(油管内衬和涂料防蜡),强磁防蜡,化学剂清、防蜡和微生物清蜡。

(一)机械清蜡

将清蜡工具下入井内刮除油管壁上的蜡,并靠液流将蜡带至地面。在自喷井中采用的清蜡工具主要有刮蜡片和清蜡钻头等。一般情况下采用刮蜡片;如果结蜡严重,则用清蜡钻头。

有杆抽油井是利用安装在抽油杆上的活动刮蜡器清除油管和抽油杆上的蜡。常用尼龙刮蜡器,在抽油杆相距一定距离(一般为冲程长度之半)两端固定限位器,在两限位器之间安装尼龙刮蜡器,它随抽油杆在油管中做上下往复运动,刮掉油管和抽油杆上的蜡,并随液流带走,达到清蜡的目的。

(二)热力清、防蜡

1. 电热清、防蜡

电热清、防蜡是利用电热杆或伴热电缆,将电能高效地转化为热能,以达到提高井筒流体温度的目的。

1)井下自控伴热电缆

井下自控伴热电缆的内部有两根相距约10mm的平行导线,两导线间有一半导电的塑料层,为发热元件。电流由一根导线流经半导电塑料至另一根导线,半导电塑料因而发热。由于该半导电塑料有热胀冷缩的特性,从而改变其电阻,能自动控制发热量和温度,保持井筒内恒温。当温度达到析蜡温度以上时,则起防蜡作用,但要连续供电保持温度。作为清蜡措施,可按清蜡周期供电加热至井筒温度超过熔蜡温度。

2)电热空心抽油杆

电热空心抽油杆由空心抽油杆、整体电缆、传感器、空心光杆等零部件组成。三相交流电经过控制柜的调节,变成单相交流电,与抽油杆内部的电缆相连,通过空心抽油杆底部的终端器构成回路,在电缆线和杆体上形成集肤效应使空心抽油杆发热,从而提高油流温度,达到清蜡或防蜡的目的。

2. 热洗清蜡

热洗清蜡是指利用热油或蒸汽将蜡熔化后从管壁上清除下来,然后随油流返至地面。这种方法清蜡比较彻底,因而使用也比较多,自喷井和抽油井均可用。现场实施时,可以用专门的热洗清蜡车加热原油,也可以用采油井口的水套加热炉来加热原油。前者常称为热洗清蜡,后者常称为热油循环清蜡。

1)热油循环清蜡

本井生产的原油,经水套炉加热后通过油气分离器使原油脱气,并使一部分(或全部)脱气油由套管环空注入井中,经油管鞋进入油管,再从井口返出,由于热油不断循环,使井内温度升高达到蜡的熔点时,蜡被逐渐熔化并随同热油流到地面。

上述清蜡方式为外注式,也可以用内注式清蜡方法,即热油从油管注入套管返出。外注式既可以用于自喷井也可以用于抽油井,但此清蜡方式热效率低,为了减少热能损失,可采用部分管段循环法,即热油从油井开始结蜡的深度进入油管,在进入油管的地方装一个单流阀让热油通过,在此段管柱下面装封隔器阻止热油下行。

2)热洗清蜡

利用热洗清蜡车上的加热装置,将热容量大、熔蜡能力强、经济、来源广的热洗介质(通常采用原油,也可采用地层水、活性水、清水及蒸汽)加热至一定温度,然后,用泵将热洗介质由油管注入,油套环空返出;或由套管泵入井下,经油管鞋进入油管返出井口。前者称为正循环,后者称为反循环。其中,抽油井洗井时,常采用反循环,即从油套环空注入热洗介质,同时开动抽油机,边抽边洗。热洗介质不断循环,蜡会被逐渐熔化并随同热洗介质返出地面。

热洗清蜡方便快捷,整个设备装在汽车上,用燃料油加热,因此,可以很快到达井场。目前车载热洗清蜡装置在10min左右就能得到325℃和75atm的蒸汽,所以是极为有效的清蜡措施。因而热洗清蜡应用极为广泛,既可单独清蜡,也可与其他清、防蜡工艺配套使用。

(三)表面能防蜡(油管内衬和涂层防蜡)

油管内衬和涂层防蜡是通过提高管壁光滑度,改善表面润湿性(达到亲水憎油),使蜡不易沉积,达到防蜡的目的。应用较多的是玻璃衬里油管及涂料油管。

玻璃衬里油管是在油管内壁衬上由 SiO_2、Na_2O、CaO、Al_2O_3、B_2O_3 等氧化物烧结而成的玻璃衬里,其玻璃表面十分光滑且具有亲水憎油特性,同时也具有良好的隔热性能。

涂料油管是在油管内壁涂一层固化后表面光滑且亲水性强的物质,目前应用较多的是聚氨基甲酸酯类的涂料。涂料油管不耐磨,不适用于有杆泵和螺杆泵抽油井,主要用于自喷井和连续气举井防蜡。

(四)强磁防蜡

原油通过磁防蜡器时,石蜡分子在磁场作用下定向排列做有序流动,克服了石蜡分子之间的作用力,而不能按结晶的要求形成石蜡晶体;已形成蜡晶的微粒通过磁场后,石蜡晶体细小分散,并且有效地削弱了蜡晶之间、蜡晶与胶体分子之间的黏附力,抑制了蜡晶的聚集长大。另外,磁场处理还能改变井筒中的结蜡状态,使蜡质变软,易于清除。

强磁防蜡技术虽已在油田中应用,但其作用机理及如何改善其效果仍需进一步研究。

(五)化学剂清、防蜡

用化学剂对油井进行清蜡和防蜡是目前油田应用比较广泛的方法。通常将药剂从油套环空中加入,不会影响油井的正常生产和其他作业。除可以起到清、防蜡效果外,使用某些药剂还可以起到降凝、降黏、解堵的作用。化学清、防蜡剂有油溶型、水溶型和乳液型三种液体清、防蜡剂,此外还有固体清、防蜡剂。

(六)微生物清蜡

它是近年来发展的,在我国已逐步推广应用的一种技术。用于清蜡的微生物主要有食蜡性微生物和食胶质、沥青质性微生物。油井清蜡用的微生物形状为长条螺旋状体,长度为 $1\sim 4\mu m$,宽度为 $0.1\sim 0.3\mu m$。该类微生物能降低原油凝点和蜡含量,以石蜡为食物。微生物注入油井后,它主动向石蜡方向游去,猎取食物,使蜡和沥青降解,微生物中硫酸盐还原菌的增殖,产生表面活性剂,降低油水界面张力,同时微生物中的产气菌还可以生成溶于油的气体(如 CO_2、N_2、H_2),使原油膨胀降黏,由此达到清蜡的目的。

第三节 腐蚀与防腐

金属与周围介质相接触,由于电化学的原因引起的破坏称为腐蚀。近年来又把腐蚀的定义扩展为:材料和周围介质相作用,使材料遭受破坏或性能恶化的过程称为腐蚀。金属在油田中的腐蚀过程并不是独立进行的,腐蚀过程、结垢过程、细菌繁殖和沉积物的形成过程既密切相关又相互影响。

一、金属腐蚀的原理与形态

(一)金属腐蚀的原理

按照腐蚀过程的特点,金属的腐蚀可分为化学腐蚀、电化学腐蚀、物理腐蚀三种。其中,物理腐蚀是指金属由于单纯的物理溶解作用所引起的破坏,如许多金属在高温熔盐、熔碱及液态金属中可发生物理腐蚀。

1. 化学腐蚀

化学腐蚀是指金属表面与非电解质直接发生纯化学作用而引起的破坏。其反应特点是：在一定的条件下，非电解质中的氧化剂直接与金属表面的原子相互作用而形成腐蚀产物，电子的传递是在金属与氧化剂之间直接进行的，因而没有电流产生。但纯化学腐蚀的例子是很少见的，典型例子是金属与空气中的氧作用，在金属表面形成一层氧化物薄膜。这种由腐蚀产物组成，能把金属表面覆盖起来从而降低金属腐蚀速率的薄膜称为表面保护膜。这一层膜的厚度取决于金属的性质、表面状态、氧化温度和介质的组成。

2. 电化学腐蚀

两种金属与电解质溶液发生作用，由于金属表面发生原电池作用而引起，电位较低的金属为阳极，它不断失去电子成为金属离子进入溶液而被溶解，形成电化学腐蚀。

钢材与水、二氧化碳、硫化氢等介质接触时，金属在空气中已生成的保护性氧化膜会溶解在电解质溶液中。当白金属露出后，金属作为电的良导体与溶液作为离子的良导体组成了一个回路。带正电荷的铁离子趋向于溶解在电解质溶液中，生成铁盐；电子趋向于聚集在金属端，形成一定的电位差，使电子流向溶液。这是一个氧化反应过程，称为阳极反应，金属端称为阳极区。其典型反应为

$$Fe \longrightarrow Fe^{2+} + 2e \tag{9-1}$$

另外，进入溶液中的电子与氢离子结合，生成氢分子，这是一个还原反应过程，称为阴极反应，溶液端称为阴极区。在有氧环境中，生成氢氧根。其典型反应为

析氢时： $$2H^+ + 2e \longrightarrow H_2 \tag{9-2}$$

有氧时： $$O_2 + 2H_2O + 4e \longrightarrow 4OH^- \tag{9-3}$$

铁原子以铁离子形式进入溶液，并以 $Fe_2O_3 \cdot (H_2O)_x$、FeS_x、Fe_2CO_3 等形式存在。腐蚀产物可能在金属表面沉积，形成保护膜。保护膜的稳定性决定了腐蚀是继续还是受抑制。图9-9反映了上述电化学腐蚀的过程。

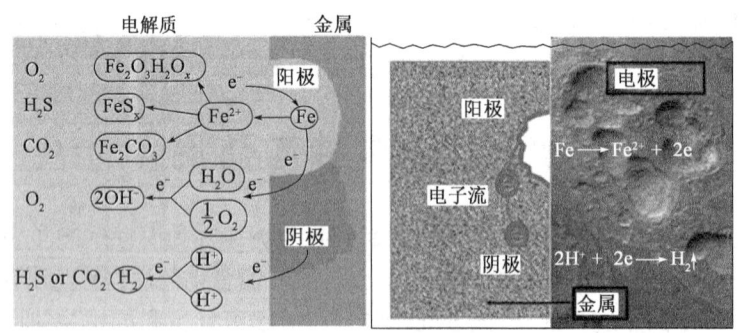

图9-9 电化学腐蚀示意图

（二）金属腐蚀的形态

按照腐蚀本身所显示的形态可分为既独特又相互关联的八种形态，即均匀腐蚀、缝隙腐蚀、孔蚀、晶间腐蚀、选择性腐蚀、磨损、应力腐蚀和氢损伤。

1. 均匀腐蚀

整个金属表面受到均匀的腐蚀，它不会造成灾难性的事故。预防措施为保护涂层、阴极电

化学保护、牺牲阳极或介质中加缓蚀剂等。

2. 缝隙腐蚀

缝隙腐蚀也是一种普遍的局部腐蚀。遭受缝隙腐蚀的金属,在缝隙内呈现深浅不一样的坑蚀或深孔,其形态为沟缝状。缝隙可以有以下几种类型:

(1)金属构件之间连接处的缝隙;

(2)金属裂缝缝隙

(3)金属与非金属间缝隙

产生缝隙腐蚀必须具备两个基本条件:

(1)要有危害性的阴离子,如氯离子等;

(2)要有缝隙,且其缝宽必须使侵蚀液能进入缝内,同时缝宽又必须窄到能使液体在缝内停滞。

3. 孔蚀

孔蚀又称点腐蚀,其特征是表面几乎无腐蚀的情况下形成许多小孔,孔的深度往往大于孔的直径,严重时发生穿孔。

二、油田常见的腐蚀因素

(一)地层水腐蚀

地层水中不同程度地溶解有氯化物、硫酸盐、碳酸盐等可溶性盐类,它们影响系统的pH值,其腐蚀的普遍性远大于硫化氢、二氧化碳等的腐蚀,且在与硫化氢或/和二氧化碳共存时,会加剧腐蚀。

地层水中高矿化度的氯离子腐蚀比较常见。常温下加入氯离子,会使溶液中二氧化碳的溶解度降低,使碳钢腐蚀速度降低。图9-10说明,在高矿化度介质中,氯离子的含量在4%左右时,N80和P110钢的腐蚀较严重。当氯离子的含量在0~4%时,随着氯离子含量的增大,钢材的腐蚀速度增大。当氯离子的含量大于4%时,随着氯离子含量的增大,钢材的腐蚀速度下降。

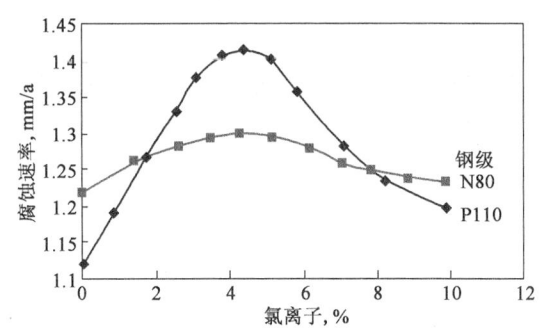

图9-10 氯离子浓度对腐蚀速率的影响

在含硫化氢的腐蚀介质中,氯离子使金属的腐蚀速度加快,这是因为氯离子增加了溶液的导电性,并使溶液中H^+活度加大、导电性增强,阻止致密的FeS生成,使腐蚀加速。但是当氯离子浓度很高时,金属腐蚀反而减缓。原因是氯离子吸附能力强,它大量吸附在金属表面,完全取代了吸附在金属表面的H_2S、HS^-,因而腐蚀减缓。

氯离子与某些不锈钢和耐蚀合金的组合,在适合的温度、氯离子浓度、pH值范围内,会产生氯化物应力开裂。

(二)硫化氢腐蚀

游离水和硫化氢同时存在的情况称为湿硫化氢,只有湿硫化氢才产生腐蚀。硫化氢环境中主要的腐蚀类型及破坏特征见表9-3。

表9-3 硫化氢环境中主要的腐蚀类型及破坏特征

类型	破坏特征
硫化物应力开裂(SSC)	(1)材料受外载拉伸应力作用,或存在制造残余应力,环境中硫化氢分压高于0.0003MPa; (2)破坏形式是材料脆性断裂; (3)低应力下破裂、无先兆、周期短、裂纹扩展速度快; (4)主裂纹垂直于受力方向,呈沿晶和穿晶形式、有分枝; (5)裂纹发生在应力集中部位或者马氏体组织部位; (6)一般断裂处材料硬度高; (7)对低碳低合金钢,发生在低于80℃的工作温度
氢致开裂(HIC)、应力定向氢致裂纹(SOHIC)	(1)环境中硫化氢分压高于0.002MPa; (2)材料未受外应力[氢致开裂(HIC)]或者受拉伸应力(SOHIC); (3)裂纹发生在金属内部带珠光体内为台阶状、平行于金属轧制方向,裂纹连通后造成失效; (4)裂纹扩展速率慢,在外力作用下促使扩展(SOHIC); (5)常发生在低强钢,S、P含量高,夹杂物多的钢中; (6)表面常伴有氢鼓泡; (7)常温下发生
电化学腐蚀	(1)表面有黑色腐蚀膜,多为FeS、FeS_2、Fe_9S_8等; (2)金属表面均匀减薄及局部坑点腐蚀,严重的呈溃疡状; (3)腐蚀速度受硫化氢浓度、溶液pH值、温度、腐蚀膜的形态、结构等影响; (4)腐蚀体系中二氧化碳、氯离子的存在会加速腐蚀; (5)管内积液、管道低洼、弯头段、气体流速低、气带液冲蚀段加速腐蚀

硫化氢易溶于水,其溶解度与分压和温度有关。溶解的硫化氢很快离解,其离解反应为

$$H_2S \longrightarrow HS^- + H^+ \qquad HS^- \longrightarrow S^{2-} + H^+ \qquad (9-4)$$

氢离子是强去极化剂,它在钢铁表面夺取电子后还原成氢原子,这一过程称为阴极反应,见式(9-2)。失去电子的铁与硫离子反应生成硫化亚铁,这一过程称为阳极反应,铁作为阳极加速溶解反应而导致腐蚀,见式(9-1)。其阳极产物为

$$Fe^{2+} + S^{2-} \longrightarrow FeS \qquad (9-5)$$

总反应为

$$Fe + H_2S \xrightarrow{H_2O} FeS + 2H \qquad (9-6)$$

上述反应造成的严重后果是:

(1)生成氢原子,导致钢铁氢脆。H_2S或HS^-的存在阻止氢原子生成氢分子。过量氢原子形成氢压,向金属缺陷处渗透和富集。

(2)硫化氢分压越高,H^+浓度也越高,溶液pH值越低,由此加剧金属的腐蚀。阳极产物FeS或FeS_2是比较致密的保护膜,它将阻止腐蚀的持续进行。遗憾的是由于腐蚀环境的差异,阳极产物还有其他结构形式的硫化铁,如Fe_3S_4、Fe_9S_8等。它们的结构有缺陷、对金属附着力差,甚至作为阴极端而与钢表面形成电位差,产生电偶腐蚀。在二氧化碳、氯离子、氧共存环境中,硫化铁膜可能被破坏,从而加快电化学腐蚀。

(三) 二氧化碳腐蚀

干燥的二氧化碳本身并不腐蚀金属,但二氧化碳溶于水会形成碳酸,金属在碳酸水溶液中发生电化学腐蚀,具有较强的腐蚀性。二氧化碳的腐蚀过程包括铁的阳极溶解和氢的阴极扩散。

二氧化碳的腐蚀现象主要包括均匀腐蚀、点腐蚀(孔蚀)。其中点腐蚀是最严重的腐蚀现象,腐蚀的穿透率很高。

判断二氧化碳是否会形成腐蚀一般以气相中的二氧化碳分压为基础:

(1) $p_{CO_2} > 0.2$ MPa 时,严重腐蚀;

(2) $0.02 \leq p_{CO_2} \leq 0.2$ MPa 时,有腐蚀;

(3) $p_{CO_2} < 0.02$ MPa 时,没有腐蚀。

三、油气井防腐的一般措施

(一) 材料的选择

正确选用油管、套管及各种井下附件、采油树及地面设备的材料是油气井防腐的最重要环节,选材不当不仅造成浪费,而且隐藏安全风险。对于较恶劣的腐蚀环境,例如高含二氧化碳,或同时高含二氧化碳与硫化氢,应优先选用防腐材料。

为了便于在宏观上选材,并同时考虑环境断裂和电化学腐蚀,Sumitomo Metals 公司推出了油气井腐蚀环境与材料选用指导图(图 9-11)。

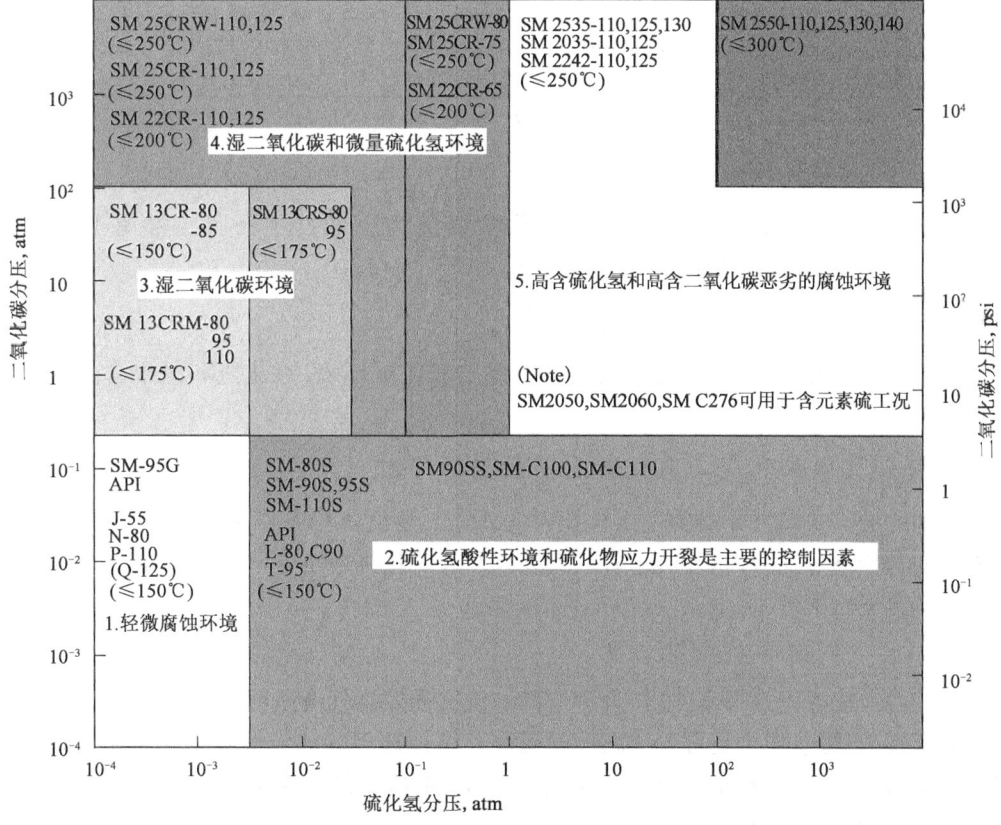

图 9-11 油气井腐蚀环境与材料选用指导图

图9-11中各区域说明如下。

1. 轻微腐蚀环境

产出物含地层水、凝析水和微量硫化氢、二氧化碳的油气井、注水井等属于轻微腐蚀环境，可用符合 ISO 11960—2014《石油和天然气工业 油井套管或油管用钢管》规定的任何油套管，常用的有 J55、N80、P110、Q125 等。

2. 硫化氢酸性环境和硫化物应力开裂是主要的控制因素

井下温度、二氧化碳及地层水含量低。可按 ISO 11960 钢级标准套管和油管适用的温度条件，选用不同使用温度对应的抗硫化物应力开裂的钢级，见表9-4。

表9-4 酸性环境套管和油管适用的温度条件

适用于所有温度	≥65℃(150 °F)	≥80℃(175 °F)	≥107℃(225 °F)
钢级 H40 J55 K55 M65 L80 1型 C90 1型 T95 1型	钢级 N80 Q型 C95	钢级 N80 P110	钢级 Q125
符合 ISO 11960 [A.2.2.3.3]套管、油管材料的选用标准	最大屈服强度小于等于760MPa(110kpsi)专用 Q&T 钢	最大屈服强度小于等于965MPa(140kpsi)专用 Q&T 级	

注：1 型是基于最大屈服强度1036MPa(150kpsi)，化学成分为 Cr–Mo 的 Q&T 级的。不可采用碳锰钢。

3. 湿二氧化碳环境

为不同含量二氧化碳及地层水，以电化学腐蚀为主的井下条件。常用 13Cr 或 SUPER13Cr、22Cr 等更高铬含量的马氏体不锈钢。

4. 湿二氧化碳和微量硫化氢环境

双向不锈钢 22Cr 可用于含微量硫化氢的湿二氧化碳环境，硫化氢和氯根含量更高时可选 25Cr。

5. 高含硫化氢和高含二氧化碳恶劣的腐蚀环境

在不利的油气井腐蚀介质类型组合及含量、压力、温度等相互作用下，抗硫化物应力开裂的碳钢和低合金钢可能会出现严重腐蚀、点蚀或开裂。这是最恶劣的腐蚀环境，总体来说只可选用镍基合金类材料。

(二)防止油管的冲蚀、腐蚀

根据气井产能或配产方案，通过合理选择油管直径控制气流速度来防止冲蚀。

在油套管中，螺纹连接是首先被腐蚀的部位。腐蚀环境的油气井宜采用气密封螺纹。气密封螺纹流道变化小，有利于防止涡流冲蚀、电偶腐蚀，降低缝隙腐蚀和电位腐蚀。

(三)采用闭口环空保护油管外壁和套管内壁

油管下部不带封隔器的完井结构称为开口环空。油套环空套管内壁和油管外壁的腐蚀决定于产出流体和环空油气水的相态变化。二氧化碳溶于凝析水,可使凝析水 pH 值降到 4.0 以下。由于环空无流动,该凝析水可稳定的附着在油管外壁,造成严重腐蚀或点蚀穿孔。此外,气井井底部的油管和套管在气水界面附近溶解与析出产生的传质动力因素也会加剧腐蚀。

油管下部带封隔器的完井结构称为闭口环空。在此条件下良好的环空保护液能对油管外壁和套管内壁实施有效保护。

(四)套管外防腐

套管外腐蚀主要发生在未注水泥的自由套管段。水泥环可较好地保护套管免受腐蚀,在注水泥质量差的井段,或井下作业损伤了水泥环的井段,套管也可能受到腐蚀。

防止套管外腐蚀的主要措施包括避免裸眼段过长,用水泥封固腐蚀性井段;采用套管外涂层或外缠绕保护膜;提高注水泥质量和采用合适的抗腐蚀水泥。

(五)防止油套管电偶腐蚀的方法

油气井生产系统中有各式各样的连接或构件间的接触、不同材质的金属间不同程度的存在电位差,因此电偶腐蚀具有普遍性。防止电偶腐蚀的措施主要有:

(1)采用"大阳极小阴极"的结构。在有可能发生强电偶腐蚀的连接中,只要结构允许,应尽可能将易被腐蚀端(阳极)体积或质量做大,不易腐蚀端(阴极)做小,这种结构称为"大阳极小阴极"。

(2)在异种金属连接或接触间加绝缘材料或密封填料。在异种金属连接或接触间加绝缘垫、绝缘套或密封填料可防止或减缓电偶腐蚀和应力腐蚀。如果结构空间允许,应采用尽可能长或厚的绝缘垫、绝缘套。

(3)局部牺牲阳极保护。在具有腐蚀倾向的阳极端喷涂或镀锌、铝或镁可起到局部保护作用。锌、铝或镁电子流向钢体,使原来的电偶极性逆转,这也是一种局部牺牲阳极保护技术。

(六)采油树系统的防腐

采油树系统防腐的关键是正确选型,针对不同腐蚀环境,选用相应的采油树材料等级。设计选用应依据 API Spec 6A 标准。二氧化碳分压可作腐蚀严重度分级的依据,这是因为含二氧化碳时,流动诱导腐蚀和冲刷腐蚀加剧了电化学腐蚀。硫化氢的主要危害是应力开裂问题,选用了抗开裂的材料后,流动诱导腐蚀,冲刷腐蚀和电化学腐蚀就成了腐蚀和材料选用的控制因素。表9-5为采油树材料防腐蚀等级划分表。

表9-5 采油树材料防腐蚀等级划分表

材料类别	工况	p_{CO_2},MPa
AA	一般环境,无腐蚀	≤0.05
BB	一般环境,轻度腐蚀	0.05~0.21
CC	一般环境,中度腐蚀到严重腐蚀	≥0.21
DD	酸性环境,无腐蚀	≤0.05
EE	酸性环境,轻度腐蚀	0.05~0.21
FF	酸性环境,中度腐蚀到严重腐蚀	≥0.21
HH	酸性环境,严重腐蚀	

表中 HH 级用于高含硫化氢和二氧化碳气井,所有与流体接触的表面一般都堆焊一定厚度的625镍基合金。如果 HH 级仍不能满足防腐要求,API Spec 6A 标准允许厂家与用户协

商,生产更高防腐级别采油树。

(七)注缓蚀剂防腐

注缓蚀剂对碳钢和低合金钢油管防腐已有很长的使用历史,它普遍用于新下油管的预防腐蚀,也用于发现腐蚀后的腐蚀控制,是国内外酸性气田广泛采用的防腐方法。

根据缓蚀剂作用机理,缓蚀剂可分为薄膜型和钝化型两大类。薄膜型是在金属表面形成不渗透吸附膜,以阻止腐蚀介质接触金属,主要有胺类,如伯胺、聚胺、酰胺类、咪唑啉、磷化物等。钝化型是在金属表面形成保护性氧化层,主要有钒酸盐、铬酸盐等。

加注缓蚀剂的技术有以下两类:

第一类是现在普遍采用的环空注入法,根据腐蚀监测情况确定合理注入周期。环空加药既能保护油管(内、外壁)又能保护套管(内壁),甚至对地面集输管线还有保护作用。

第二类是从油管内投缓蚀棒,缓蚀棒中含有缓蚀剂,在一定条件下逐步释放缓蚀剂,从而起到保护管内壁的作用。

(八)内涂层或内衬双金属复合油管

在腐蚀环境不是十分恶劣的油气井中,内涂层油管具有较好的防腐性能。目前公认的内涂层材料是一种改性酚醛环氧树脂。

在普通油管内衬一层不锈钢或耐蚀合金薄壁管,使其成为双金属复合油管。复合管两端采用常用的螺纹连接,但是制造技术特殊。

内涂层油管或内衬双金属复合油管由于不能实施对易受腐蚀的螺纹连接部位的有效保护,因而使用受限。

(九)电法保护

电法保护是根据电化学和电学原理,使被保护金属达到保护的措施,包括外加电流阴极保护、牺牲阳极阴极保护、直流杂散电流排流保护、交流杂散电流排流保护等措施。其中,外加电流的阴极保护应用较广。

给管道实施阴极保护时,用金属导线将管道接在直流电源的负极,将辅助阳极接到电源的正极。而牺牲阳极法特别适用于缺乏外部电源和地下金属油套管的防护,常用的牺牲阳极材料有镁及镁合金、锌及锌合金、铝合金。

(十)使用非金属油管

非金属油管是利用玻璃纤维等非金属材料经特殊工艺黏结加工而成,其螺纹对接处通过密封圈密封,具有较好的防腐性能。使用表明,虽然其防腐性能较好,但其施工作业不方便,材料易老化,尤其是在高温条件下。

第四节 防 垢

结垢是采油工程中常见的问题,可能出现在生产中的各个环节。地层结垢会造成地层堵塞,使注水井不能达到配注量,油井产能大大下降;在井筒中结垢增加了井下的起下维修作业,严重的造成注水井、油井的报废;结垢还会造成地面系统中管线、输送泵、热交换器的堵塞,影响原油处理系统、污水处理系统的正常操作,增加设备、管线的清洗和更换费用;水垢的沉积还会引起设备和管道的局部腐蚀,在很短的时间内出现穿孔,大大缩短使用寿命。

一、油田水结垢机理

结垢就是指在一定条件下,水相中对于某种盐出现了过饱和而发生的析出和沉积过程,析出的固体物质称为垢,主要是溶解度小的 Ca、Ba、Sr 等无机盐。

结垢分为三个阶段,即垢的析出、垢的长大和垢的沉积。在这个过程中主要作用机理为结晶作用和沉降作用。

(一) 结晶作用

当盐浓度达到过饱和时,首先发生晶核形成过程,溶液中形成少量盐的微晶粒,然后发生晶格生长过程,形成较大的颗粒,较大的颗粒经过熟成竞争成长过程进一步聚集。

(二) 沉降作用

水中悬浮的粒子,如铁锈、砂土、黏土、泥渣等将同时受到沉降力和切力的作用。沉降力促使粒子下沉,沉降力包括粒子本身的重力、表面对粒子的吸引力和范德华力以及因表面粗糙等引起的物理作用力。切力也称剪应力,是水流使粒子脱离表面的力。如果沉降力大,则粒子容易沉积;如果剪应力大于水垢本身的结合强度,则粒子被分散在水中。

二、油田水结垢的主要类型及影响因素

常见的结垢类型有碳酸钙、碳酸镁、硫酸钙、硫酸钡、硫酸锶等。

(一) 碳酸钙

碳酸钙是油田结垢的最常见的物质,其在水中的溶解度很低。碳酸钙垢是由水中的钙离子与碳酸根或碳酸氢根离子结合而生成的。反应式为

$$Ca^{2+} + CO_3^{2-} \longrightarrow CaCO_3 \downarrow \tag{9-7}$$

$$Ca^{2+} + 2HCO_3^- \longrightarrow CaCO_3 \downarrow + CO_2 \uparrow + H_2O \tag{9-8}$$

1. 二氧化碳的影响

CO_2 溶解在水中时,生成碳酸,其电离反应式为

$$CO_2 + H_2O \rightleftharpoons H_2CO_3 \rightleftharpoons H^+ + HCO_3^- \rightleftharpoons 2H^+ + CO_3^{2-} \tag{9-9}$$

在一般情况下碳酸氢根离子在数量上远远大于碳酸根离子,因此可以认为碳酸钙沉淀主要为式(9-8)所表示的反应。当油田水中二氧化碳的浓度增加时,反应向左移动,碳酸钙沉淀减少;当油田水中二氧化碳的浓度减少时,则反应向右移动,碳酸钙的沉淀增加。

2. pH 值的影响

油田水中 $H_2CO_3 + CO_2$、HCO_3^- 和 CO_3^{2-} 在平衡时的浓度取决于 pH 值。在低 pH 值范围内,水中只有 $H_2CO_3 + CO_2$;在高 pH 值范围内只有 CO_3^{2-} 离子;而在中等 pH 值范围内 HCO_3^- 占绝对优势。因此水的 pH 值较高时就会产生更多的碳酸钙沉淀;反之,水的 pH 值较低时,则碳酸钙不易产生沉淀。

3. 温度的影响

温度是影响碳酸钙垢的另一重要因素,绝大部分盐类在水中的溶解度随温度升高而增大。但碳酸钙、硫酸钙、硫酸锶等难溶盐类具有反常的溶解度,在温度升高时溶解度反而下降,即水温升高时会结更多的碳酸钙垢。

4. 总压力的影响

当压力增大有利于碳酸钙的溶解,而当压力减小时会促进碳酸钙沉淀。

5. 水中所溶盐类的影响

由于盐效应作用,水中含盐量增加时,碳酸钙的溶解度会增加。因此,当含盐量增加时,相应提高了水中的离子浓度,由于离子间的相互静电作用,使成垢离子的活动性减弱,降低了结垢速度。

总的来说,温度升高,CO_2 分压减小,pH 值增加,含盐量减小,总压力减小都会使碳酸钙的结垢趋势增加。

(二) 碳酸镁

碳酸镁沉淀反应为

$$Mg^{2+} + 2HCO_3^- \longrightarrow MgCO_3\downarrow + CO_2\uparrow + H_2O \qquad (9-10)$$

影响碳酸镁垢的因素与碳酸钙垢类似,温度升高,二氧化碳分压降低,pH 值增加,含盐量减小,总压力减小都会使碳酸镁的结垢趋势增加。但碳酸镁的溶解度比碳酸钙高很多,一般情况下,条件变化时,碳酸钙首先析出;只有影响因素变化剧烈时,碳酸镁才有可能析出。

碳酸镁在水中易水解形成氢氧化镁。含有碳酸钙和碳酸镁的水,在温度低于 82℃ 时,趋向于生成碳酸钙垢,当温度超过 82℃ 时,开始生成碳酸镁垢。而氢氧化镁有可能在锅炉、热交换器及高温管内生成。

(三) 硫酸钙

硫酸钙一般有三种形态:带有两个结晶水的硫酸钙(也称石膏,$CaSO_4 \cdot 2H_2O$),带有半个结晶水的硫酸钙 $CaSO_4 \cdot \frac{1}{2}H_2O$,不带结晶水的硫酸钙(也称硬石膏)。油田上最常见的硫酸钙沉积物是石膏。

硫酸钙垢是油田中另一种常见的垢,硫酸钙垢的晶体较碳酸钙垢小,因此一般比碳酸钙垢更坚硬、致密。当硫酸钙用酸处理时,不易溶解,因此去除硫酸钙垢比去除碳酸钙垢更加困难。

1. 温度的影响

在 38℃ 或 38℃ 以下时,在一个大气压的情况下生成的主要是石膏,超过这个温度主要生成的是硬石膏,在一定条件下也可能生成带有半个结晶水的硫酸钙。因此在高温的情况下,硫酸钙主要以无水石膏形式存在。

2. 水中溶解盐类的影响

当水中有 NaCl 或不含钙离子和硫酸根离子的其他盐类存在时,浓度在 150000mg/L 以下时,会使硫酸钙或无水硫酸钙的溶解度增加,盐类含量的进一步增加,硫酸钙的溶解度减小。

3. 压力的影响

水中所有垢的溶解度随压力增加而增大。

在生产井中,压力降是生成硫酸钙垢的一个重要原因。井筒周围的压力降会引起油层和油管的结垢。

4. pH 值的影响

pH 值对硫酸钙的溶解度影响极小或者可以说不影响。

(四)硫酸钡、硫酸锶

与以上几种成垢物质相比,硫酸钡、硫酸锶的溶解度差,只要水中含有钡离子/锶离子和硫酸根离子就会结垢。

1. 温度的影响

硫酸钡/硫酸锶的溶解度随温度的升高略而增加,但变化不明显。

2. 水中溶解盐类的影响

硫酸钡在水中的溶解度,随溶解在水中的盐类离子(除钡离子/锶离子和硫酸根离子以外)浓度增大而增加。

3. 压力的影响

硫酸钡/硫酸锶的溶解度随压力的增加而加大。

4. pH 值的影响

pH 值对硫酸钡溶解度的影响很小,或者可以说没有影响。

(五)铁化合物

大多数含铁的垢为腐蚀产物,腐蚀通常是溶解于水中的 CO_2、H_2S、O_2 所引起的。含有 CO_2 的水会使铁腐蚀生成碳酸铁,碳酸铁的沉淀取决于系统的 pH 值,当 pH 值在 7 以上时很易沉淀。含有 H_2S 的水会对铁发生腐蚀,腐蚀产物为硫化亚铁,其溶解度极小,通常形成薄薄一层附着紧密的垢。

氧与铁接触,会生成氢氧化亚铁产物,在一定条件下沉积结垢。

三、油田防垢与除垢技术

(一)油田防垢的一般方法

预防结垢要从结垢的原理及其影响因素出发,控制影响结垢的各个因素来抑制水中的成垢离子结晶沉淀。

1. 避免不相容水的混合

当不同来源的水发生混合时必须十分小心,如注海水时,海水在地层中与地层水相遇,在地层的温度、压力等条件下很可能结垢而堵塞地层。

2. 控制 pH 值

pH 值对碳酸盐和铁的化合物的溶解度影响很大,降低 pH 值会增加它们的溶解度。但 pH 值过低会使水的腐蚀性变大,而出现腐蚀问题,因此在油田必须精确控制 pH 值才能防治水结垢,这在一般油田是很难做到的,通常在只在稍微改变 pH 值即能很好防止结垢的情况下才使用。

3. 控制物理条件

影响结垢的物理因素有温度、压力、水流流速及管壁的粗糙度等,通过控制这些条件增大垢的溶解度,减轻垢的沉积和附着。

4. 去除结垢组分

去除水中的二氧化碳、硫化氢、氧气等可以减小腐蚀和腐蚀产物的沉积,这是油田通常采取的方法。

利用加热、化学沉淀、离子交换法去除或降低水中的钙、镁离子的含量,可以很好地防止结垢。但对于大规模处理油田水,耗资巨大,是不可取的,但可以处理少量的锅炉用水。

5. 使用化学防垢剂

使用化学防垢剂是油田最为常用的、简便易行的方法,把少量化学防垢剂加入水中,通常能起到延缓、减少或抑制结垢的作用。常用化学防垢剂有无机缩聚磷酸盐、氨基多羧酸盐、有机磷酸酯、有机多元磷酸盐、低分子聚合物等。

(二) 油田除垢的一般方法

油田除垢常用的方法有机械法和化学法。

1. 机械除垢

机械除垢是利用清管器、钻井工具、水力冲洗机等专用设备靠机械力清除垢的沉积。其中,高压水射流清洗技术以其通用性和对环境无害性倍受清洗行业的青睐,应用日益广泛。

水射流泛指喷汽、喷水、喷雾、喷砂及喷浆形成的射流。根据清洗对象的不同,使用空化射流、磨料射流等将会大大提高其清洗能力,在不增加机组动力的情况下,可增加水射流的打击力,或扩大清洗时的覆盖面积。

2. 化学除垢

化学除垢是指利用可溶解垢沉积的化学药剂使垢变得疏松脱落或溶解来达到除垢的目的。

在利用化学除垢之前首先应对现场的垢样进行鉴定,掌握垢的组成、产状及结垢原因,以此为依据选用适宜的除垢剂。

1) 有机成分

油田的结垢物中常常含有一定量的有机成分,如沥青、胶质、蜡等,它们覆盖在垢的表面,使酸或其他化学除垢剂不能与垢接触,对其作用影响很大,所以应使用烃类溶剂或表面活性剂首先将其去除。

沉积物中含有较高的沥青质可采用含芳香烃的溶剂如甲苯、二甲苯或炼厂中含一定芳香度的馏分,使用时应注意它们的毒性和闪点。对于蜡质可采用低分子的烃类溶剂,如原油的轻质馏分等。在现场为降低成本也可使用表面活性剂去除有机成分。在使用时可以将它们单独作为预洗剂使用,也可将它们乳化在酸和其他除垢剂中提高除垢效果。

2) 碳酸钙垢

(1) 盐酸。对于碳酸钙首先推荐使用盐酸,盐酸的使用浓度为 5%~15%,在使用时应加入必要的添加剂。例如,加入防腐剂,可减小对金属的腐蚀;加入表面活性剂,有助于去除油污等。

(2) 络合剂。例如 EDTA,它是通过以下反应进行的:

$$Ca^{2+} + Na_2(EDTA) \longrightarrow Ca(EDTA) + 2Na^+ \qquad (9-11)$$

络合剂不仅络合水中的钙离子使水中的钙离子浓度减小,增大碳酸钙的溶解度;而且可以在固体碳酸钙垢的表面发生络合作用,使钙离子从晶体表面脱离。

3) 硫酸钙垢

(1) 络合剂。与用于碳酸钙时的机理相同。

(2) 氯化钠。与水相比硫酸钙在氯化钠溶液中有更大的溶解度,而且氯化钠的浓度越大,温度越低硫酸钙的溶解度就越大。

(3) 垢转化剂。能将垢转化为其他易被除垢剂去除的物质的化学剂称为垢转化剂。例如,碳酸铵和氢氧化钠是硫酸钙的转化剂,它们与硫酸钙发生下列反应:

$$CaSO_4 + (NH_4)_2CO_3 \longrightarrow CaCO_3\downarrow + (NH_4)_2SO_4 \qquad (9-12)$$

$$CaSO_4 + 2NaOH \longrightarrow Ca(OH)_2\downarrow + Na_2SO_4 \qquad (9-13)$$

经转化处理后的 $CaCO_3$、$Ca(OH)_2$ 用盐酸很容易去除。

4) 硫酸钡(锶)垢

对于硫酸钡(锶)垢用化学药剂去除相当困难,一般络合剂对硫酸钡(锶)垢有一定的溶解能力,复配的络合剂较单一的络合剂效果好得多。为提高络合剂的除垢能力,pH 值应控制在 10~14,此外还可添加增效剂,如氟化物、草酸盐、过硫酸盐、连二硫酸盐、次氯酸盐等。

冠醚和大环聚醚化合物除垢剂对硫酸钡(锶)垢具有一定的清除作用,如对硫酸钡垢,3h 溶解量可达 15.2g/L。

5) 铁垢

对于铁垢,其中的 Fe_2O_3、FeO、FeS 和 $FeCO_3$ 等一般可用 5%~15% 的盐酸除去;此外铁垢也可以用 HEDP、ATMP 和 EDTMP 等络合剂水溶液去除。

习　题

9-1　油井出砂的危害有哪些?出砂的主要影响因素是什么?

9-2　简述防砂方法及其基本原理。

9-3　简述砾石充填防砂的技术原理、工艺特点和工艺设计步骤。

9-4　简述油井结蜡的影响因素和清蜡措施的工艺原理。

9-5　油田常见的腐蚀因素是什么?油井防腐的一般措施有哪些?

9-6　简述油田水结垢的主要类型及影响因素。

9-7　油田常用的防垢和除垢方法有哪些?

第十章 堵水调剖

油田开发到中后期,通过注水补充地层能量是我国大部分油田所采用的主要措施。由于油层的非均质性或开采方式不当,使注入水及边水沿高渗透部位不均匀地推进,在纵向上形成单层突进,在横向上形成舌进,造成注入水提前突破,致使油井过早出水,甚至水淹,从而使低渗透部位不能发挥作用,降低了原油的采收率。因此为了提高注水效果和油田的最终采收率,需要及时采取堵水调剖技术措施。

第一节 油水井堵水调剖概述

一、基本概念

(一)堵水

对于油井,由于地层的非均质性,每一层与每一层的不同部分,产油量与含水率都不一定相同,其产液剖面是不均匀的。因此把封堵高产水层,改善产液剖面,减少油井产水称为堵水。油井堵水技术是指采用机械方法或化学方法,对产水油井的高产水井段或层段进行临时性封隔或封堵,从而改善产油井的产液剖面,降低产水量,如图10-1所示。

堵水能够提高注入水的波及系数。堵水的成功率往往取决于找水的成功率。

(二)调剖

由于地层吸水的不均匀性,为了提高注入水的波及系数,需要封堵吸水能力强的高渗透层,称为调剖。对于注水井,由于地层的非均质性,地层的每一层的吸水量都是不平衡的,每一层的每一部分的吸水量都是不同的,这就会反映在吸水剖面上。

对注水井调剖主要是采用机械或化学方法控制高吸水层的吸水量,相应地提高低吸水能力油层的吸水量,达到合理配注的要求,从而扩大注水的波及体积,提高注水开发的采收率(图10-2)。

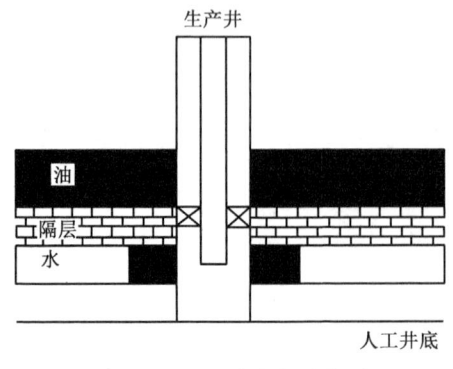

图10-1 油井堵水示意图

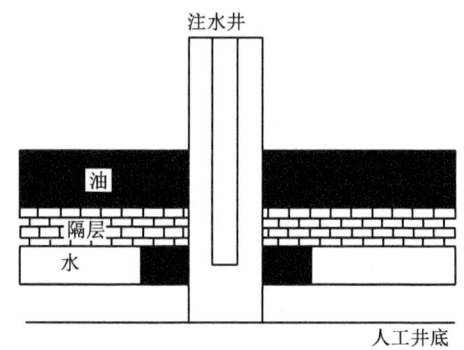

图10-2 注水井调剖示意图

调剖堵水是不会将大量的油堵在地层采不出来的,这是由于堵剂进入的层是已强水洗的含油饱和度低的高渗透层,而且由于堵剂流度低于水,它对油比水对油有更有利的流度比,所以高渗透层中即使有油,也可为堵剂带出,很少留在封堵区内。

二、油井出水原因

油井出水按其来源可分为注入水、边水、底水、上层水、下层水和夹层水。

(一) 注入水及边水

由于油层的非均质性及开采方式不当,使注入水及边水沿高渗透层及高渗透区不均匀推进,在纵向上形成单层突进,在横向上形成舌进,使油井过早水淹。

(二) 底水

当油田有底水时,由于油井生产在油层中造成的压力差,破坏了由重力作用所建立起来的油水平衡关系,使原来的油水界面在靠近井底处锥形升高,即所谓的"底水锥进"现象。结果在油井井底附近造成水淹,含水上升,产油量下降。

注入水、边水和底水在油藏中虽然处于不同的位置,但它们都与要生产的原油在同一层中,可统称为同层水。同层水进入油井,造成油井出水是不可避免的,但要求延缓出水、少出水,所以必须采取必要的封堵措施。

(三) 上层水、下层水及夹层水

它们是从油层以外来的水,往往是由于固井质量不高、套管损坏或误射水层造成的,这些水在可能的条件下均应采取水层封堵措施。

三、油井出水的危害及防水措施

(一) 油井出水的危害

在油田开发过程中,油田水对于驱动油流入井,提高油田采收率及加快采油速度起着重要的作用。但是,在一定的条件下,由于油井大量出水,则给采油工作带来了严重危害。主要体现在以下几个方面:

(1) 油井出水后,使非胶结性油层或胶结疏松的砂岩层受到破坏,造成油井出砂,降低了油井的生产能力;出砂严重的埋死油层,或使油层坍塌,导致油井停产。

(2) 油井出水增加了井内液体的密度,使液柱重量也随之增大,井底回压变大,减小油井自喷能力,甚至失去自喷能力,迫使油井转成机械采油方式。

(3) 若油井生产时控制不当,使油井过早见水,将会导致在地下形成一些死油区,同时使油层严重水淹,影响水驱油效率,降低油藏的采收率。

(4) 油井大量出水,形成注水井与生产井的地下大循环,增加了地面注水量,并未发挥水驱油的应有作用;相应地增加了地面水源、注水设备和电能的消耗;同时油井出水也使油气集输和原油脱水工作更加复杂化,造成人力物力的巨大浪费。

(5) 油井出水后会形成油水乳化物,这就使得油气集输和原油脱水工作更加复杂化,甚至会降低原油质量,增加原油成本。

(6) 油井出水后,由于地层水有很强的腐蚀性,油井设备及井身结构容易造成破坏,增加了修井作业任务和难度,缩短油井寿命,增加生产成本,降低了油田开发的经济效益。

（二）油井的防水措施

对于油井出水,应以防为主,防堵结合,综合处理,概括起来有以下三个方面的措施:

(1)制订合理的油藏工程方案,合理部署井网和划分注采系统,建立合理的注、采井工作制度和采取合适的工程措施以控制油水边界均匀推进。

(2)提高固井和完井质量,以保证油井的封闭条件,防止油层与水层窜通。

(3)加强油水井日常管理、分析,及时调整分层注采强度,保持均衡开采。

四、吸水剖面和产液剖面的监测方法

注水井吸水剖面和油井产液剖面的监测是确定油井堵水层位和注水井调剖层位的重要基础。常用的监测方法概述如下。

（一）井温测试法

对于油井,井温测试法是利用地层水具有较高温度的特点确定出水层位置的常用方法。其测试步骤为:先用均质流体冲洗井筒,使整个井筒内的液柱温度分布稳定后,测量井内温度控制线,然后降低液面使地层水进入井内,一直达到测出温差为止。降低液面后所测井温曲线发生突变的部位便是外来水(地层水)进入井内的位置,如图10－3(a)所示。如果套管破裂的地方与出水层不重合,则流体在套管外流动一段距离,由于套管外液体与井内液体的热交换,所以温度曲线上有一段平稳的高温显示,如图10－3(b)所示。由于水的比热容大于油的比热容,出水层往往会有高温异常的显示,因此,可利用直接测得的井温曲线来判断出水层位,为此要求井温仪必须具有较高的灵敏度。

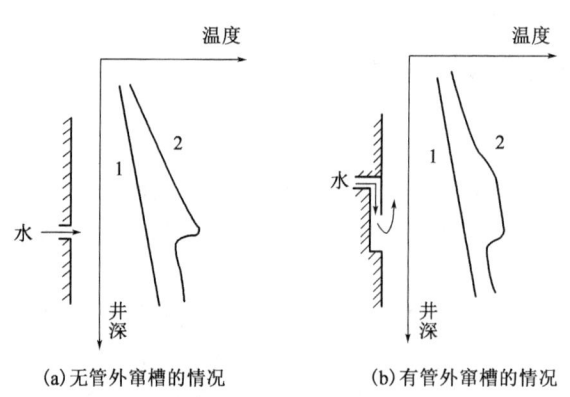

(a)无管外窜槽的情况　　(b)有管外窜槽的情况

图10－3　井温曲线找水示意图
1—控制曲线;2—降低液面后测得的曲线

对于注水井,在注水井关井一段时间后,测得其沿井身的井温基线后开始正常注水,根据注水井的吸水情况,测得数条不同注水时间的井温曲线,比较静态井温曲线和注水时的动态井温曲线的温差,就能求得各层段相对吸水百分数。

（二）放射性同位素法

对于油井,放射性同位素法是指向井内注入同位素液体,人为提高出水层段放射性强度来判断出水层位的找水方法。根据注同位素液体前后测得的放射性曲线来鉴别出水层位。其步骤是:先测井内自然放射性曲线(图10－4曲线1),再往井内注入一定数量的含同位素的液体,并用清水将其替入地层,洗井后,再测放射性曲线(图10－4曲线2)。对比前后两次测得的曲线,如后测曲线在某处放射性强度异常剧增,则说明套管在该处吸收了放射性液体。根据此异常,结合射孔资料,便可确定套管破裂位置及与套管破裂位置连通的渗透层段。

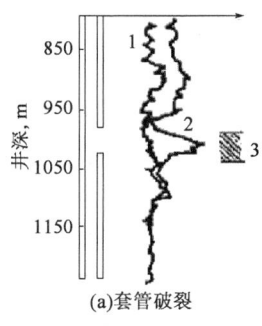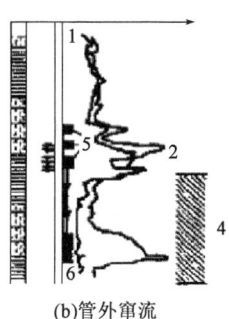

图 10-4　放射性同位素测套管破裂及管外窜流
1—注同位素前曲线;2—注同位素后曲线;3—套管破裂位置;
4—管外窜流段;5—含油层;6—出水层

用这种方法来测套管破裂和套管外液流窜通,一般会达到很好的效果。但是,在确定夹层水或水淹层位时,则受到限制。为此,往往采用相渗透法及次生活化钠法。相渗透法是建立在油、水层对油、水具有不同相渗透率基础上的放射性同位素判断出水层位置的方法。次生活化钠法是利用油层与水层中的钠离子(Na^+)含量明显不同来判断油、水层的一种放射性测井方法。

对于注水井,将放射性同位素用不同的方法携带入注水井中,各井段由于吸水量大小不同而形成的放射性同位素的强度,用测得的沿井段的同位素曲线,解释出各层段吸水量的百分比。

(三) 找水仪找水

找水仪找水是指在油井正常生产的情况下,下入专门仪器——找水仪,不停产确定主要出水层位和流量的找水方法。

找水仪主要由电磁振动泵、注排换向阀、皮球集流器、涡轮流量计、油水比例计等部分组成,如图 10-5 所示。为了测准油井的液体产量,必须使液流全部从仪器内部通过,因此,必须有集流装置。集流器的收拢和胀开是由仪器内部的电磁振动泵和注排换向阀来控制。当仪器下到预定位置后,电磁振动泵开始工作,用井内原油将皮球打胀,将仪器和套管的环形空间密封,使液流全部经仪器内部通过。流动的液流冲动涡轮流量计的涡轮转动。由地面仪器记录涡轮转动频率,从而得知该层油和水的总液量。

油水比例计是利用油和水的导电性的差别来区别油样中含水量多少。它由电容探头及井下测量电子线路组成。它可以将含水量的变化转换成电容大小的变化,再由电子线路转换成直流电位差的变化,通过电缆传送到地面,由二次仪表记录直流电位差值,由此确定所测层位的持水率。

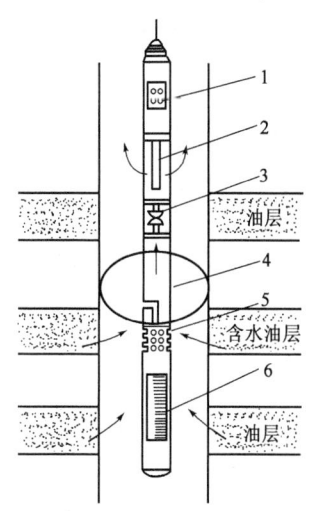

图 10-5　找水仪的结构示意图
1—电子线路;2—油水比例计;
3—涡轮流量计;4—皮球集流器;
5—注排换向阀;6—电磁振动泵

第二节 堵水调剖方法

一、化学堵水调剖

化学堵水调剖是利用化学剂的化学作用控制水流入井和封堵地层的方法,如动画10-1所示。这类化学方法所使用的化学剂、堵剂品种多、施工方便、成本低、见效快,是目前油田应用的主要方法。

动画10-1 多级堵水

根据施工方法的不同,化学堵水、调剖方法可以分为单液法和双液法两种。单液法是向地层注入一种液体,液体进入地层后依靠自身发生反应,随后变成的物质可封堵高渗透层,降低其渗透率。双液法是向地层注入由隔离液隔开的两种反应(或作用)的液体。若两种液体中的物质可发生反应,则把两种液体分别称为第一反应液和第二反应液。当将这两种液体向地层内部推至一定距离后,隔离液将失去隔离作用,两种液体就会发生反应(或作用),产生封堵地层的物质。由于高渗透层能吸入更多的化学剂,故封堵作用主要发生在高渗透层,从而达到调剖堵水的目的。

根据化学剂对油层和水层的堵塞作用,可分为非选择性堵水及选择性堵水两种方法。非选择性堵水适用于封堵单一水层或高含水层。因其选用的化学剂对水或对油无选择性,它既可以堵水层,也可以堵油层。选择性堵水是向地层注入适当的化学剂,堵塞水层或改变油、水、岩石间的界面张力,降低油水同层的水相渗透率,而不堵塞油层或对油相渗透率影响较小。

(一) 堵水调剖化学剂及其调堵原理

注水井调剖和油井堵水所使用的化学剂品种繁多,但具有一定的共性,有些配方既可以用于注水井调剖,也可以用于油井堵水,按其基本类型可分为聚合物冻胶类、沉淀型、无机盐类型、粒状类、树脂类、泡沫类等。

1. 聚合物冻胶类调堵剂

水溶性聚合物冻胶是20世纪70年代以来研究最多,也是应用广泛的一类选择性调堵剂。它是水溶性聚合物与各种交联剂在地面或地下发生交联反应而形成的冻胶,类似于压裂作业中常用的冻胶携砂液。水溶性聚合物包括聚丙烯酰胺、聚丙烯腈、木质素磺酸盐和生物聚合物黄胞胶。其共同特点表现在:能溶于水,在水中具有良好的增黏性,线性大分子链上都有极性基团,能与一些多价金属离子或有机基团(交联剂)反应,生成弹性网状结构的交联产物——冻胶,使黏度大幅度增加,流动性和水溶性减小,显示出较好的黏弹性。

聚合物冻胶类调堵剂的主要作用机理是:它们对出水层或吸水层的大孔道形成物理堵塞作用和吸附作用,降低水的流动能力,从而降低高吸水层段的吸水能力或高出水层段的产水量。

部分水解聚丙烯酰胺(HPAM)冻胶是常用的具有代表性的调堵剂,HPAM对油和水有明显的选择性,它降低油的渗透性的能力远低于降低水的渗透性的能力。在油井中HPAM堵水的选择性表现在四个方面:优先进入含水饱和度高的地层;进入地层的HPAM将优先吸附在由于水冲刷而暴露出来的岩石表面;HPAM分子中未被吸附部可在水中伸展,降低地层对水的渗透性;HPAM随水流动时被孔喉捕集,产生堵塞。

根据聚合物、胶联剂及其他添加剂的不同,属于这类的调剖剂有丙烯酰胺(AM)地下聚合交联类冻胶调堵剂、TP-910系列调堵剂、聚丙烯腈—氯化钙调堵剂、木质素磺酸钙—聚丙烯酰胺复合冻胶调堵剂、PIA系列调剖剂、聚丙烯酰胺—柠檬酸铝调剖剂、木质素磺酸钠—聚丙烯酰胺堵水剂等。

2. 沉淀型无机盐类调剖剂

沉淀型调剖剂是某些化学剂（多数为无机化学剂）在水中生成沉淀，其沉淀物停留在地层孔隙中，对地层产生封堵作用。例如硅酸钠和硫酸亚铁的反应式为

$$Na_2O \cdot nSiO_2 + FeSO_4 \longrightarrow FeO \cdot nSiO_2 \downarrow + Na_2SO_4$$

为使沉淀颗粒进入地层孔隙，增大封堵半径，两种化学剂要在地层中相遇发生反应，所以施工中要采用双液法。有些化学物质遇水即生成沉淀，如生石灰溶于水中。它的封堵作用与硅酸钠和硫酸亚铁的封堵作用相同。由于这类调剖剂的黏度小，易于泵送，所以高渗透层将吸入较多的调剖剂，封堵主要发生在高渗透层。这类调剖剂货源广，成本低，但封堵强度差。

油田常用水玻璃—氯化钙双液法堵水、调剖剂，即用清水或油作隔离液将水玻璃、隔离液和氯化钙依次注入地层。随着注入液往外推移，隔离液所形成的隔离带厚度越来越小，直至失去隔离作用，而使两种液体相遇产生沉淀物，达到降低渗透率的目的。

$$CaCl_2 + Na_2O \cdot nSiO_2 + mH_2O \longrightarrow 2NaCl + Ca(OH)_2 \downarrow + nSiO_2 + (m-1)H_2O$$

$$CaCl_2 + Na_2O \cdot nSiO_2 + mH_2O \longrightarrow 2NaCl + CaSiO_3 \cdot mH_2O \downarrow + (n-1)SiO_2$$

单液法的水玻璃—氯化钙堵水、调剖技术是在地面将两种注入液体（水玻璃和氯化钙）配成一种液体向油层注入，但为了减缓反应速度实现单液法注入，先使氯化钙与碱反应变为氢氧化钙，然后再与水玻璃缓慢作用，形成沉淀，其凝胶时间可达 0.5~3h，便于施工注入。生成物为凝胶状弹性固体，可有效地封堵高吸水层或强出水层。

此外，对于非均质、多油层的注水井，也可采用聚丙烯酰胺—膨润土调剖剂。它在注入时易进入高渗透层，膨润土颗粒在地层中遇水膨胀，并与聚合物形成絮状及凝胶体，堵塞吸水层段水流通道，改善吸水剖面。

3. 粒状调剖剂

粒状调剖剂是一些固体或半固体颗粒，按地层渗透率大小及孔隙大小制成不同级别的颗粒，以水或其他溶剂为载体，将其送入注水井的高渗透地带，固体颗粒进入地层后，产生封堵作用，从而提高注入水的波及系数。要求这类颗粒应是化学性质较稳定的惰性材料，如炭黑、各种塑料颗粒、果壳等，也可以是遇水产生膨胀的颗粒，如黏土类、水膨体（如聚丙烯酰胺水膨体等）。这类调剖剂的优点是用量少，施工简便，但它仅适用于垂向渗透率远小于水平渗透率的地层条件。

4. 树脂型调堵剂

树脂型调堵剂是指由低分子物质通过缩聚反应产生的具有体型结构、不熔不溶的高分子物质，如酚醛树脂、脲醛树脂、环氧树脂、糠醛树脂等。调堵作业时，将线型高分子或树脂的单体注入待封堵的高渗透层，然后在隔离液后注入固化剂，使其在地下生成不熔不溶的体型高分子物质，形成坚固的不透水屏障。

树脂类调堵剂的优点是可注入地层孔隙并具有足够高的强度，可以封堵孔隙、裂缝、孔洞、窜槽和炮眼中的液体流动；树脂为中性，有效期长。缺点是成本高，无选择性，无法解堵。施工前必须慎重检测处理层段并加以隔离。

5. 泡沫类调堵剂

根据成分的不同泡沫可分为二相泡沫、三相泡沫。三相泡沫的主要成分为发泡剂十二烷基磺酸钠(ALS)或烷基苯磺酸钠(ABS)及稳定剂羧甲基纤维素(CMC)、膨润土、空气和水。利用 ABS 为发泡剂,CMC 为稳定剂加膨润土形成三相泡沫。三相组分混合后,产生稳定的泡沫流体,利用其在注水层中叠加的气液阻效应—贾敏效应,改变吸水剖面。

此外,还有其他类型的调剖剂,如活性稠油堵水剂、浓硫酸堵水剂、微生物调剖剂等。

(二) 施工工艺技术

油井堵水和注水井调剖的施工必须做好以下工作:

(1) 施工前应测得油井的产液剖面,如有困难则必须根据油井、油田动态分析结果判断清楚主要出水层段、目前主要出油层段和封堵了目前出水层后的主要潜力出油层段。

(2) 注水井施工前应测得吸水剖面,明确控制吸水的主要层段和准备增加吸水量的主要层段。

(3) 注水井施工前测试指示曲线。

(4) 优选施工管柱,对单层开采的油井可采用单管柱笼统挤注,对多层开采的油井应下封隔器,对准目的层进行作业。对注水井一般不下封隔器,而是控制压力注入,在必要时可下封隔器。

(5) 按设计要求挤注堵剂或调剖剂。

(6) 按设计要求关井。

(7) 开井投产或投注初期产液量或注入量不宜过大,逐渐恢复正常。

(8) 按要求时间测得采油井产液剖面、注水井吸水剖面。

(9) 取全、取准各项数据和资料。

(三) 注入设备和流程

大剂量地面堵剂配制注入站的工艺流程如图 10-6 所示,它由地面注入泵、堵剂配制系统、储存下料系统、自动测量报警系统和流量计等部分组成,并通过相应流程和管线与配水间相联通。

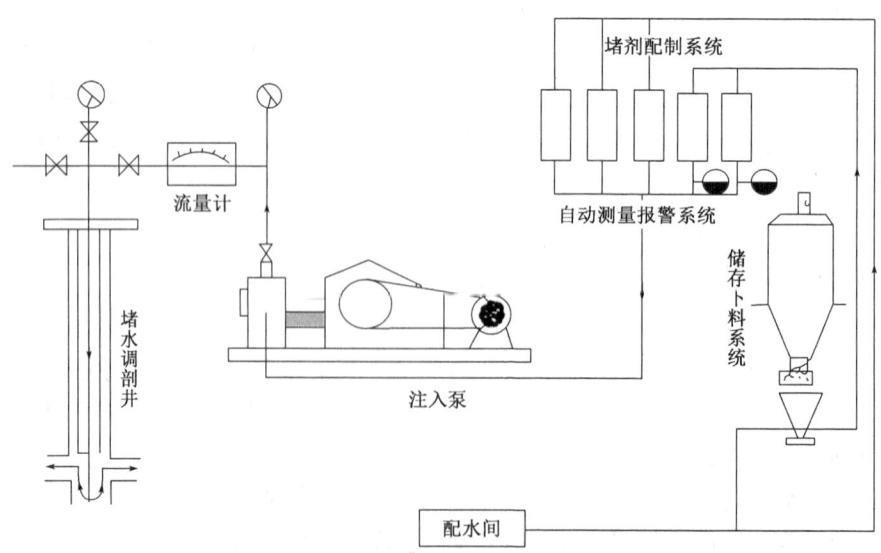

图 10-6 三缸活塞泵大剂量配制注入堵剂工艺流程

二、机械堵水、调剖方法

机械堵水、调剖技术是使用井下封隔器及其配套的井下工具来卡堵高产水层段或注水井高吸水层段,用以减少层间干扰达到改善产液剖面和吸水剖面的目的,形成的改善注水开发的重要技术。油田进入高含水期后为适应更细的划分层系的需要,发展了可调层堵水技术,实现了抽油井找水、堵水的一体化。

(1)注水开发的多层非均质油藏,由于层间差异大,尽管在注水井上采取了分注和调剖措施,然而总难以避免个别层过早水淹,使油井含水迅速上升。为了降低油井含水,减少层间干扰,提高油井产量,可采用封隔器卡封高含水层,使其停止工作。目前已用于现场、技术比较成熟的机械堵水管柱结构主要有两大类:一是自喷井堵水管柱,由油管、配产器和封隔器等构成(图10-7);二是机械采油井堵水管柱,一般采用丢手管柱结构,所用井下工具基本与自喷井堵水管柱相同(图10-8)。封隔器卡封管柱虽然具有可调整卡封层位的灵活性,但不具有降低生产层含水的作用。

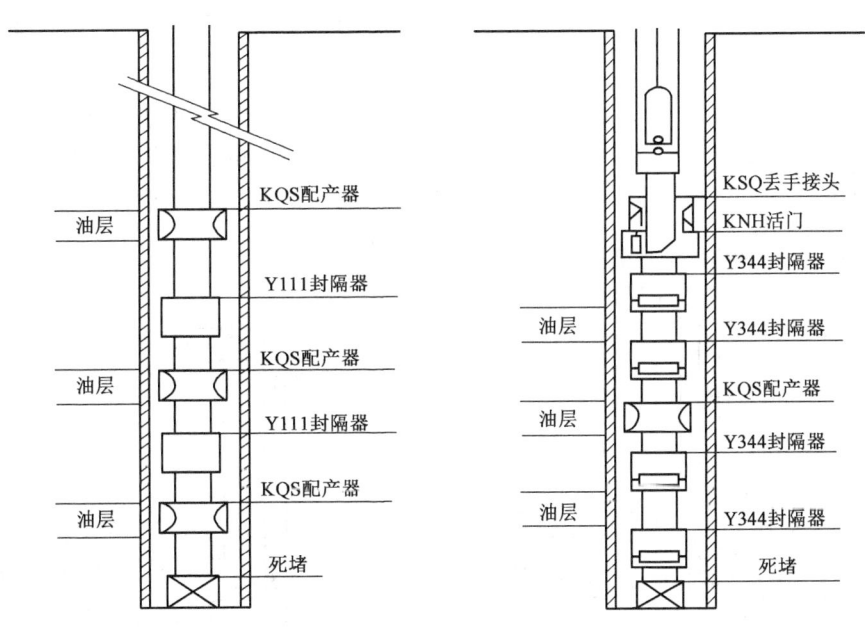

图10-7 自喷井堵水管柱　　　图10-8 机械采油井堵水管柱

(2)注水井细分注水调剖工艺管柱。在高含水阶段发展形成的"液压投捞"一次测调多层的工艺技术和管柱,可以实现一次液力投捞,达到测试、调整吸水剖面的目的。管柱主要由可洗井封隔器、液力投捞配产器、连通器及丝堵等组成,如图10-9所示。

当坐封封隔器时,将配水器的上两级配水体内装入死嘴由井口投入,坐在中间封隔器内的定位台阶上(或作业时随管柱下入),然后油管憋压,待套管无溢流,证明封隔器座封后,提高压力将连通器打开,使油管与最下层连通。停止憋压,井口装上防喷器及捕捉器,将地面管线倒成洗井流程,洗井水流经各级封隔器的洗井通道及连通器作用于液力投捞配水器下部,由于上、下存在压差,配水器被冲出。在地面换上合适的水嘴再由防喷管投入,恢复注水。当方案调整需要更换某一层的水嘴时,仅需液力投捞一次配水器就可更换任意层段的水嘴,方便、可

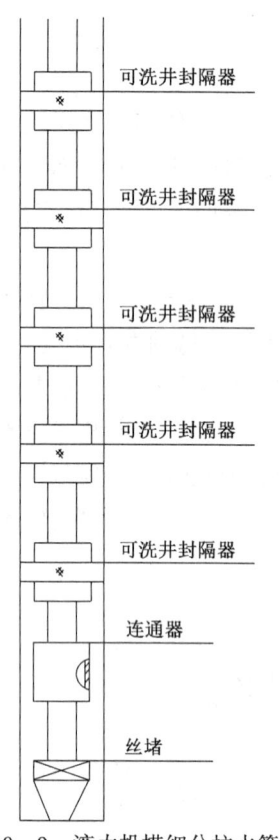

图 10-9 液力投捞细分柱水管柱

靠。在泵压不高或出现其他异常情况时,可用钢丝将配水器捞出。

三、底水封堵技术

为了防止和减少底水锥进而广泛采用的方法是在靠近油水界面的上部以一定的工艺措施注入封堵剂,在井底附近形成"人工隔板",即采用人工隔板法堵水。采用的封堵剂有树脂、硅酸钙、硅酸溶胶、稠油、油基钻井液等。

建立隔板的方法如图 10-10 所示。首先在需要建立隔板的位置(油水界面以上 1~1.5m)处加密射孔(补孔),向井内下入封隔器,将油管与套管环形空间分开。从油管注入封堵剂,通过补孔的地方进入油层下部,在井底附近建立人工隔板,同时要从油管与套管环形空间注入平衡油,使封堵剂不置上升到油层上部形成堵塞。

由于距井底越近,锥进越厉害,因此可用强度较大的封堵剂(树脂);距井越远,锥进越少,因此可用便于向油层深处挤入的弱强度封堵剂(稠油),中间可用硅酸溶胶等封堵剂。这就是建立混合隔板堵水技术,如图 10-11 所示。

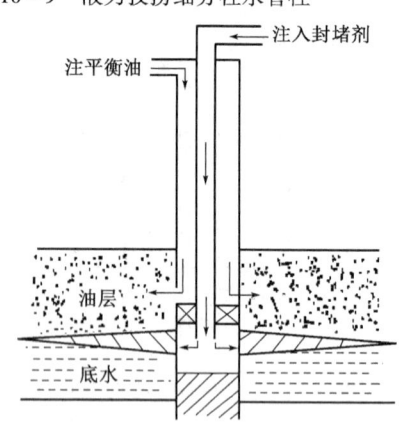

图 10-10 建立隔板示意图

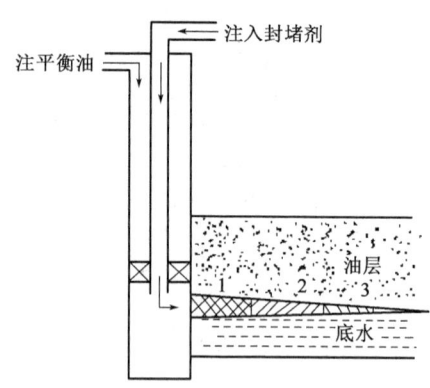

图 10-11 建立混合隔板示意图
1—树脂;2—硅酸溶液;3—稠油

第三节 堵水调剖决策技术

我国从 20 世纪 60 年代开展堵水调剖工作,堵水调剖大体可以划分为五个发展阶段:
第一阶段是 20 世纪 60 年代,为油井单井堵水阶段;
第二阶段是 20 世纪 70 年代,为水井单井调剖阶段;
第三阶段是 20 世纪 80 年代前期,为井组的油水井对应堵水调剖阶段;

第四阶段是 20 世纪 80 年代后期,为区块整体堵水调剖阶段;

第五阶段是 20 世纪 90 年代前期,为区块整体以堵水调剖为中心的综合治理阶段。

一、单井调剖

(一) 调剖剂的选择

调剖剂按使用条件分常规调剖剂、高温调剖剂、高矿化度调剖剂、高渗透层调剖剂、低渗透层调剖剂、砂岩地层调剖剂、灰岩地层调剖剂。对于灰岩地层,由于油井产量一般较高,对调剖剂的要求是能够可堵可解。

(二) 用量的计算

最简单的计算方法为先估计每米地层的堵剂用量,然后按处理半径和地层厚度确定调剖剂用量,该方法为典型的"拍脑袋"决策。

对于聚合物调剖剂,有人利用残余阻力系数的概念来计算用量。残余阻力系数定义为

$$R_{RF} = \frac{l}{l_a} = \frac{K_w}{K_s} \tag{10-1}$$

式中 K_w——聚合物处理前地层的渗透率;

K_s——注入调剖剂后地层的渗透率。

可以用"爬坡压力"进行动态决定调剖剂用量。在众多的注水井的调剖过程中发现注入压力与累计注入量的关系类似于图 10-12。在注入量较少时,压力随注入量的增加缓慢上升或者维持不变,但是大于某一个数值后会突然增加,此时的压力为爬坡压力,此时应停止注入调剖剂。

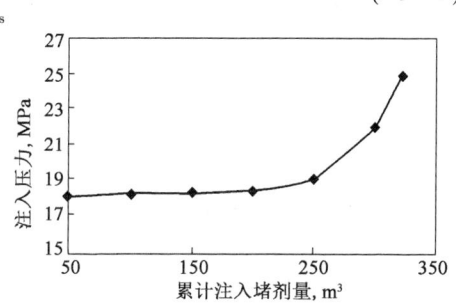

图 10-12 注入压力与注入量的关系曲线

(三) 施工工艺的确定

对于堵水通常采用选择性堵水法,调剖通常是笼统调剖。

二、区块整体调剖

(一) 区块整体调剖的必要性

随着注水油田的不断开采,使得注水时注入水沿该层指进现象严重。在水井和对应油井之间过早地形成水线沟通,造成注入水长期沿高渗透带冲刷,形成水驱效率送的被动局面,严重影响着油藏。另外,随着累积采油量的增加和油藏压力下降,油井含水迅速上升,产量递减。注水后油井见效快,压力、产量有所回升,但因油藏层间渗透率差异大,造成注入水指进快水驱效果差。为控制油藏综合含水上升速度,必须进行区块整体调堵治理,因为:

(1) 整体调剖可消除零散调剖所引起的油水井矛盾转化,提高油井见效率。

(2) 整体调剖可提高油藏整体开发效果。

通过区块整体调剖,降低区块综合含水是提高经济效益的重要途径。

(二) 区块整体调剖的一般方法

1. 调剖方案设计

调剖方案设计包括选用优化设计数学模型,进行优化设计,选出最佳方案。

2. 现场施工工艺

(1)笼统注入调堵剂封堵工艺。该工艺是利用井内的笼统注水管柱,从油管注入设计量的调堵剂溶液、关井反应后开井恢复注水。这种工艺施工简单,不动管柱,施工时只要控制合理的注入压力和排量,就可使调堵剂优先进入高渗透吸水层段。

(2)分层注入调堵剂封堵工艺。该工艺是根据注水井的生产状况,明确所要封堵的井段后,下入分层封堵管柱来实现,现场多采用井内的原分层注水管柱来完成。方法就是在注入调堵剂时,中低渗透层投入死芯子,高渗透层注入调堵剂降低其渗透率,达到调整层间及层内矛盾的目的。

(3)油井堵水施工工艺。根据地质资料分析确定油井出水层段,采用封隔器分层配套堵水管柱将油层和水层隔开,从油管以正注方式向出水层段注入设计量的调堵剂溶液,关井后使其对出水层产生阻流作用。

3. 施工工艺参数

在现场施工中,最主要的是合理地控制注入压力。经室内试验研究和现场实践验证,注入压力可按下式计算:

$$p_1 = p_t L + p_3 - p_2 \tag{10-2}$$

式中　p_1——井口注入压力,MPa;

　　　p_2——井筒内油层中部液柱压力,MPa;

　　　p_t——注入压力梯度,MPa/m;

　　　L——油水井最小井距(忽略摩阻),m;

　　　p_3——井组内任意一口井原始地层压力,MPa;

可见,确定注入压力的关键是确定合理的注入压力梯度。

出于地层的层间和层内的渗透性存在着较大差异,在长期注水中各层水驱油效率不同,残余油饱和度也不同,使得各层之间水相渗透率差异随着注水时间的延长越来越大。在一定的注入压力下,向地层注入调堵剂水溶液时,由于各层吸水速度的不同,会发生各层吸收调堵剂启动时间上的差异,由此产生层间的启动时间差。若在启动时间限定的时间内将调堵剂注入井内,调堵剂就不会或较少地进入中低渗透层内。而启动时间差的大小取决于注入压力的高低、注入压力的大小则由注入压力梯度决定。

(三)区块整体堵水调剖技术

区块整体堵水调剖是代表当前堵水调剖的发展方向,要进行区块整体调剖堵水需要解决的几个问题:区块进行整体调剖堵水的必要性判断、选井、效果评价、重复施工时间的决定等(图10-13)。

这里主要以 PI(注水压力指数)决策为例介绍对于这些问题的解决方法。

PI 决策是以 PI 值为基础的区块整体调剖决策方法。PI 值定义式为

$$PI = \frac{\int_0^t p(t)\,dt}{t} \tag{10-3}$$

其中,$p(t)$为注水井关井后 t 时刻的压力,在使用时,

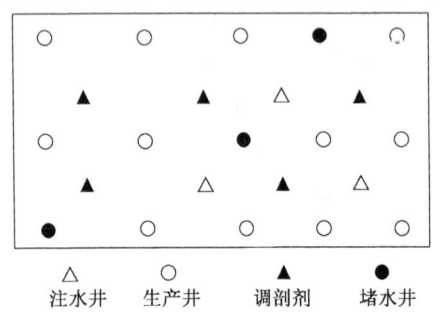

图10-13　油田区块整体调剖示意图

△ 注水井　○ 生产井　▲ 调剖剂　△ 堵水井

PI 值需要根据地层厚度(通常为射开厚度)h 和注入量 Q 修正:

$$PI_{修正} = \frac{PI}{(Q/h)}(Q/h)_{修正值} \quad (10-4)$$

$(Q/h)_{修正值}$ 可以为 0.25、0.50、0.75、1.00 或者 2.50、5.00、7.50、10.0 等数值。如一个区块中注水井的 (Q/h) 平均值为 8.0,根据数值接近原则,则 $(Q/h)_{修正值}$ 值为 7.5。后面所提高的 PI 值皆为修正后的 PI 值。

1. 必要性判断

如果一个区块注水井的 PI 值平均值越低,如低于 5,则可以认为需要进行区块整体调剖,如果一个区块注水井的 $PI_{极差}$ 较大,如大于 10,则可以认为需要进行区块整体调剖。

$$PI_{极差} = PI_{最大值} - PI_{最小值} \quad (10-5)$$

2. 选井

相对 PI 值为

$$PI_r < 1 \quad (10-6)$$

可以根据相对 PI 值进行选井,如果一口井的 $PI_r < 1$,则该井需要调剖。

3. 选剂

选择调剖剂时,要考虑的技术因素有地层水的矿化度、地层温度、调剖剂与地层渗透性等因素的匹配性。注水井 PI 值与地层的渗透性、孔隙度等密切相关,调剖剂与地层渗透性的匹配性可以通过调剖剂的适用 PI 值来反映。除上述因素外,要考虑的因素还有价格等。

4. 区块整体堵水调剖的效果评价

区块整体调剖主要从水驱曲线、含水率上升曲线和产量递减曲线等来评价。

5. 重复施工时间的确定

当调剖后的注水井的 PI 值下降到调剖前的水平时,即进行重复施工。

6. 区块整体调剖堵水的其他综合措施

为了更好地发挥调剖的效果,有时需要实施其他措施,如重新射孔、提液、打调整井等。只要调剖工作做得充分,提液是可以进行的。

在国内,除了 PI 决策技术外,还有 RE(油藏工程)决策技术、RS(油藏模拟)决策技术、井间示踪剂监测技术等。

习 题

10-1 油井出水原因有哪些?

10-2 油井产水有哪些危害?如何防水?

10-3 何为选择性堵水与非选择性堵水?

10-4 简述油井化学堵水的工艺过程。

10-5 常见的化学堵剂有哪些?各有何特点?

10-6 简述注水井吸水剖面和油井产液剖面的监测方法及原理。

第十一章 提高原油采收率

提高原油采收率(Enhanced Oil Recovery)方法是指除了天然能量采油和非混相注水、注气非混相驱油保持地层能量开采石油方法之外的其他任何能增加油井产量、提高油藏最终采收率的采油方法。EOR方法的一个显著特点是注入的流体改变了油藏岩石和（或）流体性质，从而提高了油藏的最终采收率。

原油采收率是指原油采出量与原始储量的比值。我们把仅依靠天然能量开采原油的方法称为一次采油(Primary Oil Recovery)，其采收率较低，一般不超过15%；把用注水（或注气）弥补采出的亏空体积、补充地层能量而开采原油的方法称为二次采油，其采收率一般不超过50%。通过向地层注入工作剂或引入其他能量的采油方法统称为三次采油，也称为EOR方法。

EOR方法根据注入工作剂种类可分为四大类，即化学驱、气体混相驱、热力采油和微生物采油。其中化学驱一般分为聚合物驱、表面活性剂驱、碱水驱和复合化学驱（聚合物—表面活性剂驱、聚合物—表面活性剂—碱三元复合驱，表面活性剂—气体泡沫驱，聚合物—泡沫驱等）；气体混相驱可分为二氧化碳驱、氮气驱、烃类气体驱（干气驱和富气驱）以及烟道气驱；热力采油方法可分为蒸汽吞吐、蒸汽驱、火烧油层等；微生物采油方法可分为微生物驱、微生物调堵及微生物降解原油等方法。EOR方法的细分类如图11-1所示。

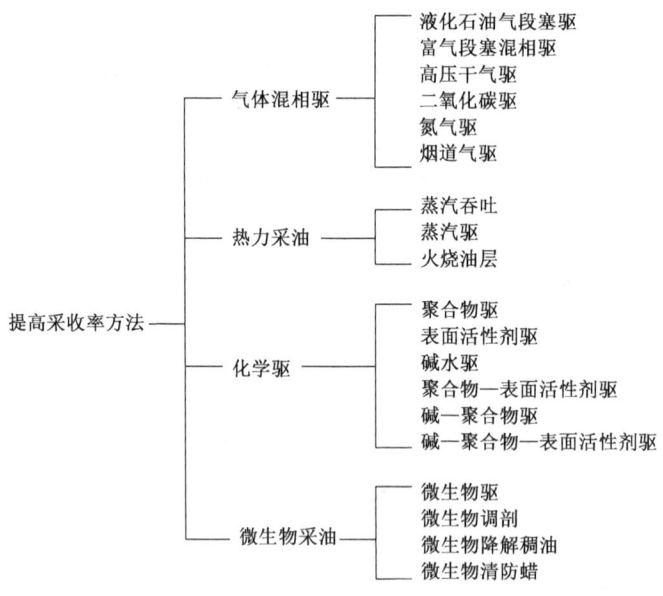

图11-1 提高采收率的方法分类

第一节 稠油与高凝油开采技术

由于稠油和高凝油在油层或井筒中的黏度高或凝点高，流动阻力大，因而用常规技术，如一次采油、二次采油以及化学驱、混相驱等三次采油技术难以经济有效开采。但由于它们的黏滞性对温度非常敏感,所以热力采油成为强化开采稠油的理想方法。热力采油是指利用热能加热油藏,降低原油黏度,改善流动性的一种提高采收率方法。

本节简要介绍稠油和高凝油的基本特性、井筒降黏降凝常用方法,以及稠油排砂冷采和水平井注蒸汽辅助重力泄油等。

一、稠油及高凝油的基本特性

(一) 稠油的基本特性

国内称黏度高、相对密度大的原油为稠油,国外称为重油。联合国培训研究署(UNITAR)推荐的重油分类标准见表 11-1。

表 11-1 UNITAR 推荐的分类标准

分类	第一指标	第二指标	
	黏度*,mPa·s	60 ℉(15.6℃)相对密度	60 ℉(15.6℃)密度,°API
重质油	100~10000	0.934~1.000	20~10
沥青	>10000	>1.000	<10

* 指在油藏温度下的脱气原油黏度,用油样测定或计算值。

我国稠油沥青质含量低、胶质含量高、金属含量低,稠油黏度偏高,相对密度则较低。我国稠油的分类标准见表 11-2。在分类标准中,以原油黏度为第一指标——相对密度为其辅助指标,当两个指标发生矛盾时则按黏度进行分类。

表 11-2 我国稠油分类标准

分类		第一指标	第二指标	开采方式
		黏度,mPa·s	相对密度(20℃)	
普通稠油		50*(或100)~1000	>0.9200	可以先注水热采
	亚类	50*~150*		
		150*~10000		
特稠油		10000~50000	>0.9500	热采
超稠油(天然沥青)		>50000	>0.9800	热采

* 指油层条件下的原油黏度;无 * 指油层温度下脱气原油黏度。

稠油与常规轻质原油相比主要有以下特点:

(1)黏度高、密度大、流动性差。它不仅增加了开采难度和成本,而且使油田的最终采收率非常低。稠油开采的关键是提高其在油层、井筒和集输管线中的流动能力。

(2)稠油中轻质组分含量低,而胶质、沥青质含量高。

(3)稠油黏度对温度敏感。随着稠油温度的降低其黏度显著增大,这是稠油热采的主要机理。

(二) 高凝油的基本特性

高凝油是指蜡含量高、凝点高的原油。凝点是指在一定条件下原油失去流动性时的最高温度。在开发过程中,当原油温度低于凝点时,原油中的某些重质组分(如石蜡)凝固、析出,并沉积到油层岩石颗粒、抽油设备或管线上,造成油层渗流阻力剧增或使抽油设备不能正常工作。到目前为止,高凝油尚无统一的划分标准。我国某些油田有自己的地区性划分方法,例如有的油田将凝固点大于40℃，含蜡量超过35%的原油定为高凝油。

高凝油在较高的温度下就失去了流动性，这是含蜡量高所致，而且这种蜡主要是碳原子数在16以上、结构复杂的高饱和烃的混合物。高凝油胶质、沥青质含量较低。

高凝油对温度也极为敏感，其黏温曲线在半对数坐标上呈多段折线，这是高凝油的一个独有的特征。图11-2是某油田高凝油的黏温曲线，从图中可以看出，黏温曲线存在的折点中有两个分别对应于原油凝点和析蜡点。当温度高于析蜡点时，蜡全部溶解于原油中，原油是单相液态，其黏度随温度的降低略有增加。

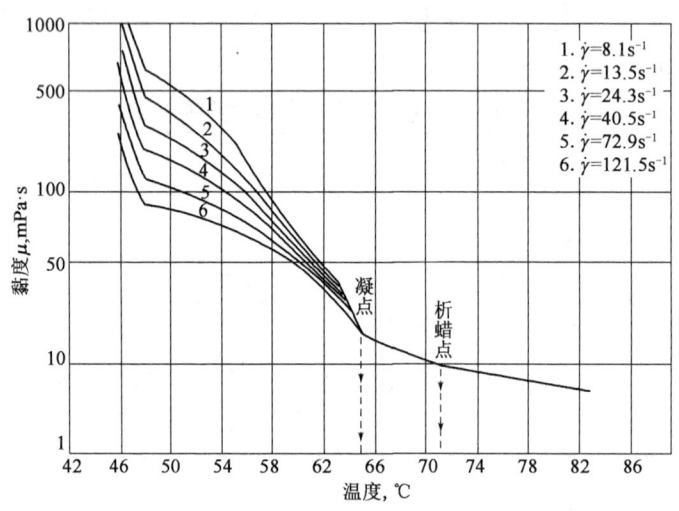

图11-2 某油田高凝油的黏温关系

二、常用热采方法

常用热采方法有油井井筒加热和油层加热。油层的加热方式可以分为两类：一是向油层注入热载体；二是在油层内燃烧产生热量，称就地(层内)燃烧，即火烧油层(火驱)。

(一) 油井井筒加热

油井井筒加热的主要目的是补偿井筒向地层的散热，从而使井筒中的原油保持一定的流动温度，以控制原油析蜡和黏度的增加，使原油得以顺利采出。对于能够流入井底的稠油、高凝油，采用井筒加热的方法来维持正常生产，比注蒸汽和火烧油层的热采方法简单而且经济。

(二) 热水驱

注水的目的是将油层中原油驱向邻井，但注入冷水于高凝油油层，当高凝点原油在低于析蜡点条件下，在高凝油油层的近井地带会产生析蜡伤害，即引起析蜡堵塞油层孔隙。解决这一问题的方法是向油层注热水进行驱替，在有利于保持油层压力的同时，也保持油层的温度，避免出现油层孔隙中的析蜡和凝固现象。例如沈阳高凝油油田的油层温度为80℃，那么原油在油层中本来具有很好的流动性，采取注热水，只要不冷却油层，就可保持高凝油的流动性，也不会在油层中析蜡。注热水是注热流体中最简便的方法，与常规的注水开采基本相同，这比注蒸汽容易且经济。

(三) 蒸汽吞吐

蒸汽吞吐最早出现于20世纪50年代，目前已成为热力采油的主要方法。蒸汽吞吐又称循环注入蒸汽方法(cyclic steam injection),它是周期性地向油井中注入蒸汽,将大量热能带入油层的一种稠油增产措施,注入的热能使原油黏度大大降低,从而提高油层和油井中原油的流动能力,起到增产作用。

蒸汽吞吐是在同一口油井中注蒸汽和采油,所以又称为单井吞吐采油,在每一个吞吐周期过程中包括注汽、关井和采油三个阶段(彩图11-1)。

彩图11-1 蒸汽吞吐

1. 注汽阶段

注汽阶段是油层吞入蒸汽的过程。根据设计要求的施工参数,把锅炉产生的高温高压饱和蒸汽经地面的配汽管网由井口快速沿井筒注入油层。注汽量一般在千吨当量水以上,注入时间一般几天到十几天。注入蒸汽优先进入高渗透带,而且由于蒸汽与油藏流体密度差,蒸汽占据油层的上部。油层内的温度分布并不均匀,靠近井眼处的地层及油层的上部温度相对较高,随着注汽过程的进行,被蒸汽加热的区域越来越大。

2. 关井阶段(焖井)

焖井是指注汽完成后停注关井,使蒸汽与油层岩石和流体进行热交换的过程。焖井时间的长短是影响蒸汽吞吐效果的一个重要因素,一般使蒸汽完全凝结成热水后再开井生产,可避免开井回采时携带过多的热量,从而降低热能的利用率。焖井时间过长,将增大注入蒸汽向顶层和底层的热损失;而焖井时间过短则热量尚未达到充分的交换,会降低蒸汽热能的作用半径。

一般认为深层稠油油藏油层压力较高,井底蒸汽干度小于70%的情况下,焖井时间一般为2~3天,最长不超过7天。为了提高吞吐效果,应尽可能在注汽后作好投产准备,争取利用油层压力较高的条件自喷投产,这有助于排除油层中存在的堵塞。对于浅油层油藏所推荐的焖井时间也不应过长,一般不宜超过3天。

3. 采油阶段

焖井结束后开井生产一般分自喷和抽油两个阶段。自喷阶段一般持续几天到数十天,主要产出油井周围的冷凝水和大量加热原油,因高温高压蒸汽使油井的附近压力较高,为自喷提供了能量。随着井底流压降低油井停喷时,即转入抽油阶段。

当抽油阶段的产量接近经济极限产量时,即开始下一个吞吐周期。由于第一周期的预热解堵作用,第二周期的峰值产量往往要高于第一周期的峰值产量。但从第三周期开始峰值产量将逐渐下降,直到若干周期后完全无经济效益,此时蒸汽吞吐完成。

蒸汽吞吐的增产效果差别很大,主要取决于井和油藏条件,如油层压力、原油黏度和饱和度、油层厚度、有无底水或气顶、注汽过程中是否压裂地层等。在后继的周期中,原油产量一般逐渐下降,产水量增加。

蒸汽吞吐的特点是用汽少,见效快,适应范围广,但加热半径较小(一般为20~40m),采收率并不高,一般不超过15%。因此它通常作为蒸汽驱的先导。

(四)蒸汽驱

当前,注蒸汽是应用最广泛、最有效的提高稠油采收率的技术。全世界应用这种方法生产的稠油估计超过80000m³/d。蒸汽驱的产油量约占注蒸汽产量的一半以上。由于蒸汽驱的最终采收率比较高,因而日益受到人们的重视。蒸汽驱油法是一种驱替式采油方法,其过程与注

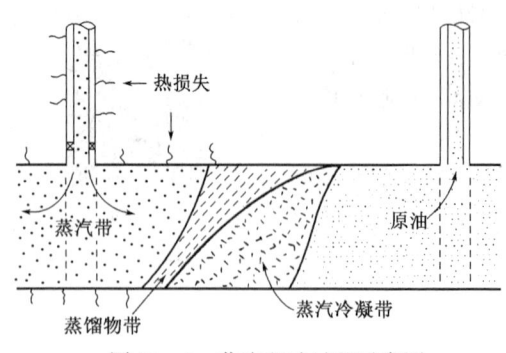

图 11-3 蒸汽驱油过程示意图

水开采类似,蒸汽驱(steam flooding)是按一定的注采井网,从注汽井中连续注入蒸汽将原油驱替到周围生产井使其连续生产的热力开采方法。与蒸汽吞吐相比,蒸汽驱需要经过一段较长的时间才能见到效果,费用回收期较长。图 11-3 是一个典型稠油油层的蒸汽驱原理图。蒸汽驱的采收率一般为 50% ~60%,有时可达 75%。

油层注汽后,注汽井井底附近的油层吸入了大量的蒸汽热能,油层温度逐步升高,油层压力稳定回升。在注汽初始阶段,由于热能尚未传递到生产井附近,油井周围的油流阻力仍然很大,其产油量低。随着注汽的延续,大量蒸汽热能逐渐传递到生产井周围,提高了原油的流动能力,原油产量上升,注汽见效,生产井进入高产阶段(注汽见效阶段)。随着油层中的原油逐步被驱替出来,蒸汽和热水在油层中向生产井推进,当蒸汽驱前缘突破油井,蒸汽和热水进入油井随同原油一起被采出来,生产井进入蒸汽突破阶段(汽窜阶段)。在此阶段,由于蒸汽窜入油井,油气流动阻力迅速下降,蒸汽注入压力急剧下降,且蒸汽的驱油能力随之下降,使油井产油量下降,油汽比降低,含水率迅速升高。

在蒸汽驱的上述三个阶段中,注汽初始阶段较后两阶段时间短。为了提高蒸汽驱原油采收率,应采取一切有效的措施,延长注汽见效阶段的生产时间。对于非均质性严重的油藏,应予以高度重视,以防蒸汽过早进入油井造成汽窜。到最后的汽窜阶段,则应关闭严重产汽井,或关闭采油井一段时间,使得蒸汽能够加热油层中下部的原油,减少蒸汽超覆现象带来的不利影响,然后再开井生产,从而提高驱油效率。

为了提高注蒸汽的开采效果,在注汽井下部安装耐温封隔器,避免蒸汽窜入油套环空,还可采用隔热油管。隔热油管是在双层同心管的环形空间抽真空或充填隔热材料(或惰性气体),能大幅度降低注汽管柱的导热系数。采用隔热油管一方面可减少井筒热损失,提高井底蒸汽干度(指干蒸汽质量占湿蒸汽质量的份额),另一方面可保护油层套管。

如图 11-3 所示,当注入的蒸汽从注入井向生产井流动时,主要形成蒸汽带、热凝析液带、冷凝析液带和油藏流体带。其作用机理主要表现在降黏、热膨胀、蒸汽蒸馏、溶解汽驱、混相驱、乳化驱等。各作用机理对蒸汽驱采收率的贡献大小如图 11-4 所示。

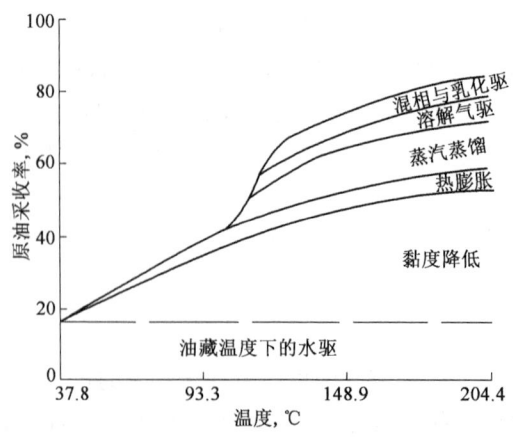

图 11-4 各作用机理对蒸汽驱采收率的贡献(10~20°API 的重油)

(五) 火烧油层

火烧油层法(火驱法),是向储层中注空气给燃烧前线供氧。当开始注空气时,注入井眼附近的原油开始氧化。如氧化反应快,原油将自燃点火,并开始燃烧。如氧化反应慢,则下入加热器到注入井底加热空气的办法使其点燃。点火成功后,继续注空气使燃烧前线从注入井沿油层向外移动。燃烧废气在前方流动,并与油和水一起在生产井采出。

在燃烧前缘处发生的热量(那里的高峰温度通常在 315~980℃),把靠近前缘的地层水汽化,并在燃烧前线的前方形成一蒸汽带。燃烧反应中生成的水分也有助于这个蒸汽带的形成和发展。蒸汽提高了稠油的流动性,并把大部分稠油自蒸汽带内驱出、留下的少量原油,当不断扩散的燃烧前缘推近时,紧靠燃烧前线处的高温使原油蒸发和裂解,剩下的只有即将作为燃料被烧掉类似焦炭的残渣。蒸馏和裂化出来的轻油蒸气与燃烧废气一起向前流动,被蒸汽前缘裂解的原油吸收,并在那里逐渐形成一个富油带(图11-5)。

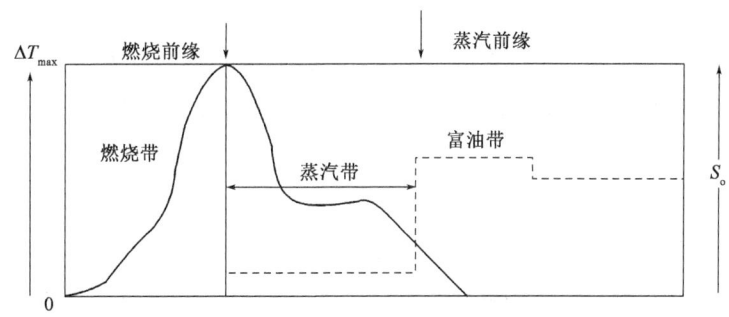

图 11-5 火烧油层示意图

被烧掉的"焦炭"是原油中价值最低的沥青部分,为此多数火驱项目生产的原油均较原来地层原油的比重小一些。

随着油层燃烧的发展,蒸汽和燃烧气流逐渐移向油藏上部。燃烧前缘也随气流向上移动。当热力前缘到达生产井时,因为当地原油黏度随温度升高而降低,同时由于存在上述的富油带,油产量经常有所增加。当燃烧前沿接近生产井时,必须采取防范措施(例如通过环形空间循环冷水)以防生产井在持续高温生产中受到损坏。

火驱法中广泛采用的一项技术改革是随空气一起注入水,或同时注入,或交替地注入空气和水,称为湿烧法。水流过已烧过区域时吸收热量而变成蒸汽,它携带热量穿过燃烧前缘到达蒸汽带,从而更充分地利用了已烧过区域内储存的热量,同时,生产井作业温度有所降低。

湿烧法的另一个好处是可以降低剩下作为燃料烧掉的残余油(或焦炭)量。湿烧对燃料消耗量的另一效应是:由于温度较低,不会烧掉所有的燃料。这样,点燃单位体积的储层所需注入的空气量较少、而驱出油更多。已经证实,注水可减少燃料和空气需要量的 30%~50%。水与空气比值视具体油藏应用情况而定,一般范围从最低的 $6m^3$(水)/$1000\ m^3$(气)到称为充分点火燃烧法的 $110\ m^3$(水)/$1000\ m^3$(气)。

总之,热力采油是提高稠油油藏采收率的主要途径,其中蒸汽驱是目前应用最广泛,在技术上趋于成熟的方法。近年来,为了扩大蒸汽驱波及效率,使用了转向剂(例如混注表面活性剂和氮气,在油层内形成泡沫)已在不少矿场试验中取得了令人满意的结果。为了提高热效率各种类型的井下蒸汽发生器也在研制和试验中。蒸汽驱的主要缺点是不能在深度超过 1600m 的油层内应用,这是由于水的临界压力所限(在到达临界点时,蒸汽驱就不能出现,而只能是热水驱)。此外,如果油层内含有对淡水敏感的黏土,也要慎重考虑。

火烧油层技术虽已有多年历史,但由于所存在的技术困难(如火线前缘推进不易控制、注入气的"超越"造成效率过低等)以及经济上的因素(如火驱法的装备投资很大),迄今为止,仍处于工业试验阶段,对其前景评价意见分歧也较大。

三、人工举升及配套井筒降黏技术

(一)人工举升技术

对于能够流入井底的稠油、高凝油,其油井人工举升技术的关键是工艺必须要适合原油的特点。为此采用井筒保温措施和进行热量补偿或进行化学降黏措施,使油井能正常生产。实践表明,根据油田的特点,可以选择采用水力活塞泵、潜油电泵、螺杆泵、配套井筒降黏的有杆泵等举升方式。

1. 水力活塞泵采油

水力活塞泵的动力液可采用低黏原油或水,一般加温至80℃左右。热动力液从井口一直到井下泵沿程为产出液加热,从而提高井筒温度和产出液温度。若水力活塞泵采用开式流程,则动力液不仅给产出液加热,而且与产出液混合采出,起到对原油降凝、降黏的作用,因此水力活塞泵有利于高凝油和稠油的开采。

2. 潜油电泵采油

潜油电泵机组自下而上由潜油电动机—电动机保护器—气液分离器等组成,潜油电动机旋转驱动离心泵抽油。电动机旋转做功时,自身升温而产生热量,当产出液体经电动机周围进入离心泵入口时即被电动机所产生的热量加温而举升至地面,这样可以提高产出液的流动温度,有利于原油的降黏、降凝。

3. 螺杆泵采油

螺杆泵工作时不会发生气锁、砂卡、蜡卡等现象,泵内无阀件和复杂的流道,而且连续排量稳定,不易造成油层大量出砂,有利于稠油的开采。

4. 配套井筒降黏的有杆泵采油

井筒清防蜡、降凝、降黏技术是稠油和高凝油开采技术的一个重要组成部分。对于高凝油,化学清防蜡和磁防蜡技术主要适用于高凝油开采初期且由自喷转为人工举升、产液量较低、含水率不高的油井条件,其特点是一次投资少,安装工作简便易行。井筒降黏配套工艺主要分为井筒加热和井筒化学降黏两类。

(二)井筒加热技术

井筒加热是利用热能提高井筒流体温度的方法。对于含蜡原油,当原油温度超过析蜡温度时,则起油井防蜡作用;当温度超过蜡的熔点时,则起到油井清蜡作用。对于高凝油及稠油,则利用其流动性对温度敏感的特性,通过井筒加热达到降黏、降阻的目的。井筒加热技术根据其加热介质不同分为热载体循环和电加热两大类。

1. 热载体循环加热技术

一般选用热容量大,对油井不会造成伤害,经济且易得到的载体(如热油、热水、蒸汽等),以一定流量通过井下特殊管柱注入井筒中建立循环传热通道,从而达到提高井筒产液的流动温度的目的。根据注入热载体是否与地层产液相混合,井下管柱可分为开式和闭式两种基本类型。

2. 电加热技术

电加热技术是利用电热杆或伴热电缆,将电能高效地转化为热能,以达到提高井筒流体温度的目的。主要包括井下自控伴热电缆和电热空心抽油杆技术。

电热空心抽油杆由变扣接头、终端器、空心抽油杆、整体电缆、传感器、空心光杆、悬挂器等零部件组成,它与防喷盒、二次电缆、电控柜等部件组成电加热抽油杆装置(图 11-6)。三相交流电经过控制柜的调节,变成单相交流电,与抽油杆内部的电缆相连,通过空心抽油杆底部的终端器构成回路,在电缆线和杆体上形成集肤效应(空心抽油杆外径电压为零)使空心抽油杆发热。

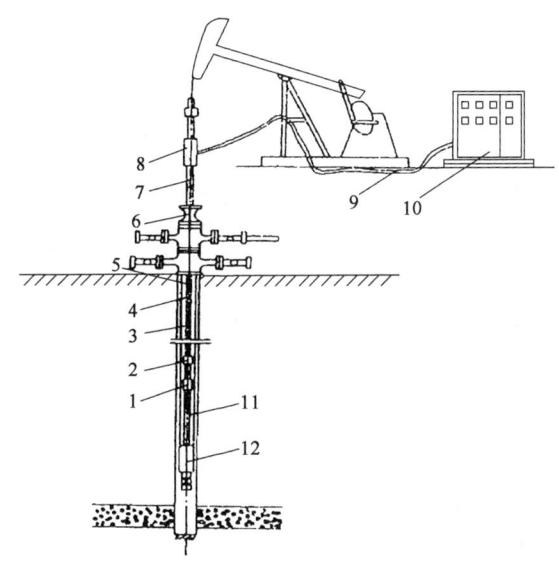

图 11-6 电加热抽油杆装置
1—变扣接头;2—终端器;3—空心杆;4—整体电缆;5—传感器;6—防喷盒;7—电光杆;
8—悬挂器;9—二次电缆;10—电控柜;11—实心杆;12—抽油泵

在高凝油井和稠油井的电加热降黏工艺中,关键技术是根据油井的实际情况确定合理的加热深度和加热功率。加热深度主要取决于井筒中生产流体的流动温度及黏度分布;加热功率主要取决于所需的温度增值。工艺设计要求井筒中的生产流体具有低黏度和较好的流动性,同时要考虑到节省材料和节能。

电加热工艺地面设备简单、生产管理方便、温度调控快捷、沿程加热均匀、停电凝管易处理、热效率高、易于实现自动控制,对环境无污染。电热杆工艺还具有井下作业和维修方便、一次性投资少,但只能用于有杆抽油井。

(三)井筒化学降黏技术

井筒化学降黏是指通过向井筒流体中掺入化学药剂,从而使流体黏度降低的开采稠油及高凝油的技术。其作用机理是:在井筒流体中加入一定量的水溶性表面活性剂溶液,使原油以微小油珠分散在活性水中形成水包油型乳状液或水包油型粗分散体系,同时活性剂溶液在油管壁和抽油杆柱表面形成一层活性水膜,可起到乳化降黏和润湿降阻的作用。

1. 乳化剂的选择

乳化剂在化学降黏中起着重要的作用,如乳状液的形成类型及稳定性等都与乳化剂本身的性质有直接关系。选用乳化剂一般按其亲油亲水平衡值(HLB)来确定,通常形成水包油型乳状液的 HLB 值为 8~18。

2. 乳化降黏工艺技术

乳化降黏开采工艺是在地面油气集输中建立降黏流程。根据加药剂点的不同,可分为单井乳化降黏、计量站多井乳化降黏及大面积集中管理乳化降黏三种地面流程;根据化学剂与原油混合点的不同,又可分为地面乳化降黏和井筒中乳化降黏技术。

单井乳化降黏是在油井井口加药,然后把活性水掺入油套环空。计量站多井乳化降黏是为了便于集中管理,在计量站总管线完成加药、加压、加热及计量,然后再分配到各井,达到降黏的目的。大面积集中管理乳化降黏则是在接转站进行加药,这种方式具有设备简单,易于集中管理的优点。

地面乳化降黏方法适用于油井能够正常生产、地面集输管线中流动困难的油井。原油从油井产出后,经井口油水混合器与活性剂溶液混合成乳状液,由输油管线输送到集油站。井筒中乳化降黏工艺是在油管柱上装有封隔器和单流阀,活性剂溶液由油套环空通过单流阀进入油管并与原油乳化,达到降黏的目的。根据单流阀与抽油泵的相对位置,该技术又可分为泵上乳化降黏和泵下乳化降黏,其管柱结构如图 11-7 所示。化学降黏工艺一定要根据油井的实际情况进行选择,其设计的主要参数包括活性剂溶液的浓度、温度、水液比和掺药剂点位置。

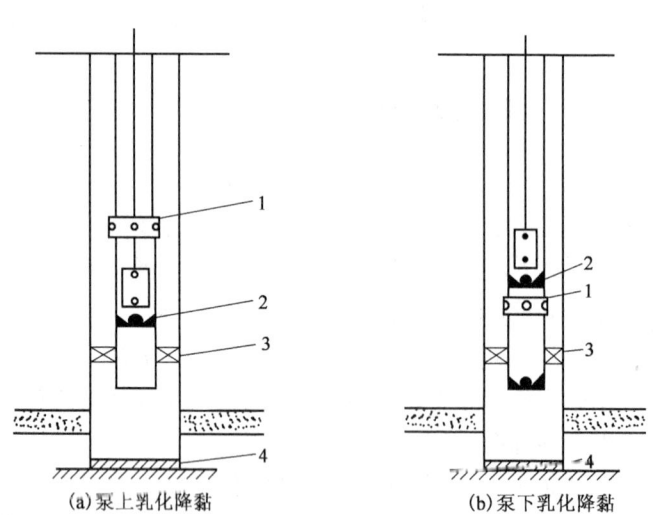

图 11-7 井筒中乳化降黏管柱结构
1—掺液器;2—深井泵;3—封隔器;4—人工井底

要求活性剂水溶液浓度要适当,若浓度过低不能形成水包油型乳状液;而浓度过高则乳状液黏度进一步下降的幅度不大,不经济。而且有些化学药剂(如烧碱、水玻璃等),在高浓度时易形成油包水型乳状液,反而会使原油黏度升高。温度对已形成的乳状液黏度影响不大,但它影响乳化效果。实验表明,随着温度升高,乳化效果变好。水液比是指活性水与产出液总量的比值,它直接影响乳状液的类型、黏度和油井产油量。掺药剂点位置的深浅将直接影响井筒流体的流动阻力以及油井生产系统的效率和效益。合理的掺药点位置必须保证井筒流体的流动条件得到较好改善和油井生产的高效率,且满足设备能力的要求。

四、稠油排砂冷采技术

稠油油藏一般埋藏较浅,压实成岩作用差,油层疏松胶结,开采过程中出砂现象严重。采用防砂技术进行注蒸汽热采投资大、成本高。20世纪80年代中期加拿大石油公司实施了稠油排砂冷采的现场试验,取得了显著的增产效果,从而引起了人们对其增产机理的探讨,建立起"排砂冷采"这一概念。目前,加拿大稠油排砂冷采技术已由摸索试验阶段转入工业性推广、应用阶段。我国正在开展工艺性试验,已显示出良好的发展前景。

(一)排砂冷采机理

稠油排砂冷采技术不需要向油层注入热量,它属于一次采油范畴,允许油藏出砂,并通过排砂采油大幅度提高稠油产量。尽管稠油排砂冷采技术已在加拿大广泛应用,也取得了显著的增产效果,矿场配套工艺技术成熟,但其冷采机理的研究仍处于不断探讨和完善之中。根据室内试验、现场试验及应用成果分析,稠油排砂冷采的增产机理主要有以下四方面。

1. 出砂形成"蚯蚓孔"网络,大幅度提高稠油的流动能力

由于油层胶结疏松,在较高的压差作用下,砂粒容易脱落,而稠油黏度高,携砂能力强,使砂粒随稠油一起流动,在油层中形成"蚯蚓孔"网络,从而使油层孔隙度和渗透率大幅度提高,极大地提高了稠油的流动能力。

2. 稠油以泡沫油形式流动,流动阻力小

尽管稠油中溶解气含量很低,但仍含有 $5\sim20\mathrm{m}^3/\mathrm{t}$ 的溶解气。在稠油从油层深处向井筒流动的过程中,随着压力的降低,从原油中逸出大量的微气泡使之形成泡沫油流动,且气泡不断发生膨胀。由于稠油黏度高,胶质含量高,形成的油膜强度大,因此,泡沫油稳定不易破裂,泡沫油的形成减小了油流阻力。

3. 溶解气膨胀提供驱动能量

当含有微气泡的稠油在向井筒流动时,随着压力降低,微气泡会发生膨胀,形成泡沫流,而且油层中的原油、水以及岩石骨架也会发生弹性膨胀。这些因素的综合作用为油流提供了驱动能量。

4. 远距离的边、底水提供补充能量

当油井远距离存在边、底水时,水层能量以压力传递方式(而不是流体传递)向蚯蚓孔补充能量,可以取得更好的开发效果。

(二)排砂冷采适应条件

虽然国外有关研究机构和石油公司的研究人员已进行了多年的试验和理论研究,然而,目前尚未形成公认的稠油排砂冷采筛选标准,目前普遍认为,稠油排砂冷采的适应条件有以下几方面:

(1)进行排砂冷采的油藏必须是胶结疏松的砂岩油藏;

(2)油层具有较高的孔隙度、渗透率和含油饱和度;
(3)油藏埋藏深度最好为 300~800m;
(4)脱气原油黏度为 2000~4000mPa·s;
(5)地层原油中含有一定量的溶解气;
(6)油层泥质含量较低;
(7)距边、底水层较远。

由于稠油排砂冷采技术是依靠出砂来实现采油,即不出砂则不出油。因此,除了上述油藏地质条件外,还必须配备携砂能力极强的采油泵和配套的采油、集输工艺。

(三)排砂冷采基本特征

(1)含砂率高,单井累积产砂量大。稠油排砂冷采投产前两个月内的含砂量可达20%~60%(体积比),大约经过半年到一年时间生产后,含砂量才降到5%以内(一般为0.5%~3.0%)并稳定下来。但是,随着产量的增加,短时间内含砂量也会增加,当产量稳定时,含砂量又会降至原来的水平。

(2)油井增产幅度大,但采收率较低。由于稠油的高黏特性,若采用防砂措施依靠天然能量开采,通常没有产能或产能很低。采用稠油排砂冷采技术后,油井的增产幅度很大。在冷采过程中,随着砂粒的不断采出,油产量不断增加,其中初期产量增加幅度较大,后期逐渐变缓。由于稠油排砂冷采属于一次采油,无须向油层补充任何能量,因此,其采收率较低。

(3)产出液呈泡沫流动状态,井底流压低。稠油排砂冷采含水率较低,且产液呈乳化液形式。由于原油中含有一定的溶解气,因此,当井底压力降低时,溶解气以微气泡形式随原油一起流动,且生产气油比一直稳定在原始溶解气油比水平,溶解气与原油同步采出。

(4)一旦"蚯蚓孔"发生外来水侵入,开采效果变差。

(5)位于油藏低部位或靠近气顶的油井,开采效果差。

五、水平井蒸汽辅助重力泄油

(一)基本概念及原理

水平井技术已成功地应用于开发稠油油藏,蒸汽辅助重力泄油(steam-assisted gravity drainage,SAGD)方法对于许多大型稠油油藏的经济开采具有极大的潜力。它适用于开采原油黏度极高的特稠油油藏和天然沥青。SAGD 过程的主要机理是热传导与流体热对流相结合。它是以蒸汽作为热源,依靠沥青及凝析液的重力作用开采稠油。可以通过两种方式来实现:一是在靠近油藏底部钻一对水平井,保证两口水平井的水平井段平行;另一方式在底部钻一口水平井,在其正上方钻一口或多口垂直井(图 11-8)。蒸汽从上面的注入井注入油层,注入的蒸汽向上及侧面移动。这两种方式都形成一个饱和蒸汽室,蒸汽在蒸汽室周围冷凝,并通过热传导将周围油藏加热。被加热降黏的原油及冷凝水在重力驱动下流入生产井,随着原油的采出,蒸汽室逐渐扩大(图 11-9)。

蒸汽辅助重力泄油的机理为:
(1)在界面上的蒸汽冷凝;
(2)油和凝析物流向生产井;
(3)靠重力的流动;
(4)蒸汽室向上和向侧面扩展。

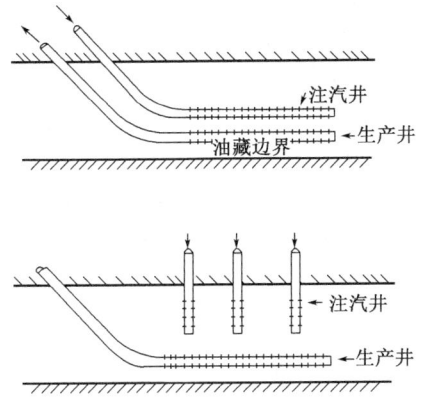
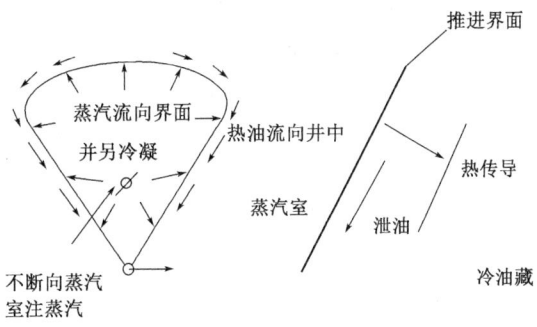

图 11-8 蒸汽辅助重力泄油布井示意图　　图 11-9 蒸汽辅助重力泄油原理示意图

(二) 影响开采效果的油藏地质参数

(1) 油层厚度。由于 SAGD 过程是以流体的重力为动力,因此,油层厚度越大,重力作用越明显。反之,若油层厚度越小,不但重力作用小,而且由于向上下岩层的热损失增大,还会降低油汽比。另外,在井距一定的情况下,稠油产量与油层厚度的平方根近似成正比。根据评价研究,SAGD 要获得好的开采效果,油层厚度必须大于 20m。

(2) 原油黏温关系。由于 SAGD 生产机理的特殊性,原油黏度不是决定 SAGD 开采效果的主要因素。但原油黏度随温度的变化关系将影响 SAGD 蒸汽前缘稠油的泄流速度,因此也会影响蒸汽前缘推进速度及采油速度。

(3) 油层渗透率。油层渗透率将直接影响蒸汽前缘推进速度和原油产量,其中垂向渗透率 K_v 主要影响蒸汽上升速度,因此在厚度大、渗透率低的油藏中更加重要;水平渗透率 K_h 主要影响蒸汽室的侧向扩展。此外,原油性质不同,对 K_h/K_v 比值要求不同,实施 SAGD 开采技术,对油藏应做评价研究。一般当垂向渗透率很低时,原油的重力难以发挥作用,泄油速度变得很小,蒸汽则较容易突进生产井,使得生产时间拖长,油汽比降低。在经济有效的条件下,SAGD 开采油层厚度为 20m 时。

(4) 孔隙度与含油饱和度。SAGD 过程中沥青产量由蒸汽室的扩展速度及蒸汽驱扫带沥青含量的变化决定。沥青含量的变化取决于孔隙度、初始含油饱和度及残余油饱和度,这样就应该从可靠的岩心及测井数据中获得尽可能合理的孔隙度和含油饱和度数据。应该注意,在蒸汽室降压过程中,可能产生一个过热区,在整个区域内,束缚水能够汽化,因此需要掌握次临界水饱和度下的残余油饱和度数据。

(5) 油层热物性参数。蒸汽前缘推进速度受蒸汽前缘地带的热传导及热流体驱替所控制。热传导速度(及相应的温度剖面)取决于蒸汽室与未驱扫油藏之间的温度差和地层热力学参数。因此,如果没有相类似的地层数据,就需要在实验室测定岩心的热传导系数和热容。

(6) 油藏深度。对于水平井注汽开采,特别是蒸汽辅助重力泄油,注入压力不能超过油层破裂压力,这样,蒸汽温度也不能提高。对于特稠油或超稠油,在蒸汽温度下原油黏度仍然很高,导致原油流度低,开采效果变差。油藏深度如果过深,井筒热损失增大,井底蒸汽干度降低,而且套管温度升高超过安全极限也会受到破坏。因此,对于 SAGD 开采,油藏深度最好小于 1000m。

(7) 薄夹层的影响。在厚层块状砂体中常有零星分布的低渗透或非渗透夹层,零星分布的页岩极大程度上取决于其三维分布情况。连续页岩会抑制蒸汽和沥青通过,对页岩上部的驱替造成严重的影响。然而如果夹层较小,即使在空间广泛分布,也不会严重地阻止传质,实际上还会增加斜面数量,有利于热传导。蒸汽和重油可以通过薄夹层边缘绕流,初期在薄夹层上方蒸汽室较小,随时间延长而变大,而薄夹层密度大,分布范围广,则对 SAGD 效果影响较大,对非均质严重的油藏,在进行 SAGD 工程设计时,应作评价研究。

(8)底水的影响。一般油藏都存在有底水。底水的存在会降低 SAGD 过程的原油采收率,但总的来说,影响并不大。这是因为在 SAGD 生产过程中,蒸汽压力是稳定的,且水平井采油的生产压差很小,不会引起大的水锥,油水界面基本保持稳定。

(9)岩石的润湿性。油藏岩石一般分为亲油、亲水和中性三种情况。模拟研究表明:亲油岩石生产效果最好,产量高,油汽比高,最终采收率也高;亲水岩石的生产效果最差。这主要是因为对于亲水岩石,油水界面处的水膜较厚,影响了蒸汽室对沥青的加热,另外水膜增厚使孔道变窄,影响了原油在重力作用下向生产井的流动。

第二节 气体混相驱技术

气体混相驱是向油藏中注入一种气体作为原油的驱替剂,希望能够消除与原油之间的界面张力,提高驱油效率,在确保一定的波及效率前提下,大幅度提高原油采收率。图 11-10 是 CO_2 混相驱过程的示意图。

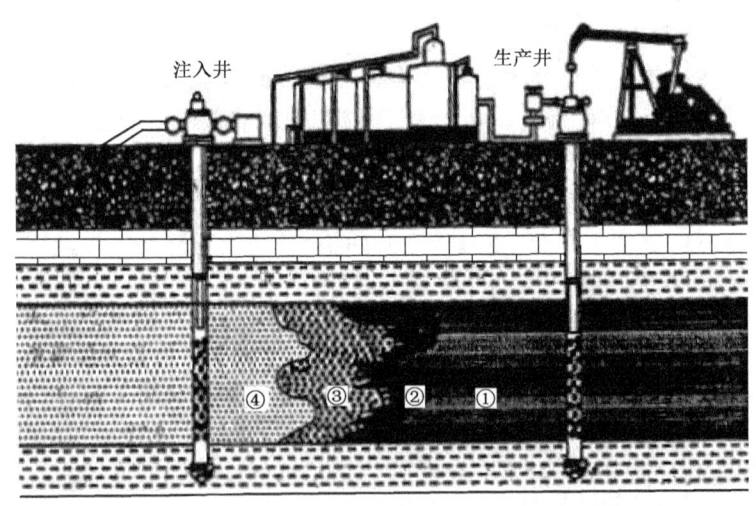

图 11-10 CO_2 混相驱过程的示意图
①水驱后残余油;②原油带/混相前沿;③CO_2/水;④驱替水

20 世纪 50 年代初以来,在开发混相驱技术和进行混相驱矿场试验的同时,人们一直在寻找一种有效的、经济的混相驱溶剂。早期努力集中在烃类溶剂上,形成了三种类型的烃类混相驱,即一次接触混相驱、汽化水驱和凝析气驱,后两种是实现动态混相。美国和加拿大在 50 年代和 60 年代就已经进行了大量的烃类气体混相驱现场先导性试验。

高起伏油藏是进行气体混相驱试验的理想油藏,将溶剂注入油藏高部分向下驱替原油,利用溶剂和原油之间的重力和密度差异来提高混相驱的波及效率。矿场试验和其室内研究表明,烃类混相驱存在的问题是:(1)烃类溶剂的密度都比原油的密度小,其黏度小于原油的黏度,使得烃类混相驱过程中的注入流体在地层中产生比水驱过程更为严重的窜流和重力分异作用,且其波及效率非常低,较高洗油效率常常被较低的体积波及效率所抵消。(2)溶剂段塞容易破裂。溶剂段塞前缘的溶剂和原油之间存在混合作用,溶剂段塞后缘溶剂和驱替气体之间存在混合作用,而指进作用又加剧了这些混合作用,它迅速地将非常小的溶剂段塞稀释,使其丧失混相能力。尽管如此,烃类混相驱及烟道气驱项目仍然在经济和技术上获得了显著成功,原油采收率有时可高达到60%以上。

与烃类气体相比,CO_2以其特有的性质受到重视。由于CO_2需要的混相压力较低,所以在许多油藏都能实现动态混相。在相同条件下,它比干气更容易与原油混相,此外,混相驱所需的CO_2的供应和成本比烃类混相溶剂更具有优势,因为大量的CO_2能从CO_2矿藏的发电厂的副产品中获得,同时还具有环境保护价值。但它也同样具有黏度低、密度小的特点,CO_2的密度与大多数油藏的原油密度相似,这可以降低CO_2与原油的重力分异作用,但当油藏中存在可流动的地层水时,CO_2和地层水间的密度差异足以造成它们之间的重力分异。

除上述方法外,还可以向地层注入不活泼气体如N_2或锅炉烟道气,使之与油层流体多次接触,从原油中提取较轻组分的碳氢化合物,从而达到混相驱替原油的目的。

一、基本概念

(一) 非混相驱

当两种非混相流体同时在多孔介质中流动,如水驱油时,在一特定单位体积内的流动动态可以通过岩石的相对渗透率来确定。原油的相对渗透率随含油饱和度的降低而降低,但当油相的相对渗透率降至零时,原油停止流动,而原油的饱和度不为零,而为某一极限值,这一极限值称为残余油饱和度,或者更精确地说是相对渗透率末端残余油饱和度。同样,水相的相对渗透率降至零时,所对应的水相饱和度称为束缚水饱和度。在两个末端饱和度之间,油水都能流动,而且在这两点之间的相对渗透率曲线形状决定了需要注入多少流体才能达到降低被驱替岩石中的含油饱和度的目的。

残余油饱和度和相对渗透率不仅受岩石孔隙结构的影响,而且也受到岩石润湿性和油水间的界面张力(IFT)的影响。

(二) 混相驱

互溶混相驱是为了提高洗油效率,采用使驱动介质和被驱动介质之间互相溶解,界面消失,达到混相,从而表面张力、毛管力减少到零的驱油办法。

当两种流体可以以任意比例混合,并且所有混合物均为单相时,就称这两种流体是混相的。因为混相的流体混合后产生一单相流体,所以在流体之间就不存在界面,因而也就没有界面张力。如果在油和驱替流体之间的界面张力可以完全消除,则残余油饱和度就可以降低到最低的值,这就是混相驱的目的。

在混相驱时,一些注入流体能以任意比例和油藏原油混合,而且它们的混合物保持为单相,这就是所谓的一次接触混相。在一次接触烃类溶剂混相驱中,普遍使用的溶剂是丙烷或液化石油气(LGP)。它们的价格昂贵,因此,它们只能以段塞形式注入,然后再用天然气驱替。

当用于混相驱的注入流体直接与油藏原油混合时形成两相,则它们不是一次接触混相。然而这些注入流体与原油之间的组分就地传质将形成一个过渡带,其中流体组成介于原油和注入流体之间,且其中的所有组分都是接触混相的。在流动过程中,靠注入流体和原油的反复接触引起的组分就地传质而达到混相的过程称为"多次接触混相"或"动态混相"。

根据实现多次接触混相的机理不同,还分为蒸发式多次接触混相驱和凝析式多次接触混相驱。前者是指注入气从原油中抽提轻烃和中间烃类组分,改变注入气的组成(加富气相),使其与原油混相。CO_2混相驱、高压干气驱、氮气驱、烟道气驱均属此类;后者是指注入气中的轻质和中间烃类组分凝析到原油中,改变原油的组成(加富原油),使其与注入气混相,富气驱属于此类。

对于各种液态碳氢化合物如汽油、煤油、醇及液化石油气等,只要它们保持液态,就能与原油直接混相(一次接触混相)。若不考虑压力,当温度超过液化石油气的临界温度即出现气相时,它们与原油之间就变成为非混相状态。温度和压力的高低,直接影响两相间的界面张力大小,相间界面张力越小,越容易混相,当界面张力为零时,即两相界面消失,成为一相。

根据注入溶剂的性质和形成混相过程的不同,一般将混相驱分成四种:(1)注液化石油气或丙烷段塞;(2)注富气;(3)高压注干气;(4)注二氧化氮及氮气等。

不管注入哪一种溶剂,混相驱都是一种介质驱动另一种介质,使注入的混相剂与原油混相,并驱使原油向生产井流动的过程。此时,一般在地层中会出现三个带,即驱动介质带、混相带和富油带(图11-11)。

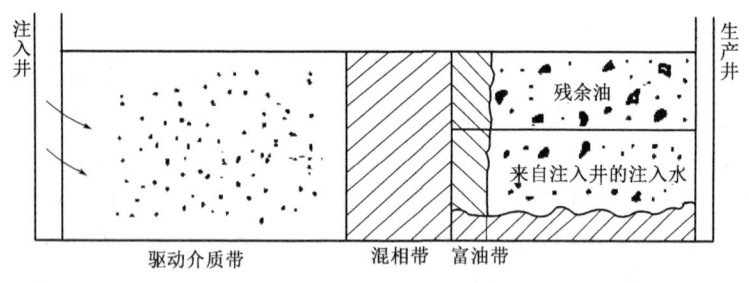

图11-11 混相驱替过程示意图

由于存在着原油与注入剂互溶混相带,就使地层中原油和注入剂之间的界面消失,直至界面张力为零、毛管压力为零,而极有利于将原油驱替入生产井。

一般来说,混相驱是通过注入一定量的溶剂段塞,然后再用较便宜的驱替流体驱替溶剂段塞来实现的。对于一个具体的油藏,混相驱要成为一个可行方案,必须满足以下几个条件:(1)必须有充足的溶剂,其供应速度和成本必须使项目具有最大经济效益;(2)油藏压力必须高于溶剂和原油混相压力;(3)原油采收率的增加必须足够高和及时,以便承担项目的高额费用。

采收率的增加在很大程度上取决于油藏性质,必须进行详细的评价以便确定是否存在混相驱的目标油。与水驱相比,一个典型的混相驱项目更需要进行详细和综合性的油藏工程研究、成本确定和控制及项目监控,这就需要更多的训练有素的人力资源。

二、主要混相驱方法

(一)注液化石油气段塞法

液化石油气段塞法常简称为LPG,它是利用液态烃(如煤油、汽油等)或液化石油气产品

(如乙烷、丙烷及丁烷)与原油一旦接触就可立即互溶混相的特点,将液态烃注入油层,与原油混相,以提高采收率。

(二) 富气混相法

富气混相法是在高压下向油层注入富气(即 $C_{2\sim6}$ 占 30%～50% 的天然气),富气组分溶于油中而加浓,直到混相,并在继续注入气推动下将原油排驱入生产井。

(三) 高压干气混相法

当原油本身含中间组分较多(富油)时,注入气中即使中间组分很少(贫气),两者多次接触后也能使贫富趋于一致达到混相,这就是注干气(或贫气)混相驱。

通常,高压干气驱是将天然气在高压下注入地层,使之与地层油多次接触而实现混相驱油。实现这一混相过程除要求地层原油中必须含有足够的轻烃组分($C_{2\sim6}$)外,注入天然气的压力还要足够高,实践表明,通常注气压力要高于25MPa。

(四) 二氧化碳驱油法

二氧化碳驱油法是在一定压力及原油组成条件下,向油层注入 CO_2,并在一定条件下 CO_2 会从原油中抽提出较重组分的碳氢化合物,不断使 CO_2 的驱油前缘与原油组成接近,从而形成混相液,有效地将地层原油驱替入生产井的一种提高原油采收率的方法。

1. 驱油类型

CO_2 驱油类型通常有两种:一种是 CO_2 水驱油,如图 11-12(a)所示;另一种是水驱 CO_2 段塞驱油,如图 11-12(b)所示。试验表明水驱 CO_2 段塞驱油效果比 CO_2 水驱效果好。其原因是 CO_2 段塞驱油时,CO_2 直接与油接触,而 CO_2 水驱时乃是靠溶解于水的 CO_2 慢慢向油中扩散,而且在 CO_2 水驱流动时,其前方形成共存水富集带,从而使 CO_2 和原油的流动受阻挡而变差。从图 11-13 可以看出,在所用 CO_2 量相同的条件下,CO_2 段塞驱油比 CO_2 水驱油的采收率要高 25%～35%。

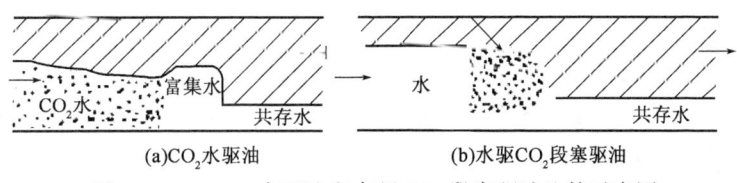

图 11-12　CO_2 水驱油和水驱 CO_2 段塞驱油比较示意图

2. 驱油机制

(1) CO_2 极易溶于原油中,从而使原油从稠变稀,黏度大大降低。并且原油越稠,CO_2 降黏效果越显著。随压力的增加,油中溶解气量增大,黏度迅速降低。

(2) CO_2 易溶于原油,使原油体积膨胀,原油密度越小,体积膨胀率越大。通常其体积膨胀可达 10%～40%。体积膨胀的结果,使地层油饱和度增大。

(3) CO_2 对原油中的轻质组分有抽提作

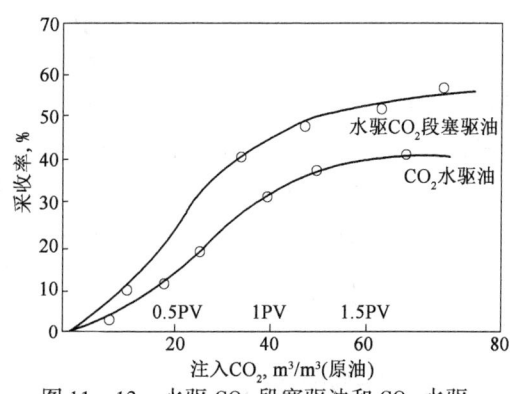

图 11-13　水驱 CO_2 段塞驱油和 CO_2 水驱油采收率比较示意图

用,其抽提效率(指抽提出的烃类液体体积与 CO_2 体积之比)比相同条件下的甲烷更大。

(4)在一定压力下注入 CO_2,类似高压注干气的机理与接触的原油混相。由于 CO_2 本身的相特性,临界温度较天然气高,故与天然气相比,CO_2 更溶于油,CO_2 的拟三角相图两相区较甲烷的小,CO_2 实现混相的最低压力也比甲烷更低,故更容易实现混相,而成为一种良好的混相剂。

CO_2 溶于油中可显著地降低界面张力,有的可降至 $0.01 dyn/cm$;Martin 甚至发现 CO_2 与某些原油接触后会形成洗涤剂并改变岩面润湿性。

3. 存在的问题

(1)在低压下,CO_2 的黏度很低,容易过早地从生产井突破,发生气窜,降低扫油效率。

(2)混相后,原油的黏度比地层油黏度低得多,容易产生指进,提前窜流到生产井中。通常需要交替注入几个 CO_2 水段塞。

(3)需要注入的 CO_2 量太大,采出 $1m^3$ 原油一般需注入 $8900\sim17800m^3$ 的 CO_2 气。

实际表明,只要有充足的气源,注富气、注 CO_2 及高压注干气等方法在混相驱中是很有前途的。这些方法的驱油效果是以气液的质量转换为基础,而不是建立在直接混相上,因此这些方法大都适于轻质油(相对密度小于 0.8762)。

除上述各方法外,还可向地层注入不活泼气体如 N_2 或锅炉烟道气,使之与油层流体多次接触,从原油中提取较轻组分的碳氢化合物,从而达到混相驱替原油的目的。

第三节　微生物采油技术

一、概述

微生物采油是指利用微生物及其代谢产物增加石油产量的一种石油开采技术。该技术是将经过筛选和评价的微生物与培养基注入地下油层,通过微生物就地繁殖和代谢,产生酸、气体、溶剂、生物表面活性剂和生物聚合物,改变岩石孔道和油藏原油的物理化学性质,提高原油产量和增加油藏原油采收率。

微生物采油具有许多优点:(1)利用微生物是开采枯竭油藏、提高油藏最终采收率的最为经济的开采方法,微生物可以在油藏内就地繁殖,成倍地增加处理的波及面积,因此,用微生物采出1t油的成本仅为其他三次采油方法的几分之一。(2)微生物采油不仅能采出油藏中的可动油,而且还可采出部分不可动的残余油,提高油藏的最终采收率。(3)微生物采油可以大大延长油井的开采期,推迟油井的报废时间,大幅度提高单井原油总产量。(4)微生物采油方法可以通过微生物降解稠油,降低原油黏度,为稠油的冷采提供一种新的技术手段。(5)微生物可以轻质化原油、脱硫、除重金属,降低原油的炼制成本。

大量的室内研究和现场试验结果表明,微生物采油是一种最有前景的提高采收率方法。

二、微生物采油机理

微生物采油是指通过引入或刺激油藏中的微生物,来提高原油采收率的一项技术,也称为微生物强化采油(microbial enhanced oil recovery, MEOR)。由于微生物采油中涉及微生物生理、生化、物理、化学等诸多过程,因此微生物采油的机理相应地变得异常复杂。

(1)微生物本身的尺寸能够封堵大孔道和分流注入水;微生物的黏膜能够改善孔道壁面的润湿性;微生物以烃为营养基而攻击烃类主链或改变支链的结构而降解原油,降低原油黏度及凝点;微生物可黏附原油和乳化原油。

(2)微生物代谢产物中的气体(CO_2、CH_4、H_2、H_2S 等)能够提高油层压力,增加地层能量;CO_2、CH_4 等气体可以溶于原油,降低原油黏度,改善流度比;气体的膨胀原油作用可以增加油藏原油体积,提高原油的弹性能量;此外 CO_2 还可以溶解地层中的灰质矿物和胶结物,增加岩石的孔隙度和渗透率。

(3)微生物代谢产物中的有机酸[低分子脂肪酸、甲烷、丙烷、异丁酸等]溶解石灰岩及岩石的灰质胶结物,从而增加岩石的渗透率和孔隙度;有机酸与灰质反应产物(CO_2)可降低原油黏度;但有机酸具有分散黏土矿物,使黏土运移,降低渗透率等不利面。

(4)微生物代谢产物中的溶剂[丙醇、正(异)丁醇、酮类、醛类]能够溶解石油中的蜡及胶质,降低原油黏度,提高原油流动性;此外还可以溶解孔道中的长链原油烃,增加油相渗透率。

(5)微生物代谢产物中的生物聚合物(聚多糖)可以堵塞大孔道,迫使注入水产生分流作用,提高注入水的波及系数;同时生物聚合物可以增加水相黏度,改善黏度比;生物聚合物的吸附/滞留作用可以降低水相渗透率,提高原油分流量。

(6)微生物代谢产物中的生物表面活性剂可以降低油水界面张力,提高驱油效率,改变岩石润湿性,使岩石更加水湿;消除岩石孔壁油膜,提高油相流动能力;分散乳化原油,降低原油黏度。

三、微生物采油的筛选

微生物采油筛选总的原则是保证微生物在油藏内能生长、繁殖而且能够产生提高油藏采收率所需的代谢产物。在微生物采油筛选中,首先要分析地下油层存在的问题,然后结合不同微生物的代谢特点,筛选出适合油藏的微生物。一旦确定应用的微生物种类后,就应进行微生物的生长和繁殖、微生物的配伍性、微生物与原油作用效果及影响因素、微生物驱油等实验,以进一步为油藏筛选出最佳的微生物,同时为微生物采油的数值模拟提供基础输入参数。

(一)微生物采油筛选程序

微生物用于提高原油采收率,主要依赖于微生物在地层中的简单活动及代谢产物来实现。因此,在 MEOR 矿场应用之前,必须根据油层微生物学的原理,充分了解所选择的油藏和微生物特性,在室内进行微生物采油模拟试验,以保证微生物在地层中的生存、代谢能力,然后选择合适的注入工艺,MEOR 才能正式进入矿场应用。微生物采油筛选程序是油藏特性研究、微生物特性研究、微生物采油模拟、注入工艺选择、现场应用、效果监测和评价。

1. 油藏特性研究

油藏特性研究主要包括:(1)油藏岩石特性研究,包括油藏的构造、岩性、孔隙度和渗透率、埋藏深度、压力、温度。(2)油藏流体特性研究,包括地层水化学组成、矿化度、pH 值、原油组成和营养物、岩层与流体之间或各自内部的氧化还原电势。(3)油藏内本原细菌的特性研究,包括本源细菌的分布、种类、本源细菌和接种细菌的相互影响。

2. 微生物特性研究

微生物特性研究包括菌种的选择、培养基的选择以及根据选择的微生物配方推测提高采收率的机理、微生物与地层流体的配伍性。

3. 微生物采油模拟

微生物采油模拟主要包括:(1)物理模拟。根据微生物提高采收率机理,结合所选的微生物配方进行岩心试验,分析该微生物配方提高采收率幅度。(2)数值模拟。主要研究微生物在多孔介质中的运移、生长以及微生物对采收率的影响,包括微生物的生长、滞留、运移、死亡,营养物的消耗,以及生化代谢途径,并作出定量的分析,为以后的矿场应用提供可靠的依据。

4. 注入工艺选择和矿场应用

常用的三种采油工艺为连续注入细菌培养物、重复接种后注入培养物、重复生物吞吐循环。

选择哪种注入工艺,主要依据为根据微生物采油模拟结果所作的矿场设计,包括注入微生物用量、营养物和接种物的注入方式、施工操作等。

5. 效果监测和评价

效果监测和评价包括产出液的含水率、原油的黏度和组分、产出气 CO_2 含量变化、产出水中细菌数量变化、产出水中的有机酸的含量、资料井取样分析等。

(二) 微生物的来源和特征

获取微生物的技术有从自然界筛选、通过种类的变异、通过遗传工程改良及从油层中微生物的直接利用。目前获取微生物的主要方法是从自然界筛选和直接利用油层微生物,用于油层的微生物应具备以下特征:

(1)尺寸小,繁殖快。由于岩石孔隙大小的限制,尺寸较大的细菌难于在油层内运移和传播。油藏体积很大,相对来说注入的细菌的量较小,要发挥微生物采油的作用,要求其繁殖速度呈指数式增长率生长。

(2)厌氧和耐温。尽管有时注入水中溶有微量氧气,但地下油层为还原环境,所以要求微生物能在无氧环境下生长和繁殖。如果微生物仅仅是用于井筒清蜡、降黏,也可采用兼性菌。大多数油藏温度一般都高于地面环境温度,因此要求微生物具有耐温特性。

(3)耐盐和抗氧性。

(4)代谢产物中含有气、酸、溶剂、表面活性剂和聚合物。

不同的微生物适应地层中各种条件的能力及产生的代谢产物不同。地层条件中最为重要的是温度的影响,不同的微生物其耐温能力不同,微生物的生长和繁殖都需要一定的温度范围。其他地层条件如矿化度、渗透率、pH值、地层水和原油的成分等都是微生物在地层中生长繁殖的限制因素,要筛选出适应地层条件的菌种需要作大量的配伍性实验。

(三) 微生物采油菌种选择的一般原则

对于选定的油藏和试验井,由于要解决的生产问题即工程的目的不同,要求所用的微生物提高采收率的机理和代谢产物也不同,选择的菌种也不同。表11-3列出了不同微生物采油工程目的下选择菌种的一般原则。

表 11-3 不同微生物采油工程选择菌种的一般原则

微生物采油工艺	生产问题	所用的微生物类别
微生物增产处理	地层压力不足,注入能力问题,由毛细管造成的束缚油	通常使用能产生表面活性剂、气体、酸和醇类的细菌
微生物洗井	结蜡问题	使用能产生表面活性剂和酸的微生物,能降解烃类的微生物
微生物强化水驱	由毛细管造成的束缚油	使用能产生表面活性剂、气体、酸和醇类的细菌
微生物调剖	波及效率低	使用能产生聚合物或繁殖能力特别强的微生物
微生物聚合物驱	黏性指进,不利流度比,过早水淹	使用能产生聚合物的微生物

四、微生物采油的应用

微生物及其代谢产物可用于提高采收率。根据微生物生长、繁殖、代谢环境,微生物采油可分为地面微生物和地下微生物法。地面微生物法是指在地面完成微生物的生长、繁殖和代谢过程,并将微生物及其代谢产物注入油层,提高原油采收率的方法。根据地面产生的代谢产物主要成分,地面微生物法可进一步分为微生物表面活性剂法和微生物聚合物法。微生物代谢产物——生物表面活性剂可以取代人工合成的表面活性剂进行驱油,降低残余油饱和度,提高采收率;而微生物产生的生物聚合物可以代替人工合成的聚合物,进行封堵大孔道,改善流度比,提高注入水波及系数。

地下微生物法是指将微生物及其营养液注入油层,使其在油层中繁殖,依靠微生物本身的性质及其代谢产物提高原油采收率的方法。根据微生物应用工艺,地下微生物法可分为微生物吞吐、微生物强化水驱、微生物调剖、微生物清蜡和降解稠油。微生物采油应用方法包括地面微生物法(生物表面活性剂驱、生物聚合物驱、生物聚合物调剖)和地下微生物法(微生物驱、微生物吞吐、微生物调剖和堵水、微生物清防蜡、微生物开采稠油)。

(一)微生物吞吐

1. 吞吐机理

微生物吞吐是往生产井中注入优选的微生物及其营养液,关井一段时间后,再开井采油,周而复始,所以又称为周期性注微生物。关井时间一般为几天到几周,视微生物生长繁殖状况及油层温度而定。

在微生物吞吐中,一般将微生物和营养液注入油层,关井期间细菌在油藏环境中生长、繁殖、代谢,产生了包括气体(CO_2等)、有机酸、有机溶剂和生物表面活性剂及生物聚合物等产物。这一过程称为注入井微生物接种。在这一过程中,井眼周围的细菌及其代谢产物由于井眼周围压力升高而向油层深部运移。这些细菌及代谢产物通常会改善原油和岩石的物理、化学性质(例如有机酸通过溶蚀灰质胶结构,扩大孔道,增加油流能力;生物表面活性物质降低油水界面张力,乳化分散原油;微生物分解原油中的重质组分,以及气体的降黏、溶蚀及增加岩石的渗透率)。在开井生产过程中,由于井周围原油黏度的降低,岩石渗透率增加;地层能量增加,使原油产量上升,残余油饱和度下降。这一过程中,仍有一部分微生物及营养物留在地层继续进行生长、繁殖和代谢的生物化学反应,为下一个周期提供必要的接种基础。

2. 吞吐工艺

一般来说,油井有一定含水,属于枯竭井,原油中含有较多的重质组分如蜡、沥青质等,井筒附近区域内具有一定的残余油。注入方式、注入速度及注入接种的细菌浓度(密度)等注入参数必须结合油层特性、微生物生长特点和油藏环境,以便使微生物在地下这个微生物反应器中获得最大的活力。

微生物吞吐的方式有:(1)一次性从油套环空中注入地层—关井—生产;(2)多次从油套环空中注入地层—关井—生产;(3)多次从油套环空中注入地层,不关井。

微生物用量的确定:微生物吞吐中每口井每次注入的微生物及其营养液的量和注入周期取决于油井的日产液量、含水率、原油的性质以及地层条件等多种因素。

在微生物吞吐实际操作中应注意:(1)微生物注入地层前先进行过滤,经过 $28\mu m$ 和 $10\mu m$ 的过滤器过滤。(2)确保微生物注入目的层,在注入井中下封隔器。(3)注入微生物之前,先用热水洗井,以使油套环空中的死油及其污染物清洗干净。(4)要控制地层中硫酸还原菌生长的 H_2S 腐蚀井下管柱。

微生物吞吐中的监测内容有:(1)产出气分析。主要测定产出气中 CO_2 和 CH_4 含量及其变化,以判断微生物是否代谢产生了 CO_2 和 CH_4。(2)产出水分析。测定产出水中的 Cl^-、H_2S、HCO_3^- 的含量及其变化,判断是否启动了未波及区。(3)产出油分析。测定原油的石蜡、沥青质黏度等,以及原油组分变化,判断微生物是否有降解原油、清蜡效果。(4)产出液中细菌含量分析。判断微生物是否生长、繁殖良好。(5)产出液油水界面张力测定。判断微生物产物中是否有生物表面活性剂。(6)产出液中油、水及含水分析。判断微生物吞吐是否提高原油产量。

(二)微生物驱油

1. 驱油机理

微生物驱油的机理包含了微生物采油的所有机理,微生物及其代谢产物在微生物驱中都发挥了作用。但其中微生物本身、代谢产物生物聚合物和生物表面活性剂的作用更为明显。

微生物驱既改善了油藏的波及效率,又提高了驱油效率。微生物在地下的代谢过程中产生的生物聚合物,大大提高了驱替相的黏度,降低了水驱油流度比;同时由于生物聚合物的吸附性,降低水相渗透率,降低水相分流量;此外,生物聚合物还可以堵塞高渗透地层,调整油层吸水剖面,提高注入水的波及区域,增加注入水的扫油面积,提高采收率。生物聚合物与人工合成的聚丙烯酰胺相比具有抗剪切、抗盐、不易水解降解等特点。因此,在高盐油藏提高采收率中具有良好的应用前景。

微生物注入油层中就地发酵,产生生物表面活性物质,即生物表面活性剂。它能降低油水界面张力和乳化原油,改变油层界面的润湿性,从而改变油水对岩石的相对渗透特性;有的表面活性剂还能降低重油的黏度,增加原油的流度,降低剩余油饱和度。当然,微生物在地下发酵过程中产生的有机酸、酮类、醇类等有机溶剂也可降低表面张力,促进原油乳化,促进原油采收率的提高。

2. 微生物驱油工艺技术

微生物驱油的设计程序是:微生物菌种的筛选;微生物在油藏条件下的繁殖实验;微生物驱油岩的流动实验、物理模拟;微生物驱油数值模拟、方案设计、优化;微生物驱油矿物试验。

在微生物驱现场施工前的准备阶段,选择用于注入细菌培养物的注入井时,应预先研究油藏的地质构造、岩石特征、油水化学成分及温度、压力等地层条件,并详细了解该井的生产历史和各种资料。注入井可以是注入井、低产或枯竭油井。此外,要进行示踪剂注入实验,以确定注采井间是否存在高渗透带,以及注入水的流向和井间连通情况。

在微生物驱现场施工的注入阶段,大多采用现有注水工艺和设备条件,将细菌培养物直接注入所选油层。可以混合后注入,也可按顺序注入。若采用顺序注入方式,大多先注入营养物质再注入细菌菌体。营养物质主要为含氮和含磷的化学物质。向注入井中注入微生物和糖浆后,观察注入井压力及细菌繁殖代谢情况。

在微生物注入油藏后的关井及采油阶段,关井一段时间,待微生物及其代谢产物发挥作用以后即可开井采油。监测注入井压力,以及生产井的产油、产水、细菌浓度等参数。

微生物驱油一旦有效,在生产井就有反应:(1)对应油井原油产量上升,含水下降;(2)油井中产出菌浓度明显增加;(3)油井产出原油的物质性质发生变化;(4)油井井底流压和动液面上升。

(三) 微生物调剖

微生物调剖是将能够产生生物聚合物的微生物注入地层,使其在高渗透层内大量繁殖,从而达到封堵渗透带、改变注入水流向的目的,进而提高采收率。

在注水过程中发现,由于水层中的细菌超标,常常会导致低渗透油藏注水压力上升问题,因为注入水中含有霉菌、藻类、铁细菌、黏液菌、硫酸盐还原菌,这些细菌都会引起油藏孔隙的堵塞。微生物堵塞机理即细菌堵塞孔道是通过如下三种机制完成的。

1. 微生物堵塞

繁殖的微生物由于微粒效应(即微生物等视为有一定尺寸的微小颗粒),产生吸附滞留,而使岩石渗透率降低。微生物的微粒堵塞,取决于岩石孔道大小与细菌细胞或聚集体的大小之比。因此致密油层中更易被堵塞。因为在致密油层中,即使是单个细胞也会使孔喉堵塞,而在渗透率较大的油层中,只有较大的细胞聚集体才能堵塞孔道。

2. 生物膜形成堵塞

微生物的生物膜使微生物黏附在岩石壁面,在岩石孔隙壁面形成生物膜(其主要成分为胞外多糖剂生物体),它可从注入水中吸收一部分细菌参与堵塞,使堵塞机会增多,从而有效地减小高渗透层孔喉尺寸,降低其渗透率。

3. 微生物聚合物的作用

微生物在地下通过代谢而产生的微生物聚合物具有一定的分子尺寸,它可与孔道壁面上吸附。一方面导致孔隙的截面积更小,阻碍流体流动;另一方面可以降低水相渗透率,阻止水相流动,从而使注入水改变流向,扩大注入水波及面积。

(四) 微生物清蜡和降解原油

有些油井结蜡现象非常严重,常常导致抽油杆被卡而停产。过去采用热油循环、化学溶剂和分散剂、机械刮蜡片等方法控制结蜡。有些井清蜡频繁,导致采油成本大幅度上升。微生物清蜡是向油井套管环空注入一定量的细菌溶液,然后关井一段时间,使微生物能分散和接种到井筒和近井地层,通过微生物减低石蜡和其他重质组分的含量的方法。

细菌在井筒中与原油接触后,优先使长链的高分子脂肪烃降解从而达到清蜡的作用。此外,细菌的某些代谢产物对井筒或近景区域孔隙中的蜡沉淀有良好的溶解作用,从而使油井恢复产能。

微生物清蜡和降解原油的机理在于：(1)降低重质原油的平均相对分子质量，即细菌能把重油中高相对分子质量的物质如沥青烯、树脂酸等分解成微低分子量的化合物。由于重油相对分子质量的降低，使重油黏度大幅度下降。(2)细菌以重油中的烃类或重油中的其他组分为碳源，细菌生长过程中产生的生物化学反应，生成生物表面活性剂。将重油乳化，形成了水包油或油包水的乳状液从而降低重油黏度。

因此，用于清蜡和降黏的细菌必须具备以下两个条件：一是该细菌可以生长在稠油中，并以稠油作为唯一的碳源和能源；二是细菌可以产生生物表面活性剂。可以产生生物表面活性剂。

微生物清蜡是一种可以取代化学清蜡、机械清蜡的一种新的清蜡技术。这项技术具有施工简便、见效期长、成本低、无环境污染等优点。而溶剂和分散剂等化学清蜡中使用的化学剂常常会污染环境，热法清蜡会消耗大量燃料，而且常常导致地层伤害。

同时，尽管微生物清蜡有许多优点，但由微生物产生的负面效应也不可忽视。一是清蜡细菌会改变原油的性质和品质；二是清蜡细菌会促使硫酸盐还原菌的生长，导致严重的腐蚀问题。

第四节　化学驱开采技术

凡是向注入水中加入化学剂，以改变驱替流体性质、驱替流体与原油之间的界面性质，从而有利于原油生产的方法都属于化学驱范畴。通常包括聚合物驱、表面活性剂驱（胶束/聚合物驱、微乳液驱）、碱水驱和复合化学驱。

一、聚合物驱油

聚合物驱机理是所有提高采收率方法中最简单的一种，即降低水相黏度，改善流度比，提高波及系数。一般来说，当油藏的非均质性较大和/或水驱流度比较高时，聚合物驱可以取得明显的经济效果。

(一) 聚合物驱原理

聚合物用于 EOR 主要有两个目的：(1)改善流度比；(2)调整吸水剖面。使流度比获得改善的技术措施有：(1)降低排驱介质的流度，它可通过提高排驱介质的黏度来实现；(2)提高油的流度，它可通过降低油的黏度来实现。

在水中加入聚合物，提高注入水的黏度，即使为了降低排驱介质的流度，注泡沫也可达到此目的，但目前更普通的是采用注聚合物溶液的办法。

聚合物溶液用于调剖，同样是利用聚合物溶液的高黏度。舌进是降低波及系数的主要原因，当高渗透层的油水前线到达生产井后继续注水，大部分水仅仅无效地穿过高渗透层，不能有效地扩大低渗透层的波及面积。对于这类油层，只有通过增加高渗透层的阻力，降低吸水指数($Q/\Delta ph$)，才能提高低渗透层的吸水指数、扩大波及面积。注聚合物溶液时，溶液主要进入高渗透层，与此同时，高渗透层的阻抗(μ/K)增加，这是溶液的高黏度造成的。当高渗透层阻抗增加后，改注水，在高的注入压差下，迫使水进入低渗透层，从而实现高低渗透层吸水指数基本一致，达到调整吸水剖面的目的。

聚合物溶液驱油是注入低浓度大段塞的聚合物水溶液，其目的是改善流度比。水驱油的流度比通常都是水利的,黏性指进和舌进严重,注水中期改注高黏度水使流度比改善,可以抑制舌进和黏性指进的继续发展,扩大波及系数。但是,聚合物溶液在孔隙介质中复杂的流变性,以及出现一些特殊的流动特征相、聚合物被稀释,使聚合物驱变复杂了。聚合物溶液的浓度是保证溶液黏度、控制流度的关键因素,在复杂的流动条件下考察排驱过程的浓度变化是至关重要的。

一个油田是否适合注聚合物驱油,有以下经验:

(1)注水流度比在2~20之间,或渗透率严重不均质的油层很适宜聚合物驱。

(2)流度比大于20或小于1的油层都不适合聚合物驱。

(3)对于采出量大于渗入量以及存在大裂缝、大溶洞的油层不适合聚合物驱。

(4)采收率不高并非流度比不合理或渗透率不均质,若用聚合物驱同样不能提高采收率。

(5)油层含油饱和度高更有利于聚合物驱。

(二)聚合物溶液性能筛选及矿场试验

聚合物驱溶液,需经过以下性能筛选:

(1)溶解性,在水中能迅速溶解。

(2)注入性,易于注入油层。

(3)流变性,良好的流变性有利于提高波及区驱油效率。流变性试验是用旋转黏度计测定黏度和剪切速率,检查黏度流速关系。

(4)剪切稳定性,良好的剪切稳定性可保证溶液在地面配制和通过泵及井下射孔孔眼时,不出现大的剪切降解。在实验室让溶液循环地通过岩心,观察黏度随时间的变化,若黏度下降不大,溶液的剪切稳定性好。

(5)热稳定性,良好的热稳定性可保证溶液在油层高温下不降解,应在高温条件下测溶液黏度检查热稳定性。

(6)滞留(包括吸附)量,滞留量是影响溶液段塞浓度的重要参数,通过岩心实验确定不同浓度溶液的滞留量。

(7)盐敏性,对于高矿化度的油层水,应检验其盐敏性。尤其要检验盐敏性溶液,测量不同聚合物浓度条件下的黏度。

(8)氧敏性,在含氧条件下,聚合物氧化降解,配制好的溶液不宜久置。

(9)微生物腐蚀性,在存在微生物条件下,聚合物因腐蚀而降解。对于存在微生物的油层,必须注意这一特性。

上述筛选指标,在热稳定性、盐敏性、氧敏性和抗微生物腐蚀性等方面,人工合成聚合物优于生物聚合物,但生物聚合在抗剪切方面优于人工合成聚合物。当选定聚合物后,应确定溶液浓度、注入段塞尺寸及注入速度。按照正交设计,通过岩心排驱试验来确定。

注聚合物驱油是目前EOR技术中用来提高波及系数的主要方法,它是利用聚合物溶液的高黏度来驱油。但实际上,聚合物在孔隙介质中的滞留所带来的渗透率降低对流度降低的影响超过黏度增加的影响,以致有人认为降低流度主要是靠聚合物分子的滞留。显然,这不是最初利用聚合物驱油的本意。因为,当滞留使溶液浓度降为0时,便完全变成了普通水,而聚合物在孔隙介质中的滞留量是很大的,所以它的消耗量很大,这就降低了高黏度溶液的有效作用距离。

二、表面活性剂驱

(一)表面活性剂驱原理

化学注水法是在油田的驱油液中加入表面活性剂等化学添加剂,以改变原油的物理化学性质,改善驱油液驱洗能力的一种方法。其中表面活性剂的类型、性能和数量将对该法的效率起着决定性作用。

1. 表面活性剂的驱油原理

在化学注水法中,用由表面活性剂和其他助剂(如高聚物、醇等)组成的驱油液采油能大大提高采油率。其原理主要是表面活性剂的加入能降低地下各相间的界面张力,引起乳化作用,减少岩层对油的吸附力并增加油在水中的溶解度,降低原油的黏度,从而将被岩层束缚的油启动而采出。同时高聚物可优化驱替相的流度,形成驱动活塞,醇可使油增溶,这些助剂的协同作用使得注入液体可渗透到通常注水不能进入的孔隙,从而将地层中的油驱出。

2. 表面活性剂的驱油方法

化学注水法又可根据表面活性剂在驱油液中所起的作用不同,一般分为表面活性剂驱、微乳液驱、泡沫驱和碱水驱四种方法。

(1)表面活性剂驱。这种方法是将表面活性剂溶于水中形成分散体,再将该分散体作为驱油液注入油井中进行采油的方法。

(2)微乳液驱。这种方法是将表面活性剂溶解到一定的矿化水中形成胶束,然后加入一定数量的油增溶到胶束中形成 $0.01\sim0.02\mu m$ 大小的颗粒,注入地层用来溶解残留在地层孔隙中的原油,而进行采油的方法。这种方法提高采油率的幅度最大,但表面活性剂的消耗量较大,因而成本较高。

(3)泡沫驱。这种方法注入油层的是由表面活性剂、水和气体(如 CO_2、N_2、CH_4 和蒸汽等)形成的泡沫。用泡沫作为驱油液可代替使用聚合物。该法适用于砂石岩和碳酸盐地层中的轻油回采。用于该法的表面活性剂一般为亲水亲油平衡值 HLB 为 $15\sim18$ 的非离子表面活性剂和聚氧乙烯醚磺酸盐和 α - 烯烃磺酸盐等部分阴离子表面活性剂。

(二)表面活性剂

1. 强化采油用表面活性剂类型

常用于采油的表面活性剂为水包油型,其 HLB 值为 $8\sim18$,主要为阴离子表面活性剂和非离子表面活性剂,此外还有少量两性表面活性剂。

2. 表面活性剂的选配

驱油液驱油性能的好坏关键在于表面活性剂的选配,而表面活性剂的选配要根据表面活性剂的性能与油井的岩层组成、原油的盐度、温度、pH 值以及不同的生产工艺要求相适应的原则决定。

一般地讲,各类表面活性剂的性能各不相同。阴离子表面活性剂中广泛使用的石油磺酸盐,因其可由高沸点石油馏分磺化、随后中和而得,所以它的来源广、价格低,备受青睐。但是它在水中的溶解性不好,需使用醇来增溶,且在高盐度油层中易被降解、沉淀而大量损失,因而它单独使用时仅适用于低盐度油田的采油。烷基磺酸盐、α - 烯烃磺酸盐同样具有耐硬水耐盐性差的缺点。其他阴离子表面活性剂,如烷基苯磺酸盐、木质素磺酸盐等相比之下耐硬水耐无机盐能力较强。

非离子型表面活性剂由于在水溶液中不能离解,因而它不会与其他离解物质发生化学反应而产生沉淀,而且具有临界胶束浓度低、胶束聚集性强、可根据不同使用需要增减聚氧乙烯醚的链长等突出优点,而且使用它们可获得高增溶性、低界面张力和低吸附损耗,因而在强化采油中得到广泛使用。两性表面活性剂因对金属离子有螯合作用,因而也适用于高盐度、高温的油层。

值得一提的是,既含有非离子亲水基团又含有阴离子亲水基团的表面活性剂(如烷基酚聚氧乙烯醚磺酸盐等),和含有双阴离子甚至多阴离子的表面活性剂(如烷基酚聚氧乙烯醚二磺酸盐等),是两类新型高效的采油用表面活性剂,它们无须注表面活性剂即可形成稳定的微乳液,对地层盐度为4%~30%的油层均适用。

(三)驱油液的其他组成

强化采油用驱油液以表面活性剂为主要添加剂,同时还需要少量其他助剂,如助表面活性剂、水溶性高聚物、碱、电解质和牺牲剂等。

(1)助表面活性剂。它的作用是弥补表面活性剂在使用性能上的不足,如增加溶解性,抑制表面活性剂氧化和水解等。作助表面活性剂的常为具有极性的有机物,如醇类、酚类、砜类等。

(2)水溶性高聚物。它用作增稠剂,以控制驱油液的黏度,提高驱油液的堵漏效率。常用的为聚丙烯酰胺以及丙烯酰胺与其他物质如乙烯毗咯烷酮、甲基丙烯酸等的共聚物。

(3)碱。碱能显著地降低表面活性剂在驱油过程中的吸附和沉淀,同时能除去原油中的酸,使原油对表面活性剂的界面活性更大。

(4)电解质。电解质的加入旨在与油形成不混相的油相、水相和微乳液三相体系,以便于分离。

(5)牺牲剂。为了避免表面活性剂在强化采油过程中被岩层吸附,在加入微乳液之前先加入廉价的牺牲性表面活性剂,使之先被岩层吸附,以减少表面活性剂的损耗。如可加入蒽醌木质素钠盐等。

必须指出,不是每一种驱油液都需要以上各种助剂,助剂的选择仍需视具体情况而定。

三、碱水驱

油田开发的主要方法是注水,除了发展和推广了注水开发之外还试验和实施了碱水驱方法,使油田开发指标得到很大的改善。

所谓碱水驱,是指向油层注入一种碱性试剂(如氢氧化钠、碳酸氢钠等),通过产生下列物理化学作用来达到提高原油采收率的目的:与原油中的石油酸反应就地产生表面活性物质,从而降低油水界面张力,提高驱油效率;对原油产生乳化作用,降低注入水流度,改善流度比;改变岩石的润湿性,从而增加原油的流动性。

碱水驱和其他任何油田开发方法一样应能促进完成石油开采的主要任务,即最大程度地满足同在经济在技术发展基础上对石油的需要,在尽可能多地采出原油储量的条件下保证达到最低的生产劳动消耗。合理开发油田的这个基本原则也应当是采用碱水驱油方法油田开发设计的基础。

碱水驱是与在含油储层中引入了碱,因而在地层条件下形成表面活性剂,改善地层的驱油条件,从而可以提高原油采收率。碱水驱最本质的特点在于在地层中相联系的形成表面活性剂降低了油和碱液间的界面张力,改变了润湿性,在碱溶液驱替前缘形成了高黏度的乳化物。

碱水驱方法既可在油田开始开发时采用,也可以在进行了溶解气驱开采或者普通注水开发之后使用。

四、复合驱

为提高石油采收率,对于驱油机理的研究显得十分必要。就化学驱而言,经典的方法有聚合物驱油、表面活性剂驱油和碱水驱油等。聚合物驱油就是通过向井下注入高分子聚合物水溶液,控制和改善流度比(注入液流度与原油流度之比),提高波及效率(注入液接触到的油层体积与油层总体积之比)以采出更多的原油。表面活性剂(包括稀体系和浓体系)驱油机理十分复杂。碱水驱油则是通过碱水与原油中的酸性活性组分相互作用,就地生成表面活性物质,使油水之间的界面张力大幅度降低,原油被乳化、富集,然后采出。从当前化学驱的发展趋势来看,已经不是单纯的聚合物驱、表面活性剂驱和碱驱,而是彼此相互结合。多种化学剂(多元)复合可产生某种协同效应,使得界面张力在非常低的化学剂浓度下大幅度降低,从而大大降低残余油饱和度。这种协同效应的效果远远大于单元驱的效果。而这正是复合驱的最重要特征。

影响复合驱驱油效果的因素包括地质因素(油藏非均质性)、物化参数(界面张力、残余油饱和度、碱耗及化学剂吸附、驱替液黏度等)、起始条件、操作参数等。其中,界面张力是影响驱油效果的最重要因素之一。

(一) 复合驱原理

一般认为,碱与表面活性剂复配使用能在降低界面张力方面产生协同效应,但也有研究者曾发现,碱—酸性原油体系中加入某种表面活性剂时,并不是在任何情况下都能降低界面张。目前,复合驱体系与原油间形成超低界面张力的机理并不清楚,复合驱体系中表面活性剂之间、表面活性剂各组分之间、碱与表面活性剂之间、碱与原油活性组分之间以及表面活性剂与原油活性组分之间的相互作用和这些相互作用对界面张力的影响机理急需深入研究。由于复合驱体系所用化学剂不是一种,其中的表面活性剂一般也是混合物,因此,复合驱体系与原油间形成超低界面张力的机理十分复杂。

在复合驱机理研究中,原油活性组分及其与复合驱体系中化学剂的协同效应的研究是不可缺少的课题之一。原油中的有机酸类是碱水驱油的天然表面活性物质,它们及其与碱生成的皂类能产生界面活性,而且与外加表面活性剂之间能够发生相互作用,在复合驱油过程中起着至关重要的作用。

复合驱强化采油配方中涉及碱、表面活性剂、聚合物等组分,这些组分间的相互作用对驱油体系的界面性质有极大的影响。要选择适合不同油藏条件的复合驱油体系,就必须深入研究复合驱体系各组分间相互作用对界面性质的影响,以及对复合驱体系进行界面张力、界面黏度、界面电解、乳化性能等多参数表征,从而针对不同特性的原油,相应地调节复合驱体系的组分及其比例。

(二) 复合驱工艺

碱水驱是化学驱提高采收率方法中研究最早的方法之一,早在1917年美国的Atkinson就提出了向注入水中加入碱可以提高原油采收率的观点,10年后Atkinson在美国申请了碱水驱的第一项专利。人们对碱水驱进行深入研究是因为碱要比表面活性剂便宜得多。然而,由于碱耗、黏性指进、结垢等原因,矿场试验几乎没有成功的先例。

一般认为,碱水驱的基本原理是原油中的有机酸或其他有效的酸性组分与碱反应就地生成具有表面活性的物质,导致界面张力降低、乳化、润湿性反转,使地层孔隙中被捕集处于分散状态的油滴或油膜启动、聚并,形成可以连续流动的富油带而被采出。酸值较高的原油比重比较大,黏性指进严重,所以流度控制显得十分重要,碱与聚合物复配后溶液的黏度增加,使水相小的碱性组分能与更多的油相接触,形成更多的表面活性剂。有利于降低油水界面张力,驱替出更多的残余油,同时也使驱替液所扫及的油层体积增加,所采出的剩余油比单独碱驱或聚合物驱更多,这种聚合物增效的碱驱(PAAF)通常有三种段塞设计方式。

(1)碱段塞在前,聚合物段塞在后。碱溶液使残余油流动,用聚合物进行流度控制,提供较好的扫及效率。

(2)聚合物段塞在前,碱段塞在后,首先注入的聚合物堵塞储层的大孔道,增加这些通道的阻力,使驱替液能够进入低渗透率部分,减少碱溶液指进.使其前沿以边界形式推进,以增加最终采油量。

(3)碱和聚合物混合在一个段塞中注入。

其中的聚合物提供碱溶液所要求的流度,而碱溶液又保护了聚合物并帮助建立和维持它的黏度,二者相互增效、协同作用,在室内岩心驱油对比试验中,这种段塞设计方式的采收率不仅比单独碱驱、单独聚合物驱高,也比前两种方式高。因此,关于碱/聚合物二元复合体系的工作。主要集中在这种体系有关性质的系统研究上。

通常原油中酸性组分的含量都不高(酸值<5.0mgKOH/g),而且并非所有酸性组分与碱反应生成的物质都具有表面活性,因此碱驱现场产生的表面活性剂浓度不会高,驱油效率不可能很高。碱驱中获得的低界面张力的碱浓度一般都较低,经常不足0.1%,而且范围较窄。由于碱耗,注入井内的低浓度碱不能传播得很远,碱驱很快失效。若使用高碱浓度体系矿化度又会超出碱驱的低界面张力范围。这些因素限制了碱水驱和碱—聚合物二元复合驱的应用,也是矿场试验失败的主要原因。

由于胶束聚合物法在驱扫过的地区几乎100%的原油被有效地驱替出来,所以,胶束聚合物驱无论在实验室还是在矿场。如今都受到了人们的普遍重视。妨碍胶束聚合物驱商业化的一个主要问题是驱替油层中残余油的表面活性剂和助剂的成本太高。因此,这种提高采收率方法没有发展到商业规模。

三元复合体系是从二复合元体系[表面活性剂(胶束)聚合物、碱/聚合物]发展而来的。20世纪80年代初,碱/表面活性剂/聚合物(alkali/surfactant/polymer)三元复合驱研究迅速兴起。在碱液中加入少量表面活性剂,原油的酸值不再是重要的考虑因素。碱水驱的使用范围扩大,同时超低界面张力的碱浓度范围扩大,可以使用高碱浓度补偿碱耗,加入的聚合物有利于进行流度控制。而三元复合体系中表面活性剂的浓度仅为0.2%~0.6%,大大地降低了化学驱的成本。

三元复合驱利用表面活性剂和碱之间的协同作用,使复合体系原油形成超低界面张力。碱可以大幅度降低价格昂贵的表面活性剂用量,它不仅可以部分替代表面活性剂,而且还可以减小活性剂及聚合物在油藏中的吸附损耗。聚合物主要起流度控制作用,减小复合体系指进和扩大波及体积。室内和矿场研究表明:三元复合体系采收率可以在水驱基础上提高20%以上。

截至目前,国外现场试验较少。我国已在胜利油田,大庆油田、新疆油田开展了二元复合驱的先导性矿场试验。经过"七五"、"八五"和"九五"国家重点科技攻关,我国的聚合物驱技术及复合驱技术已经走在世界前列。

价廉及供应量大的表面活性剂是复合驱技术工业应用亟待解决的核心问题。表面活性剂在驱油中起着极为重要的作用,直接影响着驱油体系原油间的界面张力、驱油效率及原油乳化和破乳等方面。因此,有关复合驱用表面活性剂的研究一直是较为活跃的研究领域。

习 题

11-1 常用热采方法有哪些?
11-2 简述稠油排砂冷采机理。
11-3 简述水平井蒸汽辅助重力泄油的原理。
11-4 常见的气体混相驱方法有哪些?
11-5 微生物采油机理是什么?微生物在采油领域常见应用有哪些?
11-6 简述各种化学驱油技术的基本原理。

参 考 文 献

[1] 李颖川. 采油工程. 2版. 北京:石油工业出版社,2008.
[2] 万仁溥. 现代完井工程. 北京:石油工业出版社,1996.
[3] 朱恩灵. 试油工艺技术. 北京:石油工业出版社,1987.
[4] 张琪. 采油工程原理与设计. 东营:石油大学出版社,2000.
[5] 曲占庆. 采油工程基础知识手册. 北京:石油工业出版社,2002.
[6] 王鸿勋,张琪,等. 采油工艺原理. 北京:石油工业出版社,1989.
[7] 布朗 K E. 升举法采油工艺:卷一、卷二、卷四 用节点分析法使油气井最佳比生产. 孙学龙,等译. 北京:石油工业出版社,1990.
[8] 万仁傅,罗英俊. 采油技术手册:修订本:第一分册 自喷采油技术. 北京:石油工业出版社,1994.
[9] 陈家琅,等. 抽油井的气液两相流动. 北京:石油工业出版社,1994.
[10] Joshi S D. Augmentation of Well Productivity with Slant and Horizontal Wells. Journal of Petroleum Technology,1988,6:729－739.
[11] Standing M B. Inflow Performance Relationship for Damaged Wells Producing by Solution Gas Drive. Journal of Petroleum Technology,1970,11:1399－1400.
[12] Fetkovich M J. The Isochrronal Testing of Oil Wells. SPE 4529,1973.
[13] Orkiszewski J. Predicting Two－Phase Pressure Drop in Vertical Pipe,Journal of Petroleum Technology,1967,6:829－838.
[14] Duns H Jr,Ros N C J. Vertical Flow of Gas and Liquid Mixtures in Wells. 6th World Petroleum Congress,1963,6:19－26.
[15] Mukherjee H,Brill J P. Pressure Drop Correlations for Inclined Two－Phase Flow. Journal of Energy Resources Technology,1985,107(4):549－554.
[16] Beggs H D,Brill J P. A Study of Two－Phase Flow in Inclined Pipes. Journal of Petroleum Technology,1973,25(5):607－617.
[17] Gilbert W E. Flowing and Gas－Lift Well Performance. API Drilling and Production Practice,1954:126－157.
[18] Ros N C J. An Analysis of Critical Simultaneous Gas/Liquid Flow Through a Restriction and Its Application to Flowmetering,Applied Scientific Research,1960,9:374.
[19] 埃克诺米德期 M J,等. 石油开采系统. 北京:石油工业出版社,1989.
[20] 西拉斯 A P. 石油及天然气开采和输送:上. 北京:石油工业出版社,1990.
[21] 唐愉拉,王永清. 采油工艺新补教程. 南充:西南石油学院,1994.
[22] 布雷德利 H B. 石油工业手册:上. 北京:石油工业出版社,1992.
[23] Liao Tian Lu. Continoas Gas－Lift Intallation Design Simulation. The unioersity of Tulsa,1988.
[24] 罗英俊,万仁溥. 采油技术手册:修订本:第四分册 机械采油技术. 北京:石油工业出版社,1993.
[25] 崔振华,等. 有杆抽油系统. 北京:石油工业出版社,1994.
[26] 邬亦炯,等. 抽油机. 北京:石油工业出版社,1994.
[27] 邬亦炯,等. 抽油泵. 北京:石油工业出版社,1994.

[28] 吴则中,等. 抽油杆. 北京:石油工业出版社,1994.

[29] 万仁溥,罗英俊. 采油技术手册(修订本)第四分册 机械采油技术. 北京:石油工业出版社,1993.

[30] 布朗 K E. 升举法采油工艺:卷二:上. 孙学龙,等译。北京:石油工业出版社,1987.

[31] 布朗 K E. 升举法采油工艺:卷二:下. 孙学龙,等译. 北京:石油工业出版社,1987.

[32] 布雷得利 H B. 石油工程手册:上册 采油工程. 张柏年,等译. 北京:石油工业出版社,1992.

[33] 师世刚,等. 潜油电泵采油技术. 北京:石油工业出版社,1993.

[34] 森垂利夫特－休斯有限公司. 潜油电泵手册. 孙学龙,王晓屏,译. 北京:石油工业出版社,1988.

[35] 何百平,王晓屏,等译. 潜油电泵采油技术译文集. 北京:石油工业出版社,1993.

[36] 万邦烈. 采油机械的设计计算. 北京:石油工业出版社,1988.

[37] 朱君,徐广天,刘合,等. 无杆泵采油技术. 北京:石油工业出版社,1999.

[38] Lea J F, Winkler H W. What's new in artificial lift. World Oil,1995:59－68 ,75－84.

[39] Lea J F, Winkler H W. New and Expected Developments in artificial lift. SPE27990,1994:339－350.

[40] Clegg J D, et al. New Recommendations and Comparisons for Artificial Lift Method Selection. SPE24834,1992:703－713.

[41] Petrie H L,et al. Jet Pumping Oil Wells. World Oil, 1983,11:51－56.

[42] Saveth K J,Klein S T. The Progressing Cavity Pump:Principle and Capabilities. SPE18873, 1989:429－434.

[43] Gidley J L. 水力压裂技术新进展. 北京:石油工业出版社,1995.

[44] Howard G C,Fast C R. 油层水力压裂. 北京:石油工业出版社,1980.

[45] 王鸿勋. 水力压裂原理. 北京:石油工业出版社,1987.

[46] 万仁溥. 采油技术手册:第九分册. 北京:石油工业出版社,1998.

[47] Perkins T K Jr, Kern L R. Widths of hydraulic fractures. Journal of Petroleum Technology, 1961,9:37－49.

[48] Nordgren R P. Propagation of a vertical hydraulic fracture. SPEJ, 1972,10:7－14.

[49] Geertsma J, Clerk F A. A rapid method of predicting width and extent of hydraulically induced fractures. Journal of Petroleum Technology, 1969,12(15)71－81.

[50] Smith J E. Design of hydraulic fracture treatment. SPE 1286, 1964.

[51] Babcook R E. Distribution of proppant in vertical fracture. Producers Monthly. 1967,11.

[52] Novonty E J. Propant transport. SPE 6813 ,1977.

[53] Nolte K G. Interpretation of fracture pressure. SPE 8297.

[54] Agarwal R G, et al. Evaluation and performance prediction of low－permeability gas well stimulated by massive Hydraulic fracturing. Journal of Petroleum Technology, 1979,3.

[55] 赵立强,刘平礼. 砂岩储层酸化原理与设计. 中国石油天然气集团公司压裂酸化培训班教材,1999.

[56] 威廉斯 B B,吉德里 J L,等. 油井酸化原理. 北京:石油工业出版社,1983.

[57] 埃克诺米德斯 M J,诺尔蒂 K G,等. 油藏增产措施. 北京:石油工业出版社,2003.

［58］裘亦楠,薛叔浩.油气储层评价技术.北京:石油工业出版社,2004.
［59］郭志勤,韩振元.国内外钻井与采油工程新技术.北京:中国石化出版社,2002.
［60］潘景为.石油开采.北京:石油工业出版社,1992.
［61］陈鸿璠.石油工业通论.北京:石油工业出版社,2005.
［62］刘一江,王香增.化学调剖堵水技术.北京:石油工业出版社,2002.
［63］郭志勤,韩振元.国内外钻井与采油工程新技术.北京:中国石化出版社,2002.